高等院校生物类专业系列教材

U0692494

生物学

BIOLOGICAL FIELD PRACTICE

野外实习

主　编　鲍毅新

副主编　胡仁勇　邵　晨　柳劲松

ZHEJIANG UNIVERSITY PRESS
浙江大学出版社

内容提要

本书共分为 6 章:第 1 章主要介绍野外实习的准备和组织管理;第 2 章介绍浙江省主要实习地点的自然环境概况;第 3 章为植物学野外实习,重点介绍蕨类植物、裸子植物和被子植物常见科、属、种的特点及相关鉴别检索;第 4 章为动物学野外实习,内容涉及海滨无脊椎动物、昆虫、土壤动物、两栖爬行类、鸟类和兽类的野外调查方法、形态特征识别、分类检索、浙江省常见种类介绍等;第 5 章为生态学野外实习,包括生态学野外调查方法、生物多样性调查、植被各类型特征的分析、栖息地调查分析、植物群落演替阶段的考察、植被凋落物及种子的收集与分类、食物链和食物网分析、生态服务功能调查等内容;第 6 章为动植物标本的制作,介绍动植物标本的采集、制作和保存等。通过野外实习,学生应掌握植物学、动物学和生态学野外调查研究的方法与技术,培养对动植物的物种识别和分类能力,提高标本的采集与制作技能。

本教材可作为生物科学、生物技术、环境科学、林学、科学教育等专业师生的野外实习手册,也可供相关专业的研究生、科研人员、自然保护区管理人员以及中学生物教师参考使用。

图书在版编目(CIP)数据

生物学野外实习/鲍毅新主编. —杭州:浙江大学出版社,2011.6(2017.1 重印)

ISBN 978-7-308-08753-7

Ⅰ.①生… Ⅱ.①鲍 Ⅲ.①生物学—教育实习—高等学校—教材 Ⅳ.①Q-45

中国版本图书馆 CIP 数据核字(2011)第 105122 号

生物学野外实习

鲍毅新 主编

丛书策划	樊晓燕 季 峥
责任编辑	季 峥(really@zju.edu.cn)
封面设计	林智广告
出版发行	浙江大学出版社
	(杭州市天目山路 148 号 邮政编码 310007)
	(网址:http://www.zjupress.com)
排 版	杭州大漠照排印刷有限公司
印 刷	杭州日报报业集团盛元印务有限公司
开 本	787mm×1092mm 1/16
印 张	17.5
字 数	448 千
版 印 次	2011 年 6 月第 1 版 2017 年 1 月第 2 次印刷
书 号	ISBN 978-7-308-08753-7
定 价	35.00 元

前　言

　　生物学野外实习包括植物学野外实习、动物学野外实习和生态学野外实习，是高校生物专业及其相关专业教学计划中不可分割的重要组成部分，是理论联系实际，巩固和加深课堂教学内容的重要环节，也是实践教学中的必修内容。生物物种的野外识别、标本的采集与制作、生物栖息环境及生物与环境之间相互关系的考察等，均有利于培养学生的观察能力、科研能力和创新能力。

　　浙江省地处中国东南沿海，东临东海，北连长江三角洲，与江苏省接壤（太湖位于两省之间），东北一角邻上海市，西接安徽省和江西省，南连福建省。浙江省的地理特征非常丰富，从浙北地区水网密集的冲积平原，到浙东地区的沿海丘陵，再到浙南地区的山区，以及舟山市的海岛地貌，可谓山河湖海无所不有。浙江地势自西南向东北呈阶梯状倾斜。西南多为千米以上的群山盘结，其中位于龙泉市境内的黄茅尖海拔1929m，为全省最高峰。浙江地形以丘陵山地为主，其占全省总面积的70.4%。主要山脉自北而南分别有怀玉山、天目山脉、括苍山脉。平原面积占全省总面积的23.2%，包括杭嘉湖平原、宁绍平原、温黄平原、温瑞平原和柳市平原这五大平原。金衢盆地是本省最大的盆地。浙江海岸线总长约6400km，居全国首位，有沿海岛屿3000余个，水深在200m以内的大陆架面积达$2.3 \times 10^5 \mathrm{km}^2$。由于浙江省具有得天独厚的自然条件，外加行之有效的保护措施，全省的森林覆盖率已达60.5%，生物资源非常丰富。在山区具有种类繁多的陆生生物，而在沿海地区及海岛具有大量的海洋生物和水生生物。因此，浙江省的许多地方成为生物学野外实习的理想基地，这些基地不仅在浙江省各高校的生物学野外实习中发挥了重要作用，而且也吸引周边省（市）高校来浙江省进行生物学野外实习。

　　迄今为止，浙江省有关生物学野外实习指导的教材只有《浙江海滨动物学实习指导》和《天目山植物学实习手册》，不仅未涉及生态学野外实习和除海滨动物之外的其他动物的野外实习内容，而且实习地点较为局限。因此，众多高校在开展生物学野外实习时，往往使用自编的野外实习手册。为了提高生物学野外实习的教学质量，方便生物学野外实习的开展，我们汇集浙江省有关高校中具有丰富野外实习教学经验的专家和教师，编写了这本集植物学、动物学和生态学野外实习于一体的生物学野外实习指导用书。

　　本书的编写分工是，前言由浙江师范大学鲍毅新教授编写；第1章由浙江师范大学的方芳高级实验师、胡一中高级实验师、陈文荣副教授和程宏毅实验师编写；第2章由浙江师范大学的郑荣泉教授、陈建华教授、陈文荣副教授、胡一中高级实验师，宁波大学的倪穗教授，温州大学的胡仁勇副教授，杭州师范大学的陈波副教授，台州学院的施时迪教授编写；第3章由温州大学的胡仁勇副教授、敖成齐副教授,温州科技职业学院朱圣潮教授和宁波大学的倪穗教授编写;第4章由浙江师范大学的鲍毅新教授、邵晨教授、郑荣泉教授、张加勇副教授、阮永明副教授、颉志刚副教授,温州大学的柳劲松教授、张永普教授,丽水学院的林植华教授,台州学院的施时迪教授编写;第5章由浙江师范大学的李铭红教授、颉志刚副教授、王艳妮讲师、程宏毅实验师,杭州师范大学的陈波副教授,台州学院的王江副教授,中国计量学院的徐爱春副教授编写;第6章由浙江师范大学的陈建华教授和胡一中高级实验师编写。全书由鲍毅新教授、邵晨教授、李铭红教授、柳劲松教授和胡仁勇副教授统一审改和定稿。

　　在本书的编写、出版过程中,得到了浙江省教育厅和浙江师范大学教材建设经费的资助、各编委所在单位领导的大力支持和帮助、浙江大学出版社的指导和支持,在此表示衷心的感谢! 由于水平所限,书中遗漏和不当之处在所难免,敬请广大读者和同行专家批评指正,以便进一步修订完善。

编　者

2011 年 4 月 20 日

目　　录

第 1 章

野外实习的准备和组织管理

1.1 野外实习的目的和要求

1.1.1 野外实习的目的

生物学野外实习是高等院校生物专业及其相关专业教学计划中不可分割的重要组成部分,是理论联系实际,巩固和加深课堂教学内容的重要环节,也是实践教学中的必修内容。生物物种的野外识别、标本的采集和生物生活环境的考察等,均有利于学生观察能力、科研能力和创新能力的培养。

野外实习不同于校园学习生活,是学生接近自然、接近社会、接近生活的绝好机会,有助于对学生法纪、人身安全、环境保护、爱国主义等各方面的教育。野外实习的生活和工作条件比较艰苦,师生同吃同住,能够提高学生的生活能力,拉近师生之间的关系,培养学生吃苦耐劳、艰苦奋斗的精神。野外实习以小组为基层工作单位,完成某项或某几项实习任务,要靠全体同学有组织、有纪律地共同努力,互相帮助,因而有助于培养学生的团队协作能力,增强其组织纪律性。

1.1.2 野外实习的要求

1. 通过对各种环境中的动植物进行观察,了解动植物的基本生活习性、生境以及生物与环境的关系。

2. 在经允许的前提下,通过野外采集植物(植物的枝叶或草本植物全株)、捕捉野生动物(昆虫、软体动物、甲壳类动物、两栖类动物、爬行类动物、鱼类等),熟悉野外调查工具的使用方法和动植物标本采集的方法,并运用所学知识,学会和熟悉运用诸如图片比照、动植物分类检索表、主要特征鉴别等方法,对所采集的动植物进行分类鉴定。

3. 学习和掌握动植物标本制作、保存的基本技术和方法。

4. 通过对动植物标本进行观察,熟悉各种科目动植物的外部形态和分类特征,能够识别常见的动植物。

5. 按要求撰写实习报告和小论文。

1.2　野外实习的组织和准备

　　周密地准备实习用具和药品,是实习顺利进行的先决条件。原则上,应尽可能多地携带一些常规的抓捕器具和药品,以便应付不同类型动物的捕捉和标本制作。对于易燃、有毒的化学试剂或药品,应与其他试剂或药品分开存放,密闭保存,并指定专人加以妥善保管,以确保实习安全。

1.2.1　植物学野外实习的必备仪器、药品和用具

　　植物标本夹:用坚韧的木板条钉制成空格夹板,每副两块。常规的尺寸为长 40～45cm,宽 30～35cm。使用时在夹中垫上多层吸水纸,放好标本后用绳子捆紧。由于野外作业的需要,标本夹要轻便,不宜过大过重。

　　吸水纸:用于压制标本,吸收植物水分。常选用绵软易吸水的草纸、旧报纸等。

　　绳子:麻绳、塑料绳,用于捆绑标本夹。

　　树枝剪:剪取乔木、灌木枝条或有刺植物所用的手剪和高枝剪。

　　采集箱、采集袋:采集箱是用铁皮制作的背箱,用来装不便放入标本夹的植物标本,如木质根、茎或果实等,也宜于遇雨时使用,但比较笨重。现在多以塑料袋或编织袋代替。

　　其他用品:包括对讲机、GPS、手持小放大镜、小铁铲、记录本、标签吊牌、塑料袋、打火机、工具书、文具等,有条件的还应带植物标本烘干箱。

1.2.2　动物学野外实习的必备仪器、药品和用具

　　观察所用仪器:望远镜、手持放大镜、捕虫网、显微镜、载玻片、盖玻片、擦镜纸。

　　摄像仪器:录像机、相机等等。

　　定位、测量仪器:GPS 卫星定位仪、测高器、测步仪、气压表、温度计、湿度计、量角规、卷尺、游标卡尺等。

　　采集捕捉用具:浮游生物网、铜筛、铁钩、铁锹、铁锤、凿、镊子、改锥、塑料桶、塑料袋、采集袋、捕虫网、三角纸包、毒瓶、捕鼠夹、蛇叉、小铁锹、刀子、铁筛、手捡取土器、干漏斗取土器、湿漏斗取土器、吸虫管、标本收集瓶、毛笔等。

　　标本处理和制作用具:昆虫针、三级台、展翅板、标本盒、搪瓷盆、镊子、解剖刀、剪刀、量筒、量杯、烧杯、吸管、广口瓶、注射器、针头、钳子、各种型号铅丝、竹木条、棉花、纱布、针、线、卷尺、滤纸、土壤动物提取装置、标签纸、医用手套、载玻片、盖玻片、废报纸、酒精灯等

　　记录用品:铅笔、钢笔、记录本、记录卡、采集记录本、标签纸及有关图谱、实习手册等工具书。

　　药品:麻醉剂、固定剂和保存剂等。

　　麻醉剂主要有以下几种:

　　薄荷脑:将其研成粉末,撒在培养液的表面或用纱布包成小球放入培养液中。

硫酸镁（泻盐）：制成饱和溶液或将结晶放入培养液中。

乙醚：用海水制成 1% 乙醚溶液，可用于各种动物的麻醉。

氯化锰：配成 0.05%～0.2% 氯化锰溶液，慢慢滴入培养液中，或将氯化锰结晶撒在培养液的表面。麻醉海葵的效果最好。

氯仿：将纸用此液浸湿，平放在培养液的表面上即可起到麻醉的效果。

固定剂和保存剂主要有以下几种：

酒精：标本保存所使用的酒精浓度为 70%，不能用海水稀释酒精。

甲醛（福尔马林）：市售甲醛的浓度为 40%，但稀释时作为 100% 看待。如需要配制 5% 甲醛，取甲醛 5ml，加水至 100ml 即成。甲醛可以用自来水、海水稀释。固定标本的甲醛浓度为 7%～10%，保存浓度为 3%～5%。

醋酸：常用浓度为 0.3%～5% 醋酸溶液，对动物细胞起膨胀作用。

苦味酸：常用饱和溶液，单独使用易使细胞收缩。

波恩溶液：取苦味酸饱和溶液、40% 甲醛溶液和冰醋酸，按照 15:5:1 的比例混合制成。固定 12～48h，用 70% 乙醇冲洗，后用 70% 乙醇保存。

1.2.3　生态学野外实习的必备仪器、药品和用具

详见上述植物学和动物学野外实习的必备仪器、药品和用具的相关内容。

1.2.4　野外实习的生活用品

生活用品的准备除必需品之外要因人而异，每位同学在出发前要仔细考虑自己出门在外的需要，不要遗漏，但也不要累赘，主要包括：洗漱用品、防晒用品、衣物、防虫用品、常用药品、雨具等。

1.3　安全知识和野外生存知识

1.3.1　辨别方向

1.3.1.1　利用太阳判定方位

可以用 1 根标杆（直杆），使其与地面垂直，把 1 块石子放在标杆影子的顶点 A 处，约 10min 后，当标杆影子的顶点移动到 B 处时，再放 1 块石子，将 A、B 两点连成 1 条直线，这条直线的指向就是东西方向，与 AB 连线垂直的方向则是南北方向，向太阳的一端是南方。

1.3.1.2　利用指针式手表对太阳的方法判定方向

手表水平放置，将时针指示的（24 小时制）时间数减半后的位置朝向太阳，表盘上 12 时的

刻度指示的方向就是概略北方。假如现在时间是 16 时,将手表 8 时的刻度指向太阳,12 时的刻度所指的就是北方。

1.3.1.3　利用北极星判定方向

如果是在夜间天气晴朗的情况下,可以利用北极星判定方向。寻找北极星首先要找到大熊星座(即北斗星),该星座由七颗星组成,就像一把勺子一样(图 1-1)。当找到北斗星后,沿着勺边 A、B 两颗星的连线,向勺口方向延伸约为 A、B 两星间隔的五倍处的一颗较明亮的星就是北极星。北极星指示的方向就是北方。

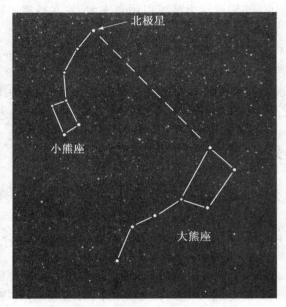

图 1-1　北斗星和北极星示意图

1.3.1.4　利用地物特征判定方位

独立树通常南面枝叶茂盛,树皮光滑。树桩上的年轮线通常是南面稀、北面密。农村的房屋门窗和庙宇的正门通常朝南开。冬天建筑物、土堆、田埂、高地的积雪通常是南面融化得快,北面融化得慢。一般情况下,大岩石、土堆、大树南面草木茂密,而北面则易生青苔。遇到具体问题时,应根据不同情况灵活运用。

1.3.2　野外穿着、负重、行进知识

1.3.2.1　野外穿着

野外实习时,穿着舒适可以说是较为重要的。对野外实习而言,衣服的作用是保护、温暖身体,让人感到舒适,不受风雨和寒气的侵袭。野外一般选择多层衣服穿着法,一般包括 3 层:贴身内层、保温层和外层。这种多层包裹的方式易于适应气候多变的地区,可随气温的升降而

一件一件地添加或减少。

贴身内层应选择透气性、排汗性好的人造纤维面料制作的长内衣。人造纤维面料的内衣可以保持皮肤干燥,而不会吸收湿气留在衣内,因为湿衣服贴在皮肤上会使体热散失,其散热量是干衣服的 25 倍。深色的长内衣较易吸热,能使身体温暖,晾在阳光下也干得快;浅色的较不吸热,适合在热天穿着。另外,长袖内层衣裤也能预防晒伤和昆虫的叮咬;短的衣裤未能真正对身体形成一层保护层,只适用于休闲类的户外活动,而且面料也应具备排汗、快干的功能。注意:棉质衣物干燥时很舒适,但一旦潮湿能吸取本身重量数倍的水分,而且不易干,排汗性差,能迅速带走体温,易使登山者严重失温,因此绝对不适合在较寒冷地区进行的野外活动时穿着,但在酷热的气候下除外,热天里将身上的棉 T 恤打湿,蒸发的水汽可令人通体凉快。

保温层最好选用毛料质地的衣物,腿部需穿上厚的卫生裤或毛料长裤。毛料衣物能吸掉内衣排出的汗气,而且湿了仍具隔离性,能保持身体的干燥。保温层的长裤要注意宽松度和伸缩性,以利于活动。衣物包住的空气层越厚,身体就越温暖。穿数件宽松的薄衣服比一件厚衣服更保暖,这是因为包住的空气层较多的缘故。

外层衣裤应能防风防雨,才不致使体温急剧下降,另外也要注重透气性,及时把体内的汗气排出,要不然会产生外面下大雨、里面下“小雨”的情况,而且衣裤上的袋子要多一些为好。无论春夏秋冬,在野外时最好都带上一件专业的登山用冲锋衣,它特有的基层和涂层使它具有防风防水和透气功能,而且特别耐用,天冷时挡风,夏季则叠在包里当雨衣备用,作为外衣它是最好的选择,尤其在恶劣环境下更显示出其优势。

一般穿耐磨、便于运动的软底鞋。为防止脚起泡,应穿平时穿惯了的鞋,不能穿丝袜。如果戴帽子,最好选择颜色鲜艳、明亮的。

关于野外背包内物品,一般把轻的物品放在底层,重物放在上面,左右平衡。平时经常用的物品(如相机、雨衣、笔记本、望远镜、水壶等)要放在表层或侧包内。

1.3.2.2　复杂地形行进方法

在山地行进,为避免迷失方向,节省体力,提高行进速度,应力求有道路不穿林翻山,有大路不走小路。如没有道路,可选择在纵向的山梁、山脊、山腰、河流小溪边缘,以及树高林稀、空隙大、草丛低疏的地形上行进。疲劳时,应用放松的慢步来休息,而不停下来。攀登岩石时,应对岩石进行细致的观察,慎重地识别岩石的质量和风化程度,确定攀登的方向和路线。

河流是山区和平原地区经常遇到的障碍。遇到河流不要草率入水,要仔细地观察之后再确定渡河的地点和方法。山区河流通常水流湍急,水温低,河床坎坷不平。涉渡时,为了保持身体平衡,应当用一根杆子支撑在水的上游方向,或者手执重达 15~20kg 的石头。集体涉渡时,可三四人一排,彼此环抱肩部,身体最强壮的位于上游方向。

1.3.3　野外防护

1.3.3.1　防迷路

野外实习时,所有的行动都应以全队或小组行动为宜。为预防迷路,应学会使用地图、GPS、指北针及高度计等,行动中应随时留心观察周围的地形、地物以及前面的人所留下的脚印或标志。对于没有到过的山区或密林,都应沿途留下记号,以便走错路时可原路折回。在野外迷失方向时,切勿惊慌失措,要立即停下来,冷静地回忆一下所走过的道路,想办法按一切可能利用的标志重新制定方向,然后再寻找道路或退回原出发地。

在山地迷失方向后,应先登高远望,判断应该向什么方向走。通常应朝地势低的方向走,这样容易碰到水源,顺河而行最为保险,这一点在森林中尤为重要,因为道路、居民点常常是滨水临河而筑的。遇到岔路口,道路多而令人无所适从时,首先要明确要去的方向,然后选择正确的道路。若几条道路的方向大致相同,无法判定,则应先走中间那条路,这样可以左右逢源,即便走错了路,也不会偏差太远。

1.3.3.2　防抽筋

抽筋是由于登山时过度运动或姿势不佳,而引起肌肉的协调不良,或因登山时或登山后受寒,体内的盐分大量流失,因而致使肌肉突然产生非自主性的收缩。急救的方式为拉引患处肌肉,使患处肌肉伸直,轻轻按摩患处肌肉,同时,补充水分及盐分,休息,直到患处感觉舒适为止。

1.3.3.3　防落石

陡坡、断崖、陷落的地段、碎石坡、溪谷或刚发生坍方的地点,是较易发生落石的地方,特别是在下雨的日子。行经这些路段时应提高警惕,最好能绕道而行。若必须行走以上路段,应戴头盔并有人指挥,随时注意落石的发生,并且应保持 5～10m 的适当距离,以防有落石发生时避闪不及。若有伙伴遭落石击中,应等落石完全停止后,将伤者移到安全的地方再施行急救(注意脊椎受伤者需安全固定后才可移动)。

1.3.3.4　防蛇虫

南方的蛇,特别是长江以南的蛇大多都有毒性。雷雨前(或洪水后),蛇类纷纷出洞,所以进入这些地区要格外小心,要带些药以备用。据统计,蛇伤大部分都在小腿以下部位,因此在野外应选择高帮鞋,尽量避免穿凉鞋。还有的蛇喜欢上树(如竹叶青、蝮蛇等),所以穿越丛林时,戴帽子、扣紧衣领显得尤为重要。尽量避免在草丛里行军或休息,如果迫不得已,最好拿棍子在草丛里敲打几下,此招名曰"打草惊蛇"。看到蛇时,不必惊慌,也不要靠得太近,大多数蛇类只有在感到受威胁时才会主动攻击人,因此看到蛇时远远避之才是上策,避蛇时要跑"S"字形路线。

在丛林中休息时,应选择草少、干燥、阳光充足的地方休息,不要在杂草丛生且有污水的地方坐卧、晾晒衣服或物品。注意不要捣破蚂蚁洞、马蜂窝,以防受到它们的攻击。行走时最好找 1 根棍子,能打草惊蛇或驱赶害虫。

1.3.4　突发事件的处理

1.3.4.1　毒蛇咬伤的治疗

对蛇伤应该分清是无毒蛇咬伤还是毒蛇咬伤。

区分方法:被毒蛇咬伤后,伤口局部有成对或单一深牙痕(有时伴有成串浅牙痕),在咬伤的局部立即出现麻木、肿胀、剧痛或出血等表现，尤其混合毒及血循毒更为明显，神经毒为主者出现局部剧痛但肿胀不明显。无毒蛇咬伤，伤口局部一般只有 2～4 排浅牙痕，而无局部肿痛或全身症状。确系无毒蛇咬伤，按一般外伤处理即可。若不能确定是毒蛇或已明确是毒蛇咬伤时，必须立即按毒蛇咬伤处理。处理时，要情绪稳定，动作迅速准确。被蛇咬伤后，不能惊慌失措和奔跑，而应使伤口部位尽可能放到最低位置，保持局部的相对稳定，以减慢蛇毒在人体内的吸收和扩散。

被毒蛇咬伤后，应立即用柔软的绳子或乳胶管（建议随身携带）在伤口上方（近心脏的一端）超过 1 个关节结扎。结扎的动作要迅速，最好在咬伤后 2～5min 内完成，此后每隔 15～20min 放松 1～2min。结扎后，可用清水、冷开水、冷开水加食盐或肥皂水冲洗伤口，若用双氧水、1∶500 高锰酸钾液冲洗更好。在经过冲洗处理后，应用干净的利器（建议在野外急救箱内备几片手术刀片）挑破伤口，同时在伤口周围的皮肤上挑破米粒大小的数处，或以牙痕为中心做" ＊ "字形切开。用刀时不宜刺得太深，以免伤及血管。有条件的可以将伤口浸于冷盐水中，从上而下地向伤口挤压 20min 左右，使毒液排出。也可以用口直接吸毒，但必须注意安全，边吸边吐，每次都用清水漱口，若口内有溃疡或龋齿，禁止用口吸毒。但被蝰蛇、尖吻腹咬伤时，一般不做刀刺排毒，以免流血不止。

被毒蛇咬伤后，除在野外紧急处理外，有条件的话应尽早将病人送医疗部门治疗。如有可能，记下毒蛇的品种（或打死了它随身携带）将有利于医生更好地采取治疗方案。

1.3.4.2　谨防蚂蟥

旱蚂蟥的"老巢"多在溪边杂草丛中，尤其是堆积有腐败的枯木烂叶和潮湿隐蔽的地方。旱蚂蟥叮咬人体时会分泌一种含血管扩张剂和麻醉成分的唾液，因此人被叮咬时绝不会感到痛痒。叮完后，吸饱血的蚂蟥就会自动脱落，而伤口处却血流不止，愈后常会留下淤血斑痕。如果发现被蚂蟥咬了，不能硬拽，因为蚂蟥的吸盘很牢固，硬拽很可能会适得其反，使它吸得更紧，也可能会使其口器断落于皮下而引起感染。比较妥善的方法是拍打，或用烟头烫、火柴烧，蚂蟥就会脱落下来。水蚂蟥则潜伏在水草丛中，一旦有人、畜下水，它们便飞快地游出，附在人、畜的身体上，饱餐一顿之后才离去。

蚂蟥脱落以后，对于被叮咬的伤口要进行必要处理，不然容易感染。涂一些碘酒或酒精可以消毒。如果没有，也可以用竹叶烧焦成炭灰，或将嫩竹叶捣烂敷在伤口上，一样可以达到防感染和止血的目的。

因此，在野外最好穿长裤，并且把袜子套于裤腿外，扎紧裤脚，因为蚂蟥是无孔不入的。在袖口、裤口、鞋面和皮肤裸露的地方要涂抹花露水、清凉油或防蚊剂等，每隔 3～6h 重抹 1 次。当你全身都散发出这种味道，蚂蟥便会敬而远之。

1.3.4.3　野蜂

在野外遭到马蜂的围攻可以采取两种对策：一是用水掩护；二是用火攻。若附近有河的话，应以最快的速度飞奔过去，纵身跳进河里并潜入水中。野蜂是忌水的，它们绝对不会窜进水中蜇人。倘若附近没有河流，或者你不会游泳，那就改用火攻。当野蜂成群向你袭来时，马上扫视一下附近有没有枯草。如果有，应迅速跑过去，掏出打火机或火柴把它点燃，烟火便会把野蜂熏走；如果没有，你可以把上衣脱掉点燃，然后迎过去拼命扑打。

如果不慎被野蜂蜇伤,伤口会立刻红肿,且感到火辣辣的痛,并伴有头晕、恶心等症状。此时,应马上涂抹一些碱水(氨水的效果更好),使酸碱中和减弱毒性,亦可起到止痛的作用,再就近到医院处理伤口。如果当时有洋葱,洗净后切片在伤口上涂抹,效果也不错。

1.3.4.4　中暑

当出现大量出汗、口渴、头晕、胸闷、恶心、全身无力、注意力不集中等先兆时,你可能中暑了。这时,要避免在强烈的阳光下或闷热的环境中停留,尽快离开,转移到阴凉透风处坐下休息。对于表现为面色潮红、皮肤发热的病人,要根据现有条件给予降温处理。迅速将病人抬到阴凉通风的环境下躺下,头稍垫高,脱去病人的衣裤,用纸扇或电扇扇风,同时用冷水擦身或喷淋,也可将冰块装在塑料袋内,放在病人的额头、颈部、腋下和大腿根部,尽快使病人体温下降并至清醒。神志清醒者,可服用清凉饮料、糖盐水及人丹、十滴水或藿香正气水等清热解暑药,在两侧太阳穴擦些清凉油等。若病人昏迷不醒,则可针刺或掐病人的人中穴(位于鼻唇之间中上 1/3 交界处)、内关穴(位于手腕内侧上方约 5cm 处)以及合谷穴(即虎口)等。在积极进行上述处理的同时,应将其尽快送往医院抢救。

1.3.4.5　避免雷击的方法

通常,雷电会击中户外最高的物体尖顶(如孤立的高大树木或建筑物往往最易遭雷击),然后沿着电阻最小的路线传到地上。如遭电击,人大多会因而肌肉痉挛、烧伤、窒息或心脏停止跳动。

出发前应留心电台或电视中的天气预报,避免在天气不稳定时进行远距离野外活动。切勿站立于山顶上或接近导电性高的物体边。树木或桅杆容易被闪电击中,应尽量远离。也不宜在旷野中打伞和在雨中狂奔。闪电击中物体之后,电流会经地面传导,因此不要躺在地上,潮湿地面尤其危险。如果在户外遭遇雷雨,来不及离开高大物体时,应马上找些干燥的绝缘物放在地上,并双脚合拢坐在上面,胸口紧贴膝盖,尽量低下头,尽量减少与地面接触的面积。切勿将脚放在绝缘物以外的地面上,因为水能导电。还应拿去身上佩戴的金属饰品和发卡、项链等。进小屋躲雨时不能靠墙站立。如果看到高压线遭雷击断裂,此时应提高警惕,因为高压线断点附近存在跨步电压,身处其附近的人此时千万不要跑动,而应双脚并拢,跳离现场。

1.4　野外实习的考核

1.4.1　小论文写作

小论文写作的相关内容可参考本系列教材中的《生态学实验》一书。

1.4.2　实习报告的撰写

实习报告一般包括以下几部分内容:

题目:要求简洁明了,字数不宜过多,一般控制在 20 字以内,应能够统领全文,切勿出现病句,必须说明实习地点、年份等内容。

　　组员、实习日期、报告撰写日期:注明组员的名字及学号、实习的日期和报告撰写的日期。

　　带队老师、地点:注明带队老师及具体地点。

　　前言:包括实习的目的与意义、实习时间、实习地点的自然及人文环境。文字不宜过于冗长,并要注明参考文献。

　　用具(仪器与药品):实习所用的仪器工具、药瓶等。应说明实际的来源、所使用仪器的型号。

　　操作过程、方法:实习时具体实施的过程及方法,有文献支持的需注明参考文献。

　　结果:可以多种形式呈现,如图表或文字说明等。文字叙述部分应对结果进行概括性描述,并与图表内容相互补充,叙述力求简洁,应尽量避免与讨论部分内容相重复。

　　讨论与感想:应围绕结果进行,并与引言中所提出的问题相互呼应,简洁明了,推测要有依据,也可以根据具体的实习过程写自己的感受、实习期间的注意事项等等。

　　参考文献:根据文中参考文献的使用顺序进行编排,其编排格式与小论文的编排格式相同。

1.4.3　种类识别考试

1.4.3.1　实物考试

　　从所采集的物种中筛选一些物种的新鲜标本,要求写出各标本的种名及所属科名。

1.4.3.2　书面考试

　　给出详细的特征,说出该植物或动物的名称和科名;给出某物种名称,说出该物种的主要鉴别特征;或针对某一实习内容写出实习方法等。

1.5　野外实习的注意事项

1.5.1　野外实习用品的保管

　　学生在去野外前,由班长集中借领实习用品。班长需带本人学生证,到实习带队老师处借领,于野外实习结束后及时归还。学生在借用野外实习用品期间,在每天实习开始前需备齐当天实习必需物品,由专人分工携带。应爱护和保管好野外实习用品,避免丢失或损坏。

1.5.2　野外实习的组织管理

　　以组为单位活动,在发生疾病和意外伤害时,可以相互照应;分组也是解决用具、药品不足的一种方法,可使有限的用具、药品得到充分利用;另外,分组实习有利于指导教师在较短的时间内解答大多数学生在实习过程中遇到的实际问题,有利于指导教师及时地向学生讲解在典型景观下的动植物分布及采集注意事项。

　　根据参加实习的指导教师和学生的人数,将学生分成若干小组,每组人数 20~25 人。分组时应注意男女学生搭配,男同学精力充沛,勇敢,奔跑迅速,在追捕动物和携带较重器具时有明显优势;女同学耐心细致,在搜寻植物、小型动物及整理标本方面比男生强。

　　出发前,应进行实习纪律和安全教育,交代野外实习的注意事项,避免出现意外事故,保证野外实习的顺利进行。

1.5.3　野外实习道德

　　在实习中会遇到各种各样的困难,要发扬团结互助、尊师爱友、不怕困难的精神,我们要经常教育学生互相关心,互相帮助,讲文明、有礼貌,不抢占车辆座位和住宿地的床位,把方便让给别人,照顾好集体和他人的财物,把困难留给自己,同时要敢于面对和善于克服困难。

　　要尊重当地居民的生活习惯,对他们的热情和支持要怀有感激之情。

　　同时,也要学会欣赏大自然的美丽,利用学到的专业知识更加深刻地去认识自然的美,自觉地去爱护自然,在大自然中陶冶自己的情操。

　　对于某些珍稀、濒危物种的采集,应遵守国家的相关法律和法规,尤其应向带队老师请示。

第 2 章

主要实习地点的自然环境概况

2.1　西天目山

西天目山,古名浮玉山,与东天目山遥相对应,两峰之巅各天成一池,宛若双眸仰望苍穹,故名"天目",位于杭州临安,是大自然赐予的天然尤物。天目山体东西约长 130km,南北宽约 30km,主峰仙人顶海拔 1506m。

天目山自然保护区保存着长江中下游典型的森林植被类型,植被覆盖率达 95% 以上,植物资源异常丰富,形成了江南独特的高大茂密的森林景观和由多种植物组成的繁茂融洽的植物世界。据调查统计,区内有高等植物 246 科 974 属 2160 种,其中苔藓植物 291 种,隶属于 60 科 142 属;蕨类植物 151 种,隶属于 35 科 68 属;种子植物 1718 种,隶属于 151 科 764 属。

天目山由于树木茂盛,利于鸟群栖息,故又是"鸟兽乐园"。其鸟兽类有数百种,其中有云豹、黑麂等 30 余种濒危动物。天目山还是昆虫世界,有昆虫 26 目 213 科,其中以"天目"命名的 45 种。天目山模式昆虫标本和以"天目"命名的昆虫之多实为罕见。

因此,天目山是一处不可多得的"物种基因宝库",它既是生物科学研究场所,也是学校教学实习重要基地。据统计,到天目山进行教学实习的大中专院校有 70 余所,每年到天目山举行各种科教活动的中小学校有 30 余所。

2.2　西溪国家湿地公园

位于杭州市城区西部,北纬 30°15′～30°17′、东经 120°02′～120°16′,总面积约 10.08km²,为杭州市西部低山丘陵区与杭嘉湖平原的过渡地带,距离西湖仅 5km,由部分河港湖漾、狭窄的塘基和面积较大的渚相间组成的次生湿地。杭州西溪湿地是一个水陆交错的大型水体,陆地面积占 30%,水域面积占 70%。西溪湿地主要由水体、丘陵土坡、有机活性黏土、植物、动物、微生物等自然资源和物质文化遗迹、非物质文化遗迹等文化资源构成。自然资源和文化遗迹交织而成独特的景观文化。园区内水网密布,曲水回环的大小河溪总长 30km,水域主要为河港、池塘、湖漾、沼泽等,6 条河道纵横交汇,洲岛约 800 多个。自然资源中一部分是原生的,另一部分经人工改造而呈人工生态形态。

西溪湿地植被类型丰富,生长着丰富的植物种类。现记录有维管束植物 126 科 339 属 474 种(含种下等级),其中蕨类植物门 7 科 8 属 9 种,裸子植物门 5 科 9 属 12 种,被子植物门 的双子叶植物纲 92 科 255 属 371 种、单子叶植物纲 22 科 68 属 82 种。在这些植物中,乔木有 76 种,灌木 74 种(含半灌木 3 种),木质藤本 17 种,草本植物 307 种(含水生草本 21 种,草质藤 本 34 种)。其中,栽培植物有 100 余种。西溪湿地中主要栽培的植物有柿、柳、樟、竹、桑、李、 桃、榆、鹅掌楸、莲香树、枫杨、木槿等。其中桑、竹、柳、樟、莲等乡土树种在湿地区域内的种植 历史较长,尤以芦苇、荻、柿、梅、竹最具种植规模和景观特色。水生植物有芦、菱、萍、莲等,经 调查,西溪湿地公园共有水生植物 38 科 64 属 99 种,其中单子叶植物有 16 科,双子叶植物有 22 科。按生活类型划分,挺水植物 65 种,占总数的 65.7%;浮水植物 18 种,占 18.2%;漂浮 植物 6 种,占 6.0%;沉水植物 10 种,占 10.1%。其中较常见的科有禾本科、鸢尾科、莎草科、 天南星科、睡莲科等,优势种为芦苇、芦荻、菱白、再力花、旱伞草、慈姑、鸢尾这 7 种。

同样,西溪湿地的动物资源比较丰富。由于西溪湿地毗邻山地、平原和农田,植被较密,且 可提供充足的食物,因此鸟类区系十分丰富,包括白鹭、灰鹭、白额雁、绿头鸭、翠鸟等湿地鸟 类、平原鸟类、山地鸟类、农田鸟类和城郊鸟类等多种类型。据记录,该地鸟类有 15 目 39 科 126 种,分别占杭州鸟类目、科、种的 93.7%、97.5%、67.0%;昆虫共 133 科 417 属 477 种;大 型底栖无脊椎动物种类有 17 种;鱼类 14 科 35 属 45 种,鲤鱼、鲫鱼、鳊鱼、鳙鱼、青鱼、草鱼、鳜 鱼、黄翅鱼等各种鱼更是具西溪地方特色的水乡物产;两栖类 1 目 4 科 10 种;爬行类 3 目 8 科 15 种;兽类 5 目 7 科 14 种。

2.3　西湖山区

西湖山区位于杭州市西郊,三面环山,东接杭州城区,约为北纬 30°15′、东经 120°10′,总 面积约为 80 km²。地形以丘陵为主,西湖内周诸山高度多在 400 m 以下,主要由石灰岩、页 岩、砂岩及火山喷出岩等构成。其总的趋势是西南高,东北低,由西南侧向西湖内周诸山逐 级降低,形成一个缺口指向东北的马蹄形轮廓。外周为泥盆纪砂岩构成之群山,高峰挺拔, 谷深坡陡。天竺山海拔 445 m,为西湖山区第一高峰。内周诸山海拔一般均在 300 m 以下, 如飞来峰、南高峰、玉皇山、将台山等,这些山峰均由石灰岩构成,石骨嶙峋,岩溶地貌发育, 别具姿态。沿湖西侧,主要为页岩及第四纪沉积物所分布,松软易蚀,形成了高度不及 100 m 的低丘宽谷地带。西湖山区地质地形的这种特点,对水分、热量的再分配和土壤性质 的差异性具有明显的影响,因而直接或间接地影响西湖山区植物种类的复杂性和植被类型 的多样性。

在地形、水热条件、成土母质、植被以及人为因素等的综合作用下,土壤种类多样,性状各 异,主要可分为以下几类:红壤、黄壤、石灰岩红色土、水稻土等。砂岩、页岩和火山喷出岩上 发育为不很典型的红壤土,质地属黏壤土,pH 4.3～5.5;石灰岩山丘上发育为石灰岩红色土, 质地多属黏土,pH 6.2～6.5。土壤表层有机质可达 2.5%～3.5%。

西湖山区的自然环境因素,尤其是水热条件,决定了本区植被具有由亚热带常绿阔叶林向 暖温带落叶阔叶林过渡的特点,并在植被的种类组成、外貌和结构特征上得到良好的反映。据 统计,杭州西湖山区种子植物丰富,共有 1225 种(包括栽培 420 种),隶属于 756 属 155 科。西湖山区植物区系的热带、亚热带和暖温带、温带的特征显著,具有热带到温带分布的过渡性;植物区系具有一定的多样性,科、属均以单种和寡种的为主。

但由于该区植被是一类在遭受了损毁之后逐渐发育起来的次生性植物群落,大多数是数十年生的次生性群落。大部分次生林都有常绿阔叶树、落叶阔叶树和暖性针叶树不同比例和非均匀状态的混交,使群落呈现为亚热带北部地区阔叶混交林或阔针混交林的外貌,夏季林相表面色调斑驳,冬季则有大量树木落叶,季相非常清楚。此外,尚有一定面积的次生灌草丛分布。西湖山区次生植被的群落结构较简单,分层较清楚,一般都有林木层、下木层和草本层 3 个基本层次以及层间植物。

近年来,由于城市化的急剧发展,西湖山区植被遭受一定程度的干扰,植被结构发生一些变化。据张洋等研究,西湖山区的不同森林群落呈现以下特点:① 落叶阔叶林、常绿落叶阔叶混交林和竹阔叶混交林的植物物种多样性较高。落叶阔叶林的下层的灌木和草本有更多的阳性物种侵入,种类较丰富;常绿落叶阔叶混交林与其他林分相比,乔木、灌木和草本层的多样性指数都较高;竹阔叶混交林的乔木层树种丰富,虽然灌木和草本层物种数一般。② 针叶林、针阔叶混交林和常绿阔叶林的植物多样性水平一般。针叶林和下针阔叶混交林的草本层多样性较低;常绿阔叶林的灌木层多样性很高,但是乔木层多样性低,草本层物种较少。

2.4 普陀山

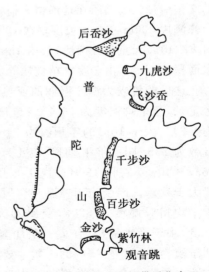

普陀山位于浙江杭州湾以东约 100 海里,地处北纬 30°、东经 122°30′,是舟山群岛中的一个小岛。全岛面积 12.5km² ,呈狭长形,南北最长处为 8.6km,东西最宽处为 3.5km。岛的东面多为沙滩,夹杂部分岩礁,南北面以岩礁为主,西面有滩涂。潮汐类型为正规半日潮,最大潮差 4.3m,因而,其海滨动物种类繁多。主要潮间带采集点(图 2-1)有千步沙、百步沙、九虎沙(沙质),紫竹林、观音跳(岩礁),后岙沙(泥质),金沙(泥沙质)。此外,普陀山还有山地、居民点等生态类型。山地最高海拔约 300m,树木葱郁,林幽壑美。野生维管束植物约 128 科近 900 种。国家保护植物有普陀鹅耳枥、普陀樟、舟山新木姜子、海滨木槿、全缘冬青等。普陀鹅耳枥是普陀山特有树种,属国家二级重点保护植物。陆生动物主要有昆虫类、两栖爬行类、鸟类及兽类。

图 2-1 普陀山潮间带采集点

2.5 朱家尖

朱家尖岛位于北纬 29°50′~29°57′、东经 122°26′~122°50′,是舟山群岛中第五大岛。全岛面积 72km²,属丘陵和海积平原地貌,中部和西北部为平原,东南部海岸曲折,山势挺拔。朱家尖岛是离普陀山岛较近的风景旅游区,与舟山本岛有跨海大桥相连,交通便利。其中,潮间带海区生态类型属于舟山海区近外海生态区和近海生态区交界区域类型。主要采集点有:

① 月岙:月岙码头附近是一个比较好的泥质潮间带,左边高潮区底质为岩石或硬泥质。

② 老佃房(夏令营基地):中央为典型沙滩,称大沙里,两侧各为一个比较大的岩质潮间带。

③ 凉帽潭:西侧海滩为泥质潮间带。

④ 南沙:沙质潮间带,为风景旅游区,海滨浴场。

⑤ 外漳州:外侧(东侧)海滨为沙质潮间带,内侧(南边)漳州湾两侧为岩质潮间带。

2.6　天童

天童位于浙江省宁波市鄞州区东南部,距宁波市 28km,地处北纬 29°48′、东经 121°47′。东南名刹天童寺坐落其中,该寺开创于西晋永康元年,迄今已有 1600 年的历史,属全国著名五大丛林庙宇之一。寺院东、北、西三面环山,森林植被保存良好,是浙江省东部丘陵地区地带性植被类型的一块难得的代表性地段。

天童于 1981 年经林业部门批准建立国家森林公园。公园面积 349hm²。公园在地质构造上属于华夏陆台范围,位于闽浙地盾北部,为四明山、天台山的余脉,处于浙东丘陵与滨海平原的交错地带。公园所在地形似座椅,三面环山,南向一面宽谷,主峰太白山海拔 653.3m,一般山峰海拔 300m 左右。坡度多在 10°~30°,很少有 45°以上的山坡。境内有两条溪流,一条来自太白山经天童寺往南流,长约 1.8km,另一条从放羊山经古天童流向西南,长约 1.3km,集水面积 300hm²,由于森林植被涵养水源,流水潺潺,终年不绝。

这里的气候为温暖湿润的亚热带季风气候。全年温和多雨,四季分明。据鄞州区气象台记录,年平均温度为 16.2℃;最热月为 7 月,平均温度为 28.1℃;最冷月为 1 月,平均温度为 4.2℃;大于 10℃的年积温为 5166.2℃,无霜期 237.8d,全年稳定通过 10℃初终日间隔日数为 235.1d。年平均降雨量为 1374.7mm,多集中在夏季(6—8 月),占全年雨量的 35%~40%,冬季(12 月—次年 2 月)冷而干燥,雨量仅占全年的 10%~15%,春季雨量一般大于秋季。因受梅雨锋系和台风影响,年内降水主要有两个高锋,各在 5、6 月和 7、8 月。年平均相对湿度达 82%,变率不大,各季之间最大变率在 5%以下。年蒸发量为 1320.1mm,小于降水量,只有 7—10 月蒸发量稍大于降水量。雨水充沛,热量充足,水热同季有利于植物生长。公园内的土壤主要为山地黄红壤,成土母质主要是中生代的沉积岩和部分酸性火成岩以及石英砂岩和花岗岩残积风化物。土层厚薄不一,一般在 1m 左右,质地以中壤至重壤为主,全氮和有机质含量较高,一般分别为 0.2%~0.4%和 3%~5%,土壤 pH 值多为 4.5~5.0。

天童国家森林公园的植被并非原生林,现存的都是次生植被,从恢复较好、发育成熟的森林性质来看,这里的地带性植被,或者说气候顶级应是常绿阔叶林。在沟谷和山脊土壤瘠薄的立地条件下,分布有小片的常绿阔叶落叶阔叶混交林,山麓地带生长着人工马尾松林、杉木林和毛竹林,山脊上还分布有次生灌丛。由于上体不高,植被垂直分布并不明显。

2.7　四明山

四明山位于浙东,北纬 29°38′~29°47′、东经 121°00′~121°14′,是天台山脉的支脉,横跨余姚、鄞州、奉化三县(市、区),并与嵊州、新昌、天台三县(市)连接。在 2001 年由浙江省政府批准建立了省级森林公园。四明山森林公园东西长 50km,呈狭长形,总面积 6251.0hm²。其前身为宁波市林场,连接慈溪市与奉化溪口镇的省级公路浒溪线穿林场境内而过。公园内山峦起伏,蜿蜒连绵,危崖壁立,森林茂密。

四明山森林公园的气候为典型的中亚热带季风气候,偏冷而湿润,四季分明,光照充足,雨量充沛。冬夏季风交替明显,夏季凉爽,7 月平均气温为 22.9~24.6℃,最高气温不超过 35℃;冬季寒冷,1 月平均气温为 -2~1.0℃,极端最低气温达 -14.0℃;年平均气温为 11.6~12.0℃。无霜期为 203d。年降雨量约为 2000mm。年平均相对湿度为 83%。台风、低温和冰封对林木生长的影响较大。

四明山位于甬江源头、曹娥江上游。相量岗林区南坡、北坡水系经剡江、鄞江进入甬江;灵溪林区、林业队东坡水系经鄞江、亭下湖、剡江进入甬江;灵溪林区、仰天湖林区西北坡水系流向下管溪进入曹娥江;仰天湖东坡、南坡,林业队西坡、南坡和黄海田林区的水系流向曹娥江及其上游。

公园区内大部分母岩为沙砾岩,土壤以黄壤为主,另有山地黄泥土、山地砂石土和红壤等。由于海拔较高,土层厚度随地形变化而变化,山地黄壤一般在山岙和山腰缓坡地带,土层较厚,有较好的保水保土能力,土壤肥力较高,而在山顶和坡度较大的地方,土壤瘠薄,岩石裸露,土壤偏酸性,pH 值在 4.5~6.5。

四明山森林公园隶属于中亚热带常绿阔叶林亚区,物种丰富,经初步查明的维管束植物共有 974 种(包括种下分类单位),隶属 150 科 547 属,其中蕨类植物 24 科 41 属 65 种,裸子植物 7 科 19 属 24 种,被子植物 119 科 487 属 885 种。其中有世界著名的庭园观赏树种金钱松、鹅掌楸,近年来城市园林绿化中颇受人们喜爱的雪松、日本冷杉、茶花、海棠、樱花、红枫、秃瓣杜英等观赏植物,被列入国家一级重点保护树种的南方红豆杉,以及国家二级重点保护植物金钱松、榧树、长序榆、榉树、樟树、野大豆、七子花共 7 种。初步查明的野生动物资源中鸟类 10 目 24 科 47 种,兽类 7 目 15 科 42 种,两栖类 1 目 2 科 4 种,爬行类 3 目 5 科 13 种。其中有国家一级重点保护动物白颈长尾雉、云豹、豹 3 种,国家二级重点保护动物苍鹰、游隼、白鹇、草鸮、穿山甲、黑麂、虎纹蛙等 18 种,省级重点保护动物白鹭、四声杜鹃、黑枕绿啄木鸟、红嘴蓝鹊、豹猫、滑鼠蛇、五步蛇等 22 种。

由于人为活动频繁,原始植被遭受破坏,多演化成次生植被类型。特别是宁波市林场建立以后,又进行了大面积的人工造林,现有植被中人工林占绝大多数,主要有裸子植物门的松科、杉科和柏科,被子植物门的金缕梅科、樟科、茶科和柿科等。灌木有山苍子、茅栗、化香、柃木等,多以落叶树种为主。主要的植被有人工针叶林、常绿阔叶林、常绿落叶阔叶混交林、竹林和灌木林。

2.8　古田山

　　古田山国家级自然保护区地处浙江省衢州市开化县苏庄镇境内,距县城 30km,位于东经118°03′49.7″~118°11′12.2″、北纬 29°10′19.4″~29°17′41.4″,与江西省婺源县、德兴市毗邻。其始建于 1958 年,1975 年 3 月建立自然保护区,1979 年成为全国首批省级自然保护区之一,2001 年 6 月升级为国家级自然保护区。保护区以古田庙为中心,由 3 条主岗和 2 条大沟组成,总面积 13.68km²。森林资源丰富,林相结构复杂,植物种类繁多,层次分明,在植物组上兼有南北的景色。山上林木葱茏,遮天盖日,天然次生林发育完好,有"浙西兴安岭"之称,主峰青尖高1258m,山势由东向西延伸至江西省境内,森林总面积约 720hm²,林木蓄积量 $6.66 \times 10^4 \text{m}^3$。水流经苏庄折入江西省境内德兴市的乐安江,流入我国最大的淡水湖——鄱阳湖,再汇入长江水系。

　　古田山自然保护区人称"浙江天然基因库",其主要特色是具有极为丰富的动植物资源,生物的多样性十分突出。保护区地处中亚热带东部,浙、赣、皖三省交界处,地理环境位置特殊、复杂,分布着典型的中亚热带常绿阔叶林,是生物繁衍栖息的理想场所。在植物区系组成上,兼具南北特点,是联系华南到华北植物的典型过渡带,其中有些是我国和浙江省仅有或稀有的种类,这里还分布着大片原始状态的天然次生林,林相结构复杂,生物资源丰富,起源古老,区系万分复杂,珍稀动植物种类繁多。根据历年来科学调查资料统计,有高等维管束植物 244 科897 属 1991 种,其中种子植物中有我国特有属 14 个,在浙江植物区系中仅见分布于古田山的种类有栓翅爬山虎、福建石楠、婺源安息香等 10 种;有珍稀濒危植物 32 种,其中国家二级重点保护植物 5 种、国家三级重点保护植物 12 种、省级珍稀濒危植物 15 种,特别是香果树、野含笑、紫茎这 3 种珍稀植物群落之大,分布之集中,在全国罕见。动物区系是东洋界向古北界的过渡类型,有国家重点保护动物 34 种(其中国家一级重点保护动物有豹、云豹、黑麂、白颈长尾雉 4 种,二级重点保护动物有白鹇、黑熊、小灵猫等 30 种)、省级重点保护动物 32 种,而且这里是国家一级保护动物黑麂的全国 2 个集中分布区中最大的一处,也是国家一级动物白颈长尾雉全国分布较集中、数量较多的地区,还是浙江省最大的国家二级保护动物白鹇、黑熊等动物的栖息地。古田山有昆虫 22 目 191 科 759 属 1156 种,其中以古田山为模式产地的昆虫有 11目 37 科 164 种,其中以"古田山"命名的有 24 种,以"开化"命名的有 6 种。大型真菌资源有207 种,其中以古田山为浙江首次发现地的有 50 种。主要有保护对象为中亚热带常绿阔叶林森林生态系统和各种珍稀濒危物种。

2.9　大陈岛

　　大陈岛位于浙江省台州市境内,处于北纬 28°25′26″~28°31′01″,东经 121°50′40″~121°51′34″。大陈岛属于亚热带季风气候,年平均气温为 16.7℃。最热月平均气温为 26.7℃,出现在 8 月;最冷月平均气温为 6.9℃,出现在 2 月。极端最高气温为 33.6℃;极端最低气温为5.7℃。年日照时数1950.8h。年平均相对湿度为 83%,年降水量为 1387.5mm,日最大降水量为271.7mm,出现在 9 月,年暴雨日数为 4.6d。年平均风速为 6.8m/s,最大风速为 37.0m/s,出现在 9 月,风向北,极大风速为 45.9m/s,风向北,出现在 9 月。

大陈岛海域受东海水系影响较大。潮汐属正规半日潮,平均潮差为 3.39m,最大为 5.85m。表层水温年平均为 18.0℃,实测最高、最低水温极值分别为 30.8℃和 4.7℃。年平均表层盐度为 29.12,实测最高、最低盐度分别为 36.00 和 12.52。

大陈岛海域海洋生物种类与数量十分丰富。其中浅海游泳生物约 100 余种,如带鱼、大黄鱼、银鲳、宝石石斑鱼、海马、龙头鱼、鲻鱼、口虾蛄、中华管鞭虾、三疣梭子蟹、曼氏无针乌贼和长蛸等。潮间带藻类有 47 属 88 种,其中绿藻类 7 属 20 种,褐藻类 13 属 23 种,红藻类 25 属 43 种,蓝藻类 2 属 2 种。软体动物约有 71 属 94 种;甲壳动物约有 29 属 35 种;棘皮动物约有 10 属 15 种;腔肠动物约有 12 属 18 种;环节动物约有 9 属 16 种。

大陈岛动物区系属于印度-西太平洋的中国-日本亚区。潮间带生境类型有岩岸、泥沙滩和砾石滩 3 类,不同的底质条件栖息着不同的生物种类。岩岸分布的生物种类有覆瓦小蛇螺、红条毛肤石鳖、各种滨螺、各种荔枝螺、史氏背尖贝、棘刺牡蛎、粗腿厚纹蟹、鳞笠藤壶、日本笠藤壶、龟足、紫海胆、厚丛柳珊瑚、绿海葵和长吻沙蚕等。泥沙滩分布的生物种类有棒锥螺、蛙螺、斑玉螺、毛蚶、青蛤、海参、僧帽牡蛎、招潮蟹、泥涂大海葵等。砾石滩分布的生物种类有单齿螺、拟蜒单齿螺、蝾螺、平背蜞、日本岸瓷蟹、肉球近方蟹、马粪海胆、各种蛇尾类等。

2.10　天台山

天台山是中生代开始隆起的断块山,系武夷山仙霞岭中支由南向北延伸而来,主要由花岗岩侵蚀体构成,悬崖峭壁,峰峦叠嶂,飞瀑澎湃,峡谷深幽,有"山水神秀、佛宗道源"之称,1988 年被列为国家重点风景名胜区和国家森林公园。主峰华顶山(北纬 29°15′、东经 121°06′)海拔 1098m,位于天台县东北边缘。这里属亚热带季风性湿润气候,雨水充沛,年降水量为 1700mm,平均相对湿度达 85%以上。年平均气温 13℃,极端最高气温为 36℃,极端最低气温为-14℃,积温为 2858～5157℃。全年生长期约 230d。山地土壤系水成岩及火成的花岗岩母质形成的黄壤土,土层厚度为 30～100cm,呈酸性,pH 值为 4.5～6.0,土壤含钾量较高,含磷量低,尚属湿润肥沃。由于水热条件好,植物生长茂盛,种类繁多,区系成分复杂。地带性植被类型主要为中亚热带常绿阔叶林,并且在部分地方发育保存较好。因此,天台山是良好的植物野外实习场所。

天台山的植物种类较为丰富。据初步统计,有种子植物 133 科 535 属 1235 种(包括亚种及变种,不包括栽培种),分别占浙江种子植物总科的 73.1%、属的 44.0%、种的 36.7%。植物区系中包含了不少我国特有属,它们是杉属、青钱柳属、大血藤属、腊梅属、牛鼻栓属、枳属、盾果草属、香果树属、七子花属和秦岭藤属等。

由于天台山地区没有受到冰川的严重影响,所以这里的植物一直在比较温暖湿润的气候条件下生存发展,在这里可见到一些古老的孑遗植物。产于第三纪的裸子植物有松属、粗榧属;冰期前的古老被子植物有杨梅属、青钱柳属、青檀属、糙叶树属、金缕梅属、枫香属、远志属、黄连木属、兰果树属、栲属、青冈属、石栎属、润楠属、樟属、木姜子属、山胡椒属、木荷属、杨桐属、厚皮香属、山茶属、枪木属、檫木属、木莲属、南五味子属和桦木科、桑科、木通科、防己科、卫矛科、无患子科、鼠李科、毛茛科、杜鹃科、苦木科、八角枫科、旌节花科等科的一些属。这足以说明天台山植物区系的丰富和起源的古老。

据统计,采自天台山的模式标本有 37 种(部分种已被归并或者更改学名的未列入),如长柱小檗、白花浙江泡果荠、重瓣野山楂、无腺稠李、浙江木蓝、木姜叶冬青、雁荡三角枫、毛脉槭、毛鸡爪槭、凸脉猕猴桃、褪粉猕猴桃、浙江尖连蕊茶、黑果荚蒾、滴水珠、宽叶老鸦瓣、蕙兰。模式标本采自天台山且以"天台"或"华顶"命名的植物有天台鹅耳枥、天台钱线莲、天台溲疏、天台阔叶槭、天台鸭嘴草和华顶杜鹃等等。

分布在天台山的、列为国家首批保护的珍稀植物有香果树、七子花、凹叶厚朴、天目木姜子、野大豆、紫茎和金刚大等。

2.11　洞头

洞头岛位于北纬 27°50′、东经 121°10′的浙江南部海域(图 2-2),岛屿地形复杂。潮汐为正规半日潮,平均潮差 5.5m。因岛屿沿岸受风浪、潮流等的不断浸袭,其潮间带底质结构多样化,其西北岸为泥或泥沙底质,东北至东南岸为岩礁底质,个别岙口为沙质,南面为泥沙滩。因此,潮间带动物种类较丰富。可选取鸽尾礁、大沙岙北岸(岩礁质)、隔头(砾石质)、大沙岙(沙质)、小朴(泥沙质)作为潮间带动物采集地。洞头岛的陆地有森林、村落、菜地、池塘等生境,具较丰富的动植物资源。

图 2-2　洞头岛潮间带采集点

2.12　石垟森林公园

石垟森林公园位于文成县西北部,为文成、景宁、泰顺三县交界处,属洞宫山脉罗山支脉(文成段在当地称南田山脉),水系大部分属飞云江水系。地理坐标介于北纬 27°48.18′~27°55.48′、东经 119°46.34′~119°53.26′,海拔 380~1362m,总面积 54.4km²。

石垟森林公园属中亚热带季风湿润气候区,年平均温度为 13.7℃,最热月(7 月)平均温度为23.6℃,最冷月(1 月)平均温度为 3.3℃。年平均降水量为 2161mm,年平均相对湿度为85%,年均雾日为 220d,年均降雪天数为 15d。

石垟森林公园的母岩大多为火成岩类,土壤主要是山地红壤和山地黄壤。森林覆盖率为95.4%,地带性植被属中亚热带常绿阔叶林南部亚地带,垂直地带性植被跨越常绿阔叶林、常绿落叶阔叶混交林、山地灌丛等梯度。现有植被类型有常绿阔叶林、黄山松林、针叶阔叶混交林、常绿落叶阔叶混交林和马尾松林等。主要树种有苦槠、甜槠、栲树、石栎、青冈栎、浙江樟、红楠、厚皮香、木荷、冬青等。

　　公园内共有植物 207 科 762 属 2042 种,其中属国家重点保护的珍稀树种有南方红豆杉、钟萼木、蓝果树、香果树、银钟花、连香树、福建柏、天竺桂、花楣木等 30 多种,有观赏价值的植物 300 多种,药用植物 370 种。

　　公园内有陆生脊椎动物 5 纲 23 目 58 科约 200 种,其中两栖类 2 目 33 种,爬行类 3 目约 50 种,鸟类 100 多种,兽类 8 目 22 科 56 种。国家重点保护的珍稀动物有短尾猴、黄腹角雉、穿山甲、云豹、猫头鹰、五步蛇、眼镜蛇等 20 多种。

第 3 章

植物学野外实习

3.1 蕨类植物常见科、属、种特点及相关鉴别检索

3.1.1 石杉科 Huperziaceae

蛇足石杉 *Huperzia serrata*：植株高 10～30cm。茎直立，顶端有芽胞。叶螺旋状排列，呈 4 行疏生，具短柄。孢子囊肾形，生于叶腋。产全浙江省山地林下阴湿处。

闽浙马尾杉 *Phlegmariurus mingchegensis*：植株高 15～35cm。茎直立或老时顶部倾斜，一至数回 2 叉分枝或单一。叶螺旋状排列，斜展，披针形，基部无柄。同形叶。孢子囊肾形。产全浙江省山地林下阴湿岩石上，中国特有。

3.1.2 石松科 Lycopodiaceae

灯笼草 *Palhinhaea cernua*：地上主枝直立，高可达 100cm，树状，顶端往往着地生根，小枝短。叶一型，螺旋状排列，线状钻形，全缘。孢子叶穗生小枝顶端，单一无柄，成熟时向下。产浙中、浙南低山丘陵。

石松 *Lycopodium japonicum*：地上茎匍匐，长可达数米，向下生出根托，向上生出侧枝。叶螺旋状排列。孢子叶穗 2～6 个，生于小枝顶端。全浙江省山地分布。

3.1.3 卷柏科 Selaginellaceae

卷柏属 *Selaginella*

陆生小型蕨类。茎直立、匍匐或攀缘，基部具根托，分枝 2 叉。叶小型，二型，在背腹各 2 列排列成 4 行。孢子叶集生枝顶，排列成孢子叶穗；孢子囊二型。
1. 孢子叶一型，卵形。
  2. 主茎粗短成干，顶端密生分枝 …………………………………… 卷柏 *Selaginella tamariscina*

2. 无粗短主干,枝疏生,不成莲座状。

　3. 主茎直立,仅基部有根托或生根 …………………… 江南卷柏 *S. moellendorfii*

　3. 主茎匍匐,分枝处全有根托或生根 …………………… 翠云草 *S. uncinata*

1. 孢子叶二型,卵形或阔卵形。

　4. 主茎直立或斜生,形成明显囊穗 …………………… 异穗卷柏 *S. heterostachys*

　4. 主茎匍匐,不形成明显囊穗 …………………… 伏地卷柏 *S. nipponica*

　　卷柏 *Selaginella tamariscina*:耐旱蕨类。茎粗短,枝密生顶端,排列成莲座状,缺水时向内拳曲。叶二型,互生,成 4 列,背腹各 2 列。孢子叶穗四棱柱形,单一,着小枝顶端;孢子叶卵状三角形;孢子囊圆肾形;孢子二型。全浙江省分布,产海拔 1700m 以下山地岩石或岩石边土上。

　　翠云草 *S. uncinata*:蔓生蕨类。长可达 2m。主茎禾秆色,有棱,分枝处有根托。主茎上叶一型,2 列分枝上叶二型,背腹各 2 列。侧叶平展,短尖,有白边;中叶疏生,渐尖,指向枝顶。孢子叶穗生于小枝顶端,四棱柱形;孢子囊卵形;孢子二型。产全浙江省山地及农田周围。

　　江南卷柏 *S. moellendorfii*:主茎直立,禾秆色,下部不分枝,上部分枝。叶在茎上一型,短尖;枝上叶二型,背腹各 2 列,侧叶短尖,有白边,中叶锐尖;孢子叶穗单生枝顶,四棱柱形;孢子叶卵状三角形,锐尖;孢子囊圆肾形;孢子二型。全浙江省山地分布,产海拔 1000m 以下的林下、林缘或路边。

　　异穗卷柏 *S. heterostachys*:植株细弱。主茎不明显,与营养枝伏地蔓生,分枝处有根托;生殖枝直立。叶二型,背腹各 2 列,在不育枝上排列紧密,在能育枝上疏离。叶薄草质。孢子叶穗生于小枝顶端,扁平线形,孢子叶二型;孢子囊圆肾形;孢子二型。全浙江省山地分布。

　　伏地卷柏 *S. nipponica*:植株细弱,蔓生。主茎分化不显著,各分枝节下生不定根。能育枝直立。叶二型,侧叶阔卵形,锐尖。孢子叶二型,与营养叶相似;孢子叶穗松散;孢子囊卵圆形;孢子二型。浙江省各地分布。

3.1.4　木贼科 Equisetaceae

　　节节草 *Hippochaete ramosissima*:根状茎横走,在节上和根上疏生黄棕色长毛。气生茎多年生。主枝有棱脊 10 余条;鞘筒狭长,漏斗状,鞘齿三角形。孢子叶穗生于枝顶。产海拔 300m 以下溪边沙滩上或石堆中。

3.1.5　松叶蕨科 Psilotaceae

　　松叶蕨 *Psilotum nudum*:根状茎横走,圆柱形,2 叉分枝,褐色。地上茎直立或下垂,绿色,下部不分枝,上部数回 2 叉分枝,小枝三棱形。营养叶散生,钻形或鳞片状,草质,无叶脉,无叶绿素。孢子囊生于叶腋,常 3 枚聚生。缙云、温州、乐清、仙居、泰顺等地分布。

3.1.6　阴地蕨科 Botrychiaceae

　　阴地蕨 *Scepteridium ternatum*:根状茎短而直立,具肉质粗根。总叶柄长 2～6cm;不育叶叶柄长 3～14cm,光滑,叶片阔三角形,长 8～10cm,宽 8～15cm,3 回羽裂,羽片 3～4 对,有柄;能育叶具长柄,长 12～40cm。孢子囊穗圆锥状,长 4～13cm,宽 2～6cm,2～3 回羽状,无毛。全浙江省山地海拔 800m 以下分布。

3.1.7　紫萁科 Osmundaceae

紫萁 *Osmunda japonica*:植株较大。根状茎粗短。叶二型,簇生;不育叶叶柄长 20～50cm,禾秆色,叶片阔卵形,长 30～50cm,宽 20～40cm,2 回羽状,羽片 5～7 对,对生,长圆形;能育叶 2 回羽状,小羽片强烈缩短成线形。孢子囊棕色。产全浙江省山地林缘,海拔 1500m 以下。

3.1.8　瘤足蕨科 Plagiogyriaceae

华东瘤足蕨 *Plagiogyria japonica*:植株高达 1m。根状茎粗短、直立。叶簇生,二型;不育叶叶柄长 15～35cm,近方形,暗褐色,叶片长圆形,先端尾尖,长 25～35cm,宽 12～18cm,1 回羽状,羽片 13～15 对,互生,披针形或镰形,长 7～10cm,宽约 1cm,无柄,叶片顶端有一特长的顶生裂片,与其下的较短侧生裂片合生;能育叶叶柄长 40～60cm,叶片长 25～30cm,羽片紧缩成线形,长 6～9cm,具短柄。产浙西北、浙西、浙西南山地阔叶林下。

倒叶瘤足蕨 *P. dunnii*:植株近 1m。根状茎粗短。叶簇生,二型;不育叶叶柄草质,长 15～36cm,横断面为锐三角形,叶片长圆披针形,长 35～65cm,宽 8～13cm,先端渐尖,裂片 30～50 对;能育叶较高,柄长 35～40cm,羽片紧缩成线形,长 3～4cm,无柄。孢子囊群生于小脉顶端,成熟时满布羽片下面。产浙江西部到南部山地林下或林缘。

与华东瘤足蕨的区别:叶柄草质不坚硬,连同叶轴为锐三角形。

3.1.9　里白科 Gleicheniaceae

芒萁 *Dicranopteris pedata*:根状茎横走,密被深棕色节毛。叶远生,褐禾秆色,光滑;叶轴 1～3 回 2 叉分枝,多数 2 回;顶芽明显,卵形,密被深棕色节毛;各回分叉处两侧各有 1 片平展的宽披针形的羽状托叶;叶纸质,上绿下灰。孢子囊群圆形,着生于基部上侧或上下两侧小脉的弯弓处,由 5～8 个孢子囊组成。产全浙江省山地,海拔 1000m 以下,是酸性土壤指示植物。

里白 *Diplopterygium glaucum*:植株高大。根状茎横走,密被褐棕色鳞片。叶柄长 50～60cm,基部有鳞片,上部光滑,叶柄顶端有 1 个密被棕色鳞片的大顶芽,不断发育形成新羽片,2 回羽裂,小羽片互生;侧脉 2 叉,小羽片、裂片等与羽轴、小羽轴成直角,裂片先端钝,叶纸质,上绿下灰。孢子囊群圆形。产全浙江省山地密林中。

光里白 *D. laevissimum*:与里白的区别在于小羽片、裂片等与羽轴、小羽轴成锐角;叶下面灰绿色,裂片先端尖。

3.1.10　海金沙科 Lygodiaceae

海金沙 *Lygodium japonicum*:草质藤本。叶 3 回羽状,羽片多数,二型,枝顶有 1 个被黄色柔毛的休眠芽;能育叶三角形,在末回羽片边缘疏生流苏状孢子囊穗。浙江省各地分布。

3.1.11　膜蕨科 Hymenophyllaceae

团扇蕨 *Gonocormus minutus*:小型附生蕨类。根状茎丝状,横走,分枝,被短毛。叶很小,团扇状至圆肾形,直径不超 1cm,叶脉扇状分枝。生阴湿林下或灌草丛下岩石上。

瓶蕨 *Trichmanes auriculata*:附生或土生。根状茎粗长。叶远生;近无柄或有短柄,叶柄无翅或有狭翅,羽片多达 20 对,互生,无柄,叶脉多回 2 叉分枝。孢子囊群生于向轴的短裂片顶部,囊苞狭管状,口部截形,囊托细长而不凸出。产林下、林缘岩石上。

蕗蕨 *Mecodium badium*:附生小型蕨类。根状茎丝状,长而横走,几光滑。叶远生;叶柄纤细无毛,两侧有阔翅达到或接近叶柄基部;叶片披针形或卵形,3 回羽裂,羽片 10～12 对,互生,有短柄;叶薄膜质,光滑无毛,叶轴及各回羽轴均有阔翅。孢子囊群大,生于向轴的短裂片顶端,囊托近于圆形。产浙西和浙西南山地林下湿润岩石上,海拔 800m 以下。

华东膜蕨 *Hymenophyllum barbatum*:附生或石生小型蕨类。根状茎纤细,丝状,横走。叶远生;叶柄大部有狭翅;叶片 2 回羽裂,叶薄膜质。孢子囊群生叶片上部,位于短裂片上,囊苞圆。产海拔 1500m 以下湿润岩石上或苔藓丛中。

3.1.12　碗蕨科 Dennstaedtiaceae

细毛碗蕨 *Dennstaedtia pilosella*:根状茎粗壮,横走,不具鳞片,但有灰棕色节状长毛。叶簇生;叶柄幼时被节毛;叶片长圆披针形,先端渐尖,2 回羽状,羽片 12～20 对,小羽片 1～4 对,上先出,基部上侧 1 片较长,与叶轴平行,两侧浅裂;叶草质,两面密被灰色节毛。孢子囊群圆形。产林缘或石缝中。

边缘鳞盖蕨 *Microlepia marginata*:陆生中型蕨类。根状茎长而横走,密被锈色长柔毛。叶远生;叶柄深禾秆色,上面有沟,几光滑;叶片长圆三角形,先端渐尖,羽状深裂,基部不变狭;1 回羽状,羽片 20～25 对,下部的对生,上部的互生;裂片三角形,偏斜;裂片上侧脉为上先出。孢子囊群圆形,近叶缘生,囊群盖杯形。全浙江省分布,产林下或林缘。

3.1.13　鳞始蕨科 Lindsaeaceae

乌蕨 *Sphenomeris chinensis*:陆生中型蕨类。根状茎短而横走,密被褐色钻形鳞片。叶近簇生;叶柄禾秆色,有光泽,上面有纵沟;叶片披针形、卵状披针形,先端渐尖或尾尖,4 回羽状,羽片 15～25 对,互生,有短柄;叶草质,无毛。孢子囊群顶生于小脉上,每裂片 1 个;囊群盖厚纸质,半杯形。浙江省各地分布。

3.1.14　姬蕨科 Hypolepidaceae

姬蕨 *Hypolepis punctata*:大型陆生蕨类。根状茎长而横走,密被棕色细长毛。叶远生;叶柄长可达 1m,禾秆色,上部扁平,有纵沟达叶轴;叶片卵形,先端渐尖,4 回羽状浅裂,羽片

14～20 对,末回小羽片 9～13 对;叶纸质,两面有灰色透明节毛。孢子囊群圆形,生于小脉顶端,无盖。浙江省各地分布。

3.1.15　蕨科 Pteridiaceae

蕨 *Pteridium aquilinum* var. *latiuculum*:大型陆生蕨类。根状茎长而横走,黑色。叶远生;叶柄深禾秆色,基部常呈黑褐色;叶片卵状三角形,3 回羽状或 4 回羽裂。孢子囊沿羽片边缘着生在边脉上,囊群盖线形,2 层。浙江省各地分布。

3.1.16　凤尾蕨科 Pteridaceae

凤尾蕨属 *Pteris*

根状茎直立或斜升,被鳞片;鳞片狭披针形,棕色,坚硬。叶簇生;叶柄上具沟,自基部向上有“V”字形维管束 1 条;叶片为 1 回羽状或 2～3 回羽裂,羽轴上有沟;小脉先端不达叶缘,通常膨大成棒状水囊。孢子囊群线形,生于叶缘内联结脉上,为反卷的膜质叶缘所覆盖。
1. 叶为 2 回羽状深裂,侧生羽片下侧为篦齿状深裂,上侧浅裂或全缘 ……………………
……………………………………………………… 刺齿凤尾蕨 *Pteris dispar*
1. 叶为 1 回羽状或下部一至数对分叉,羽片不分裂。
　2. 叶下部一至数对不分叉,羽片先端不育部分边缘有锯齿 ……………… 蜈蚣草 *P. vittata*
　2. 叶下部一至数对分叉。
　　3. 上部的侧生羽片及顶生羽片的基部下延,叶轴上有翅 ……… 井栏边草 *P. multifida*
　　3. 上部的侧生羽片及顶生羽片的基部不下延,叶轴上无翅 ………………………
……………………………………………… 凤尾蕨 *P. cretica* var. *nervosa*

3.1.17　中国蕨科 Sinopteridaceae

野雉尾 *Onychium japonicum*:中型陆生蕨类。根状茎长而横走,幼时被深棕色、全缘鳞片。叶近簇生;叶柄淡禾秆色;叶片三角状卵形至卵状披针形,4 回羽状细裂,羽片 9～11 对,斜向上,具柄;叶草质,两面无毛。孢子囊群线形,囊群盖短线形。浙江省各地分布,产林缘、路边。

毛轴碎米蕨 *Cheilosoria chusana*:中型陆生植物。根状茎直立,被黑棕色鳞片。叶簇生;叶柄长 2～13cm,连同叶轴为栗黑色,上面有纵沟;2 回羽裂,羽片 16～20 对,近对生;叶厚草质,两面无毛。孢子囊群生于小脉顶端,囊群盖圆肾形。多产石缝中。

3.1.18　铁线蕨科 Adiantaceae

扇叶铁线蕨 *Adiantum flabellulatum*:中型陆生蕨类。根状茎短而直立,密被棕色鳞片。叶簇生;叶柄亮紫黑色,上部光滑;叶片扇形;叶轴 2～3 回不对称的 2 叉分枝,羽片线状披针形;叶脉扇形分叉,明显,伸达叶缘;叶坚纸质,无毛。孢子囊群生于小羽片的上缘,囊群盖椭圆形。产林缘或灌草丛中。

铁线蕨 *A. capillusveneris*:与扇叶铁线蕨的区别在于叶 2 回羽状,小羽片斜扇形,3～4对,羽片排列不成掌状。

3.1.19 水蕨科 Parkeriaceae

水蕨 *Ceratopteris thalictroides*:一年生水生或湿生蕨类植物。根状茎短而直立。叶簇生,二型;不育叶直立或漂浮,2～3 回羽裂,羽片 4～6 对;能育叶较不育叶为长,2～3 回深羽裂,末回裂片线形,叶脉网状;叶草质。孢子囊群沿网脉生。产浙北水域。

3.1.20 裸子蕨科 Hemionitidaceae

凤丫蕨属 *Coniogramme*

中型至大型陆生蕨类。根状茎长而横走。叶远生;叶柄上有纵沟,有光泽,叶柄维管束 2条,横断面上呈"U"字形排列;羽片边缘呈透明软骨质,有锯齿;叶脉羽状;叶草质或纸质,两面无毛。孢子囊群线形,无盖。东亚分布。

1. 主脉两侧网眼少 ………………………………………… 疏网凤丫蕨 *Coniogramme wilsonii*
1. 主脉两侧网眼有 1～3 行。
  2. 中部羽片狭长披针形,叶基部楔形 ………………………… 凤丫蕨 *C. japonica*
  2. 中部羽片狭长阔披针形,叶基部圆形 ……………… 南岳凤丫蕨 *C. centrochinensis*

3.1.21 书带蕨科 Vittariaceae

书带蕨 *Vittaria flexuosa*:附生植物。根状茎横走,密被黑褐色鳞片。叶近生;叶柄极短;叶片线形,先端渐尖,全缘;叶革质。孢子囊群生于叶缘内的浅沟中,远离中脉而露出叶肉。产林下岩石上。

3.1.22 蹄盖蕨科 Athyriaceae

1. 短肠蕨属 *Allantodia*

中型陆生蕨类植物。根状茎直立,横走,褐色或近黑色。叶簇生或散生;叶柄多少被鳞片,连同叶轴上有纵沟;叶片阔卵圆形或卵状三角形,2 回羽状至 3 回羽状深裂,小羽片基部对称,截形;叶脉分离,羽状;叶草质或纸质,各回羽轴上有一纵沟。孢子囊群线状长圆形或卵形,生于小脉顶端,囊群盖浅棕色或灰白色。

1. 羽片基部不对称,上侧三角形耳状凸出,边缘重齿 …… 耳羽短肠蕨 *Allantodia wichurae*
1. 羽片基部对称,截形,边缘具浅钝齿 ………………………… 江南短肠蕨 *A. metteniana*

2. 其他属种

假蹄盖蕨 Athyriopsis japonica：中型陆生蕨类。根状茎长而横走。叶疏生；叶柄禾秆色，长 15~25cm，基部生棕色节状毛或鳞片，向上光滑；叶片狭长圆形，长 20~30cm，先端渐尖并为羽裂，基部不缩狭，2 回深羽裂，羽片约 10 对，先端渐尖；叶脉羽状，侧脉不达叶缘；叶草质，两面无毛。孢子囊群线形，沿侧脉的上侧单生，囊群盖浅棕色，膜质。产浙江省各地湿润处。

华中介蕨 Dryoathyrium okuboanum：植株高大，可达 1m。根状茎粗壮，横走，略被鳞片。叶近生；叶柄 20~35cm，深禾秆色，基部有鳞片，上部光滑；叶片阔卵状长圆形，2 回羽状或 3 回羽裂，羽片 10~16 对，阔披针状长圆形，基部 1 对显著缩短；叶脉伸达叶缘；叶薄草质或纸质，无毛。孢子囊群圆形，生于小脉上，沿小羽轴两侧各成 1 行，囊群盖圆肾形或马蹄形。产林下、林缘。

角蕨 Cornopteris decurrentialata：中型陆生蕨类。根状茎横走。叶近生；叶柄长 10~30cm，暗禾秆色，大部光滑；叶片卵状长圆形，长 10~40cm，2 回羽状或 3 回羽裂，羽片 8~10 对，近对生，斜展，弯弓，披针形，先端渐尖，基部截形，深羽裂达羽轴；叶脉羽状；叶草质，无毛，上面沿叶轴和羽轴交接处有一肉质扁刺。孢子囊群长圆形或短线形，无盖。产林下或林缘湿地。

华东安蕨 Anisocampium sheareri：中型陆生蕨类。根状茎长而横走，疏被鳞片。叶疏生；叶柄长不到 50cm，禾秆色，大部光滑；叶片长圆形或卵状三角形，先端长渐尖，1 回羽状，羽片 7~9 对，几无柄，镰刀状披针形；叶纸质或薄纸质，仅叶轴、羽轴上有短毛。孢子囊群小，圆形，囊群盖圆肾形。产浙江省各地林下阴湿处。

华东蹄盖蕨 Athyrium niponicum：中型陆生蕨类。根状茎横走，先端被膜质鳞片。叶近生；叶柄黑褐色，密被鳞片；叶片长圆状卵形，顶部突狭，并为羽状渐尖的长尾头，中部以下 2 回羽状或 3 回羽裂，羽片 5~10 对；叶脉下部明显，侧脉单一；叶草质，干后绿色，两面无毛。孢子囊群长而呈弯沟状，囊群盖同囊一形，膜质。产林下或林缘。

长江蹄盖蕨 A. iseanum：中型陆生蕨类。根状茎短而直立，先端密被鳞片。叶簇生；叶柄长 12~20cm，淡绿禾秆色，大部光滑，上有浅纵沟；叶长圆形，先端渐尖，有一芽胞，基部圆形，3 回深羽裂，羽片 12~20 对；叶干后草质，两面无毛，沿羽轴及主脉有针状细长软刺，羽轴有纵沟。孢子囊群长椭圆形，有盖。产林下湿润处。

菜蕨 Callipteris esculenta：大型湿生蕨类植物。根状茎粗壮直立，密被棕色鳞片。叶簇生；叶柄长 40~70cm，棕禾秆色，大部光滑；叶片三角状披针形，长 50~160cm，先端渐尖并为羽裂，1~2 回羽状，羽片 12~16 对，下部的有柄，小羽片披针形，两侧有耳，羽轴上有沟；叶纸质，无毛。孢子囊群线形，有盖。产水边。

3.1.23　金星蕨科 Thelypteridaceae

1. 毛蕨属 Cyclosorus

中型陆生蕨类。根状茎横走，被短刚毛。叶近生或簇生；叶柄禾秆色或淡绿色，被灰白色单细胞针状毛;叶片长圆形,先端渐尖,2 回羽裂或 1 回羽状,下部羽片缩短成耳形;叶草质或厚纸质,叶面具单细胞针状毛。孢子囊群圆形。

1. 下部羽片缩短、变形 ……………………………………………… 短尖毛蕨 Cyclosorus subacutus
1. 下部羽片不缩短。
　2. 叶脉上腺体橙色…………………………………………………… 华南毛蕨 C. parasiticus
　2. 羽片下面沿叶脉无腺体 ……………………………………………… 渐尖毛蕨 C. acuminatus

2. 其他属种

普通针毛蕨 Macrothelypteris toressiana:中型陆生蕨类植物。根状茎粗壮直立,有鳞片。叶簇生;叶柄长 30～55cm,深禾秆色,基部膨大;叶片三角卵形或三角状披针形,长 40～70cm,先端尾状长渐尖,基部不缩狭,3 回深羽裂,羽片 12～15 对,下部的有短柄;叶草质或薄草质,下面被多细胞长毛。孢子囊群小,圆形,生于小脉顶端,囊群盖小或无。产 800m 以下的林下或林缘。

翠绿针毛蕨 M. viridifrons:中型至大型陆生蕨类。根状茎短而直立,顶端被鳞片。叶簇生;叶柄深禾秆色;叶片三角状卵形,先端尾状长渐尖,基部不缩狭,4 回羽裂,羽片 12～15 对,下部的有短柄;叶脉羽状,小脉单一,不达叶边;叶薄草质,上面有白色针状毛。孢子囊群小,生于小脉顶端,无盖。产低海拔林下或林缘。

延羽卵果蕨 Phegopteris decursivepinnata:小型至中小型陆生蕨类植物。根状茎短而直立,被鳞片。叶簇生;叶柄长 5～25cm,禾秆色,大部光滑;叶片披针形或椭圆披针形,长 25～55cm,先端渐尖并为羽裂,下部渐缩狭,1 回羽状或 2 回羽裂,羽片约 30 对,羽片基部变阔,沿叶轴以耳状翅相连,裂片卵状三角形,先端钝;叶草质,两面有分叉的星状毛。孢子囊群圆形,无盖。产阴湿之处。

紫柄蕨 Pseudophegopteris pyrrhorachis:中型陆生植物。根状茎长而横走,顶部密被鳞片。叶近生;叶柄长 15～45cm,红棕色至栗黑色,有光泽,无毛;叶片长圆形或长圆披针形,先端长渐尖,基部不缩狭,2 回羽状,羽片 12～20 对,无柄,小羽片 12～20 对,对生,披针形;叶脉羽状,侧脉 2～4 叉,伸达叶边;叶草质,叶轴和羽轴红棕色。孢子囊群无毛,近圆形,无盖。产林下、林缘。

疏羽凸轴蕨 Metathelypteris laxa:中型陆生植物。根状茎长而横走,略被灰白色毛和红棕色鳞片。叶远生;叶柄禾秆色,光滑;叶片披针状长圆形,先端渐尖并为羽裂,2 回羽状深裂,叶两面被针状毛;叶草质。孢子囊群小,囊群盖圆肾形。产全浙江省林下。

林下凸轴蕨 M. hattorii:叶近簇生;叶柄禾秆色,基部密被刚毛和红褐色鳞片,向上光滑;叶片卵状三角形,先端长渐尖并为羽裂,基部不缩狭;叶草质,两面被柔毛,羽轴上面圆形且隆起。

金星蕨 Parathelypteris glanduligera:中型陆生蕨类。根状茎长而横走,顶部疏被黄褐色、披针形鳞片。叶远生;叶柄禾秆色,基部棕褐色,上有浅沟,密被灰白色短针状毛;叶片披针形或长圆状披针形,先端渐尖并为羽裂,基部不缩狭,2 回深羽裂,羽片 12～20 对;叶厚草质,下面被橙黄色球形腺体及短柔毛;叶轴、羽轴两面有短针状毛。孢子囊群圆形,囊群盖圆肾形。产浙江省各地。

3.1.24　铁角蕨科 Aspleniaceae

铁角蕨属 *Asplenium*

石生、陆生或附生蕨类。根状茎外被具粗筛孔的披针形鳞片。叶远生、近生或簇生,草质或近革质,末回小羽片或裂片基部不对称。孢子囊群线形,沿小脉上侧着生。

1. 叶为 1 回羽状。
　2. 羽片主脉两侧下部有多排孢子囊群,叶脉隆起 ········· 胎生铁角蕨 *Asplenium yoshinagae*
　2. 羽片主脉两侧各有 1 排孢子囊群,叶脉不隆起。
　　3. 仅叶柄、红棕色,叶草质 ······························· 虎尾铁角蕨 *A. incisum*
　　3. 叶柄叶轴全为栗褐色,叶纸质。
　　　4. 叶轴上面两侧有膜质狭翅 ·························· 铁角蕨 *A. trichomanes*
　　　4. 叶轴上、下两面均无翅 ·························· 倒挂铁角蕨 *A. normale*
1. 叶为 2~3 回羽状。
　5. 叶草质,干后不皱缩,末回小羽片不为狭线形 ············· 北京铁角蕨 *A. pekinense*
　5. 叶近肉质,干后表面皱缩,末回小羽片裂开成线形 ········· 长生铁角蕨 *A. prolongatum*

3.1.25　球子蕨科 Onocleaceae

东方荚果蕨 *Matteuccia orientalis*:植株高可达 1m。根状茎短而直立,密被棕色、全缘的披针形鳞片。叶簇生,二型;营养叶叶柄长 25~45cm,禾秆色,叶长圆形,先端渐尖并为深羽裂,基部不变狭,2 回羽状 6 深裂,羽片 9~18 对,叶纸质,沿叶轴和羽轴疏生狭披针形鳞片;能育叶长圆形,1 回羽状,羽片两边向背部强烈反卷并包住囊群而成荚果状,深紫色,有光泽。孢子囊群圆形。产浙西和浙西南山地林下和林缘。

3.1.26　乌毛蕨科 Blechnaceae

胎生狗脊 *Woodwardia prolifera*:植株高大,根状茎粗短,密被红棕色披针形鳞片。叶近簇生;叶柄长 35~50cm,深禾秆色,基部密被鳞片;叶片卵状长圆形,先端渐尖,基部不对称;裂片极斜向上,上先出,线状披针形,先端渐尖;叶厚纸质,两面无毛,上有许多小芽胞。孢子囊群新月形,囊群盖新月形。浙中、浙南山地丘陵分布。

狗脊 *W. japonica*:叶片上面无芽胞,下部羽片近对称,裂片几为下先出,羽片羽裂达1/2,裂片三角形或卵状三角形,先端钝或尖。

3.1.27　鳞毛蕨科 Dryopteridaceae

1. 耳蕨属 *Polystichum*

中小型陆生蕨类。根状茎短而直立或斜升,密被鳞片,鳞片棕色、红棕色或黑褐色。叶簇生;叶柄被鳞片;1~2 回羽状,羽片末回通常为镰形,基部不对称,上侧截形并有耳状凸起,下侧偏斜或下延成狭翅;叶纸质、草质或革质,具一形或多形鳞片。孢子囊群圆形。

1. 叶片 3 出,羽片 3 枚 ………………………………………… 三叉耳蕨 Polystichum tripteron
1. 叶片 2 回羽状,羽片多对。
　2. 叶片革质,基部羽片全为上先出 …………………………… 对马耳蕨 P. tussimense
　2. 叶片草质,基部羽片下部数对为上先出,其余为下先出 ………… 黑鳞耳蕨 P. makinoi

2. 复叶耳蕨属 Arachniodes

中型陆生草本蕨类。根状茎粗壮,横走。叶片及叶柄被棕色、褐色或近黑色鳞片;叶片卵状三角形或五角形,3~4 回羽状;各回小羽片均为上先出,末回小羽片基部不对称。孢子囊群圆肾形,以缺刻着生,棕色。

1. 叶片顶端突然狭缩呈长尾状,成为 1 片与侧生羽片同形的 1 回羽状顶生羽片。
　2. 叶片 4 回羽裂或 4 回羽状,叶片五角形 …………… 美丽复叶耳蕨 Arachniodes amoena
　2. 叶片 3 回羽状。
　　3. 小羽片长圆形,钝头,叶轴、羽轴有小鳞片 ………… 长尾复叶耳蕨 A. simplicior
　　3. 小羽片菱形,锐尖头,两面光滑 ………………… 斜方复叶耳蕨 A. rhomboidea
1. 叶片顶端渐尖或多少狭缩呈三角形渐尖头。
　4. 叶片 3 回羽状 …………………………………… 刺头复叶耳蕨 A. exilis
　4. 叶片 2 回羽状至 3 回羽裂或 4 回羽裂至 4 回羽状。
　　5. 叶片 2 回羽状至 3 回羽裂 …………………… 中华复叶耳蕨 A. chinensis
　　5. 叶片 4 回羽裂至 4 回羽状 ………………… 华东复叶耳蕨 A. pseudoaristata

3. 鳞毛蕨属 Dryopteris

中型陆生蕨类。根状茎粗短,直立,顶端密被鳞片,鳞片大,卵形至披针形,红棕色至黑色。叶簇生;叶柄上面平或凹,下面圆形,基部粗壮,常被鳞片;叶片 1~3 回羽状或 4 回羽裂,除基部 1 对羽片的小羽片为上先出外,其余小羽片为下先出;叶脉羽状,分离,小脉不达叶边,先端有水囊;叶上面无毛,下面被鳞片。孢子囊近球形,有长柄。

1. 叶为 1 回奇数羽状,侧生羽片 1~3 对,边缘全缘 ……… 奇数鳞毛蕨 Dryopteris sieboldii
1. 叶为 1~4 回羽状或 4 回羽裂,顶部羽裂渐尖。
　2. 羽轴或小羽轴上鳞片泡状,阔而圆。
　　3. 叶片 1~2 回羽状或 3 回羽裂,鳞片一色,基部小羽片无明显伸长。
　　　4. 羽片以直角从叶轴水平伸展 …………………… 齿头鳞毛蕨 D. labordei
　　　4. 羽片以锐角从叶轴斜上或斜展。
　　　　5. 叶为 1 回羽状 ……………………………… 异盖鳞毛蕨 D. decipiens
　　　　5. 叶片基部 2~3 回羽状或 3 回深羽裂。
　　　　　6. 叶片基部 2 回羽状,羽片 10 对以上,鳞片黑色或黑褐色 … 黑足鳞毛蕨 D. fuscipes
　　　　　6. 叶片基部 1 回羽状,羽片约 10 对,鳞片红棕色 ……… 阔鳞鳞毛蕨 D. championii
　　3. 叶片 3~4 回羽状或羽裂,鳞片二色。
　　　7. 叶片向顶部突然收缩或略收缩 …………………… 变异鳞毛蕨 D. varia

    7. 叶片顶部渐变狭,渐尖头。

      8. 孢子囊群边生 ··· 假异鳞毛蕨 *D. immixta*

      8. 孢子囊群生于主脉和叶边之间 ···················· 两色鳞毛蕨 *D. bissetiana*

  2. 羽轴或小羽轴上鳞片披针形、卵状披针形或纤维状。

    9. 叶片 2 回羽状,羽片彼此接近,小羽片狭长圆形 ············ 同形鳞毛蕨 *D. uniformis*

    9. 叶片 3 回羽裂,羽片 7～9 对 ······················· 稀羽鳞毛蕨 *D. sparsa*

    4. 其他属种

    镰羽贯众 *Cyrtomium balansae*：中型陆生植物。根状茎短而直立,顶部密被棕色的阔披针形鳞片。叶簇生;叶柄禾秆色,疏被鳞片;叶披针形,先端羽裂渐尖,1 回羽状,羽片 10～15 对,近无柄,镰刀状斜卵形或镰刀状披针形;叶厚纸质,上面光滑。孢子囊群圆形,生于内藏小脉中部或上部,囊群盖圆肾形。产林下阴湿岩石边。

    贯众 *C. fortunei*：叶片顶端不羽裂,而是有 1 片单一或 2～3 分叉的顶生羽片;叶纸质或坚草质;羽片基部不对称,上侧呈三角状耳形;羽片 10～20 对,羽片披针形或镰刀状披针形。产全浙江省山地丘陵林下。

    鞭叶蕨 *Cyrtomidictyum lepidocaulon*：植株高大。根状茎短而直立,被棕色、阔卵形鳞片。叶簇生,二型;不育叶较长,叶狭长,由阔镰形至卵形,叶轴顶端延伸成一无叶具鳞片的鞭状匍匐茎,顶端具芽胞;能育叶叶柄禾秆色,有光泽,密被鳞片,叶长圆形,先端羽裂成尖头,1 回羽状,羽片 10～16 对,下部具短柄;叶厚纸质,上面光滑。孢子囊群圆形小而无盖。产林下或林缘。

3.1.28　肾蕨科 Nephrolepidaceae

    肾蕨 *Nephrolepis anriculata*：植株约高 1m。根状茎直立,被淡棕色鳞片,并生有横走、丝状的长匍匐茎,茎上被鳞片、细根及块茎。叶簇生;叶柄长 6～30cm,深禾秆色,密被淡棕色鳞片;叶片披针形,长 30～80cm,先端短尖,基部不缩狭,1 回羽状,羽片多数,无柄,以关节生于叶轴上,中部羽片最大,羽片基部不对称,下侧圆形,上侧为三角状耳形,侧脉细;叶草质,两面无毛,也无鳞片。孢子囊群生于侧脉的上侧小脉顶端,沿中脉排成 1 行,囊群盖肾形。浙南山地有分布。

3.1.29　骨碎补科 Davalliaceae

    圆盖阴石蕨 *Humata tyermanni*：小型附生蕨类。根状茎粗壮,横走,密被鳞片,鳞片灰白色,线状披针形,盾状伏生。叶疏生;叶柄仅基部有鳞片,上部光滑;叶片阔卵状五角形,顶端渐尖并为羽裂,基部不缩狭,3～4 回羽状深裂,羽片约 10 对,三角状披针形,末回裂片近三角形,先端钝;叶脉羽状,上面隆起,下面不明显;叶质,无毛。孢子囊群生于上侧小脉顶端,囊群盖膜质。沿海分布。

3.1.30 水龙骨科 Polypodiaceae

1. 石韦属 *Pyrrosia*

小型或中型附生、石生植物。根状茎横走，密被鳞片。叶一型；有柄或无柄，基部有关节与根状茎相连；叶片线形、披针形或长卵形，单叶全缘；侧脉斜向上；叶革质，被星状毛。孢子囊群圆形，生于内藏小脉顶端，沿中脉两侧各排列成 1～3 行或多行。

1. 叶二型，叶卵状矩圆形 ················· 有柄石韦 *Pyrrosia petiolosa*
1. 叶一型，叶片线形或阔披针形。
　2. 叶片基部楔形，叶宽不超 3cm ················· 石韦 *P. lingua*
　2. 叶片基部近圆形或不对称的耳形，叶宽 2.5cm 以上 ········· 庐山石韦 *P. sheareri*

2. 骨牌蕨属 *Lepidogrammitis*

小型附生蕨类植物。根状茎细长，横走，淡绿色。叶远生；有短柄或近无柄，基部有关节；不育叶倒卵形至圆形，能育叶线状披针形；叶脉网状，有朝向主脉的内藏小脉；叶多为肉质，无毛。孢子囊群圆形，在主脉两侧各排 1 列。

1. 叶近一型，叶片卵状披针形 ············· 抱石莲 *Lepidogrammitis drymoglossoides*
1. 叶二型，叶片阔披针形或椭圆披针形 ············· 披针骨牌蕨 *L. diversa*

3. 瓦韦属 *Lepisorus*

附生或石生小型蕨类植物。根状茎横走，密被鳞片。叶近生，单叶，披针形或线状披针形，短下延，全缘，干后反卷，近革质，无毛，中脉明显。孢子囊群圆形，在中脉两侧排列成各 1 行。

1. 叶干后极度反卷。
　2. 叶片宽 3～5cm，叶干后念珠状 ············· 庐山瓦韦 *Lepisorus lewisii*
　2. 叶片宽 6～8cm，叶干后不呈念珠状 ············· 扭瓦韦 *L. contortus*
1. 叶干后不反卷。
　3. 叶片线状披针形 ················· 瓦韦 *L. thunbergianus*
　3. 叶片椭圆形、匙形、倒披针形。
　　4. 叶片长 13～26cm，先端尾状 ············· 粤瓦韦 *L. obscurevenulosus*
　　4. 叶片长 8～15cm，先端渐尖 ············· 鳞瓦韦 *L. oligolepidus*

4. 其他属种

石蕨 *Saxiglossum angustissimum*：小型附生蕨类植物。根状茎细长，横走，密被鳞片，鳞片红棕色。叶远生；几无柄，以关节生于根状茎上；叶片线形，长 2.5～9cm，宽不足 0.5cm，先端钝尖，基部渐缩；中脉上面凹下，下面隆起，小脉网状；叶革质，边缘强烈反卷，下面密被星状毛。孢子囊群线形，幼时为反卷的叶边覆盖。附生于岩石或树干上。

丝带蕨 *Drymotaenium miyoshianum*：中小型附生植物。根状茎短而横走，密被鳞片，鳞片黑褐色。叶近生，一型；无柄，基部有关节；叶片线形，长 15～30cm，宽约 2～3mm，先端锐尖,边缘强烈反卷在中脉两侧形成 2 条并行纵沟;中脉上面凹,下面隆起;叶革质,幼时多少肉质,无毛。孢子囊群生于叶上半部靠中脉的两侧沟中。产浙西南山地林下岩石或树干上。

线蕨 *Colysis elliptica*:中型附生或陆生植物。根状茎细而横走,密被鳞片。叶远生;不育叶叶柄长 8~20cm,禾秆色,基部密被鳞片,向上部分光滑,叶片阔卵形或卵状披针形,先端圆钝,1 回羽状深裂达叶轴,羽片 4~6 对,在叶轴两侧形成狭翅;能育叶和不育叶同形,但叶柄较长,叶纸质,干后褐色,两面无毛。孢子囊群线形,在每对侧脉之间各 1 行。产林下或林缘岩石上。

盾蕨 *Neolepisorus ovatus*:陆生中性蕨类植物。根状茎长而横走,密被鳞片,鳞片褐色。叶远生;叶柄长 15~30cm,灰褐色;叶片卵形,长 20~30cm,先端渐尖,基部阔,略下延于芽柄;侧脉开展而明显;叶纸质,上面光滑。孢子囊群圆形,较大。产林下湿润地。

金鸡脚 *Phymatopsis hastata*:附生或陆生植物。根状茎细长横走,密被鳞片,鳞片红棕色,狭披针形。叶柄长 5~20cm,以关节与根状茎连,大部光滑,指状 3 裂,裂片披针形,先端渐尖,边缘有软骨质狭边;叶厚纸质,两面无毛。孢子囊群圆形,沿小脉两侧各成 1 行。产浙江省各地。

江南星蕨 *Microsorium henyi*:中型附生植物。根状茎粗壮,肉质,横走,被鳞片,鳞片棕色。叶远生;叶柄有纵沟,大部光滑;叶片线状披针形,长 25~60cm,先端长渐尖,基部渐狭,下延于叶柄形成狭翅;中脉明显隆起,侧脉不明显;叶厚纸质,两面无毛。孢子囊群大而圆形,橙黄色。产浙江省各地林下湿润处。

攀缘星蕨 *M. brachylepis*:根状茎略扁,攀缘,疏被鳞片。叶远生;叶柄长 5~15cm,基部有关节与根状茎相连;叶片狭披针形,先端渐尖,基部急缩下延成翅;中脉两面隆起。孢子囊群圆形,小而密。产林中树干或岩石上。

水龙骨 *Polypodiodes nipponica*:中小型附生植物。根状茎长而横走,灰绿色,光滑被白粉。叶远生;叶柄禾秆色,有关节与根状茎连,大部光滑;叶片长圆披针形,长 14~35cm,先端渐尖,羽状深裂达叶轴,裂片 15~30 对,线状披针形,全缘;叶脉网状;叶薄纸质或草质,两面有毛。孢子囊群小,圆形,生于内藏小脉顶端。产水边石上或林下树干。

3.1.31　槲蕨科 Drynariaceae

槲蕨 *Drynaria fortunei*:中型附生蕨类植物。根状茎肉质粗壮,横走,密被鳞片。叶二型;营养叶矮小,黄绿色后变枯黄色;孢子叶绿色,具长柄。孢子囊群圆形,生于孢子叶的内藏小脉的结点上,沿中脉排列成数行。产浙江中南部低海拔的岩石或树干上。根状茎入药,强筋健骨、补肾。

3.1.32　蘋科 Marsileaceae

蘋 *Marsilea quadrifolia*:浅水生或沼泽生植物。植株高约 20cm。根状茎细长横走,柔软,有分枝。叶片为 4 片十字形生于顶端的小叶,小叶倒三角形。产浙江省各地。

3.1.33　槐叶蘋科 Salviniaceae

槐叶蘋*Salvinia natans*：漂浮植物。茎细长,横走,被褐色节毛。叶 3 枚轮生,其中 2 枚漂浮水面,叶形似槐树叶。产浙江省各地,多产于缓流的池塘、沟渠、水田和港湾。绿肥。

3.1.34　满江红科 Azollaceae

满江红 *Azolla imbricata*：漂浮植物。根状茎主茎不明显,横走,假二歧分枝。叶无柄,互生,覆瓦状排列,秋后变红或紫红色。产浙江省各地的水田、池塘、沟渠等淡水水域。绿肥。

3.2　裸子植物常见科、属、种特点及相关鉴别检索

3.2.1　苏铁科 Cycadaceae

10 属约 110 种,分布于热带和亚热带地区。我国仅有苏铁属 *Cycas* 1 属 8 种,产东南、华南及西南部。本科植物为现存种子植物中最原始的科。常绿木本植物。树干粗壮,圆柱形,稀在顶端呈 2 叉状分枝或成块茎状。叶螺旋状排列,有鳞叶及营养叶,两者相互成环着生;鳞叶小,密被褐色毡毛,营养叶大,深裂成羽状,稀 2 回羽状深裂,集生于茎顶端或块状茎上;雌雄异株,小孢子叶球顶生,小孢子叶鳞片状或盾状,螺旋排列,腹面生有多数小孢子囊;大孢子叶扁平,上部羽状分裂或几不分裂,生于茎顶端羽状叶与鳞状叶之间,胚珠 2～10 枚,生于大孢子叶柄的两侧,不形成球花,或大孢子叶盾状,则螺旋排列于中轴上呈球花状,顶生,胚珠 2 枚,生于大孢子叶两侧。种子核果状。

苏铁 *Cycas revoluta*：常绿树。不分枝,密被宿存的叶基和叶痕。羽状裂叶达 100 对以上,条形,质坚硬,长 9～18cm,宽 4～6mm,先端锐尖,边缘向下卷曲,深绿色,有光泽,下面有毛或无毛。雄球花圆柱形,长 30～70cm,直径 10～15cm,小孢子叶长方形楔形,长 3～7cm,上端宽1.7～2.5cm,有急尖头,有黄褐色绒毛,上部顶片宽卵形,羽状分裂,其下方两侧着生数枚近球形的胚珠。

华南苏铁 *Cycas rumphii*：常绿树。高 1～8m。分枝或不分枝,有明显的叶基与叶痕。羽状叶 1～2m,先端羽片常突然缩短,或渐短,叶柄两侧有短刺;羽片 50～100 对,长披针状条形,厚革质,长 8～38cm,宽 5～10mm,直或微弯,边缘平或微反曲。雄球花椭圆状长卵形,长 10～20cm;大孢子叶长 15～20cm,有绒毛(后脱),下部柄长,常具四棱,上部顶片披针形或菱形,先端有长尖,两侧有短裂齿,在其上部两侧常有 3(稀 4～8)枚胚珠。种子圆形,顶端常凹陷,直径 3～4.5cm。

3.2.2　银杏科 Ginkgoaceae

只有银杏 *Ginkgo biloba* 1 种和数个变种,产我国和日本。落叶大乔木。叶扇形,螺旋状

散生于长枝上或 3～5 枚聚生于短侧枝之顶,2 叉状脉序。球花小而不明显,与叶同时开放,生于短侧枝上,单性异株;雄球花呈倒垂的短葇荑花序状,花药成对,生于一梗上;雌球花具长梗,梗端常 2 叉,叉顶为珠座(大孢子叶),各具一直立胚珠,但通常仅 1 颗发育成熟。种子核果状,外种皮肉质,中种皮骨质,内种皮膜质;胚有子叶 2 枚。

3.2.3 松科 Pinaceae

10 属 230 多种,分布极广。我国 10 属均产,约 97 种(其中引种栽培的 24 种),各省均产之,为极重要的林木之一。其产物如松脂、松节油等为工业上重要的原料或供药用,有些种类的种子可食,有些供庭园观赏用。乔木,稀为灌木。有树脂。叶螺旋状排列,单生或簇生,线形或针状,大多数宿存,有时脱落。球花通常单性同株,结成一球状体;雄球花有雄蕊多数,每雄蕊有花药 2 枚;雌球花由多数螺旋状排列的珠鳞(大孢子叶)与苞鳞组成,两者离生,每珠鳞内有胚珠 2 颗,花后珠鳞增大成种鳞,球果成熟时种鳞木质或革质。每种鳞内有种子 2 粒,常有翅。

1. 叶针形,通常 2、3、5 针 1 束,基部具叶鞘,常绿性;球果次年成熟,种鳞宿存,背面上方具鳞盾及鳞脐 ………………………………………………………………………… 松属 *Pinus*
1. 叶线形,扁平或四菱形,或针形,螺旋状着生,或在短枝上端呈簇生状,均不成束。
　2. 叶线形,扁平或具 4 棱;枝条无长、短枝之分;珠果当年成熟。
　　3. 枝条轮生,小枝对生;球果着生于叶腋,直立,成熟后(或干后)种鳞自宿存的中轴上脱落 ………………………………………………………………………… 冷杉属 *Abies*
　　3. 枝条及小枝均不规则互生;球果着生于枝顶,通常下垂,成熟后种鳞宿存。
　　　4. 小枝有明显隆起的叶枕,叶横断面呈四棱形,上、下两面中脉隆起,无柄,两面或四面有气孔带(栽培)………………………………………………………… 云杉属 *Picea*
　　　4. 小枝有不明显的叶枕,叶扁平,有短柄,仅在下面有气孔。
　　　　5. 叶上面中脉隆起;雄球花簇生枝顶,球果直立 ………………… 油杉属 *Keteleeria*
　　　　5. 叶上面中脉凹下或微凹;雄球花单生叶腋,球果下垂。
　　　　　6. 球果较大,苞鳞伸出种鳞之外,先端 3 裂,小枝微有叶枕 ……… 黄杉属 *Pseudotsuga*
　　　　　6. 球果较大,苞鳞小,多不露出,小枝有稍隆起的叶枕 ……………… 铁杉属 *Tsuga*
　2. 叶线形或针形,枝有长枝和短枝之分,叶在长枝上螺旋状散生,在短枝上簇生;球果当年或次年成熟。
　　7. 叶针状,常具 3 棱,或叶背腹面明显而呈四棱状针形,常绿性;球果次年成熟…………
　　　……………………………………………………………………………… 雪松属 *Cedrus*
　　7. 叶倒披针形或线形,扁平,柔软,落叶性;球果当年成熟。
　　　8. 雄球花单生于短枝顶端;种鳞革质,成熟后(或干后)不脱落 ………… 落叶松属 *Larix*
　　　8. 雄球花簇生于短枝顶端;种鳞木质,成熟后(或干后)脱落 ……… 金钱松属 *Pseudolarix*

1. 油杉属 *Keteleeria*

常绿乔木。树皮粗糙,有不规则的沟纹;芽卵形或球形,芽鳞常宿存于新枝的基部。叶线形,扁平,革质,因基部扭转而成 2 列,中脉在表面凸起,叶脱落后留有圆形叶痕;球花单性同株;雄球花 4~8 个簇生,雄蕊多数,花药 2 枚,花粉有气囊;雌球花由无数螺旋状排列的珠鳞与苞鳞组成,珠鳞生于苞鳞之上,两者基部合生,每珠鳞有胚珠 2 枚,花后珠鳞增大成种鳞。球果直立,一年成熟,种鳞木质,宿存。种子有翅。

江南油杉 *Keteleeria cyclolepis*:产于海拔 800m 以下阳坡的林缘、村边、庙旁。主要分布在浙南各地。为我国特有树种。

2. 冷杉属 *Abies*

常绿乔木。树冠尖塔形;树皮老时常厚而有沟纹。叶线形至线状披针形,全缘,无柄,背有白色气孔带 2 条,叶脱落后留有圆形或近圆形的叶痕。球花腋生,春初开放;雄球花倒垂,基部围以鳞片,雄蕊多数,螺旋状着生,花药 2 枚,黄色或大红色,花粉有气囊;雌球花直立,由多数覆瓦状珠鳞(大孢子叶)与苞鳞组成,苞鳞大于珠鳞,每珠鳞有胚珠 2 枚,花后珠鳞发育为种鳞。球果直立,成熟时种鳞木质,脱落。种子有翅。

百山祖冷杉 *Abies beshanzuensis*:特产于浙江百山祖南坡海拔 1700m 以上地带。

3. 黄杉属 *Pseudotsuga*

常绿乔木。冬芽短尖。叶线形,扁平,多少呈 2 列状,上面有槽,背面有白色的气孔带,叶片脱落后有圆形叶痕;球花单生;雄球花腋生,圆柱状,雄蕊多数,各有 2 枚花药,药隔顶有短距;雌球花顶生,由多数螺旋状排列的苞鳞与珠鳞组成,苞鳞显著,先端 3 裂,珠鳞小,生于苞鳞基部,其上有 2 枚胚珠。球果卵状长椭圆形,下垂,成熟时珠鳞发育为种鳞,宿存。种子有翅。

华东黄杉 *Pseudotsuga gaussenii*:产于浙江西部(昌化龙荡山)及南部(龙泉、庆元、泰顺及平阳)等地海拔 600~1500m 山区。

4. 铁杉属 *Tsuga*

常绿乔木。有树脂;树皮淡红色;枝纤弱,平伸或下垂,因有宿存的叶基而粗糙。叶线形,扁平或有角,2 列,背面有气孔线。球花单生;雄球花生于叶腋内,由无数的雄蕊组成,每雄蕊有 2 枚花药,药隔节状,花粉有气囊或气囊退化;雌球花顶生,直立,珠鳞圆形,覆瓦状,约与苞鳞等长,基部有胚珠 2 枚。球果小,长椭圆状卵形,近无梗,下垂,淡绿色或淡紫色,成熟时珠鳞发育成种鳞,木质,褐色,苞鳞小,不露出,稀较长而露出。种子上有膜质翅。

南方铁杉 *Tsuga chinensis* var. *tchekiangensis*:产临安、淳安、仙居、遂昌、松阳、龙泉、庆元等地海拔 800m 以上的山地和杂木林。

5. 云杉属 *Picea*

常绿乔木。树皮薄,鳞片状;枝通常轮生。叶线形,螺旋状排列,通常四角形,每一面有一气孔线,或有时扁平,仅在上面有白色的气孔线,着生于有角、宿存、木质、柄状凸起的叶枕上。球花顶生或腋生;雄球花黄色或红色,由无数螺旋状排列的雄花组成,花药 2 枚,药隔阔,鳞片状,花粉粒有气囊;雌花绿色或紫色,由无数螺旋状排列的珠鳞组成,每一珠鳞下有一小的苞鳞,珠鳞内面基部有胚珠 2 枚。球果下垂,成熟时原珠鳞发育为种鳞,木质、宿存。种子有翅。

浙江省仅有云杉 *P. asperata* 1 种,系 20 世纪 70 年代初陆续从四川引入。

6. 落叶松属 *Larix*

落叶乔木。有树脂;树皮厚,有沟纹;有长枝及短枝 2 种。叶线形,扁平或四棱形,有气孔线,螺旋状排列于主枝上或簇生于距状的短枝上。球花单性同株,单生短枝顶;雄球花黄色,球形或长椭圆形,由无数螺旋状排列的雄蕊组成,每雄蕊有 2 枚花药,药隔小,鳞片状,花粉无气囊;雌球花长椭圆形,由多数珠鳞组成,每一珠鳞生于一红色、远长于它的苞鳞的腋内,内有胚珠 2 枚。球果近球形或卵状长椭圆形,具短梗,成熟时珠鳞发育成种鳞,革质。种子有长翅。浙江引种栽培 2 种。

1. 球果种鳞的上部边缘不向外反曲或微曲;一年生长枝无白粉 ……………………………
　　　　　　　　　　　　　　　　　　华北落叶松 *Larix principisrupprechtii*
1. 球果种鳞的上部边缘显著向外反曲;一年生长枝有白粉 ……… 日本落叶松 *L. kaempferi*
　　华北落叶松 *L. principisrupprechtii*:浙江建德、景宁等地有引种栽培。
　　日本落叶松 *L. kaempferi*:浙江仙居、景宁等地有引种栽培。

7. 金钱松属 *Pseudolarix*

落叶乔木。枝平展,不规则轮生;树干通直,树皮灰褐色,裂成鳞状块片;具长枝和距状短枝。叶在长枝上螺旋状散生,在短枝上 20～30 片,簇生,伞状平展,线形或倒披针状线形,柔软,长 3～7cm,宽 1.5～4mm,淡绿色,上面中脉不隆起或微隆起,下面沿中脉两侧有 2 条灰色气孔带,秋季叶呈金黄色。雌雄同株,球花生于短枝顶端,具梗;雄球花 20～25 个簇生;雌球花单生,苞鳞大于珠鳞。球果当年成熟,直立,卵圆形,成熟时淡红褐色,具短梗;种鳞木质,卵状披针形,先端有凹缺,基部两侧耳状,长 2.5～3.5cm,成熟时脱落。种子卵圆形,有与种鳞近等长的种翅;种翅膜质,较厚,三角状披针形,淡黄色,有光泽。

　　金钱松 *Pseudolarix amabilis*:广布于浙江省各地。温州地区多数公园有栽培。

8. 雪松属 *Cedrus*

常绿乔木。树皮裂成不规则的鳞状块片;枝平展,或微斜展,或下垂;树冠尖塔形;叶针形,常三棱形,长枝上散生,老枝或短枝上丛生;球花单性同株或异株;雄球花直立,圆柱形,长约 5cm,由多数螺旋状着生的雄蕊组成,每雄蕊有 2 枚花药,药隔鳞片状,花粉无气囊;雌球花卵圆形,淡紫色,长 1～1.3cm,由无数珠鳞与苞鳞组成,苞鳞小,两者基部合生,每珠鳞内有 2 枚胚珠。球果直立,卵圆形至卵状长椭圆形,成熟时珠鳞发育为种鳞,增大,木质,并从中轴脱落。种子有翅。

　　雪松 *Cedrus deodara*:浙江省各地广泛栽培。

9. 松属 *Pinus*

常绿乔木,稀灌木。有树脂。树皮平滑,或纵裂,或成片状剥落;冬芽有鳞片;枝有长枝和短枝之分,长枝可无限生长,无绿色的叶,但有鳞片状叶,小枝极不发达,生于长枝的鳞片状叶的腋内,顶着生绿色针状叶,2,3 或 5 针 1 束,每束基部为芽鳞的鞘所包围。球花单性同株;雄球花腋生,簇生于幼枝的基部,多数成穗状花序状,由无数螺旋状排列的雄蕊组成,每雄蕊具 2 枚花药,药隔扩大而呈鳞片状,花粉有气囊;雌球花侧生或近顶生,单生或成束,由无数螺旋状排列的珠鳞和苞鳞所组成,珠鳞生于苞鳞的腋内,有胚珠 2 颗。种子有翅或无翅。

1. 叶鞘早落,针叶基部的鳞叶不下延,叶内具 1 条维管束。

　2. 种鳞的鳞脐背生,叶 3 针 1 束(栽培)·· 白皮松 *Pinus bungeana*

　2. 种鳞的鳞脐顶生,叶 5 针 1 束。

　　3. 小枝无毛;球果长 10～20cm;种子无翅(栽培) ···················· 华山松 *P. armandii*

　　3. 小枝有密毛;球果长 4～7.5cm;种子有翅(栽培) ··········· 日本五针松 *P. parviflora*

1. 叶鞘宿存,针叶基部的鳞叶下延,叶内具 2 条维管束。

　4. 针叶 3 针 1 束,或 3 针、2 针并存 ·· 湿地松 *P. eliottii*

　4. 针叶 2 针 1 束。

　　5. 针叶细柔,树脂道边生;鳞盾常不隆起,鳞脐凹陷,无刺 ·········· 马尾松 *P. massoniana*

　　5. 针叶较粗硬,树脂道中生;鳞盾隆起,鳞脐有尖刺。

　　　6. 冬芽栗褐色,卵圆形或长卵圆形 ·· 黄山松 *P. taiwanensis*

　　　6. 冬芽银白色,圆柱状椭圆形或圆柱形(栽培) ························· 黑松 *P. thunbergii*

　　　华山松 *P. armandii*：建德、遂昌、庆元、仙居等地有栽培。

　　　日本五针松 *P. parviflora*：浙江省各地广泛引种栽培。

　　　白皮松 *P. bungeana*：德清、杭州等地引种栽培。

　　　马尾松 *P. massoniana*：浙江省各地广泛分布。

　　　黄山松 *P. taiwanensis*：开化、临安、淳安等地海拔 700m 以上山地有少量分布,浙南分布在 850m 以上。

　　　黑松 *P. thunbergii*：浙江省各地广泛分布。

　　　湿地松 *P. eliottii*：浙江省中西部和沿海丘陵低山的造林树种之一。

3. 2. 4　杉科 **Taxodiaceae**

1. 叶和种鳞均对生;叶线形,排成 2 列,侧生小枝连叶于冬季脱落,能育种鳞有 5～9 粒种子,种子扁平,周围有翅 ··· 水杉属 *Metasequoia*

1. 叶和种鳞均为螺旋状着生。

　2. 球果的种鳞或苞鳞扁平。

　　3. 常绿;种鳞或苞鳞革质;种子两侧有翅 ································· 杉木属 *Cunninghamia*

　　3. 半常绿;种鳞木质;种子下端有长翅·································· 水松属 *Glyptostrobus*

　2. 球果的种鳞盾形,木质。

　　4. 落叶或半常绿;雄球花排列成圆锥花序;能育种鳞有 2 粒种子 ····· 落羽杉属 *Taxodium*

　　4. 常绿;雄球花单生或集生枝顶;能育种鳞通常有 2 粒多种子。

　　　5. 叶钻形;球果近于无柄,直立,种鳞上部有 3～7 个裂齿 ··········· 柳杉属 *Cryptomeria*

　　　5. 叶线形;球果有柄,下垂;种鳞无裂齿,顶部有横槽 ··········· 北美红杉属 *Sepuoia*

1. 杉木属 *Cunninghamia*

　　常绿乔木。叶坚挺,螺旋状排列,线形或线状披针形。球花单性同株,簇生于枝顶;雄球花圆柱状,由无数雄蕊组成,每一雄蕊有 3 个倒垂、一室的花药生于鳞片状药隔的下面;雌球花球形,由螺旋状排列的珠鳞与苞鳞组成,两者中下部合生,珠鳞小,先端 3 裂,内面有胚珠 3 枚,苞鳞革质,扁平,宽卵形,或三角状卵形,结实时苞鳞增大,不脱落。种子有窄翅。

杉木 *Cunninghamia lanceolata*：浙江省山地丘陵广泛栽培。

2. 水松属 *Glyptostrobus*

落叶或半常绿乔木,常生于沼泽地区。根部常有木质的瘤状体(呼吸根)伸出地面;小枝二型：一种多年生而多少宿存,一种一年生而脱落。叶下延,有 3 种类型：或浅状而扁平,或针状而稍弯,或为鳞片状,鳞叶宿存,其余叶于秋后与侧生短枝同脱落。球花单性同株,生于有鳞叶的小枝顶;雄球花椭圆形,雄蕊 15～20 枚,螺旋状互生,每雄蕊有 5～7 枚花药,药隔椭圆形;雌球花近球形或卵状椭圆形,由多枚螺旋排列的珠鳞与苞鳞组成,珠鳞小,内有胚珠 2 枚,苞鳞大,与珠鳞近合生,仅先端分离,三角状,向外反曲。球果直立,顶生,卵形或长椭圆形。

水松 *Glyptostrobus pensilis*：浙江省各地广泛引种栽培。

3. 柳杉属 *Cryptomeria*

常绿乔木。叶锥尖,螺旋状排列,基部下延至枝上球花单性同株。雄球花为顶生的短穗状花序,雄蕊多数,螺旋状排列,每雄蕊有花药 3～5 枚;雌球花单生或数个集生于小枝之侧,球状,由多数螺旋状排列的珠鳞组成,每一珠鳞内有胚珠 3～5 颗,苞鳞与珠鳞合生。果球形,成熟时珠鳞发育为种鳞,增大,木质,盾状,近顶部有尖刺 3～7 枚。种子有狭翅。

1. 苞鳞的尖头和种鳞顶端的裂齿较短,每种鳞有 2 粒种子 …… 柳杉 *Cryptomeria fortunei*
1. 苞鳞的尖头和种鳞顶端的裂齿较长,每种鳞有 2～5 粒种子 ……… 日本柳杉 *C. japonica*

柳杉 *C. fortunei*：野生于浙江天目山等地海拔 1100m 以下地带,浙江省各地广泛引种栽培,是构成亚热带常绿林的主要树种。

4. 北美红杉属 *Sepuoia*

单种属,仅北美红杉 *Sepuoia sempervirens* 一种。落叶乔木,原产美国加利福尼亚州海岸,中国上海、南京、杭州有引种栽培。特大乔木,原产地高达 110m,胸径达 8m,常绿性;叶有鳞状叶与线形叶二型;球花雌雄同株;雄球花单生枝顶或叶腋,雄蕊多数;雌球花单生枝顶,下有多数鳞状叶;珠鳞 15～20 枚;苞鳞与珠鳞合生。球果当年成熟,卵圆形,成熟时珠鳞发育为种鳞,木质,盾形。种子 2～5 粒。树姿雄伟,枝叶密生,生长迅速。适用于湖畔、水边、草坪中孤植或群植,景观秀丽,也可沿园路两边列植,气势非凡。

5. 落羽杉属 *Taxodium*

落叶或半常绿性乔木。小枝有 2 种：主枝宿存,侧生小枝冬季脱落;冬芽形小,球形。叶螺旋状排列,基部下延生长,异型：钻形叶在主枝上斜上伸展,或向上弯曲而靠近小枝,宿存;条形叶在侧生小枝上成 2 列,冬季与枝一同脱落。雌雄同株;雄球花卵圆形,在球花枝上排成总状花序或圆锥花序,生于小枝顶端,有 6～8 个螺旋状排列的雄蕊,每雄蕊有 4～9 枚花药,药隔显著;雌球花单生于上年生小枝的顶端,由多数螺旋状排列的珠鳞所组成,每一珠鳞的腹面基部有 2 枚胚珠,苞鳞与珠鳞几全部合生。球果球形或卵圆形,具短梗或几无梗;种鳞木质,盾形,顶部呈不规则的四边形;苞鳞与种鳞合生,仅先端分离,向外凸起成三角状小尖头;发育的种鳞各有 2 粒种子。种子呈不规则三角形,有明显锐利的棱脊。

1. 叶线形,扁平,排成 2 列,成羽状;大枝水平开展 ………… 落羽杉 *Taxodium distichum*

1. 叶锥形,不成 2 列;大枝向上伸展 ……………………………… 池杉 *T. ascendent*

　　落羽杉 *T. distichum*:落叶乔木。树干尖削度大,干基膨大,地面通常有屈膝状的呼吸根;树皮为长条片状脱落,棕色;枝水平开展,树冠幼树圆锥形,老树为宽圆锥状;嫩枝开始绿色,秋季变为棕色。叶线形,扁平,基部扭曲,在小枝上呈 2 列羽状,长 1～1.5cm,宽约 1mm,先端尖,上面中脉下凹,淡绿色,下面黄绿色,中脉隆起,每边有 4～8 条气孔线,落前变成红褐色。球果圆形或卵圆形,有短梗,向下垂,成熟后淡褐黄色,有白粉,直径约 2.5cm;种鳞木质,盾形,顶部有沟槽。种子为不规则三角形,有短棱,褐色。浙江南部洞头有少量栽培。

　　池杉 *T. ascendens*:落叶乔木。高达 25m。主干挺直,树冠尖塔形;树干基部常膨大,在低湿处常有茎状呼吸根从根际长出;树皮褐色,纵裂;大枝平展或向上斜展,侧生小枝无芽,冬季与叶一起脱落。叶锥形,略内曲,在枝上螺旋状生长,下部多贴近小枝,先端渐尖,上面中脉隆起,下面有棱脊,每边有气孔 2～4 个;也有少数叶片排成羽状 2 裂的。花期 3 月,雌雄同株;雄球花多数,聚成圆锥花序,集生于下垂的枝梢上;雌球花单生枝顶。球果近圆形,11 月成熟,熟时黄褐色。种子为不规则的三棱形。浙江温州市和洞头有少量栽培。

6. 水杉属 *Metasequoia*

　　单种属,仅水杉 *Metasequoia glyptostroboides* 1 种。落叶大乔木。高可达 35m。树冠圆锥形;树干通直,基部常膨大;树皮灰色或淡褐色,浅裂,呈窄长条状脱落,内皮红褐色;大枝不规则轮生,小枝对生。叶线形,对生,排列成羽状,嫩绿色,入冬与小枝同时脱落,背面每侧有气孔 4～6 列。冬芽大,生于脱落枝痕的下方。2—3 月开花,单性,雌雄同株;雄球花总状或圆锥花序,单生于枝顶和侧方;雌球花生于去年生的枝顶或近枝顶。果近球形,10 月果熟。种子扁平,倒卵形,周有狭翅。

　　水杉为古老而稀有的珍贵树种,生长颇速,是浙江省最广泛栽培的速生树种之一。

3.2.5　柏科 Cupressaceae

1. 球果的种鳞木质或近革质,熟时张开;种子通常有翅,稀无翅。

　2. 种鳞扁平或鳞背隆起,但不为盾形,覆瓦状排列;球果当年成熟。

　　3. 鳞叶较大,两侧的鳞叶长 4～7mm,下面有明显的白粉带;球果近球形;能育种鳞有 3～5 粒种子(栽培) ……………………………………… 罗汉柏属 *Thujopsis*

　　3. 鳞叶较小,长 4mm 以内,下面无明显的白粉带;球果卵圆形或卵状长圆形;能育种鳞有 2 粒种子。

　　　4. 枝条平展或近平展;种鳞 4～6 对,薄革质,背部无尖头;种子两侧有窄翅(栽培) ………………………………………………………………… 崖柏属 *Thuja*

　　　4. 枝条直立或斜展;种鳞 4 对,厚木质,背部有一尖头;种子无翅 …… 侧柏属 *Platycladus*

　2. 种鳞盾形,隆起,镊合状排列;球果次年或当年成熟。

　　5. 鳞叶小,长 2mm 以内;球果有 4～8 对种鳞;种子两侧有窄翅 ……… 柏木属 *Cupressus*

5. 鳞叶较大,两侧鳞叶长 4～6mm;球果有 6～8 对种鳞;种子上部有 1 对大小不相等的翅
………………………………………………………………………………… 福建柏属 *Fokienia*
1. 球果的种鳞肉质,熟是不张开或顶端微裂;种子无翅。
6. 全为刺叶或全为鳞叶,或同一株树上刺叶、鳞叶兼有;雄球花单生枝顶;球果熟时种鳞顶端
完全合生 ……………………………………………………… 圆柏属 *Sabina*
6. 全为刺叶,球花单生叶腋;球果熟时顶端微裂 ……………………… 刺柏属 *Juniperus*

1. 罗汉柏属 *Thujopsis*

常绿乔木。小枝着生鳞叶部分扁平;鳞叶交互对生,侧边叶对折呈船形。球花雌雄同株,单生枝顶;雄球花椭圆形,雄蕊 6～8 对,交互对生;雌球花有 3～4 对珠鳞,仅中间 2 对珠鳞内有 3～5 枚胚珠。球果近圆球形,成熟时珠鳞发育为种鳞,木质,扁平,顶端背面有一短尖头,开裂,中间 2 对种鳞内各有种子 3～5 粒。种子近圆形,具狭翅。

罗汉柏 *Thujopsis dolabrata*:浙江文成石垟林场有少量栽培。

2. 崖柏属 *Thuja*

常绿乔木。有树脂。小枝扁平。叶鳞片状,幼叶针状。球花小,单生于枝顶;雄球花黄色,有 6～12 枚交互对生的雄蕊,每雄蕊有 4 枚花药;雌球花有珠鳞 8～12 枚,珠鳞成对对生,仅下面 2～3 对的珠鳞内面有胚珠 2 枚。球果卵状长椭圆形,直立;珠鳞发育为种鳞,薄革质,扁平,背面有厚脊或顶端有脐凸。种子薄而有翅或厚而无翅。

北美香柏 *Thuja occidentalis*:浙江南部文成石垟林场和杭州等地有引种栽培。

3. 侧柏属 *Platycladus*

常绿乔木。有树脂。小枝上的鳞叶密集,交互对生,扁平,两面均绿色。雄球花有 6 对交互对生的雄蕊,每雄蕊有 4 枚花药;雌球花有 4 对交叉对生的珠鳞,仅中间 2 对各生 1～2 枚直立胚珠。球果的种鳞厚,通常 4 对,最上 1 对合生而不育,最下 1 对短小,不显著,中间 2 对有种子。种子无翅。

侧柏 *Platycladus orientalis*:浙江省各地广泛栽培。

4. 柏木属 *Cupressus*

常绿乔木。小枝上着生鳞叶而成四棱形或圆柱形,稀扁平。叶鳞形,交互对生,生于幼苗上或老树壮枝上的叶刺形。球花雌雄同株,单生枝顶;雄球花长椭圆形,黄色,有雄蕊 6～12 枚,每一雄蕊有花药 2～6 枚,药隔显著,鳞片状。球果球形,第 2 年成熟,熟时种鳞木质,开裂。种子有翅。

柏木 *Cupressus funebris*:产于浙江、福建、江西、湖南、湖北西部、四川北部及西部大相岭以东、贵州东部及中部、广东北部、云南东南部及中部等地区。浙江省临安、淳安、建德、桐庐、富阳、仙居、天台、临海等地的石灰岩山地有大量分布。

5. 福建柏属 *Fokienia*

单种属,仅福建柏 *Fokienia hodginsii* 1 种。常绿乔木。小枝 3 出羽状分枝,并成一平面。

叶小,鳞片状,交互对生,4 列,背面有明显、粉白色的气孔带。球花雌雄同株,单生枝顶;雄球花卵形至长椭圆形,由 5～6 对交互对生的雄蕊组成,每一雄蕊有药室 2～4 个,药隔鳞片状;雌球花顶生,由 6～8 对珠鳞组成,每一珠鳞内有胚珠 2 枚。球果球形,种鳞盾状。种子有翅。产于遂昌、龙泉、泰顺等地海拔 600～1200m 的山地杂木林中。

6. 圆柏属 Sabina

常绿乔木或灌木。幼树之叶全为刺形,老树之叶刺形,或鳞形,或两者兼有;刺叶常 3 枚轮生,稀交互对生,基部下延,无关节,上面凹下,有气孔带;鳞叶交互对生,稀 3 叶轮生,菱形。球花雌雄异株或同株,单生短枝顶;雄球花长圆形或卵圆形,雄蕊 4～8 对,交互对生;雌球花有 4～8对交互对生的珠鳞,或 3 枚轮生的珠鳞,胚珠 1～6 枚,生于珠鳞内面的基部。球果当年、次年或三年成熟,珠鳞发育为种鳞,肉质,不开裂。种子 1～6 粒,无翅。

圆柏 Sabina chinensis:乔木。高达 20m,胸径达 3.5m。树冠尖塔形或圆锥形,老树则成广卵形、球形或钟形;树皮灰褐色,呈浅纵条剥离,有时呈扭转状;老枝常扭曲状。叶有两种,鳞叶交互对生,多见于老树或老枝上;刺叶常 3 枚轮生,叶上面微凹,有 2 条白色气孔带。雌雄异株,极少同株;雄球花黄色,有雄蕊 5～7 对,对生;雌球花有珠鳞 6～8 个,次年或三年成熟,熟时暗褐色,被白粉。果有 1～4 粒种子,卵圆形。浙江省各地广泛栽培。

龙柏 S. chinensis cv. kaizuca:栽培变种,树冠窄圆柱形或柱状塔形,大枝扭转向上,小枝密集。叶全为鳞形,排列紧密。浙江省各地广泛栽培。

7. 刺柏属 Juniperus

常绿乔木或灌木。小枝圆柱形或四棱形。叶刺形,3 枚轮生,基部有关节,不下延生长,上面平或凹下,有 1～2 条气孔带,背面有纵脊。球花雌雄同株或异株,单生叶腋;雄球花黄色,长椭圆形,雄蕊 5 对,交互对生;雌球花卵状,淡绿色,小,由 3 枚轮生的珠鳞组成;全部或一部分的珠鳞有直立的胚珠 1～3 颗。果为浆果状的球果,成熟时珠鳞发育为种鳞,肉质。种子通常 3 粒,无翅。

浙江省仅见刺柏 Juniperus formosana 1 种,分布在浙江省各地的山地丘陵,以干燥贫瘠的山冈和山坡疏林地为常见。

3.2.6　罗汉松科 Podocarpaceae

1. 叶对生或近对生,较宽,具多数并列细脉,无中脉,树脂道多数。种托不发育或肥厚肉质 …
……………………………………………………… 竹柏属 Nageia
1. 叶螺旋状着生,稀近对生或轮生状,窄长,有明显的中脉,树脂道 1～5 个。种托肉质肥厚 …
……………………………………………………… 罗汉松属 Podocarpus

1. 竹柏属 Nageia

常绿乔木。叶对生或近对生,长卵形、卵状披针形或椭圆状披针形,无中脉,有多数并列细脉。雌雄异株;雄球花穗状,单生或数个簇生于总梗上;雌球花通常生于叶腋,或成对生于小枝顶端,有梗,梗端常着生 2 枚胚珠,仅 1 枚发育,苞片不变成肉质种托。

　　长叶竹柏 *Nageia fleuryi*：常绿乔木。高 20～30m,胸径 50～70cm;树干通直;树皮褐色,平滑,薄片状脱落;小枝对生,灰褐色。叶对生,质地厚,革质,宽披针形或椭圆状披针形,无中脉,有多数并列细脉,长 8～18cm,宽 2.2～5cm,先端渐尖,基部窄成扁平短柄,上面深绿色,有光泽,下面有多条气孔线。雌雄异株;雄球花穗状,常 3～6 穗簇生叶腋,有数枚苞片,上部苞腋着生 1 或 2～3 枚胚珠。种子核果状,圆球形,为肉质假种皮所包。浙江省各地广泛栽培。

2. 罗汉松属 *Podocarpus*

　　常绿乔木或灌木。叶线形、披针形、椭圆形或鳞形,螺旋状排列,近对生或对生,有时基部扭转排成两列。雌雄异株;雄球花穗状或分枝,单生或簇生叶腋;雌球花通常单生叶腋或苞腋,有数枚螺旋状着生或交互对生的苞片,最上部的苞腋中有 1 套被生 1 枚倒生胚珠,套被与珠被合生。花后套被增厚成肉质假种皮,苞片发育成肥厚或稍肥厚的肉质种托;种子核果状,全部为肉质假种皮所包,生于肉质种托上或梗端。

　　罗汉松 *Podocarpus macrophyllus*：浙江省各地广泛栽培。

3.2.7　红豆杉科 Taxaceae

1. 叶上面中脉不明显或略明显,交叉对生;雄球花单生叶腋,雌球花成对生于叶腋,无梗;种子全部包于绿色肉质假种皮中 ·················· 榧树属 *Torreya*
1. 叶上面有明显的中脉;雄球花单生叶腋或苞腋;种子生于杯状或囊状假种皮中,上部或顶端露出。
　　2. 叶交叉对生;雄球花多数,组成穗状球花序,2～6 序聚生枝顶;雌球花有长梗;种子包于囊状假种皮中,仅顶端尖头露出 ·················· 穗花杉属 *Amentotaxus*
　　2. 叶螺旋状排列;雄球花单生叶腋,不组成穗状球花序;雌球花有短梗或近无梗;种子生于杯状假种皮中,上部露出。
　　　3. 小枝不规则互生;叶下面具 2 条淡黄色或淡灰绿色气孔带;种子熟时假种皮红色·········
·················· 红豆杉属 *Taxus*
　　　3. 小枝近对生或近轮生;叶下面具 2 条白色气孔带;种子熟时假种皮白色·················
·················· 白豆杉属 *Pseudotaxus*

1. 红豆杉属 *Taxus*

　　乔木或灌木。树皮鳞片状,褐红色;冬芽有覆瓦状排列的鳞片。叶线形,2 列,背面淡绿色或淡黄色,无树脂管。球花小,单生于叶腋内,早春开放;雄球花为具柄、基部有鳞片的头状花,有雄蕊 6～14 枚,盾状,每一雄蕊有花药 4～9 枚;雌球花有一顶生的胚珠,基部托以盘状珠托,下部有苞片数枚。花后珠托发育成杯状、肉质的假种皮,半包围着种子,或为盘状、膜质的种托承托着种子;种子坚果状,当年成熟。

　　红豆杉 *Taxus chinensis*：产于龙泉凤阳山海拔 1000～1500m 的山坡混交林。

　　南方红豆杉 *T. chinensis* var. *mairei*：浙江省大部分山区有零星分布。产于海拔450～1500m 的常绿阔叶林或混交林中

2. 白豆杉属 Pseudotaxus

单种属,仅白豆杉 Pseudotaxus chienii 1 种。常绿灌木或小乔木。高达 4m。枝通常近轮生或近对生,基部有宿存芽鳞。叶条形,螺旋状着生,排成 2 列,直或微弯,先端骤尖,基部近圆形,两面中脉凸起,下面有 2 条白色气孔带,有短柄。雌雄异株;球花单生叶腋,无梗;雄球花圆球形,基部有 4 对苞片,雄蕊 6~12 枚,盾形,交叉对生,花药 4~6 枚,辐射状排列,花丝短,雄蕊之间生有苞片;雌球花基部有 7 对苞片,排成 4 列,胚珠 1 枚,直立,着生于花轴顶端的苞腋。珠托发育成肉质、杯状、白色的假种皮;种子坚果状,卵圆形,微扁,顶端具小尖头,有短梗或无柄。

浙江省是白豆杉分布最集中、数量最多的省。20 世纪 30 年代,白豆杉在龙泉市昂山首次被采集命名,此后又在江西德兴等地陆续发现。白豆杉在浙江省的分布点有 11 个:衢县坑口乡大源尾、龙泉市凤阳山双折瀑、龙泉市凤阳山仙岩、龙泉市道太乡供村牛头岭、龙泉市昂山、遂昌县岩坪乡外九龙、遂昌县柘袋口乡大西坑中坑、遂昌县九龙山内阴坑、遂昌县口乡大山村、松阳县枫坪乡箬寮岘香菇坑、缙云县大洋山西溪坑。

3. 穗花杉属 Amentotaxus

灌木或小乔木。枝斜展或向上伸展,小枝对生,基部无宿存芽鳞;冬芽四棱状卵圆形,先端尖,有光泽,芽鳞 3~5 轮,每轮 4 枚,交叉对生,背部有纵脊。叶交叉对生,排成 2 列,厚革质,条状披针形、披针形或椭圆状条形,边缘微向下反卷,无柄或近无柄。上面中脉明显,隆起,下面有 2 条淡黄白色或淡褐色的气孔带。雌雄异株;雄球花多数,组成穗状球花序,2~4 穗集生于近枝顶之苞腋内;雌球花单生于新枝上的苞腋或叶腋,花梗长,胚珠为一漏斗状珠托所托,基部有 6~10 对交叉对生的苞片。种子当年成熟,核果状,椭圆形或倒卵状椭圆形,除顶端尖头裸露外,几全为鲜红色肉质假种皮所包。

穗花杉 Amentotaxus argotaenia:灌木或小乔木。高达 7m。树皮片裂。叶线状披针形,直或稍弯,长 311cm,宽 611mm,上面叶脉隆起,渐尖。雄球花穗 13 穗集生,多 2 穗,长 5~6cm。种子长 2~3cm,直径约 1.3cm,种梗扁四棱形。浙江凤阳山国家级自然保护区有野生分布。

4. 榧树属 Torreya

常绿乔木。树皮有裂纹;枝轮生,小枝近对生;冬芽有鳞片数枚,交互对生。叶线形,2 列,交互对生或近对生,锐尖,背面有粉白色的气孔线 2 条,中脉上面不明显。球花单性异株,稀同株;雄球花卵形或长椭圆形,由 4~8 轮雄蕊组成,每轮有雄蕊 4 枚,花药侧向排列,药隔明显,雄球花的基部为数对鳞片所围绕。雌球花成对着生叶腋,无梗,有一单生的胚珠,基部为一杯状珠托和数对鳞片所围绕。成熟时种子核果状,并全为珠托所发育的肉质假种皮所包裹。

榧树 Torreya grandis:常绿乔木。高达 25m,胸径 1m。树皮灰褐色纵裂;一年生小枝绿色,2~3 年生小枝黄绿色;冬芽卵圆形。叶条形,通常直,长 1.1~2.5cm,宽 2.5~3.5mm,先端突尖成刺状短尖头,上面光绿色,有 2 条稍明显的纵脊,下面有黄绿色的气孔带,与绿色中脉及边带等宽。种子椭圆形、倒卵形。浙江省多数地区有野生或栽培的植株。浙江西天目山海拔 1000m 以下有野生大树。

长叶榧 *T. jackii*：常绿小乔木或多分枝灌木。树皮灰褐色，老后成片状剥落；枝条轮生或对生，开展或小枝下垂，幼枝绿色，2～3 年生红褐色；冬芽具少数交互对生的脱落性芽鳞。叶对生，排成 2 列，质硬，线状披针形，长 3～13cm，宽 3～4mm，先有渐刺状尖头。基部楔形，有短柄，上面光绿色，具 2 条不明显的中脉，下面淡黄绿色，有 2 条较绿色边带窄的灰白色气孔带。雌雄异株；雄球花单生叶腋，具 4～8 轮，每轮 4 枚雄蕊，椭圆形或长圆形，基部有交互对生的苞片；雌球花成对生于叶腋，各具 2 对交互对生的苞片和 1 枚侧生的小苞片，具短梗；胚珠单生，直立，仅 1 个球花发育。种子全部被肉质假种皮所包，倒卵圆形，长 2～3cm，成熟时红黄色，被白粉。浙江省金华、丽水、温州等地均有分布。产于海拔 200～1300m 的山谷沟边或山边的针阔叶混交林。

3.3　被子植物常见科、属、种特点及相关鉴别检索

3.3.1　双子叶植物纲 Dicotyledoneae

3.3.1.1　木兰科 Magnoliaceae

约 15 属 335 种，分布于亚洲和美洲的热带和亚热带地区。中国有 14 属 165 多种。浙江有 8 属 31 种。

乔木和灌木。单叶互生，托叶早落，在节上留下环状托叶痕。花大，通常单生，两性整齐，常同被，雌蕊和雄蕊多数，离生，螺旋状排列于伸长的花托上，子房上位。聚合蓇葖果。

1. 乔木或灌木，具托叶，花两性，心皮多数，在果时聚集于长轴上。
  2. 叶有裂片，先端截形，翅果 ···················· 鹅掌楸属 *Liriodendron*
  2. 叶全缘，蓇葖果。
    3. 花腋生，心皮分离，成熟时自背缝线开裂 ············ 含笑属 *Michelia*
    3. 花顶生。
      4. 花单性，叶柄上无托叶痕 ············ 拟单性木兰属 *Parakmeria*
      4. 花两性，叶柄上具托叶痕。
        5. 每个子房具胚珠 2 枚，蓇葖果自背缝线开裂 ·········· 木兰属 *Magnolia*
        5. 每个子房具胚珠 4 枚或较多，蓇葖果革质具喙 ······· 木莲属 *Manglietia*
1. 灌木、乔木或藤本，不具托叶，花单性或两性。
  6. 果为蓇葖果，开裂，花两性，乔木 ·················· 八角属 *Illicium*
  6. 果为浆果状，花单性，攀缘灌木。
    7. 成熟后聚合果伸长成穗状 ················ 五味子属 *Schisandra*
    7. 成熟后聚合果成头状 ················ 南五味子属 *Kadsura*

1. 木兰属 *Magnolia*

花顶生，不具有雌蕊柄。

1. 叶长成后花始开放,或花叶同时开放。

　2. 落叶性。

　　3. 叶长 6～12cm,长圆状倒卵形 …………………………………… 天女花 *Magnolia sieboldii*

　　3. 叶长 15cm 以上,小枝粗壮。

　　　4. 叶先端圆,侧脉 20～30 对 …………………………………… 厚朴 *M. officinalis*

　　　4. 叶先端凹缺,侧脉 15～25 对 …………………………………… 凹叶厚朴 *M. biloba*

　2. 常绿性。

　　5. 托叶与叶柄连生,全株无毛,花直径 3～4cm …………………………… 夜香木兰 *M. coco*

　　5. 托叶与叶柄分离,植株有毛,花直径 13～20cm ………………… 荷花玉兰 *M. grandiflora*

1. 花先叶开放,落叶性。

　6. 花被片外轮与内轮不相等,外轮退化成萼片状,常早落。

　　7. 灌木,常丛生,瓣状花被片紫色或紫红色,萼状花被片绿色,成熟聚合果圆球形………

　　　……………………………………………………………… 紫玉兰(辛夷)*M. liliflora*

　　7. 乔木,瓣状花被白色,基部红色。

　　　8. 幼枝无毛,叶片上面皱,聚合果成熟的蓇葖果互相分离,成弯曲状,枝、皮揉碎有松香味

　　　…………………………………………………………… 皱叶木兰 *M. praecocissima*

　　　8. 幼枝有平伏毛,叶片上面平滑,聚合果成熟的蓇葖果排列紧密,互相结合不弯曲,枝、皮

　　　　揉碎有辛辣味 …………………………………………… 黄山木兰 *M. cylindrica*

　6. 花被片大小近相等,不分化成外轮萼片状和内轮花瓣状。

　　9. 一年生小枝多少被毛,花被片长圆状倒卵形。

　　　10. 乔木,花被片纯白色 …………………………………………… 玉兰 *M. denudata*

　　　10. 小乔木,花被浅红色至深红色 …………………………………… 二乔木兰 *M. soulangeana*

　　9. 一年生小枝无毛,花被片近匙形或倒披针形。

　　　11. 花被片外面中部以下淡紫红色,长 7～8cm …………………… 宝华玉兰 *M. zenii*

　　　11. 花被片外面淡红色,长 3～6.5cm。

　　　　12. 乔木,花被片 9 枚,粉红色 ………………………………… 天目木兰 *M. amoena*

　　　　12. 灌木,花被片 12～15 枚,初淡红色,后变白色,沿中间红色,长 3～4.5cm ………

　　　　…………………………………………………………… 景宁木兰 *M. sinostellata*

　　　荷花玉兰 *M. grandiflora*:常绿。叶革质,背面有锈色毛。

　　　白玉兰 *M. denudate*:落叶。先花后叶,花白色。

　　　紫玉兰 *M. liliflora*:先花后叶,花紫色,花被有分化。

　　　厚朴 *M. officinalis*:落叶乔木。叶大,顶端圆。药用。

　　　凹叶厚朴 *M. biloba*:叶顶端凹进。药用。

　　2. 含笑属 *Michelia*

　　　花腋生,具有雌蕊柄。

1. 托叶多少与叶柄连生,在叶柄上有托叶痕。

　2. 叶柄长 5mm 以上,花被片 3～4 轮,9～13 枚。

　　3. 托叶痕至叶柄中部以上,花白色 …………………………………… 白兰花 *Michelia alba*

　　3. 托叶痕至叶片中部以下,花黄色 ……………………………………… 黄兰 *M. champaca*
　2. 叶柄长在 5mm 以下,花被片 2 轮,6 枚。
　　4. 乔木,雌蕊群被毛,蓇葖果有毛 ………………………………… 野含笑 *M. skinneriana*
　　4. 灌木,雌蕊群、蓇葖果无毛 ……………………………………………… 含笑 *M. figo*
1. 托叶与叶柄离生,在叶柄上无托叶痕。
　5. 植株无毛。
　　6. 叶片革质,下面灰绿色,被白粉 ………………………………… 深山含笑 *M. maudiae*
　　6. 叶片薄革质,下面淡绿色,网脉稀疏 …………………………… 乐昌含笑 *M. chapensis*
　5. 芽、嫩枝、叶片下面被毛。
　　7. 嫩枝、芽被灰褐色短柔毛,叶下被褐色短柔毛 ……………… 雅致含笑 *M. elegans*
　　7. 嫩枝、芽、叶片下面被灰白色柔毛 ………… 灰毛含笑 *M. foveolata* var. *cinerascens*
　　　含笑 *M. figo*：常绿灌木。嫩枝、芽和叶柄均有棕色毛。
　　　白兰花 *M. alba*：常绿乔木。叶披针形。花白色,有浓香。

3.3.1.2　樟科 Lauraceae

　　约 45 属 2500 余种,分布于热带非洲、亚洲热带和亚热带地区。中国 20 属约 400 种。浙江 11 属 46 种。

　　木本。有油腺。单叶互生,革质。两性花,整齐,轮状排列;花被 2 轮;雄蕊 4 轮,其中 1 轮退化,花药瓣裂,雌蕊由 3 枚心皮组成,子房 1 室。核果。

1. 缠绕寄生草本,花序为穗状、总状或头状,无总苞,花两性,花被裂片 6 枚,雄蕊 9 枚,果包于肉质的花被筒内 ……………………………………………………… 无根藤属 *Cassytha*
1. 具叶的乔木或灌木。
　2. 花序成假伞形或簇生状,稀为单花,其下有总苞。
　　3. 花 2 基数。
　　　4. 雄蕊为 4+4+4,全具腺体 ………………………………………… 月桂属 *Laurus*
　　　4. 雄蕊为 2+2+2,第 3 轮雄蕊具腺体 ……………………… 新木姜子属 *Neolitsea*
　　3. 花 3 基数。
　　　5. 花药 4 室 ………………………………………………………… 木姜子属 *Litsea*
　　　5. 花药 2 室 ………………………………………………………… 山胡椒属 *Lindera*
　2. 花序通常圆锥状,疏松,具梗,无明显总苞。
　　6. 果为增大而贴生的花被筒完全包被 ……………………………… 厚壳桂属 *Cryptocarya*
　　6. 果不为花被筒包被。
　　　7. 果下具果托。
　　　　8. 叶互生,常浅裂 …………………………………………… 檫木属 *Sassafras*
　　　　8. 叶全缘,具羽状或 3 出脉 ………………………………… 樟属 *Cinnamomum*
　　　7. 果下无果托,直接长在果梗上。
　　　　9. 果时花被直立而坚硬,紧包果上 ……………………………… 楠属 *Phoebe*
　　　　9. 果时花被宿存,但不紧包果上。
　　　　　10. 花被裂片果时宿存,果小,球形 ……………………… 润楠属 *Machilus*

　　10. 花被裂片花后增大,果大梨形 ……………………………… 鳄梨属 *Persea*

1. 樟属 *Cinnamomum*

　　3 出脉,圆锥花序。其中樟、普陀樟为国家二级保护植物。
1. 果时花被片脱落,叶互生,羽状脉或近离基 3 出脉,下面脉腋有腺窝。
　　2. 老叶两面被毛,羽状脉,圆锥花序腋生 ……………… 银木 *Cinnamomum septentrionale*
　　2. 老叶两面无毛或近无毛。
　　　3. 离基 3 出脉,叶干时下面常白色 …………………………… 樟 *C. camphora*
　　　3. 羽状脉或稀有近离基 3 出脉。
　　　　4. 叶干时下面黄褐色,果椭圆形,果托囊形 …………… 沉水樟 *C. micranthum*
　　　　4. 果球形,果托狭长倒卵形 ………………… 云南樟 *C. glanduliferum*
1. 果时花被片宿存,叶对生或近对生,3 出脉,下面脉腋无腺窝。
　　5. 叶两面无毛。
　　　6. 花序无毛或近无毛。
　　　　7. 离基 3 出脉,花序伞房状,有花 2～5 朵,果托倒圆锥形,具齿裂,果椭圆形 ……………
　　　　　……………………………………………………… 野黄桂 *C. jensenianum*
　　　　7. 离基 3 出脉,有时近羽状,圆锥花序,具花 5～14 朵,果托浅盘形,边缘全缘 …………
　　　　　………………………………………… 普陀樟 *C. japonicum* var. *chenii*
　　　6. 花序被毛。
　　　　8. 聚伞花序常具 3 朵花,果长卵形 ……………… 浙江樟 *C. chekiangense*
　　　　8. 圆锥花序,果卵球形 …………………………… 锡兰肉桂 *C. verum*
　　5. 叶下面被平伏绢状柔毛。
　　　9. 叶片椭圆形、卵状椭圆形至披针形,较小,小枝、芽、叶柄密被污黄色绢毛或柔毛 ………
　　　　…………………………………………………………… 香桂 *C. subavenium*
　　　9. 叶片长圆形或椭圆形,较大。
　　　　10. 叶片椭圆形,3 出脉,先端渐尖 …………… 华南桂 *C. austrosinense*
　　　　10. 叶片长圆形,离基 3 出脉,先端急尖 …………… 肉桂 *C. cassia*

2. 山胡椒属 *Lindera*

　　花单性,雌雄异株。
　　山胡椒 *Lindera glauca*(假死柴):落叶,叶背灰白色,新叶出而老叶落。
　　乌药 *L. strychnifolia*:基出 3 出脉。

3.3.1.3　毛茛科 Ranunculaceae

　　约 59 属 2500 种,主产北半球温带和寒温带。中国约有 39 属 665 种。浙江有 18 属
64 种。
　　草本。叶分裂或复叶。两性花,整齐,5 基数;花萼和花瓣均离生;雄蕊和雌蕊多数,离生,
螺旋状排列于膨大的花托上。聚合瘦果。

1. 毛茛属 *Ranunculus*

草本,花黄色花瓣、萼片各 5 枚,花瓣基部具有一蜜槽。聚合瘦果。

1. 基生叶为 3 出复叶或 3 深裂。
　2. 植物体高 15～90cm,全体有粗硬毛。
　　3. 瘦果聚集成长圆状的聚合果 ……………………………… 茴茴蒜 *Ranunculus chinensis*
　　3. 瘦果聚集成球形的聚合果。
　　4. 茎匍匐,萼片向下反折,果喙成锥状外弯 ……………… 扬子毛茛 *R. sieboldii*
　　4. 茎直立,瘦果边缘有棱线,果喙顶端钩状。
　　　5. 萼片平展,不向下反折 ………………………………… 禺毛茛 *R. cantoniensis*
　　　5. 萼片向下反折 …………………………………………… 钩柱毛茛 *R. silerifolius*
　2. 植物体高 5～17cm,全体无毛或有疏毛。
　　6. 须根全部肉质,圆柱状,伸长 ………………………………… 肉根毛茛 *R. polii*
　　6. 须根肉质,膨大成球形,顶端成爪状 ……………………… 猫爪草 *R. ternatus*
1. 基生叶 3 深裂或不分裂。
　7. 植物体无毛 …………………………………………………… 毛茛 *R. japonicus*
　7. 植物体有毛。
　　8. 瘦果无刺 ……………………………………………………… 石龙芮 *R. sceleratus*
　　8. 瘦果有刺 ……………………………………………………… 刺果毛茛 *R. muricatus*

2. 铁线莲属 *Clematis*

藤本。羽叶对生,无花瓣,聚合瘦果具有宿存的羽毛状花柱。
威灵仙 *Clematis chinensis*:复叶具有 5 小叶。药用。

3.3.1.4　金缕梅科 Hamamelidaceae

28 属约 140 种,主要分布于亚洲东部。中国有 15 属 80 种 16 变种。浙江有 11 属 20 种 6 变种。

木本。具有星状毛。托叶宿存。头状花序或下垂的总状花序。子房下位,稀上位;中轴胎座。木质蒴果。种子具翅。

1. 子房每室有胚珠 1 枚,叶为羽状脉。
　2. 花无花冠。
　　3. 萼无萼筒,雄蕊 2～8 枚,细长总状花序 ………………… 蚊母树属 *Distylium*
　　3. 萼有萼筒。
　　4. 萼筒增大成壶形,花杂性,雄蕊 8～10 枚 ……………… 水丝梨属 *Sycopsis*
　　4. 萼筒浅杯状,花两性,雄蕊 5～15 枚 …………………… 银缕梅属 *Parrotia*
　2. 花有花冠。
　　5. 花 5 属,成总状花序。
　　　6. 花瓣锥形,花丝极短,蒴果有皮孔 ……………………… 牛鼻栓属 *Fortunearis*
　　　6. 花瓣匙形,花丝极长,蒴果无皮孔 ……………………… 蜡瓣花属 *Corylopsis*

　5. 花 4 数,簇生或成头状花序,花瓣带形。

　　7. 药 2 室,退化雄蕊不分叉,叶缘有锯齿 ……………………… 金缕梅属 *Hamamelis*

　　7. 药 4 室,退化雄蕊分叉,叶全缘 ……………………………… 檵木属 *Loropetalum*

1. 子房每室有胚珠数粒,叶常为掌状脉,花成头状或肉质穗状花序。

　　8. 花有花冠,头状花序由 2 朵花组成 ……………………… 双花木属 *Disanthus*

　　8. 花无花冠,头状或肉质穗状花序有多数花。

　　9. 花柱在结果时脱落,叶不裂,羽状脉 ……………………… 蕈树属 *Altingia*

　　9. 花柱宿存,叶掌状分裂,具掌状基出脉。

　　10. 花柱伸直,叶掌状 3～5 裂 ………………………………… 枫香属 *Liquidambar*

　　10. 花柱斜出,叶片异形,3 裂,离基 3 出脉 …………………… 半枫荷属 *Semiliquidamar*

　　1. 蜡瓣花属 *Corylopsis*

　　$K_{(5)}$,C_5,花黄色。供观赏和药用等。

　　2. 其他属种

　　枫香 *Liquidambar formosana*:落叶乔木,叶 3 掌裂,头状花序。为常阔林中常见的落叶树种。

　　檵木 *Loropetalum chinensis*:小枝具有褐色星状毛。

3.3.1.5　榆科 Ulmaceae

　　约 16 属 230 种,分布于热带、亚热带和温带地区。中国有 8 属 46 种。浙江有 7 属 22 种。

　　木本。单叶互生,叶缘有锯齿,基部常不对称,具托叶。花两性或单性,雌雄同株。花单被,花萼宿存,子房上位,2 枚心皮,花柱 2 枚。翅果、坚果或核果。

1. 果为翅果,种子扁平,花两性,稀杂性 ………………………………… 榆属 *Ulmus*
1. 果为核果,或为有翅小坚果。

　2. 叶基部有显著 3 脉,花被裂片分离,花单性。

　　3. 果实为有翅小坚果,小枝紫褐色,无毛 …………………… 青檀属 *Pterocerceltis*

　　3. 果为核果,花萼无毛,小枝灰褐色,有短柔毛。

　　　4. 叶之侧脉在到达叶缘前弯曲,子叶广阔 ………………… 朴属 *Celtis*

　　　4. 叶之侧脉直达叶缘,子叶狭窄 ………………………… 糙叶树属 *Aphananthe*

　2. 叶有羽状平行脉 7 对或更多,花被裂片稍合生。

　　5. 果为有翅小坚果,小枝坚硬有刺,花杂性 ……………… 刺榆属 *Hemiptelea*

　　5. 果为核果,小枝柔软无刺,花单性或杂性。

　　　6. 萼片覆瓦状排列 ………………………………………… 榉属 *Zelkova*

　　　6. 萼片镊合状排列 ………………………………………… 山黄麻 *Trema*

　　1. 榆属 *Ulmus*

　　浙江有 8 种。长序榆为国家二级保护植物。

1. 花秋季开放,常簇生于叶腋,翅果无毛 …………………… 榔榆 *Ulmus parvifolia*

1. 花春季先叶开放,花被裂片短,翅果有毛。
　2. 花序明显伸长,成下垂的总状聚伞花序,花梗较花被长 2～4 倍,叶缘具粗大重锯齿,翅果极窄 ……………………………………………………………… 长序榆 U. elongata
　2. 非上述情况。
　　3. 种子位于翅果的中部,上端不接近缺口。
　　　4. 翅果两面及边缘有毛,叶仅在脉上有毛 …………………………… 杭州榆 U. changii
　　　4. 翅果仅顶端缺口的柱头面被毛。
　　　　5. 小枝无毛,翅果倒卵形或近圆形 ……………………… 兴山榆 U. bergmanniana
　　　　5. 小枝有毛,翅果近圆形 ……………………………………… 榆树 U. pumila
　　3. 种子位于翅果的上部、中上部,上端接近缺口。
　　　6. 翅果两面及边缘被毛,叶两面有毛 ……………………… 琅琊榆 U. chenmoui
　　　6. 翅果仅顶端缺口的柱头面被毛。
　　　　7. 叶片下面及叶柄密被柔毛,基部长,明显偏斜,翅果倒三角状倒卵形、长圆状倒卵形或倒卵形 ………………………………………………… 多脉榆 U. castaneifolia
　　　　7. 叶片下面无毛。
　　　　　8. 翅果倒卵形 ………………………………… 春榆 U. davidiana var. japonica
　　　　　8. 翅果近圆形或倒卵圆形 ………………………… 红果榆 U. szechuanica

　　2. 朴属 Celtis

1. 成熟果实大,长 10～15mm,果梗较叶柄长 2～3 倍,粗壮。
　2. 冬芽的内部芽鳞无毛或仅被微毛 …………………………… 小果朴 Celtis cerasifera
　2. 冬芽的内部芽鳞密被较长的柔毛。
　　3. 小枝、叶柄和果梗密被褐色或淡黄色柔毛 ………………… 珊瑚朴 C. julianaei
　　3. 小枝、叶柄和果梗无毛 ………………………………… 西川朴 C. vandervoetiana
1. 成熟果小,长 6～8mm,果梗与叶柄等长或长于叶柄。
　4. 果梗等于或稍长于叶柄,果核具穴或突肋。
　　5. 小枝、叶柄和果梗被微柔毛 ………………………………… 朴树 C. sinensis
　　5. 小枝、叶柄和果梗密被淡黄色短柔毛 ……………………… 金华朴 C. jinhwaensis
　4. 果梗长于叶柄 2～4 倍,果核光滑,或有穴,或有突肋。
　　6. 果核有网纹,小枝、叶柄和果梗被柔毛,果黑色 …………… 弹树 C. biondii
　　6. 果核光滑,小枝、叶柄和果梗光滑。
　　　7. 叶厚,无毛,两面具绿色光泽 …………………………… 黑弹树 C. bungeana
　　　7. 叶薄,两面脉上散生柔毛,下面污色 ………………… 天目朴树 C. chekiangensis

3.3.1.6　桑科 Moraceae

　　约 53 属 1400 余种,分布于全世界热带和亚热带地区。中国有 13 属 150 种。浙江有 7 属 26 种。

　　木本。常有乳汁。单叶互生。花小,单性,集成各种花序,单被花,4 基数。坚果、核果集合成各式聚花果,如桑葚、构果、榕果等。

    桑 *Morus alba*：落叶乔木。单叶互生，具有 3 出脉。果为聚花果（桑葚）。其叶用于养蚕，茎皮富含纤维，果有较高的营养价值。

1. 隐头花序，小枝具有环状托叶痕 ·· 榕属 *Ficus*
1. 柔荑花序或头状花序。
  2. 雌雄花均为头状花序。花雌雄异株 ·· 柘树属 *Maclura*
  2. 雌雄花均为柔荑花序，或仅雌花为头状花序。
    3. 雌雄花均为柔荑花序 ··· 桑属 *Morus*
    3. 雄花为柔荑花序，雌花为头状花序 ······························· 构树属 *Broussonetia*

1. 榕属（无花果属）*Ficus*

    木本。有乳汁。托叶大而抱茎，具环状托叶痕。隐头花序，花单性。

1. 攀缘灌木，常绿。
  2. 叶二型，果枝叶卵状椭圆形，营养枝叶卵状心形，隐花果单生叶腋。
    3. 隐花果梨形，顶端短钝 ·· 薜荔 *Ficus pumila*
    3. 隐花果长圆形，顶端脐状凸起 ··· 爱玉子 *F. pumila* var. *awkeotsang*
  2. 叶非二型，隐花果单生或成对腋生。
    4. 隐花果圆锥形，无总梗 ··· 珍珠莲 *F. sarmentosa* var. *henryi*
    4. 隐花果近球形，具总梗。
      5. 叶披针形，下面灰白色 ·· 爬藤榕 *F. sarmentosa* var. *impressa*
      5. 叶椭圆状卵形或椭圆状披针形，下面浅黄色。
        6. 叶椭圆状披针形，下面粉绿色，隐花果球形，直径 1～1.2cm，总梗长不超过 5mm ······
        ································ 白背爬藤榕 *F. sarmentosa* var. *nipponica*
        6. 叶椭圆状卵形，密被褐色长柔毛，隐花果圆球形，直径 1.5～2cm，总梗长 1cm ·········
        ································ 少脉匍茎榕 *F. sarmentosa* var. *thunbegiir*
1. 直立乔木或灌木，常绿或落叶。
  7. 叶缘具圆齿、锯齿或有时全缘或 3～5 深裂（不包括琴形叶）。
    8. 叶倒卵状披针形，上部具数个波状齿 ·· 台湾榕 *F. formosana*
    8. 叶缘不为波状齿。
      9. 隐花果大，梨形或球形，表面无毛，植物体无毛，叶掌状 3～5 裂，边缘具圆齿 ·········
      ··· 无花果 *F. carica*
      9. 隐花果小，密被长硬毛，植物体被硬毛 ··································· 粗叶榕 *F. hirta*
  7. 叶全缘。
    10. 隐花果无柄或近无柄。
      11. 叶厚革质，有光泽，托叶长达叶片的 1/2 ································· 印度橡胶树 *F. elastica*
      11. 叶非厚革质，无光泽，托叶小。
        12. 叶纸质，基部侧脉不延长，腋部有腺体 ··························· 异叶榕 *F. heteromorpha*
        12. 叶革质，基部脉腋无腺体。
          13. 叶卵状披针形至长椭圆形，先端急尖至渐尖。

　　14. 隐花果基生苞片宿存,果内具丰富的间生刚毛,叶卵状披针形,散生 ……………
　　　　……………………………………………………………… 绿黄葛树 F. virens
　　14. 隐花果基生苞片早落,果内无间生刚毛,叶片长椭圆形,常集生枝端 …………
　　　　……………………………………………… 笔管榕 F. superba var. japonica
　　13. 叶长卵形至卵形,先端急尖或钝尖。
　　　15. 叶卵形,具气生根 ……………………………………… 榕树 F. microcarpa
　　　15. 叶椭圆形,不具气生根 ……………… 无柄小叶榕 F. concinna var. subsessilis
　10. 隐花果明显具总梗,不生于树干或老枝上。
　16. 叶基 3 出脉,枝、叶、果均具柔毛 ……………… 天仙果 F. erecta var. beecheyana
　16. 叶脉为羽状。
　　17. 叶片狭椭圆形至椭圆形或倒披针形,长 4～15cm,宽 1.5～4cm,边缘反卷,隐花果基
　　　生苞片宿存 ……………………………………………… 变叶榕 F. variolosa
　　17. 叶披针形至倒卵状披针形。
　　　18. 叶倒卵形或狭倒卵形 ……………………… 全缘琴叶榕 F. pandurata var. holophylla
　　　18. 叶狭披针形或线状披针形 ……………… 条叶榕 F. pandurata var. angustifolia
　　无花果 *Ficus carica*:落叶灌木。叶片 3～5 裂。隐头花序腋生。果为榕果(无花果)。为著名水果。
　　榕树 *F. microcarpa*:常绿大乔木。有气生根。雄花、雌花、瘿花同生于 1 个花托内。果为榕果。

　　2. 其他属种

　　构树 *Broussonetia papyrifera*:落叶乔木。叶被粗绒毛。聚花果头状,成熟时红色。

3.3.1.7　胡桃科 Juglandaceae

　　共 9 属 60 种,分布于北温带和热带亚洲。中国有 7 属 27 种,主要分布在长江以南。浙江有 6 属 12 种。
　　落叶乔木。有树脂。羽状复叶,互生。花单性,雌雄同株,雄花为下垂的柔荑花序,花被与苞片合生,子房下位,花柱 2 枚,坚果核果状或具翅。
1. 雄花序及两性花序形成顶生而直立的伞房花序束,两性花序上端为雄花序,下端为雌花序,果序短球果状,果小,坚果状………………………………… 化香属 Platycarya
1. 雄花序下垂,雌花序直立或下垂。
　2. 雌花及雄花的苞片 3 裂,偶数羽状复叶,枝髓实心 ………… 黄杞属 Engelhardtia
　2. 雌花及雄花的苞片不分裂,雌花序直立,果序直立或下垂。
　　3. 枝条髓部实心,雄花序 3 条 1 束 ……………………… 山核桃属 Carya
　　3. 枝条髓部成薄片状分隔。
　　　4. 果实大形,核果状,无翅,外果皮肉质 ………………… 核桃属 Juglans
　　　4. 果实中等大小,坚果状,具膜质果翅。
　　　　5. 雄花序数条成 1 束,果翅盘状 …………………… 青钱柳属 Cyclocarya
　　　　5. 雄花序单生,果翅 2 个,展开 ………………………… 枫杨属 Pterocarya

3.3.1.8　壳斗科 Fagaceae

约 8 属 900 余种,主要分布在温带和亚热带地区。中国 7 属约 320 种。浙江有 6 属 45 种 3 变种。

木本。单叶互生,羽状脉直达叶缘。雌雄同株,无花瓣;雄花成柔荑花序;雌花 2~3 朵生于总苞内,子房下位,3~7 室,每室 2 枚胚珠,仅 1 枚成熟。坚果。

1. 雄花为下垂的头状花序,雌花 2 朵生一总苞内 ……………………………… 水青冈属 Fagus
1. 雄花为柔荑花序,雌花单生或穗状。
　2. 雄花为直立柔荑花序。
　　3. 落叶,壳斗密被分枝长刺,内有坚果 1~3 个 ……………………………… 栗属 Castanea
　　3. 常绿。
　　　4. 壳斗有刺,全包坚果,叶排成 2 列 ……………………………… 栲属 Castanopsis
　　　4. 壳斗无刺,包围坚果下部,叶不排成 2 列 ……………………………… 柯属 Lithocarpus
　2. 雄花为下垂柔荑花序,壳斗杯状或盘状,内有坚果 1 个。
　　5. 壳斗苞片鳞形,结合成轮状同心环,常绿 ……………………………… 青冈属 Cyclobalanopsis
　　5. 壳斗苞片鳞形、线形、钻形,不结合成轮状同心环,常绿或落叶 ……………… 栎属 Quercus

1. 栲属 Castanopsis

1. 总苞外面的苞片鳞片状,坚果脱落后总苞宿存。
　2. 叶片薄革质,边缘有钝锯齿或波状齿 ……………………………… 鼺蔃栲 Castanopsis fissa
　2. 叶片厚革质,边缘中部以上有锐锯齿 ……………………………… 苦槠 C. sclerophylla
1. 总苞外有长短疏密不等的尖刺,总苞与果一起脱落。
　3. 总苞连刺直径在 4cm 以上,成熟时整齐的 4 瓣开裂。
　　4. 叶全缘,下密被黄褐色或灰褐色绒毛 ……………………………… 南岭栲 C. fordii
　　4. 叶缘有细齿,叶下幼时有红锈色鳞秕 ……………………………… 钩栲 C. tibetana
　3. 总苞连刺直径在 4cm 以下,成熟后不规则开裂或不裂,常不全盖住总苞。
　　5. 叶下密生深褐色至锈色鳞秕 ……………………………… 栲树 C. fargesii
　　5. 叶下被紧贴的蜡质层。
　　　6. 总苞有不明显的疣状小凸起 ……………………………… 米槠 C. carlesii
　　　6. 总苞有明显锐尖刺。
　　　　7. 总苞仅顶部有尖刺,刺长不到 2mm ……………… 短刺米槠 C. carlesii var. spinosa
　　　　7. 总苞上刺长 3mm 以上。
　　　　　8. 叶缘上部有锯齿 ……………………………… 东南栲 C. jucunda
　　　　　8. 叶全缘。
　　　　　　9. 叶下浓绿色或绿色,光滑,无蜡层 ……………………………… 甜槠 C. eyrei
　　　　　　9. 叶下淡褐色或锈褐色,有蜡毛层或蜡层。
　　　　　　　10. 叶侧脉 8~14 对,下被黄褐色鳞秕,干后淡棕色,壳斗疏生短刺
　　　　　　　　……………………………… 罗浮栲 C. fabrei

　　10. 叶侧脉 15～18 对,下面幼时红锈色,老时银灰色,壳斗被密刺 ……………………
………………………………………………………………………………… 钩栲 C. tibetana

　　苦槠 C. sclerophylla:常绿乔木。叶椭圆形,叶缘近顶端中部以上有锯齿,两面无毛。壳斗全包小坚果,苞片鳞形,排成 4～6 个同心环。坚果 1 个。

　　　2. 栎属 Quercus

1. 落叶乔木,稀灌木状。
　2. 叶缘有刺芒状锯齿,苞片钻形或线形,常反曲。
　　3. 小枝无毛,树皮木栓层发达,坚果球形 …………………… 栓皮栎 Quercus variabilis
　　3. 小枝被毛,树皮木栓层不发达。
　　　4. 坚果近球形,苞片钻形反曲 …………………………… 麻栎 Q. acutissima
　　　4. 坚果椭圆形,苞片多为鳞片状 …………………………… 小叶栎 Q. chenii
　2. 叶缘有粗锯齿或波状齿,苞片窄披针形、三角形。
　　5. 叶柄长不及 1cm,叶通常在近枝端集生。
　　　6. 小枝无毛,叶缘具粗锯齿,齿端腺体状,微内弯,苞片卵形,排列紧密,果长卵形 ……
　　　……………………………………………… 短柄枹 Q. serrata var. brevipetiolata
　　　6. 小枝有毛或密被毛。
　　　　7. 叶下近无毛,先端钝尖,边缘缺刻,苞片披针形 ………………… 黄山栎 Q. stewardii
　　　　7. 叶下密被星状毛,先端圆形,边缘波状缺刻。
　　　　　8. 叶缘缺刻较浅,小枝较细,苞片卵形 ………………………… 白栎 Q. fabri
　　　　　8. 叶缘缺刻较深,小枝粗,苞片披针形 ………………………… 槲树 Q. dentata
　　5. 叶柄长 1～3cm,叶通常散生或近枝端集生。
　　　9. 叶下面淡黄绿色,有稀疏星状毛 ………………………… 槲栎 Q. aliena
　　　9. 叶下面灰白色,密被星状长毛 ………………… 锐齿槲栎 Q. aliena var. acutesserata
1. 常绿或半常绿乔木或灌木状。
　10. 叶先端圆钝,边缘有刺状锯齿 …………………………… 刺叶高山栎 Q. spinosa
　10. 叶先端尖,边缘中部以上有锯齿。
　　11. 苞片线状披针形,顶端反卷。
　　　12. 叶倒卵状匙形,坚果卵形 ………………………………… 匙叶栎 Q. dolicholeips
　　　12. 叶卵状披针形,坚果长椭圆形 ………………………… 尖叶栎 Q. oxypuhlla
　　11. 苞片鳞片状,三角形或卵状披针形。
　　　13. 叶倒卵形,边缘有细密锯齿,果椭圆形 ………………… 乌岗栎 Q. phillyraeoides
　　　13. 叶椭圆形,全缘,果长卵形 ……………………………… 巴东栎 Q. engleriana

　　　3. 其他属种

　　板栗 Castanea mollissima:叶背有毛。雌花生于雄花序基部。坚果 2～3 个,壳斗具有分枝长刺。为著名的木本粮食作物,多栽培。
　　青冈 Cyclobalanopsis glauca:常绿乔木。叶倒卵状椭圆形,中部以上具有疏锯齿,叶背有毛,壳斗碗状,苞片排成 5～8 个同心环。坚果 1 个,与苦槠相似。

麻栎 *Quercus aeutissima*：落叶乔木。叶脉直达锯齿,并凸出为长芒状,萌枝和幼树的叶为鞋底状。苞片钻形,反曲,具毛。

3.3.1.9　石竹科 Caryophyllaceae

约 75 属 2000 余种,广布全世界。中国有 30 属约 400 种。浙江有 16 属 45 种。

草本。茎节膨大;单叶,全缘,对生。花两性整齐,雄蕊数量为花瓣的 2 倍,子房上位,特立中央胎座。果实为蒴果,瓣裂或顶端齿裂。

1. 有托叶,膜质。
　2. 花柱离生,花瓣全缘 ·················· 拟漆姑草属 *Spergularia*
　2. 花柱基部连合,花瓣顶端 2 深裂 ·················· 荷莲豆草属 *Drymaria*
1. 无托叶。
　3. 萼片分离,花瓣近无爪,雄蕊周位。
　　4. 花二型,茎顶端为开花受精花,常不结实,基部为闭花受精花,无花瓣,结实,植株有块根
　　·················· 孩儿参属 *Pseudostellaria*
　　4. 花不为二型,无闭花受精花,无块根。
　　　5. 蒴果瓣先端不分裂,花瓣全缘 ·················· 漆姑草属 *Sagina*
　　　5. 蒴果瓣先端多少 2 裂。
　　　　6. 花柱 4~5 条。
　　　　　7. 蒴果卵球形,5 瓣裂 ·················· 鹅肠菜属 *Myosoton*
　　　　　7. 蒴果圆筒形,10 齿裂 ·················· 卷耳属 *Cerastium*
　　　　6. 花柱 2~3 条。
　　　　　8. 花瓣常 2 深裂或 2 半裂 ·················· 繁缕属 *Stellaria*
　　　　　8. 花瓣全缘。
　　　　　　9. 种脐旁无附属体 ·················· 蚤缀属 *Arenaria*
　　　　　　9. 种脐旁有附属体 ·················· 种阜草属 *Moehringia*
　3. 萼片合生,花瓣常有爪,雄蕊下位。
　10. 花柱 3~5 条。
　　11. 花柱 5 条。
　　　12. 蒴果 5 齿裂或 5 瓣裂 ·················· 剪秋罗属 *Lychnis*
　　　12. 蒴果 10 齿裂,裂齿数倍于花柱 ·················· 蝇子草属 *Silene*
　　11. 花柱 3 条。
　　　13. 蒴果浆果状球形,不规则开裂 ·················· 狗筋蔓属 *Cucubalus*
　　　13. 蒴果不为浆果状,先端 6 齿裂 ·················· 蝇子草属 *Silene*
　10. 花柱 2 条。
　　14. 花萼基部膨大,顶端极狭窄,具 5 条翅状脉棱,蒴果为不完全 4 室 ··················
　　·················· 王不留行属 *Vaccaria*
　　14. 花萼常圆筒状或钟状,不具脉棱,蒴果 1 室。
　　　15. 花萼下有一至数对苞片,种子圆盾形 ·················· 石竹属 *Dianthus*
　　　15. 花萼下无苞片。

16. 花瓣无副花冠 ………………………………………………… 石头花属 *Gypsophila*
16. 花瓣有副花冠 ………………………………………………… 肥皂草属 *Saponaria*

1. 石竹属 *Dianthus*

1. 叶片披针形或椭圆状披针形，聚伞花序集生成紧密头状。
　　2. 苞片具锥状长尖，与萼等长 ……………………………… 须苞石竹 *Dianthus barbatus*
　　2. 苞片具尾状尖，长约萼筒的 1/4 ……………………………… 日本石竹 *D. japonicus*
1. 叶片线形或线状披针形，花单生或排成疏散聚伞花序。
　　3. 花萼下苞片叶状，开张 ……………………………………………… 石竹 *D. chinensis*
　　3. 花萼下部苞片不为叶状，不开张。
　　　4. 花瓣先端齿裂，苞片 4 枚 ………………………………… 麝香石竹 *D. caryophyllus*
　　　4. 花瓣先端深裂，呈流苏状细裂。
　　　　5. 花单生或数朵集成稀疏的聚伞花序，苞片宽卵形，先端有长尖的芒 ……………
　　　　………………………………………………………………… 瞿麦 *D. superbus*
　　　　5. 花二至十几朵集成疏散的聚伞花序，苞片卵形或卵状披针形，先端有短急尖的芒 ……
　　　　………………………………………………………… 长萼瞿麦 *D. longicalyx*

　　石竹 *Dianthus chinensis*：多年生草本。叶线状披针形。苞片叶状，4 枚，花瓣顶端具细齿。蒴果齿裂。多栽培，供观赏、药用。

　　香石竹（康乃馨）*D. caryophyllus*：叶灰绿色。花具香味，苞片 4 枚，花瓣重瓣，有各种颜色。供观赏。

2. 其他属种

　　牛繁缕 *Malachium aquaticum*：水生农田杂草。花瓣 5 枚，雄蕊 10 枚，柱头 5 裂。蒴果 5 裂。

　　繁缕 *Stellaria media*：草本。茎细弱，基部多分枝，常平卧，节上生根。叶卵形，对生，全缘，密生柔毛和睫毛，基部叶具长柄，上部叶近无柄。花小，白色，单生或为松散的二歧聚伞花序；萼片 5 枚，分离；花瓣 5 枚，每片 2 深裂；雄蕊 10 枚；子房上位，特立中央胎座，花柱 3 枚。蒴果卵形。

　　簇生卷耳 *Cerastium caespitosum*：草本。叶对生，下部叶片近匙形，中上部叶片狭卵形，两面密生短柔毛。聚伞花序顶生，苞片和小苞片叶状；萼片 5 枚，花瓣 5 枚，白色，顶端 2 裂；雄蕊 10 枚；子房上位，特立中央胎座，花柱 5 枚。蒴果，先端 10 齿裂。

3.3.1.10　蓼科 Polygonaceae

　　约 50 属 1200 余种，广布于北温带。中国有 11 属 235 种。浙江有 8 属 47 种。
　　草本。节部膨大。单叶互生，全缘，具托叶鞘。花两性，辐射对称，单被，雄蕊常 8 枚，子房上位。坚果，三棱形或凸镜形。

1. 灌木，茎枝扁平带状，绿色，节处稍缢缩，托叶鞘退化或早落，仅留一横线痕（栽培）………
………………………………………………………………… 竹节蓼属 *Homalocladium*
1. 草本，茎圆柱形或四棱形，节常膨大，托叶鞘显著。

　2．花被片 4～5 枚,轮状或覆瓦状排列,雄蕊 5～8 枚,柱头头状。

　　3．花柱 2 枚,果时伸长,宿存 ·· 金线草属 *Antenoron*

　　3．花柱 3 枚,果时非上述情况。

　　　4．茎缠绕或直立,花被片外面 3 枚果时增大。

　　　5.茎缠绕,花两性,柱头头状 ·· 何首乌属 *Fallopia*

　　　5.茎直立,花单性,柱头流苏状 ··· 虎杖属 *Reynoutria*

　　　4．茎直立,花被片果时不增大,稀增大呈肉质。

　　　　6．瘦果具 3 棱,明显比宿存花瓣长 ·································· 荞麦属 *Fagopyrum*

　　　　6．瘦果具 3 棱或双凸镜状,比宿存花被短 ························ 蓼属 *Polygonum*

2．花被片 6 枚,排成 2 轮,雄蕊 6 枚或 9 枚,柱头画笔状或头状。

　7．内轮 3 枚花被片果时增大呈翅状,雄蕊 6 枚,柱头流苏状分裂成画笔状,瘦果无翅 ······
　　·· 酸模属 *Remex*

　7．花被片果时不增大,雄蕊 9 枚,柱头头状 ································ 大黄属 *Rheum*

　　1．酸模属 *Remex*

1．多年生草本。

　2．基生叶和下部茎生叶基部戟形、箭形或楔形,花单性,雌雄异株。

　　3．基生叶或茎生叶下部叶片戟形,根状茎横走,内花被片果时不增大,无小瘤 ···········
　　··· 小酸模 *Remex acetosella*

　　3．基生叶或茎生叶下部叶片箭形,无根状茎,具须根,内花被片果时增大,基部具小瘤 ······
　　··· 酸模 *R. acetosa*

　2．基生叶和下部茎生叶基部楔形、圆形或心形,花两性。

　　4．内花被片果时近全缘,基生叶披针形或窄披针形,边缘皱波状,内花被片果时宽卵形,常
　　　全部具小瘤 ·· 皱叶酸模 *R. crispus*

　　4．内花被果时边缘具齿或刺状齿。

　　　5．内花被片果时宽心形,边缘具不规则小齿 ····················· 羊蹄 *R. japonicus*

　　　5．内花被片果时狭三角状卵形,边缘具锐齿 ················· 钝叶酸模 *R. obtusifolius*

1．一年生草本。

　6．内花被片果时三角状卵形,边缘具刺状齿 ····················· 齿果酸模 *R. dentatus*

　6．内花被片果时狭三角形,边缘每侧具一针刺 ··············· 长刺酸模 *R. trisetifer*

　　2．其他属种

　　虎杖 *Reynoutria japonica*：多年生草本。根状茎粗壮,横走,橙黄色;茎直立,散生红色或紫红色斑点。

　　大黄 *Rheum officinale*：多年生直立草本。茎中空。叶互生,近圆形,先端尖,基部心形,边缘掌状浅裂,掌状叶脉。

　　何首乌 *Fallopia multiflora*：多年生缠绕草本。花序圆锥状。

　　野荞麦 *Fagopyrum dibotrys*：多年生草本。根显著木质化,形成块状。国家二级保护植物。

3.3.1.11 山茶科 Theaceae

约 36 属 700 多种,分布于热带和亚热带。中国 15 属约 500 种。浙江有 8 属 40 种 3 变种。

，常绿木本。单叶互生。花两性,整齐,5 基数;雄蕊多数,成数轮,屡集为数束,着生于花瓣上;子房上位,中轴胎座。蒴果。

1. 果为浆果或浆果状,不开裂,有时开裂,花药基部着生在花丝上。
　2. 花小,单性,雌雄异株,雄蕊 5～25 枚,1 轮 ……………………………… 柃木属 Eurya
　2. 花大,两性,雄蕊多数,1～5 轮。
　　3. 花单生或有时成对生叶腋间,花梗常下弯,少直立,花药常有硬毛,果实有多数微小的种子 …………………………………………………………………… 黄瑞木属 Adinandra
　　3. 花单生叶腋间或簇生,花梗不下弯,果实偶少数种子,较大。
　　　4. 花药有透明刺毛,花单生或簇生,叶不簇生枝顶 ………………… 红淡比属 Cleyera
　　　4. 花药无透明刺毛,花单生,叶簇生枝顶 ……………… 厚皮香属 Ternstroemia
1. 果为开裂的蒴果,花药"丁"字形着生。
　5. 种子无翅。
　　6. 蒴果室间开裂,萼片 9～12 枚 ……………………………… 石笔木属 Tutcheria
　　6. 蒴果室背不规则开裂,萼片 5 枚 ……………………………… 山茶属 Camellia
　5. 种子周围有翅。
　　7. 常绿,果实有中轴 …………………………………………………… 木荷属 Schima
　　7. 落叶,果实无中轴 …………………………………………………… 紫茎属 Stewartia

1. 山茶属 Camellia

常绿。叶革质,有锯齿。雄蕊多数,花药"丁"字形着生。蒴果。

1. 子房无毛。
　2. 叶片小,先端钝圆而微凹,小枝具长柔毛 …………… 毛枝连蕊茶 Camellia trichoclada
　2. 叶片大,先端急短尖、渐尖至尾尖。
　　3. 花有短梗,萼片长不超过 6mm,果实仅 1 室发育,无中轴,叶柄 3～6mm。
　　　4. 小枝、顶芽、叶片有柔毛 ………………………………… 毛花连蕊茶 C. fraterna
　　　4. 小枝无毛。
　　　　5. 苞片和萼片无毛 ………………………………… 尖连蕊茶 C. cuspidata
　　　　5. 苞片和萼片有细毛 ………………… 浙江尖连蕊茶 C. cuspidata var. chekiangensis
　　3. 花无梗,萼片长在 1cm 以上,果实 3～5 室,有中轴,叶柄 8～15mm。
　　　6. 苞片及萼片脱落,密被白色细绢毛 ……………………… 红山茶 C. japonica
　　　6. 苞片、萼片宿存,密被绒状丝质毛。
　　　　7. 叶厚革质,下面侧脉不明显 ……………… 浙江红山茶 C. chekiangoleosa
　　　　7. 叶革质,下面侧脉明显隆起 ……………… 闪光红山茶 C. luccidissima
1. 子房有毛。
　8. 花梗明显,苞片与萼片明显分化。

9. 苞片早落,萼片宿存,花丝近离生,无毛,子房 3 室均发育,果皮厚,有中轴……………
………………………………………………………………… 茶 *C. sinensis*

9. 苞片、萼片宿存,花丝多数连合,分离花丝有灰色长茸毛,子房 1 室发育,蒴果有毛,果皮
薄,无中轴 ………………………………………………… 长尾毛蕊茶 *C. caudata*

8. 花无梗,苞片与萼片不分化。

10. 花柱全部有长柔毛 ……………………………………… 红皮糙果茶 *C. crapaelliana*

10. 花柱无毛或仅于基部有毛。

　11. 叶片下面无木栓疣,或仅有零星不规则分布的少量木栓疣。

　　12. 花芽或苞片及萼片明显被毛。

　　　13. 花半重瓣至近重瓣,玫瑰红色或淡玫瑰红色,花柱长 10~13mm ……………
………………………………………………………… 冬红短柱茶 *C. hiemalis*

　　　13. 花单瓣,白色或粉红色,花柱长 5~11mm。

　　　　14. 花白色,苞片及萼片外面被毛 ……………………………… 油茶 *C. oleifera*

　　　　14. 花粉红色,苞片及萼片外面仅中部有毛,向两侧渐无毛,花柱长 5~7mm …………
………………………………………………… 粉红短柱茶 *C. puniceiflora*

　　12. 花芽或苞片及萼片无毛或近无毛。

　　　15. 叶片倒卵形,长 1.5~2.5cm,宽 1~1.3cm,苞片 6~7 枚,花柱长 2~3mm ………
………………………………………………… 细叶短柱茶 *C. microphylla*

　　　15. 叶片椭圆形,长 3~5cm,宽 1~3cm。

　　　　16. 花小,苞片及萼片 7~8 枚 ……………………… 短柱茶 *C. brevistyla*

　　　　16. 花大,苞片及萼片 9~10 枚 ……………… 钝叶短柱茶 *C. obtusifolia*

　11. 叶片下面全面散生木栓疣。

　17. 嫩枝有毛,叶片先端渐尖或尾状渐尖,花盛开时花瓣散开而呈辐射状,白色,具清香 …
……………………………………………………… 长瓣短柱茶 *C. grijsii*

　17. 嫩枝无毛,叶片先端短急尖,花盛开时花瓣互相重叠而呈漏斗状,桃红色或粉红色,无
香味 …………………………………………………… 单体红山茶 *C. uraku*

茶 *C. sinensis*:灌木。花白色,有柄,萼片宿存,果瓣不脱落。为世界四大饮料之一。

山茶 *C. japonica*:灌木。花红色,无柄,萼片脱落。

油茶 *C. oleifera*:小乔木。花无柄,果瓣与中轴一起脱落。种子含油。是我国南方山区
主要的木本油料作物。

2. 柃属 *Eurya*

灌木。单叶互生,有细锯齿。雌雄异株。浆果。

3. 木荷属 *Schima*

常绿乔木。花有长梗。蒴果。

木荷 *Schima superba*:蒴果木质,中轴宿存。我国特产,为常绿林中的主要森林树种。

3.3.1.12　锦葵科 Malvaceae

约 50 属 1000 多种,分布于温带和热带。中国有 16 属 81 种。浙江有 10 属 31 种。

木本或草本。茎皮纤维发达,具有黏液,常具星状毛。单叶互生,掌状叶脉,具有托叶。萼下具有宿存的副萼;花丝连合而成单体雄蕊;中轴胎座。蒴果。

1. 果分裂成分果,与花托或果轴分离,子房由几个分离的心皮组成,多草本。
　2. 心皮 30～50 枚,紧密排成一圆锥体,仅中轴处合生,副萼 3 枚,叶状,心形,分离 ………… ………………………………………………………………………… 马络葵属 Malope
　2. 心皮 7～30 枚,1 轮,副萼 3～9 枚或缺,非心形。
　　3. 雄蕊柱上花药仅外部着生,副萼 5 枚 ………………………… 梵天花属 Urena
　　3. 雄蕊柱上的花药着生至顶,花柱分枝与心皮同数。
　　　4. 子房每室有胚珠 2～9 枚,无副萼 ……………………… 苘麻属 Abutilon
　　　4. 子房每室仅 1 枚胚珠。
　　　　5. 无副萼,成熟心皮无刺或有芒刺 2 枚 …………………… 黄花稔属 Sida
　　　　5. 副萼 3～9 枚,胚珠上举。
　　　　　6. 副萼 3 枚,分离,花瓣倒心形,果轴圆筒形 ……………… 锦葵属 Malva
　　　　　6. 副萼 3～9 枚,基部合生,花瓣齿啮状,果轴盘形。
　　　　　　7. 副萼 3～6 枚,果轴常高于心皮 …………………… 花葵属 Lavatera
　　　　　　7. 副萼 6～9 枚,果轴与心皮等高或短 …………………… 蜀葵属 Althaea
1. 果为蒴果,子房由几个合生心皮组成,长 5 室,花柱分枝与子房室同数,雄蕊柱仅在外面着生花药,常为木本,少数为草本。
　　8. 花柱不分枝,副萼 3 枚,叶状,心形,种子有长毛 ……………… 棉属 Gossypium
　　8. 花柱分枝,副萼五至多数,子房 5 室。
　　　9. 花萼佛焰苞状,花后一边开裂,早落,草本 ……………… 秋葵属 Abelmoschus
　　　9. 花萼钟形、杯形,整齐 5 裂或 5 齿,宿存,果长圆形或球形,种子被毛或乳状凸起,灌木或草本 ………………………………………………………………… 木槿属 Hibiscus

1. 棉属 Gossypium

灌木状草本,副萼 3 枚,萼片 5 枚,连合。种子表皮细胞延伸成纤维。有树棉、草棉、陆地棉、海岛棉等。

2. 木槿属 Hibiscus

副萼 5 枚,花柱 5 枚。
1. 灌木或乔木。
　2. 叶片倒卵圆形或扁圆形,不分裂,全缘或仅中部以上具细钝圆齿,小苞片 6～10 枚,中部以下合生成杯状 ……………………………………… 海滨木槿 Hibiscus hamabo
　2. 叶片卵形至心形,分裂或不裂,有锯齿或牙齿,小苞片 4～8 枚,分离。
　　3. 叶片卵形或卵状椭圆形,不具裂片,花下垂,花梗无毛,雄蕊柱伸出花外。
　　　4. 花瓣不裂,花萼钟形 ………………………………………… 朱槿 H. rosasinensis

　　4. 花瓣深裂成流苏状，反曲，花萼管状 ·················· 吊灯扶桑 *H. schizopetalus*

　3. 叶片卵形或心形，常分裂，花直立，花梗被毛，雄蕊柱不伸出花外。

　　5. 花梗和总苞有长硬毛 ······················ 庐山木芙蓉 *H. paramutabilis*

　　5. 花梗和总苞密被绒毛、星状毛。

　　　6. 叶片基部心形，有 3～5 裂，掌状脉，花柱枝具毛，副萼 8 枚，线形或线状披针形 ······
　　　　　　　　　　　　　　　　　　　　　　　　　　　　　　　木芙蓉 *H. mutabilis*

　　　6. 叶片基部楔形，花柱枝无毛，副萼 6～7 枚 ·················· 木槿 *H. syriacus*

1. 一年生或多年生草本。

　7. 子房和果瓣有糙硬毛，一年生草本。

　　8. 茎软弱，短而铺散，具白色粗毛，叶 3～5 深裂，裂片倒卵形，不整齐，花萼果时增大，果皮
　　　坚纸质 ··· 野西瓜苗 *H. trionum*

　　8. 茎粗壮，直立，散生皮刺，叶掌状深裂或不裂，裂片披针形，花萼果时不增大。

　　　9. 茎具小刺，小苞片绿色，基部分离 ····················· 洋麻 *H. cannabinus*

　　　9. 茎无刺，小苞片红色，肉质，基部合生 ··············· 玫瑰茄 *H. sabdariffa*

　7. 子房和果瓣平滑无毛，多年生草本。

　　10. 叶不裂，狭被密毛，花白色、粉红或紫色 ············· 芙蓉葵 *H. moscheutos*

　　10. 叶掌状 5 全裂，两面光滑，花玫瑰红色 ············· 红秋葵 *H. coccineus*

　　木槿 *H. syriacus*：叶具 3 出脉，3 裂。花紫红色。常作绿篱。花白色者可食用。

　　木芙蓉 *H. mutabilis*：叶 5～7 裂，具星状毛。副萼 10 枚，花粉红色。

3.3.1.13　葫芦科 Cucurbitaceae

　　约 113 属 800 多种，主要分布于热带和亚热带地区。中国有 32 属 154 种，主要分布于南部和西南部。浙江有 16 属 28 种。

　　蔓生草本。具有双韧维管束，有卷须。叶互生，掌裂。花单性，5 基数；聚药雄蕊；雌蕊由 3 枚心皮组成，侧膜胎座，子房下位。瓠果。

1. 花冠裂片流苏状，草质藤本 ························· 栝楼属 *Trichosanthes*

1. 花冠裂片全缘或近全缘，决不呈流苏状。

　2. 雄蕊 5 枚，药室卵形而通直。

　　3. 叶常为鸟足状复叶，3～9 枚小叶。

　　　4. 果实不开裂，成瓠果状 ······················· 赤瓟属 *Thladiantha*

　　　4. 果实成熟后开裂，若不开裂则果实小而球形。

　　　　5. 花冠裂片长超过 5mm，果实圆筒形 ················· 雪胆属 *Hemsleya*

　　　　5. 花冠裂片长小于 3mm，果实球形 ··············· 绞股蓝属 *Gynostemma*

　　3. 单叶。

　　　6. 花冠裂片长不到 1cm，果实开裂，叶片长三角形 ········· 盒子草属 Actinostemma

　　　6. 花冠裂片长约 2cm，果实不裂，浆果状 ··············· 赤瓟属 *Thladiantha*

　2. 雄蕊 3 枚。

　　7. 花及果均小型。

　　　8. 药室弧曲，雄花序近伞形，雌花单生 ··················· 茅瓜属 *Solena*

8. 药室通直。

 9. 雄蕊全具 2 药室 ·· 马爪交儿属 *Zehneria*

 9. 雄蕊 1 枚具 1 室，另 2 枚具 2 室 ··································· 帽儿瓜属 *Mukia*

7. 花及果中等大或大型，药室"S"字形折曲。

 10. 花冠钟形，5 中裂，花黄黄色，果大 ····························· 南瓜属 *Cucurbita*

 10. 花冠辐射状，若钟状时即 5 深裂。

  11. 雄花花托伸长，花白色 ·································· 葫芦属 *Lagenaris*

  11. 雄花花托不伸长。

   12. 花梗上有盾状苞片，果实表面有明显凸起 ·············· 苦瓜属 *Momordica*

   12. 花梗上无盾状苞片。

    13. 雄花组成总状或伞形花序。

     14. 一年生藤本，种子多数 ····················· 丝瓜属 *Luffa*

     14. 多年生藤本，种子 1 颗 ··················· 佛手瓜属 *Sechium*

    13. 雄花单生或簇生。

     15. 叶片两面密生硬毛，花萼裂片叶状 ············· 冬瓜属 *Benincasa*

     15. 叶片两面被柔毛状硬毛，花萼裂片钻形，不反折。

      16. 卷须分 2～3 叉，叶片深裂 ············· 西瓜属 *Citrullus*

      16. 卷须不分叉，叶片浅裂 ··············· 黄瓜属 *Cucumis*

1. 栝楼属 *Trichosanthes*

1. 种子长圆形，3 室，中央室呈凸起的增厚环带，内有种子，2 侧室大而圆形，叶片宽卵形或圆形，3～5 裂 ···································· 王瓜 *Trichosanthes cucumeroides*

1. 种子卵状椭圆形或长圆形，1 室，压扁。

 2. 一年生攀缘藤本，花雌雄同株，果长圆柱形，扭曲似蛇 ··············· 蛇瓜 *T. anguina*

 2. 具块根的多年生攀缘藤本，花雌雄异株，果球形、椭圆形或卵状椭圆形。

  3. 雄花单生，花小，花萼筒狭钟状，叶小，3 裂 ···················· 小花栝楼 *T. parviflora*

  3. 雄花组成总状花序，花大，花萼筒漏洞状。

   4. 叶片卵圆形至近圆形，5 深裂，具 1～2 枚线形裂片，花萼裂片线形，苞片小 ···············

             黄山栝楼 *T. rosthornii* var. *huangshanensis*

   4. 叶片近圆形，通常 3～5(7)浅裂，裂片常再分裂，花萼裂片披针形，苞片大 ···············

                   栝楼 *T. kirilowii*

2. 其他属种

黄瓜 *Cucumis sativus*：卷须不分枝，A1+(2)+(2)。

甜瓜 *C. melo*：栽培悠久，有许多品种，如哈密瓜、白兰瓜、菜瓜、黄金瓜等。

南瓜 *Cucurbita moskata*：卷须分枝，A(3)。

西瓜 *Citrullus lanatus*：卷须分枝。

冬瓜 *Benincasa hispida*：卷须分枝，果长柱形。

丝瓜 *Luffa cylindrica*：叶三角形，雄花为总状花序。

　　葫芦 *Lagenaria siceraria*：果实中部缢细，下部大于上部。

　　绞股蓝 *Gynostemma pentaphyllum*：鸟足状复叶。花小。浆果，球形。

　　盒子草 *Actinostemma tenerum*：一年生缠绕藤本。叶长三角形，基部戟状心形。雄花总状，雌花单生，果盖裂。

3.3.1.14　杨柳科 Salicaceae

　　共 3 属约 620 种，分布于北温带和亚热带地区。中国 3 属 320 种。浙江 2 属 16 种，3 变种。木本。单叶互生，有托叶。柔荑花序，无花被，有花盘或腺体。蒴果，种子小，基部有长毛。

　　1. 杨属 *Populus*

　　叶片阔卵形。冬芽具有数片鳞片。柔荑花序下垂；雄蕊 4 枚至多数，风媒花。

1. 长枝上的叶片下面被白色或灰白色绒毛 ………………………… 毛白杨 *Populus tomentosa*

1. 全部叶片下面无毛或有短柔毛。

　2. 叶缘半透明。

　　3. 叶片三角状卵形，枝黄棕色 …………………… 加拿大杨 *P. x. canadensis*

　　3. 叶片菱状卵形，枝灰色 …………………………… 钻天杨 *P. pyramidalis*

　2. 叶缘不透明。

　　4. 叶柄扁形，顶端有 2 枚腺体 …………………… 响叶杨 *P. adenopoda*

　　4. 叶柄圆柱形，顶端无腺体。

　　　5. 叶片菱状卵形，边缘具钝细锯齿 …………………… 小叶杨 *P. simonii*

　　　5. 叶片卵形，边缘具有腺体的圆钝锯齿 …………………… 青杨 *P. cathayana*

　　加拿大杨 *P. x. cannadensis*：栽培。叶片三角状卵形，枝黄棕色。

　　2. 柳属 *Salix*

　　叶披针形。冬芽具有 1 个芽鳞。柔荑花序直立；雄蕊 2 枚至多数，虫媒花。

1. 叶片披针形、线状披针形或线状倒披针形。

　2. 叶先端钝尖，线形或线状披针形，下面苍白色，两面无毛，边缘具细锯齿，灌木 ………… ………………………………………………………… 簸箕柳 *Salix suchowensis*

　2. 叶先端渐尖或长渐尖。

　　3. 托叶斜圆卵形或卵状披针形，雄蕊 3 枚 ……… 日本三蕊柳 *S. triangra* var. *nipponica*

　　3. 托叶小，不明显，钻形或披针形，雄蕊 2 枚。

　　　4. 小枝细长，直立或斜展，幼枝有毛 ……………… 旱柳 *S. matsudana*

　　　4. 小枝细长，下垂，幼枝无毛 ……………… 垂柳 *S. babylonica*

1. 叶片椭圆形、椭圆状披针形、长圆形、长圆状披针形。

　5. 叶下面被绒毛、柔毛或绢毛。

　　6. 托叶钻形或披针形，叶全缘，下面苍白色，有绢毛 ……… 银叶柳 *S. chienii*

　　6. 托叶半心形，边缘有腺锯齿或牙齿。

　　　7. 叶椭圆形，先端钝圆，下面灰白色，密生平伏长柔毛，子房无毛。

　　　　8. 叶下面灰白色，密生平伏长柔毛 …………………… 长梗柳 *S. dunnii*

　　　　8. 叶两面密被灰白色短绒毛 …………………………………… 钟氏柳 *S. dunnii* var. *tsoongii*

　　　7. 叶长圆状披针形,先端急尖,下被平伏绢质短柔毛,子房密被短柔毛。

　　　　9. 叶下面密被绒毛,花丝下部有柔毛 ………… 绒毛皂柳 *S. wallichiana* var. *pachyclada*

　　　　9. 叶片下面被平伏绢质短柔毛或无毛,花丝无毛或基部有疏柔毛 ……………

　　　　………………………………………………………………… 皂柳 *S. wallichiana*

　　5. 叶下面无毛或脉上有短柔毛。

　　　10. 叶柄先端有腺点,至少部分叶子的叶柄有腺点。

　　　　11. 叶片椭圆状披针形或长圆形 ………………………… 南川柳 *S. rosthornii*

　　　　11. 叶片长圆状披针形或披针形 ………………………… 浙江柳 *S. chekiangensis*

　　　10. 叶柄先端无腺点。

　　　　12. 幼枝、幼叶密生锈色短柔毛,雄蕊 5～6 枚 ………………… 粤柳 *S. mesnyi*

　　　　12. 幼枝被疏毛或无毛,雄蕊 3～5 枚 ………………………… 紫柳 *S. wilsonii*

　　　垂柳 *S. babylonica*:小枝细弱下垂。叶狭披针形。柔荑花序直立,苞片线状披针形,雄花有一腺体。蒴果 2 裂。

　　　旱柳 *S. matsudana*:小枝细长,直立或斜展。

　　　银叶柳 *S. chienii*:叶片长椭圆形,先端急尖或钝尖,全缘,叶背苍白色。

3.3.1.15　十字花科 Cruciferae

　　　约 300 属 3200 余种,广布于世界各地,以北温带为多。中国有 80 属约 425 种。浙江有 26 属 56 种 16 变种。

　　　草本。植株具辛辣味。叶互生。十字形花冠,4 强雄蕊,侧膜胎座,具假隔膜。角果(长角果和短角果)。

1. 芸薹属 *Brassica*

　　　基生叶具有叶柄,茎生叶无柄。花黄色,花瓣具爪。长角果。

1. 叶片厚,蓝绿色或粉绿色,被白粉,花大,乳黄色,稀白色,花瓣具明显的爪。

　2. 茎或根膨大成球形、扁球形、圆锥形。

　　3. 茎短,近地面部分膨大,叶集生在球茎上部,根不膨大 ………… 擘蓝 *Brassica caulorapa*

　　3. 茎不膨大,根肥大,肉质,圆锥形 ………………………… 芜菁甘蓝 *B. napobrassica*

　2. 茎或根均不膨大。

　　4. 基生叶羽状深裂,茎生叶半抱茎 ……………………………… 欧洲油菜 *B. napus*

　　4. 基生叶不分裂,全缘或有不规则小齿。

　　　5. 叶包叠成球形、扁球形或牛心形 ……………… 卷心菜 *B. oleracea* var. *capitata*

　　　5. 叶不包叠成球形。

　　　　6. 花序轴、花梗和不孕花肉质 ……………… 花椰菜 *B. oleracea* var. *botrytis*

　　　　6. 花序正常,不为肉质。

　　　　　7. 叶不皱缩,绿色 ……………………… 抱子甘蓝 *B. oleracea* var. *gemmifera*

　　　　　7. 叶皱缩,黄绿、粉红或红紫色 ………… 羽衣甘蓝 *B. oleracea* var. *acephala*

1. 叶片薄,绿色或深绿色,不被白粉,花小,黄色,花瓣爪不明显。

8. 植物无辛辣味,叶近全缘。
　9. 根肉质,膨大成圆锥形、扁圆形或纺锤形 ……………………………… 芜菁 B. rapa
　9. 根和茎不膨大,木质化,圆锥形。
　　10. 基生叶边缘波状,叶柄扁平,有翅,心叶包叠成头状或圆筒状 ………………………
　　　　………………………………………………………………… 大白菜 B. pekinensis
　　10. 基生叶边缘不成波状,叶柄无翅,心叶不包叠。
　　　11. 基生叶紧密排列成扁平的莲座状,叶面皱缩,墨绿色,角果具短喙 ………………
　　　　　………………………………………………………………… 塌棵菜 B. narinosa
　　　11. 基生叶不成莲座状,叶面不皱缩,角果具长喙。
　　　　12. 茎、叶、花序轴及果瓣均带紫色 ………… 紫菜苔 B. campestris var. purpuraria
　　　　12. 茎、叶、花序轴及果瓣均不带紫色。
　　　　　13. 叶全缘,叶柄扁平肥大 ……………………………… 青菜 B. chinensis
　　　　　13. 叶大头羽裂。
　　　　　　14. 花小,角果长 3～8cm …………………………… 芸薹 B. campestris
　　　　　　14. 花、果均较芸薹大 …………………… 油菜 B. campestris var. oleifera
8. 植株有辛辣味,叶片薄,叶缘有锯齿,花茎上的叶不抱茎。
　15. 根或茎肉质膨大。
　　16. 根肉质肥大,圆锥形或圆筒形……………… 大头菜 B. juncea var. megarrhiza
　　16. 茎缩短,膨大成瘤状………………………… 榨菜 B. juncea var. tamida
　15. 根和茎不膨大。
　　17. 叶缘皱缩,植株分蘖力强 ……………………… 雪里蕻 B. juncea var. multiceps
　　17. 叶缘不皱缩。
　　　18. 基生叶大,长圆形,无毛或有粗毛 ……………………… 芥菜 B. juncea
　　　18. 基生叶小,密被刺毛 ……………………… 细叶芥油菜 B. juncea var. gracilis
　芸薹 B. campstris：一年或二年生草本。茎自基部分枝,具纵棱。基生叶大头羽裂。总状花序顶生和腋生,花瓣黄色。长角果开裂。
　卷心菜 B. oleracca var. capitata：叶片包成叠球形、扁球形或牛心形。
　花椰菜 B. oleracca var. botrytis：叶片不包叠成球形,花序轴、花梗和不育花变成肉质的头状体。
　芜菁 B. rapa：植株无辛辣味。根肉质,膨大成圆锥形、扁圆形或纺锤形。
　青菜 B. chinensis：叶全缘,叶柄扁平而肥大。

2. 其他属种

　萝卜 Raphanus sativus：具有肉质块根。花淡紫色或白色。角果串珠状,不开裂。种子称莱菔子,入药。
　荠菜 Capsella bursapastoris：一年或二年生有毛草本。基生叶羽状分裂或不裂,茎生叶基部耳状抱茎。短角果倒三角形,扁平,开裂,无翅。
　弹裂碎米荠 Cardamine impatiens：羽状复叶,有柄,小叶片卵形或卵状披针形,边缘齿裂或钝齿状浅裂。长角果熟时自下而上弹裂。

　　臭荠 *Coronopus didymus*：一年生草本。茎分枝,平铺地面,有特殊臭味。短角果肾形,成熟后不开裂。

　　蔊菜 *Rorippa indica*：总状花序顶生,花瓣小,各花不具苞片,花有明显花梗。角果长圆状棒形,每室 2 行种子。

　　北美独行菜 *Lepidium virginicum*：单叶,基生叶羽状深裂,茎生叶无毛。短角果顶端常微缺,呈翅状,每室有 1 颗种子。

3.3.1.16　景天科 Crassulaceae

　　约 34 属 1500 种,除澳洲外,世界广布。中国有 10 属 242 种。浙江有 5 属 31 种。

　　草本。叶肉质。花整齐,两性,5 基数,花部分离,雄蕊为花瓣的 2 倍,子房上位,心皮分离。蓇葖果。

1. 花为 4 基数,雄蕊 2 轮,萼片分离或多少成管状合生。
 2. 花丝着生在花冠管基部,花常下垂,萼片常合生成管状或中部膨大的管状,植株常有芽胞体 ……………………………………………………… 落地生根属 *Bryophyllum*
 2. 花丝着生在花冠管中或上部,花直立,花冠各式 ……………… 伽蓝菜属 *Kalanchoe*
1. 花常 5～6(12)基数,少为 3～4 基数,雄蕊 2 轮,花瓣分离或多少合生。
 3. 心皮无柄,分离或基部合生…………………………………………… 景天属 *Sedum*
 3. 心皮有柄,分离或基部稍合生。
 　4. 基部叶莲座状,花瓣基部合生 ……………………………… 瓦松属 *Orostachys*
 　4. 基部叶不为莲座状,花瓣分离 …………………………… 八宝属 *Hylotelephium*
　　落地生根 *Bryophyllum pinnatum*：多年生肉质草本。无毛。叶对生,羽状复叶或茎上部为 3 枚小叶,或为单叶。

　　轮叶八宝 *Hylotelephium verticillatum*：叶轮生,有时下部叶对生。花白色或粉红色。

　　垂盆草 *Sedum sarmentosum*：3 叶轮生,叶披针状菱形。

　　佛甲草 *S. lineare*：叶线形,先端钝。

3.3.1.17　虎耳草科 Saxifragaceae

　　80 属 1200 余种,分布于全球。中国有 28 属约 500 种。浙江有 18 属 43 种。

　　多为草本。叶常互生。花辐射对称,4～5 基数,雄蕊与花瓣同数或为其倍数,子房上位或下位,花柱分离。蒴果。

　　1. 绣球属(八仙花属)*Hydrangea*

1. 木质藤本,花瓣顶端结合成冠状,整个脱落,蒴果截形,种子有翅 ……………………
 …………………………………………… 冠盖绣球 *Hydrangea glaucophylla*
1. 直立灌木,花瓣分离,展开。
 2. 子房下位,蒴果顶端截形,小枝、叶片两面、叶柄均有平贴长硬毛或柔毛,叶片宽卵形,下面无颗粒状腺体 ……………………………… 乐思绣球 *H. rosthornii*
 2. 子房半上位,蒴果多少弯出萼筒外。

3. 种子有翅,结果花白色,花瓣早落,圆锥花序,放射花具 4 枚萼瓣,白色,后变淡紫色……
……………………………………………………… 圆锥绣球 *H. paniculata*

3. 种子无翅,结果的花蓝色、淡红色、黄色稀白色,花瓣迟落,受粉期反折。

4. 伞房状聚伞花序,无总柄,总花序下直接有叶 ……………… 中国绣球 *H. chinensis*

4. 伞房状聚伞花序,有短总梗,总花序下不直接有叶。

5. 伞房状花序,非球形,多数为孕性花,叶片椭圆形,先端渐尖,具尾状长尖头 …………
……………………………………………………… 浙皖绣球 *H. zhewanensis*

5. 伞房状聚伞花序,近球形,叶片倒卵形,先端骤尖,具短尖头。

6. 花序具多数不育花,顶端成球状或头状 ……………… 绣球 *H. macrophylla*

6. 花序多数为单性花,顶端平 ……………… 山绣球 *H. macrophylla* var. *nomalis*

2. 其他属种

虎耳草 *Saxifraga stolonifera*:多年生草本。全株被毛,肉质,有细长匍匐茎。叶肾形或圆形,背面常紫红色。

落新妇 *Astilbe chinensis*:2~3 回 3 出复叶,花紫红色,心皮 2 枚,离生。

蛛网萼 *Platycrater arguta*:落叶灌木。小枝无毛,树皮剥落。叶片长椭圆形至披针形,先端长渐尖,基部楔形。中性花萼片结合。国家二级保护植物。

3.3.1.18　蔷薇科 Rosaceae

本科是一个大科,有 4 个亚科约 124 属 3300 余种,广布于全世界。中国有 51 属 1000 多种。浙江有 31 属 178 种 42 变种。

叶互生,常有托叶。花两性,整齐;花托凸起或凹陷;花部 5 基数,轮状排列;花被与雄蕊常结合成花筒;心皮离心或合生,子房上位,少下位。果实为核果、梨果、瘦果等。

本科根据花托、花筒、雌蕊群、子房位置及果实特征等常分为 4 个亚科。

1. 菁葖果,心皮 5 枚,离生,多无托叶 ……………………… 绣线菊亚科 Spiraeoideae
1. 果不开裂,全具托叶。

2. 子房下位,心皮 2~5 枚,合生,梨果 ……………………… 梨亚科 Maloideae
2. 子房上位,心皮 1 或 2 枚至多数,分离。

3. 心皮 2 枚至多数,离生,聚合瘦果或蔷薇果,多为复叶 ……………… 蔷薇亚科 Rosoideae
3. 心皮 1 枚,核果,单叶 ……………………… 李亚科 Runoideae

1. 绣线菊亚科 Spiraeoideae

落叶灌木。常无托叶。心皮常 5 枚,分离,上位子房,周位花。菁葖果。

光叶绣线菊 *Spiraea japonica* var. *fortunei*:花筒浅杯状,伞房花序。花红色。叶背灰白色。

麻叶绣线菊 *S. cantoniensis*:花筒浅杯状,伞房花序。花白色。叶倒卵形。

中华绣线菊 *S. chinensis*:花筒浅杯状,伞房花序。花白色。叶两面无毛。

2. 蔷薇亚科 Rosoideae

草本或木本。托叶发达,周位花。心皮多数分离,子房上位。聚合瘦果。

（1）蔷薇属 *Rosa*

皮刺发达，羽状复叶，托叶贴生于叶柄。花筒壶状。多数瘦果聚生于肉质花筒内，称为蔷薇果。

1. 花托外有明显针刺或刺毛。
 2. 常绿攀缘灌木，小叶 3 枚，托叶与叶柄分离，早落，花单生，白色，果梨形或倒卵形 ………
 …………………………………………………………………… 金樱子 *Rosa laevigata*
 2. 落叶或半常绿灌木，小叶 9～15 枚，托叶与叶柄合生，宿存，花单生或 2～3 朵生于短枝顶
 端，淡红色或粉红色 …………………………………………… 缫丝花 *R. roxburghii*
1. 花托外面光滑或有柔毛，无刺毛或针刺。
 3. 托叶与叶柄离生，早落。
 4. 小枝有刺毛，小叶 5～9 枚，托叶梳状分裂，花通常单生，基部有细裂大苞片 …………
 …………………………………………………………………… 硕苞蔷薇 *R. bracteata*
 4. 小枝无毛，小叶 3～5 枚。
 5. 茎无刺或有少数刺，花白色或黄色，伞形花序 ……………… 木香花 *R. banksiae*
 5. 茎有钩状刺，花白色，伞房花序 ……………………… 小果蔷薇 *R. cymosa*
 3. 托叶与叶柄合生，宿存。
 6. 托叶篦齿状或有不规则锯齿，花柱合生，伸出萼筒外。
 7. 托叶篦齿状，花柱无毛。
 8. 小叶 5～7 枚，两面被柔毛，花单生 ……………… 单花合柱蔷薇 *R. uniflora*
 8. 小叶 5～9 枚，小被柔毛，花多数，圆锥花序。
 9. 花白色，花梗有短柔毛 ……………………………… 野蔷薇 *R. multiflora*
 9. 花粉红色或深红色。
 10. 花单瓣 ……………………… 粉团蔷薇 *R. multiflora* var. *cathayensis*
 10. 花重瓣 ……………………… 七姐妹 *R. multiflora* var. *carnea*
 7. 托叶有不规则锯齿，花柱有毛。
 11. 叶下面被长柔毛，上面沿中脉有毛 ……………… 广东蔷薇 *R. kwangtungensis*
 11. 叶两面无毛 ……………………………………… 光叶蔷薇 *R. wichuraiana*
 6. 托叶全缘，花柱离生，稀合生。
 12. 小叶 3～7 枚，稀 9 枚。
 13. 皮刺密被绒毛，小叶 5～7 枚，稀 9 枚，上面多皱，下面密被绒毛，花单生或 2～3 朵簇
 生，果扁球形 …………………………………………………… 玫瑰 *R. rugosa*
 13. 皮刺无毛，叶片上面平滑。
 14. 花单生或 2～3 朵簇生，花柱离生。
 15. 直立，小叶 3～5 枚，萼片羽裂，果卵球形 ……………… 月季 *R. chinensis*
 15. 攀缘，小叶 5～7 枚，萼片全缘，果扁球形 …………… 香水月季 *R. odorata*
 14. 花多数，排成花序，花柱合生，果球形。
 16. 小叶 3～5 枚，叶下无毛，伞房花序 ……………… 软条七蔷薇 *R. henryi*
 16. 小叶 5 枚，叶下被毛，圆锥状伞房花序 ………… 悬钩子蔷薇 *R. rubus*
 13. 小叶 7～11 枚，皮刺直、细，稀少刺或无刺。

　　17. 花粉红色,一至数朵,萼片先端延长成针刺,花梗、萼筒常光滑 ……………………
　　……………………………………………………… 钝叶蔷薇 *R. sertata*

　　17. 花深红色,单生,稀 2～3 朵,萼片先端延长成叶状,花梗、萼筒长光滑或有稀疏腺毛 ……
　　……………………………………………………… 大红蔷薇 *R. saturata*

　　月季 *R. chinensis*:小叶 3～5 枚,托叶具有腺毛,倒钩皮刺。

　　玫瑰 *R. rugosa*:茎多刺毛。小叶 7～9 枚。花玫瑰红色。

　　香水月季 *R. odorata*:小叶 5～9 枚,托叶游离,部分有腺毛。花有白、粉红、黄等颜色。

　　金樱子 *R. laevigata*:小叶 3 枚。花白色。果皮密布刺毛。

　　多花蔷薇 *R. multiflora*:小叶 9 枚。花白色,花序圆锥状。

　　刺梨 *R. roxburghii*:小叶 9～15 枚。花淡红色。果具刺,富含维生素,有“维生素 C 之王”的称号。

　　(2) 悬钩子属 *Rubus*

　　单叶或复叶。花托隆起。聚合小核果。

1. 单叶。

　2. 匍匐状亚灌木,无皮刺,托叶 2 回羽状 ……………………… 黄泡 *Rubus pectinellus*

　2. 灌木,具皮刺或针刺及刺毛。

　　3. 托叶与叶柄离生。

　　　4. 茎上常被刺毛,稀被疏针刺或小皮刺

　　　　5. 叶下被长柔毛,托叶羽状深裂 …………………… 周毛悬钩子 *R. amphidasys*

　　　　5. 叶下被绒毛,托叶深掌裂,有腺毛 ……………… 东南悬钩子 *R. tsangorus*

　　　4. 茎常具皮刺,托叶早落。

　　　　6. 托叶与苞片狭小,长在 2cm 以下,分裂或全缘。

　　　　　7. 叶背被柔毛或无毛。

　　　　　　8. 叶不裂,基部圆形 ……………………………… 梨叶悬钩子 *R. pirifolius*

　　　　　　8. 叶 3～5 裂,基部心形 …………………………… 高粱泡 *R. lambertianus*

　　　　　7. 叶背密被绒毛。

　　　　　　9. 总状花序顶生,叶长圆状卵形或长圆状披针形。

　　　　　　　10. 叶背被灰白色绒毛 …………………………………… 木莓 *R. swinhoei*

　　　　　　　10. 叶背密被黄灰色或黄褐色绒毛 ……………… 福建悬钩子 *R. fojianensis*

　　　　　　9. 宽大圆锥花序或短总状花序、伞房花序,稀簇生或单生。

　　　　　　　11. 叶心状长圆形,叶背被铁锈色绒毛 ……………… 锈毛莓 *R. reflexus*

　　　　　　　11. 叶背被灰白色至黄灰色绒毛。

　　　　　　　　12. 叶背被灰白色绒毛,果紫黑色 …………………… 灰白莓 *R. tephrodes*

　　　　　　　　12. 叶缘浅裂,狭圆锥花序顶生,或簇生叶腋,或单生。

　　　　　　　　　13. 托叶与苞片羽状分裂,叶近圆形,叶缘 3～7 浅裂,萼片宽圆形 …………
　　　　　　　　　……………………………………………… 糙叶悬钩子 *R. alceaefolius*

　　　　　　　　　13. 托叶掌状深裂或梳齿浅裂。

　　　　　　　　　　14. 萼片宽卵形,果黄红色 ……………… 湖南悬钩子 *R. hunanensis*

　　　　　　　　　　14. 萼片披针形,果紫黑色 ……………………… 寒莓 *R. buergeri*

　　6. 托叶与苞片常较宽大,长 2～5cm,分裂或有锯齿。

　　　　15. 叶缘有突尖锐锯齿,叶背密被灰白色绒毛或小皮刺,顶生狭圆锥花序,花梗被灰黄色绒毛 ·· 太平莓 *R. pacificus*

　　　　15. 叶缘不明显浅裂,叶背密被灰色或黄灰色绒毛,顶生近总状或伞房花序,花梗被绒毛状柔毛 ·· 灰毛泡 *R. irenaeus*

　　3. 托叶与叶柄合生。

　　　　16. 倾卧矮小灌木,不分枝,具稀疏小皮刺,叶两面无毛,花单生,果近球形,褐红色,无毛 ·· 陷脉悬钩子 *R. impressinervius*

　　　　16. 直立灌木,枝具皮刺。

　　　　　17. 叶片盾状,单花顶生,果圆柱形,橘红色,被毛 ············· 盾叶莓 *R. peltatus*

　　　　　17. 叶片非盾状,托叶线形至线状披针形。

　　　　　　18. 叶掌状 3～7 裂,基部常具掌状 5 出脉 ············· 掌叶覆盆子 *R. chingii*

　　　　　　18. 叶片不裂或 3 浅裂,基部常具掌状 3 出脉。

　　　　　　　19. 叶两面无毛或沿脉稍有疏毛。

　　　　　　　　20. 花常 3 朵成短总状花序,果红色 ············· 三花悬钩子 *R. trianthus*

　　　　　　　　20. 花单生,果黄红色 ················· 中南悬钩子 *R. grayanus*

　　　　　　　19. 叶两面被柔毛,有时后期脱落。

　　　　　　　　21. 植株被腺毛,叶柄、花梗具柔毛和腺毛,花单生,果红色,无毛 ·· 光果悬钩子 *R. glabricarpus*

　　　　　　　　21. 植株无腺毛,果被柔毛 ············· 山莓 *R. corehorifolius*

1. 复叶。

　2. 小叶 3 或 3～5 枚。

　　23. 叶片无毛或下面被柔毛。

　　　24. 叶无毛,小叶 3 枚,花 3～7 朵,伞房状 ············· 小柱悬钩子 *R. columellaris*

　　　25. 枝有皮刺、刺毛和腺毛,小叶 3 枚,花紫红色 ············· 腺毛莓 *R. adenophorus*

　　　25. 枝被柔毛和疏生皮刺。

　　　　26. 花单生枝顶,小叶 3～5 枚 ············· 蓬蘽 *R. hirsutus*

　　　　26. 伞房花序,小叶 5～7(9)枚 ············· 插田泡 *R. coreanus*

　　23. 叶背密被灰白色或黄灰色绒毛。

　　　27. 圆锥花序或总状花序,小叶 3 枚 ············· 白叶莓 *R. innominatus*

　　　27. 伞房或短总状花序或少花簇生及单生,稀圆锥花序。

　　　　28. 顶生小叶不裂,花梗具柔毛 ············· 牯岭悬钩子 *R. kulinganus*

　　　　28. 顶生小叶浅裂或不整齐粗锯齿 ············· 茅莓 *R. parvifolius*

　22. 小叶多 5～7 枚。

　　29. 叶背密被灰白色绒毛,小叶 7 枚,边缘具不整齐粗锐锯齿或缺刻状重锯齿,短总状花序被细柔毛 ·· 弓茎悬钩子 *R. flosculosus*

　　29. 叶背被柔毛。

　　　30. 枝被柔毛和疏生皮刺,稀无刺及无毛。

　　　　31. 小叶 5～7 枚,两面被柔毛和腺点 ············· 空心泡 *R. rosaefolius*

  31. 小叶 3～5 枚,两面无毛及腺点 …………………………… 大红泡 *R. eustephanus*

 30. 枝密被刺毛、针刺、腺毛和皮刺。

  32. 顶生小叶羽状浅裂,花萼外具疏密不等的针刺,花枝、叶柄、果梗和花萼上无腺毛 ……
          ………………………………………………………………… 香莓 *R. pungens*

  32. 顶生小叶不分裂,花萼外无针刺。

   33. 枝、叶柄和花梗具柔毛和较长腺毛,小叶 5～7 枚,边缘有不整齐尖锐锯齿,花三至数
     朵成伞房花序 ……………………………………… 红腺悬钩子 *R. sumatranus*

   33. 枝、叶柄和花梗常无毛,小叶 7～9 枚,边缘有不整齐细锯齿或重锯齿,花 3～5 朵成
     伞房花序 ………………………………………………… 光滑悬钩子 *R. tsangii*

掌叶覆盆子 *R. chingii*:叶 3～7 掌裂,花白色,聚合果红色。

茅莓 *R. parvifoliu*:3 小叶,钝头,叶背密被白毛,托叶线形。

3. 梨亚科(苹果亚科)Maloideae

木本。有托叶,有的具枝刺。伞形总状花序,花筒杯形,子房下位或半下位。梨果。

(1)梨属 *Pyrus*

花柱 5 枚,分离。果梨形,果肉多含石细胞。

白梨 *Pyrus bretschneideri*:伞形花序,花白色。果熟时黄色。果萼脱落。著名的品种有
北京鸭梨、山东莱阳慈梨、河北雪花梨、青岛恩梨等。

秋子梨 *P. ussuriensis*:果萼宿存。著名品种有京白梨、沙果梨、鸭广梨、子母梨、香水
梨等。

沙梨 *P. pyrifolia*:果褐色,为暖地梨,主产长江流域。著名的品种有诸暨黄樟梨、义乌
雪花梨、巢县雪梨、上饶枣梨等。

洋梨 *P. communis*:果形不规则,原产欧洲和西亚。

(2)苹果属 *Malus*

花序伞房状,花柱 3～5 枚,梨果多不含石细胞。

海棠花 *Malus spectabilis*:梨果扁球形,黄色,果梗细长。萼片宿存。叶片基部阔楔形或
近圆形。

垂丝海棠 *M. balliana*:果梨形或倒卵形。萼片脱落。叶缘有钝锯齿。

4. 李亚科 Prunoideae

木本。单叶互生,有托叶,叶柄基部具腺体。花筒杯状,周位花;心皮 1 枚,子房上位。核果。

(1)石楠属 *Photinia*

1. 常绿,复伞房花序,总花梗和花梗在果期无疣点。

 2. 叶背有黑色腺点,叶长圆形 ………………………… 桃叶石楠 *Photinia prunifolia*

 2. 叶背无黑色腺点。

  3. 花序无毛或疏生柔毛。

   4. 叶柄长 2～4cm,除子房顶端外,花各部有毛 ……………………… 石楠 *P. serrulata*

   4. 叶柄长 0.5～2cm。

    5. 花瓣内面有毛,叶先端渐尖…………………………… 光叶石楠 *P. glabra*

　　5. 花瓣无毛。

　　　　6. 总花梗和花梗有毛,叶长圆形,枝或有刺 ………………… 椤木石楠 *P. davidsoniae*

　　　　6. 总花梗和花梗无毛,叶倒披针形………………………………… 罗城石楠 *P. lochengensis*

　　3. 花序有绒毛、棉毛,叶两面无毛。

　　　7. 叶倒卵形,叶柄长 1.5～2cm ………………………………… 倒卵叶石楠 *P. lasiogyna*

　　　7. 叶长椭圆形,叶柄长 2.5～4cm ……………………………… 棉毛石楠 *P. lanuginosa*

1. 叶在冬季凋谢,花序伞形、伞房状或复伞房状,总花梗和花梗在果期有明显疣点。

　8. 伞房或复伞房花序,花通常在 10 朵以上。

　9. 花序无毛,叶缘具锯齿。

　　10. 叶缘疏生锯齿,叶长圆形 …………………………………… 中华石楠 *P. beauverdiana*

　　10. 叶缘密生锯齿,叶披针形………………………………………… 福建石楠 *P. fokienensis*

　9. 花序有毛。

　　11. 总花梗和花梗均<u>丛生</u> ………………………………………… 闽粤石楠 *P. benthamiana*

　　11. 总花梗和花梗均互生。

　　　12. 叶背绒毛宿存,叶长椭圆形 …………………………………… 绒毛石楠 *P. schneideriana*

　　　12. 叶背被绒毛或柔毛,不久脱落。

　　　　13. 叶宽大,宽倒卵形,先端钝圆,边缘重锯齿,叶面有皱缩,花梗粗,长小于 5mm ……
　　　　　　………………………………………………………… 玉兰叶石楠 *P. magnoliifolia*

　　　　13. 叶狭小,倒卵形,先端渐尖,边缘单锯齿,叶面平整,花序少花,花梗细长,长 1～
　　　　　　2.5cm ……………………………………………………………… 毛叶石楠 *P. villosa*

　8. 花序伞形、伞房状或聚伞状,花通常 6～10 朵。

　　14. 植株及花梗、萼筒无毛,叶椭圆形 ………………………………… 小叶石楠 *P. parvifolia*

　　14. 幼枝、叶背、叶柄、花梗、萼筒均密生褐色硬毛。

　　　15. 叶革质,叶柄短,聚伞花序直径 2～3cm,花梗纤细,长 1～2cm ………………………
　　　　　……………………………………………………………… 浙江石楠 *P. zhejiangensis*

　　　15. 叶纸质,叶柄长,聚伞花序直径 8～20mm,花梗长 3～10mm …… 褐毛石楠 *P. hirsuta*

　　(2) 其他属种

　　李 *Prunus salicina*:托叶膜质,线形,早落。花白色,有紫色脉纹。果皮被蜡粉。以嘉兴、
诸暨等地栽培较多。

　　桃 *P. persica*:果皮密被毡毛。花粉红色。浙江栽培的有冬桃、水蜜桃等。

　　蟠桃 *P. persica* var. *compressa*:果扁平。

　　杏 *P. armeniaca*:花白色或粉红色,先花后叶。新疆有野生,浙江有栽培。

　　梅 *P. mume*:花单生,具浓香,先花后叶,萼片红褐色,花白色至粉红色。各地栽培,苍南
有野生。

　　樱桃 *P. pseudocerasus*:果无沟,不被蜡粉。伞房状或伞形花序,有花 3～6 朵。叶片卵形
或长圆状卵形。

　　浙闽樱桃 *P. schneideriana*:果无沟,不被蜡粉。伞形花序,常有花 2 朵。叶片长椭圆形
或卵状长圆形。

　　日本晚樱 *P. serrulata* var. *lannesiana*:叶缘具渐尖重锯齿,齿端具长芒。

3.3.1.19　豆科 Legaminosae

按照哈钦松的意见,本科分为 3 个科,由这 3 个科组成豆目。现仍按恩格勒系统的分类系统予以处理。本科约 690 属 18000 多种,为种子植物的第三大科,广布于全世界。我国有 172 属 1485 种,南北各地都产。浙江有 69 属 193 种 4 亚种 12 变种 1 变型。

草本或木本。常为复叶,叶柄基部有叶枕,具托叶。花为总状花序、圆锥花序,花多数两侧对称(蝶形或假蝶形),少数为辐射对称;两性,雄蕊 10 枚,或成二体雄蕊(9 枚花丝连合,1 枚分离),原始种类雄蕊多数;子房上位,1 枚心皮 1 室。果为荚果。

本科较大,常可分为 3 个亚科:含羞草亚科 Mimosoideae、云实亚科 Caesalpinioideae、蝶形花亚科 Papilionoideae。其中,蝶形花亚科植物与人类关系最为密切。

1. 花辐射对称,雄蕊无定数,花瓣镊合状排列 ……………………… 含羞草亚科 Mimosoideae
1. 花两侧对称,雄蕊有定数,花瓣覆瓦状排列。
　2. 花冠假蝶形,花瓣为上升覆瓦状排列　………………… 云实亚科 Caesalpinioideae
　2. 花冠蝶形,花瓣为下降覆瓦状排列 ………………… 蝶形花亚科 Papilionoideae

1. 含羞草亚科 Mimosoideae

木本。1~2 回羽状复叶。花辐射对称,穗状花序或头状花序,花瓣镊合状排列,雄蕊多数。荚果具次生横膈膜。

合欢 *Albizia julibrissin*：2 回偶数羽状复叶,羽片 4~12 对,每羽小叶 20~60 枚,镰刀状。花淡粉红色。

山合欢 *A. kalkora*：2 回偶数羽状复叶,羽片 2~4 对,每羽小叶 10~28 枚。花白色,花丝黄白色。

台湾相思 *Acacia confusa*：常绿乔木。幼苗期为羽状复叶,后小叶退化,叶柄扁化成叶状。头状花序腋生,花淡绿色,雄蕊金黄色。

黑荆 *A. mearnsii*：2 回羽状复叶,羽片 8~20 对,每羽有小叶 60~80 枚。花淡黄色或白色,头状花序或圆锥花序。原产澳洲,为世界著名的速生、高产、优质的栲胶树种。

2. 云实亚科 Caesalpinioideae

偶数羽状复叶。花两侧对称,花瓣为上升覆瓦状排列(即最上方的一片最小,位于最内方),雄蕊 10 枚,分离。荚果。

(1) 决明属(山扁豆属)*Cassia*

1. 灌木或小乔木,小叶 7~9 对,小叶片先端钝圆,下面被白粉,叶轴上有 2~3 枚腺体(栽培)
…………………………………………………………………… 黄槐决明 *Cassia surattensis*

1. 亚灌木或草本。
　2. 小叶不超过 10 对,长 2cm 以上,非线形。
　　3. 小叶 3 对,具腺体 3 枚,位于小叶间中轴上,荚果近四棱形 ……………… 决明 *C. tora*
　　3. 小叶 4~10 对,具腺体 1 枚,位于叶柄基部上方。
　　　4. 小叶 4~5 对,荚果带状镰形,压扁 ……………… 望江南 *C. occidentalis*
　　　4. 小叶 5~10 对,荚果近圆筒形 ……………… 槐叶决明 *C. spohera*

2. 小叶超过 10 对,长不超过 1.3cm,线形或线状镰刀形。

　5. 可育雄蕊 4,荚果宽 5~6mm,小叶 8~30 对,小叶长 5~9mm ⋯⋯⋯ 豆茶决明 *C. nomame*

　5. 可育雄蕊 8~10 枚,荚果宽 3~5mm。

　　6. 小叶 20~30 对,长 3~5mm ⋯⋯⋯⋯⋯⋯⋯⋯⋯⋯⋯ 含羞草决明 *C. mimosoides*

　　6. 小叶 10~25 对,小叶片长 6~13mm ⋯⋯⋯⋯⋯ 短叶决明 *C. leschenaultiana*

　(2) 其他属种

　紫荆 *Cercis chinensis*:落叶灌木。单叶互生,叶片近圆形,托叶长方形,早落。先花后叶,花多簇生于老枝上,紫红色。

　云实 *Caesalpinia sepiaria*:攀缘灌木。有刺,2 回羽状复叶。花黄色。

　皂荚 *Gleditsia sinensis*:落叶乔木。分枝刺粗壮。1 回羽状复叶。总状花序细长,雄蕊 8 枚。荚果劲直,富含皂素,可做肥皂。

　3. 蝶形花亚科 Papilionoideae

　叶为单叶、3 出复叶或羽状复叶,有托叶和小托叶,叶枕发达。蝶形花冠,花瓣覆瓦状排列,二体雄蕊。荚果长椭圆形。

　(1) 黄檀属 *Dalbergia*

1. 藤本或攀缘灌木。

　2. 小叶长在 1.5cm 以下,常 10~17 对。

　　3. 小苞片脱落,荚果舌状,小枝不为钩状 ⋯⋯⋯⋯⋯⋯ 象鼻藤 *Dalbergia mimosoides*

　　3. 小苞片宿存,荚果狭长圆形,小枝常钩状 ⋯⋯⋯⋯⋯⋯⋯ 香港黄檀 *D. millettii*

　2. 小叶长 1.5cm 以上,通常 3~7 对。

　　4. 小叶 2~6 对,长 1.5~2.5cm,圆锥花序长 13~19cm,萼齿等长或近等长
　　⋯⋯⋯⋯⋯⋯⋯⋯⋯⋯⋯⋯⋯⋯⋯⋯⋯⋯⋯⋯⋯⋯ 藤黄檀 *D. hancei*

　　4. 小叶 5~7 对,长 2.5~4cm,圆锥花序长约 5cm,萼齿最下方 1 枚较其余的长 ⋯⋯⋯
　　⋯⋯⋯⋯⋯⋯⋯⋯⋯⋯⋯⋯⋯⋯⋯⋯⋯⋯⋯⋯⋯ 大金刚藤 *D. dyeriana*

1. 乔木。

　5. 小叶 1~2 对,近圆形 ⋯⋯⋯⋯⋯⋯⋯⋯⋯⋯⋯⋯⋯ 印度黄檀 *D. sisso*

　5. 小叶 3~10 对,不呈上述形状。

　　6. 小叶先端急尖,雄蕊 9 枚,单体(栽培) ⋯⋯⋯⋯⋯⋯⋯⋯ 降香 *D. odorifera*

　　6. 小叶先端常微凹,雄蕊 10 枚,成 5+5 枚,二体。

　　　7. 小叶 4~5 对,圆锥花序顶生或近枝端腋生,花冠淡黄色或黄白色,子房无毛 ⋯⋯⋯
　　　⋯⋯⋯⋯⋯⋯⋯⋯⋯⋯⋯⋯⋯⋯⋯⋯⋯⋯⋯⋯⋯ 黄檀 *D. hupeana*

　　　7. 小叶 6~10 对,圆锥花序腋生,花冠白色,子房有毛 ⋯⋯⋯ 南岭黄檀 *D. balansae*

　(2) 木蓝属 *Indigofera*

1. 茎至少在幼枝及花序轴上具开展毛。

　2. 茎、枝、叶轴、花序轴及果荚密被开展长硬毛,小叶 7~11 枚,花冠与花萼近等长 ⋯⋯⋯
　⋯⋯⋯⋯⋯⋯⋯⋯⋯⋯⋯⋯⋯⋯⋯⋯⋯⋯⋯⋯ 硬毛木蓝 *Indigofera hirsuta*

　2. 茎、枝、叶轴及花序被多节毛。

3. 小叶 5～7 枚,花序长于复叶,长达 25cm,总花梗长达 7cm ……………………………………………………………… 长总梗木蓝 *I. longipedunculata*

3. 小叶 9～15 枚,花序短于复叶,总花梗长短于 1.5cm …………… 浙江木蓝 *I. parkesii*

1. 茎和在幼枝及花序轴上无毛或具平贴丁字毛。

4. 荚果弯曲成弧状,密被毛,花序短于叶 ………………………… 野青树 *I. suffruticosa*

4. 荚果直,花序与叶等长或长于叶。

5. 花小,长在 9mm 以下,荚果被毛。

6. 小叶 13～17 枚,叶背黑色或具黑色斑块,总花梗长达 2cm,花长 8mm,荚果圆柱形………………………………………………………………… 黑叶木蓝 *I. nigrescens*

6. 小叶 5～11 枚,总花梗极短,荚果线状圆柱形。

7. 小叶两面密生紧贴丁字毛,下面尤密 ………………… 多花木蓝 *I. amblyantha*

7. 小叶上面被疏毛,下面密被丁字毛 ………………… 马棘 *I. pseudotinctoeia*

5. 花大,长在 9mm 以上,荚果无毛。

8. 茎、叶轴及花序轴无毛,小叶两面网脉明显凸出。

9. 小叶 5～7 枚,花序长可达 24cm,花冠长 12～14mm,萼齿三角状钻形,最下萼齿长达 2mm ………………………………………………… 光叶木蓝 *I. neoglabra*

9. 小叶 7～15 枚,花序长 8～15cm,花冠长 9～11mm,萼齿短,三角形,长 0.5mm ……………………………………………………… 华东木蓝 *I. fortunei*

8. 茎、叶轴及花序轴有平贴毛或近无毛,小叶两面网脉不明显凸出。

10. 小叶 13～23 枚,长 0.7～2cm ………………… 宁波木蓝 *I. decora* var. *cooperi*

10. 小叶 7～11 枚,长 2.5～6cm。

11. 小叶两面有短柔毛 ………………… 宜昌木蓝 *I. decora* var. *ichangensis*

11. 小叶上面无毛,下面有短柔毛 ………………… 庭藤 *I. decora*

(3) 崖豆藤属 *Millrttia*

1. 小叶 4～5 对,无小托叶,荚果肿胀,肥厚,长圆形或卵球形,总状花序 2～6 朵,簇生叶腋或呈圆锥状,花 2～5 朵簇生 ………………… 厚果崖豆藤 *Millrttia pachycarpa*

1. 小叶 2～4 对,具小托叶,荚果扁平,圆锥花序顶生,花单生或腋生总状花序。

2. 小叶 2 对,旗瓣与荚果具密毛,常绿。

3. 花序劲直,紧密,果具短颈,被黄褐色绒毛 ………………… 亮叶崖豆藤 *M. nitida*

3. 花序伸长,果无果颈,被灰色绒毛,叶上无光泽 ………… 香花崖豆藤 *M. dielsiana*

2. 小叶 2～4 对,旗瓣与荚果均无毛,落叶或半常绿。

4. 圆锥花序顶生,花紫红色 ………………… 网络崖豆藤 *M. reticulata*

4. 总状花序腋生,花白色 ………………… 江西崖豆藤 *M. kiangsiensis*

(4) 槐属 *Sophora*

1. 乔木,叶柄基部扩大,具托叶和小托叶,圆锥花序。

2. 枝条下垂(栽培) ………………… 盘槐 *Sophora japonica* f. *pendula*

2. 枝条直立或开展。

3. 子房与雄蕊等长,果较细,连续串珠状 ………………… 槐 *S. japonica*

3. 子房比雄蕊短,果粗壮,疏串珠状 ………………… 短穗槐 *S. brachygyna*

1. 小乔木、灌木、亚灌木或草本。
　4. 草本或亚灌木,总状花序顶生,疏散,果微四棱形,成熟时开展 4 瓣。
　　5. 花白色或淡黄白色 ··· 苦参 S. *flavescens*
　　5. 花紫红色 ····························· 红花苦参 S. *flavescens* var. *galegoides*
　4. 小乔木或灌木。
　　6. 植株具刺,托叶变成刺,枝、茎无毛,荚果稍压扁 ················· 白刺花 S. *davidii*
　　6. 植株无刺,枝被污黄色或黄锈色毛 ······················· 闽槐 S. *franchetiana*
　　(4) 其他属种

　　豌豆 *Pisum stativum*:羽状复叶,小叶 2～3 对,叶轴顶部有分枝卷须,托叶大。花白色或紫色,旗瓣大,圆形。翼瓣与龙骨瓣贴生;二体雄蕊,花柱内侧有毛。荚果长椭圆形,种子圆珠状。

3.3.1.20　大戟科 Euphorbiaceae

　　约 300 属 5000 余种,广布于全世界。中国约 70 属 460 种,各地均有分布,但主要分布于西南、华南及台湾。浙江有 18 属 69 种(其中栽培 11 种)3 变种。

　　草本或木本。常具乳汁。单叶,具托叶。聚伞花序或大戟花序等再聚合成的各种复杂花序;花具雄蕊内花盘或腺体;子房上位,中轴胎座。蒴果。

　　本科是一个热带性大科,多为橡胶、油料、药材、鞣料、淀粉、观赏及用材等经济植物,具有重要的经济价值。

1. 子房每室有 2 粒胚珠。
　2. 复叶,小叶 2～8 枚,总状花序或稀疏圆锥花序 ··············· 重阳木属 *Bischofia*
　2. 单叶。
　　3. 花序穗状、簇生或圆锥花序,叶互生,子房 1 室,果不开裂 ·········· 五月茶属 *Antidesma*
　　3. 花腋生、簇生或成头状花序,叶对生。
　　　4. 无花盘,雄蕊少数,大多 3 枚。
　　　　5. 雌花花萼钟状或倒圆锥状 ····································· 黑面神属 *Breynia*
　　　　5. 雌花萼片分离,花柱全部合生 ························· 算盘子属 *Glochidion*
　　　4. 雄花花盘发达,腺体与萼片互生。
　　　　6. 雄花有退化子房 ·································· 白饭树属 *Flueggea*
　　　　6. 雄花无退化子房 ······························· 叶下珠属 *Phyllanthus*
1. 子房每室通常有 1 粒胚珠。
　7. 杯状聚伞花序,雄花仅 1 枚雄蕊,杯状花序单性或大部为两性 ······ 大戟属 *Euphorbia*
　7. 花序不为杯状聚伞花序。
　　8. 雄花丝在蕾内弯曲,永无退化子房 ····························· 巴豆属 *Croton*
　　8. 雄花丝在蕾内直立,有退化子房。
　　　9. 雄花萼片镊合状排列。
　　　　10. 雄花有花瓣,单叶 ······································· 油桐属 *Vernicia*
　　　　10. 雄花无花瓣,花序无总状。
　　　　　11. 花丝多分枝,叶盾形掌状深裂 ··················· 蓖麻属 *Ricinus*

　11．花丝不分枝。

　　12．花药长圆筒形,常弯曲如蚯蚓状 ……………………………… 铁苋菜属 *Acalypha*

　　12．花药球形或椭圆形。

　　　13．草本 ……………………………………………………………… 山靛属 *Mercurialis*

　　　13．灌木。

　　　　14．雄蕊 3～9 枚,常 8 枚,花柱不分离,少有在先端分为 2 个短唇,无退化子房……

　　　　…………………………………………………………………… 山麻杆属 *Alchornea*

　　　　14．雄蕊多数,花柱分离或基部合生。

　　　　　15．雌花无花盘,药室合生,蒴果具软刺,叶柄顶端无腺体,穗状花序或总状花序……

　　　　　…………………………………………………………………… 野桐属 *Mallotus*

　　　　　15．雌花具花盘,药室离生,蒴果无毛,叶柄顶端具腺体,圆锥花序或总状花序……

　　　　　…………………………………………………………… 假蓼苞叶属 *Discocleidion*

　9．雄花萼片开展或覆瓦状排列,大多完全退化,无花盘。

　16．雄花萼片覆瓦状排列,花萼大,有色彩,合生,叶大多数深裂(栽培) ………………

　　………………………………………………………………………… 木薯属 *Manihot*

　16．雄花萼片开展或仅略为覆瓦状排列。

　　17．雄花萼片 3～5 枚,分离,雄蕊 2～3 枚 ……………………… 土沉香属 *Excoecaria*

　　17．雄花花萼有唇裂 2～3 个,雄蕊 1～3 枚 …………………………… 乌桕属 *Sapium*

1．油桐属 *Vernicia*

乔木。有乳汁。叶柄细长,近顶端具 2 个腺体。圆锥状聚伞花序。

油桐 *Vernicia fordii*：叶柄顶端腺体扁平,红色。花雌雄同株。种仁含油 46%～70%,称为桐油,是我国特产,占世界总量的 70%,是油漆、涂料工业中的重要原料。

木油桐 *V. montana*：叶 3～5 裂,腺体为具柄杯状。花雌雄异株。种子可榨油,但油质比桐油差。

2．蓖麻属 *Ricinus*

蓖麻 *Ricinus communis*：草本。单叶,掌裂。花雌雄同株,无花瓣。种子含油率 69%～73%,工业上作为润滑油,药用为缓泻剂。

3．乌桕属 *Sapium*

木本。有乳汁。叶柄顶端具腺体。花雌雄同株,无花瓣。

乌桕 *Sapium sebiferum*：落叶乔木。叶菱状卵形。蒴果木质。种子的蜡质假种皮是制作蜡烛和肥皂的原料。种子榨油。根皮、叶入药。木材是雕刻及制作家具的好材料。秋天叶变成红色,可作为观叶植物。

山乌桕 *S. discolor*：叶椭圆形,上面深绿色,后期变为紫红色。用途与乌桕类似,木材制造火柴杆。

4. 大戟属 *Euphorbia*

草质、木质或无叶的肉质植物。杯状聚伞花序（又称鸟巢花序、大戟花序，外观似 1 朵花，外面围以绿色杯状的总苞，有 4～5 枚萼状裂片，裂片和肥厚肉质的腺体互生；内面含有多数或少数雄花和 1 朵雌花；花单性，无花被；雄花仅具 1 枚雄蕊，花丝和花柄间有关节；雌花单生于杯状花序的中央而凸出于外，由 1 枚具 3 心皮的雌蕊所组成，子房 3 室，每室 1 枚胚珠，花柱 3 枚，上部每个再分为 2 叉）。

一品红 *Euphorbia pulcherrima*：灌木。顶端叶片较狭，苞片状，具全缘，开花时呈朱红色。杯状花序多数，花期 12 月至次年 2 月。蒴果。

斑地锦 *E. supina*：一年生草本。茎匍匐。叶对生，叶片长圆形，叶基常偏斜，上面中央常有紫褐色斑纹。

5. 野桐属 *Mallotus*

1. 蒴果无刺。
 2. 花雌雄同株，蒴果密被红色腺点及红褐色星状毛 ········ 粗糠柴 *Mallotus philippinensis*
 2. 花雌雄异株，蒴果密被黄色腺点及锈色星状毛 ················ 石岩枫 *M. repands*
1. 蒴果被软刺。
 3. 小枝、叶柄、花序均密被白色或淡黄色星状毛 ······················ 白背叶 *M. apeltus*
 3. 小枝、叶柄、花序被褐色或红褐色星状毛。
  4. 叶背无毛，叶柄非盾状着生 ······························ 野梧桐 *M. japonicus*
  4. 叶背密被红褐色星状毛，叶柄盾状着生················ 锈叶野桐 *M. lianus*

3.3.1.21　漆树科 Anacardiaceae

约 60 属 600 余种，分布于热带和亚热带。中国有 16 属 54 种，主要分布于长江流域以南。浙江有 5 属 9 种 1 变种。

木本。树皮多含树脂。掌状 5 枚小叶或奇数羽状复叶，少数单叶。圆锥花序，花盘环状或盘状；上位子房，常为 1 室。核果。
1. 心皮常 5 枚，每心皮 1 室，羽状复叶，核果 5 室 ················ 南酸枣属 *Choerospondias*
1. 心皮 3 枚，3 室，常 1 室发育，单叶或羽状复叶。
 2. 花具单花被或无被，雄蕊 3～5 枚，羽状复叶 ················· 黄连木属 *Pistacia*
 2. 具花萼和花瓣，花瓣覆瓦状排列。
  3. 花柱在果期侧生，花梗变成羽毛状，单叶 ················· 黄栌属 *Cotinus*
  3. 花柱在果期顶生，花梗不成羽毛状，复叶。
   4. 圆锥花序顶生，果密被腺毛和具节毛，成熟时红色，外果皮和中果皮连合，与内果皮分离 ··· 盐肤木属 *Rhus*
   4. 圆锥花序腋生，果无毛或微被毛或刺毛，成熟时黄绿色，具光泽，外果皮薄，与中果皮分离，中果皮与内果皮连合 ················ 漆属 *Toxicodendron*

漆树 *Toxicodendron verniciflum*：落叶乔木。奇数羽状复叶。树皮具有乳液。花序腋生，聚伞圆锥状或聚伞总状。我国特产，树干韧皮部可割取生漆，乳液含漆酚，易引起人体过敏。

盐肤木 *Rhus chinensis*：圆锥花序顶生。奇数羽状复叶,小叶边缘具粗锯齿。是五倍子蚜虫的寄主植物,在幼枝、叶上形成虫瘿。果生食可止泻。种子可榨油。

黄连木 *Pistacia chinensis*：落叶乔木。奇数羽状复叶,顶生小叶常不发育,叶秋天变红。圆锥花序腋生,先花后叶。木材鲜黄色,可提取黄色染料。

毛黄栌 *Cotinus coggyria* var. *pubescens*：小枝具有白色毛。叶秋天变红。核果红色。树皮、叶可提取栲胶。木材可提取黄色染料。

3.3.1.22　芸香科 Rutaceae

约 150 属 900 余种,主要分布于热带亚热带。中国约有 28 属 150 种。浙江有 14 属 36 种。

木本。有时具刺,全体含挥发油。叶互生,羽状复叶,单身复叶,常具透明腺点。花两性,雄蕊 2 轮,具花盘;上位子房,中轴胎座。蒴果、柑果、核果、蓇葖果。

1. 心皮通常 4~5 枚分离或仅在基部合生,蓇葖果腹面开裂。
　2. 乔木、灌木或为木质藤本,花常单性,子房每室 1~2 粒胚珠。
　　3. 叶对生,奇数羽状复叶,雄蕊 4~5 枚 ……………………… 吴茱萸属 *Euodia*
　　3. 叶互生。
　　　4. 奇数羽状复叶,枝有皮刺,雌花通常无退化雄蕊,子房每室有 2 粒胚珠 …………………………………………………………………… 花椒属 *Zanthoxylum*
　　　4. 单叶,枝无皮刺,雌花具退化雄蕊,子房每室 1 枚胚珠 ………… 臭常山属 *Orixa*
　2. 草本,花通常两性,子房每室有 3 粒胚珠或更多。
　　5. 花略左右对称,白或红色,内果皮脱落 …………………… 白鲜属 *Dictamnus*
　　5. 花整齐,黄色、白色或白色带黄,内果皮宿存。
　　　6. 心皮仅基部合生,花白色带黄 …………… 松风草属(石椒草属)*Boenninghausenia*
　　　6. 心皮合生至中部以上,花金黄色 ……………………………… 芸香属 *Ruta*
1. 心皮 6~18 枚合生,蒴果、核果、浆果或柑果。
　7. 心皮 2~5 枚,部分或全部合生,子房每室胚珠 1~2 粒,小核果 2~5 室。
　　8. 木质藤本,枝具皮刺,3 出复叶 ………………………… 飞龙掌血属 *Toddalia*
　　8. 乔木或灌木,枝无皮刺,单叶或复叶。
　　　9. 复叶对生,小叶 2~9 对,圆锥花序或伞房花序,花单性异株,花瓣 5~8 片,雄蕊 5~6 枚 …………………………………………………………… 黄檗属 *Phellodendron*
　　　9. 单叶,花单生,花瓣、雄蕊 4~5 枚 …………………………… 茵芋属 *Skimmia*
　7. 心皮 2~5 枚,子房每室 1~2 粒胚珠,花常两性,浆果或柑果。
　　10. 茎枝无刺,羽状复叶,浆果。
　　　11. 圆锥花序,花蕾球形,果黄色 ……………………………… 黄皮属 *Clausena*
　　　11. 伞房状聚伞花序,花蕾圆筒形,果粉红色 ……………… 九里香属 *Murraya*
　　10. 茎枝有刺,单身复叶或 3 出小叶。
　　　12. 落叶小乔木,3 出复叶,果实被柔毛 …………… 枳属(枸橘属)*Poncirus*
　　　12. 常绿灌木或乔木,单身复叶,果极少被毛。
　　　　13. 子房 2~5 室,每室胚珠 2 粒 …………………………… 金橘属 *Fortunella*

13. 子房 8～14 室,每室胚珠 4～12 粒,花丝通常基部合生(或合生至中部)成束 ………
……………………………………………………………………… 柑橘属 *Citrus*

1. 柑橘属 *Citrus*

常绿。常具枝刺。单身复叶,叶轴具翅,称为箭叶。柑果。

1. 单叶,果皮比果肉厚。
  2. 果不分裂 …………………………………………………… 香橼 *Citrus medica*
  2. 果顶端分裂成手指状 ………………………… 佛手 *C. medica* var. *sarcodactylis*
1. 单身复叶,果皮比果肉薄。
  3. 子叶乳白色。
    4. 腋生单花,果皮极易剥离 ……………………………………… 香橙 *C. junos*
    4. 总状花序,果皮不易剥离。
      5. 果直径 10cm 以上。
        6. 嫩枝、叶背、花梗、萼片及子房均被毛 ……………………… 柚 *C. maxima*
        6. 各部无毛,稀叶背中脉及萼片顶端被毛。
          7. 花萼顶端被毛,果皮厚达 2cm ……………………… 香圆 *C. wilsonii*
          7. 花萼无毛,果皮薄 ………………………………… 葡萄柚 *C. paradisii*
      5. 果直径 10cm 以内。
        8. 果皮蜡黄色,果肉极酸 ……………………………………… 柠檬 *C. limon*
        8. 果皮橙红,果肉味酸或甜。
          9. 果肉味甜或酸甜适度 …………………………………… 甜橙 *C. sinensis*
          9. 果肉味酸,有时带苦味或特殊气味。
            10. 果扁圆形 ……………………………………………… 酸橙 *C. aurantium*
            10. 果近圆形,经霜不落 ……………………… 代代酸橙 *C. aurantium* var. *amara*
  3. 子叶绿色,果皮稍易或甚易剥离,单花腋生或少花簇生。
    11. 果肉极酸,花瓣外面淡紫红色 ……………………………… 黎檬 *C. limonia*
    11. 果肉甜或酸,花瓣白色,单花腋生 ………………………… 柑橘 *C. reticulata*

柑橘 *C. reticulata*：箭叶狭,果皮易剥离。分布于长江以南地区,品种较多。

橙 *C. sinensis*：箭叶狭,果皮不易剥离。

柚 *C. grandis*：箭叶宽,翅较宽,果皮不易剥离。

柠檬 *C. limon*：果为宽椭圆形,果味酸。

2. 花椒属 *Zanthoxylum*

常绿或落叶。常具皮刺。基数羽状复叶。花单性。蓇葖果。

野花椒 *Zanthoxylum simulans*：落叶灌木。叶面有刺状刚毛,叶轴有狭翅和长短不等的皮刺。聚伞状圆锥花序。果红色。果、叶、根入药。

竹叶椒 *Z. armatum*：常绿灌木。枝上散生直扁皮刺。叶轴、叶柄具宽翅。果红色。果、枝、叶入药。

两面针 *Z. nitidum*：常绿木质藤本。全体无毛,茎、枝、叶轴下面及叶两面中脉具皮刺,叶轴近无翅。果紫红色。根、茎、叶入药。浙江平阳和浙东南沿海岛屿有分布。

3. 吴茱萸属 *Euodia*

1. 指状 3 出叶,萼片、花瓣各 4 片,雌花的不育雄蕊有花丝和花药,无花粉,雄花的退化雌蕊细,顶端不裂 ……………………………………………………… 三桠苦 *Euodia lepta*
1. 奇数羽状复叶,萼片、花瓣各 5 片,雌花的退化雄蕊无花药,雄花的退化雌蕊短棒状,顶端 4～5 裂。
　2. 乔木,叶轴、小叶柄无毛 …………………………………………… 臭辣树 *E. fargesii*
　2. 灌木或小乔木,叶轴、小叶柄及小叶两面具密毛 ……………… 吴茱萸 *E. rutaecarpa*

3.3.1.23　杜英科 Elaeocarpaceae

约 12 属 350 种,分布于热带和亚热带地区。中国 2 属 51 种,分布于西南至东南部。浙江 2 属 6 种。

常绿乔木单叶对生或互生,脱落前常为红色。总状花序或圆锥花序,花两性整齐,萼片 4～5 片,花瓣 4～5 片或无,雄蕊多数,分离,子房上位,中轴胎座。核果或蒴果。

1. 杜英属 *Elaeocarpus*

核果,果皮光滑。
1. 花瓣细裂至中部,成丝状,雄蕊多数,叶柄顶端不膨大。
　2. 叶片披针形,薄革质,边缘具浅锯齿 ………………………… 杜英 *Elaeocarpus decipiens*
　2. 叶片狭倒卵形,纸质,叶缘在中部以上有不明显钝锯齿。
　　3. 叶片干后黄绿色,侧脉 8 对,叶柄极短,花瓣无毛,裂片 15 条,雄蕊 20～25 枚,花药顶端有毛 ……………………………………………………… 秃瓣杜英 *E. glabripetalus*
　　3. 叶片干后暗褐色,侧脉 5～6 对,叶柄长,花瓣外侧基部有毛,先端 10 裂,雄蕊 15 枚,花药顶端无毛 ……………………………………………………… 山杜英 *E. sylvestris*
1. 花瓣全缘,雄蕊 8～12 枚,叶柄顶端略膨大。
　　4. 叶片椭圆形至卵状椭圆形,叶柄长 2.5～5cm,花药纵裂 ……… 薯豆 *E. japonicus*
　　4. 叶片椭圆形至狭卵形,叶柄长 1～2cm,花药孔裂 …………… 华杜英 *E. chinensis*

2. 其他属种

猴欢喜 *Sloanea sinensis*:猴欢喜属。乔木。叶常聚生小枝上部,叶柄顶端增粗。蒴果木质,球形,密被长刺毛。

3.3.1.24　五加科 Araliaceae

约 60 属 1200 余种,广布于热带和温带地区。中国有 23 属 175 种,主产西南,尤以云南为多。浙江有 11 属 24 种。

多为木本。单叶、掌状复叶或羽状复叶,具托叶。花两性,伞形状花序、头状花序、总状花序或穗状花序,这些花序再组成圆锥状复花序;雄花与花瓣同数互生;花盘上位,覆盖子房顶;子房下位,中轴胎座。浆果或核果。

1. 藤本,茎借气生根攀缘 ……………………………………………… 常春藤属 *Hedera*
1. 直立植物。
  2. 叶为羽状复叶。
   3. 叶为 1 回羽状复叶 ……………………………… 五叶参属(羽叶参属)*Pentapanax*
   3. 叶为 2～5 回羽状复叶。
    4. 植物体无刺,木本,小叶片全缘 ……………………………… 幌伞枫属 *Heteropanax*
    4. 植物体常有刺,小叶片具锯齿 ……………………………………… 楤木属 *Aralia*
  2. 叶为单叶或掌状复叶。
   5. 叶为单叶,二型,具不分裂或掌裂 2 种叶片 ……………………… 树参属 *Dendropanax*
   5. 叶为掌状复叶,或单叶但叶片全为掌状分裂。
    6. 叶片为掌状分裂。
     7. 植物体有刺,落叶乔木 ……………………………………… 刺楸属 *Kalopanax*
     7. 植物体无刺,灌木或小乔木。
      8. 无托叶,子房 5 或 10 室 ………………………………… 八角金盘属 *Fatsia*
      8. 托叶与叶柄合生,锥状,子房 2 室 ……………………… 通脱木属 *Tetrapanax*
    6. 叶为掌状复叶。
     9. 植物体无刺,子房 5～11 室 ……………………………… 鹅掌柴属 *Schefflera*
     9. 植物体有刺,子房 2～5 室 ……………………………… 五加属 *Acanthopanax*

五加属 *Acanthopanax*

　　落叶。枝常有刺。掌状复叶或 3 出复叶。伞形或头状花序。核果。
1. 小叶 3 枚。
  2. 枝具宽扁的钩刺,攀缘状灌木 ……………………… 白簕 *Acanthopanax trifoliatus*
  2. 枝无刺。
   3. 小乔木或直立灌木 ……………………………… 吴茱萸五加 *A. erodiaefolius*
   3. 匍匐灌木 ……………………………………………… 匍匐五加 *A. scandens*
1. 小叶 5 枚,稀 3 枚。
  4. 子房 2 室,花柱 2 条,离生,小枝节上疏生反曲扁钩刺。
   5. 小叶 5 枚,小枝有刺 ……………………………………… 五加 *A. gracilistylus*
   5. 小叶 3 枚,小枝无刺 ……………… 三叶五加 *A. gracilistylus* var. *trifoliolatus*
  4. 子房 5 室,花柱 5 条,多少合生。
   6. 花柱基部合生,或至中部以上合生 ……………………… 细刺五加 *A. setulasus*
   6. 花柱全部合生成柱状。
    7. 枝刺细长,直而不弯,灌木,稀蔓生状。
     8. 小叶两面无毛 ……………………………………… 藤五加 *A. leucorrhizus*
     8. 小叶上面被糙毛 ……………… 糙叶藤五加 *A. leucorrhizus* var. *fulvescens*
    7. 枝刺粗壮,通常弯曲,直立灌木。
     9. 小叶片下面脉上被短柔毛 ……………………………… 糙叶五加 *A. henryi*
     9. 小叶片下面无毛,花梗密被短柔毛 …………… 毛梗糙叶五加 *A. henryi* var. *faberi*

3.3.1.25　伞形科 Umbelliferae

约 200 属 2500 多种,多产于北半球温带、亚热带或热带高山。中国有 97 属近 600 种。浙江有 30 属 59 种。本科植物许多是重要的蔬菜、药材、香料,有较高的经济价值。

草本。茎具棱槽,中空或有髓。叶多裂,叶柄基部呈鞘状抱茎,无托叶。常为复伞形花序,基部具总苞;花两性整齐,雄蕊常与花瓣同数互生;子房下位,顶端有圆锥状或垫状花柱基,花柱 2 枚。双悬果,果实有肋或翅。

1.　当归属 *Angelica*

茎中空,叶 3 出羽裂或 3 出复叶。复伞形花序,花白色或紫色。

1. 叶轴及末回裂片的小柄向上成弧形或膝曲状反曲。
　2. 小总苞片不具白色膜质边缘,果侧棱翅宽而薄 ……………… 拐芹 *Angelica polymorpha*
　2. 小总苞片具白色膜质边缘,果侧棱翅厚而狭 ……………… 天目当归 *A. tianmuensis*
1. 叶轴及末回裂片的小柄不反曲。
　3. 花瓣具硬毛,果侧棱成木栓质,宽翅 ……………………… 滨当归 *A. hirsutiflora*
　3. 花瓣无毛,果侧棱非木栓质。
　　4. 茎顶部叶鞘囊状或宽兜状。
　　　5. 花紫色,茎通常紫色 ………………………………… 紫花前胡 *A. decursiva*
　　　5. 花白色,茎通常黄绿色。
　　　　6. 根长圆锥形,灰棕色,小苞片线状披针形 ……… 杭白芷 *A. dahurica* cv. *hangbaizhi*
　　　　6. 根圆柱形,棕褐色,小苞片宽披针形 ……………… 重齿当归 *A. biserrata*
　　4. 茎顶部叶鞘鞘状,非囊状。
　　　7. 花有萼齿,叶 3 出式 2～3 回羽状分裂,末回裂片卵形或卵状披针形,2～3 浅裂 ………
　　　　……………………………………………………………… 当归 *A. sinensis*
　　　7. 花无萼齿,叶 2～3 回羽状分裂,末回裂片卵形或卵状披针形,常 3 裂至 3 深裂 ………
　　　　………………………………………………………………… 福参 *A. morii*

紫花前胡 *A. decursiva*:复伞形花序顶生,总苞片 1～2 片,叶鞘状,带紫色。花深紫色。有解表止咳、活血调经的功效。

杭白芷 *A. dahurica* cv. *hangbaizhi*:根棕黄色。叶柄基部膨大成叶鞘,抱茎。花白色。根入药,有发散风寒、活血止痛、消肿排毒之功效,对各种神经痛也有效,可治感冒风寒、风湿痛、蛇咬伤等。

2.　柴胡属 *Bupleurum*

根木质化。茎生叶无柄而基部抱茎。总苞片叶状,花黄色、绿色或紫色。
北柴胡 *Bupleurum chinensis*:花黄色。根入药,有解表合里、升阳、解郁之功效。

3.　其他属种

胡萝卜 *Daucus carota* var. *sativa*:具肥大直根,叶 2～3 回羽状深裂,叶柄基部鞘状抱茎。复伞形花序,有总苞片和小苞片。双悬果背腹压扁。

3.3.1.26　杜鹃花科 Rhododendron

约 103 属 3350 余种,广布于世界各地。中国有 15 属 757 种,主要分布于西南地区。浙江有 5 属 31 种。

灌木。单叶互生。花两性,辐射对称,花萼宿存,花冠合瓣,呈坛状、漏斗状、钟状等,雄蕊在花盘上,5 或 10 枚,子房上位或下位,中轴胎座。蒴果或浆果。

1. 子房下位,浆果 ……………………………………………………………… 越橘属 *Vaccinium*
1. 子房上位,蒴果。
　2. 蒴果室间开裂 …………………………………………………… 杜鹃花属 *Rhododendron*
　2. 蒴果室背开裂。
　　3. 花药无芒,蒴果缝线明显加厚 ……………………………………… 南烛属 *Lyonia*
　　3. 花药有芒,蒴果缝线不加厚。
　　　4. 伞形或伞房花序,花冠钟形,落叶 ………………………… 吊钟花属 *Enkianthus*
　　　4. 圆锥花序,花冠卵状坛形,常绿 ………………………………… 马醉木属 *Pieris*

1.　杜鹃花属 *Rhododendron*

花单生或组成伞形总状花序或伞形花序,花冠漏斗状或钟状,5 基数,子房上位。蒴果。本属植物花色艳丽,为四大著名花卉之一。我国主要分布在西南山区。浙江有 20 种。

1. 常绿灌木或小乔木。
　2. 花出自顶芽,数朵簇生或成顶生花序,稀单生。
　　3. 植物体具鳞片或鳞腺,叶倒卵形 ………………… 江西杜鹃 *Rhododendron kiangsiense*
　　3. 植物体不具鳞片或鳞腺。
　　　4. 叶背被灰白色或黄棕色壳状毛 ……………………………… 猴头杜鹃 *R. simiarum*
　　　4. 叶片两面无毛。
　　　　5. 幼枝、叶柄幼时有绒毛,花在枝顶近簇生,花冠 5 裂,雄蕊 10 枚,花丝基部有柔毛……
　　　　　………………………………………………… 黄山杜鹃 *R. maculiferum* ssp. *anhweiense*
　　　　5. 幼枝、叶柄无毛,花成短总状花序,花冠 7 裂,雄蕊 14～16 枚,花丝无毛。
　　　　　6. 叶片长圆形,长 7～8cm ………………………………… 云锦杜鹃 *R. fortunei*
　　　　　6. 叶片长圆状椭圆形,长 9.5～18cm ……………………… 喇叭杜鹃 *R. discolor*
　2. 花出自侧芽,即出自枝顶部或上部的叶腋内。
　　7. 雄蕊 5 枚,萼裂片大而宽,蒴果圆锥状卵球形,成熟时裂瓣上部同花柱常不联结,种子两端不具附属物 ………………………………………………………… 马银花 *R. ovatum*
　　7. 雄蕊 10 枚,萼裂片不明显,蒴果圆柱形,成熟时裂瓣上部同花柱常联结而不开裂,种子两端具尾状附属物。
　　　8. 花梗和子房无毛。
　　　　9. 花序伞形,具花 3～5 朵,雄蕊伸出花冠外,花白色,有时蔷薇色,叶片椭圆形…………
　　　　　………………………………………………………………… 长蕊杜鹃 *R. stamineum*
　　　　9. 花序具花 1～2 朵。

　　10. 枝端、叶柄、叶缘和叶背中脉均有刺毛,叶片椭圆状长圆形或长圆状披针形 ……………
　　………………………………………………………………………… 泰顺杜鹃 *R. taishunnensis*
　　10. 枝端、叶柄、叶缘和叶背中脉均有无毛 ……………………… 麂角杜鹃 *R. latoucheae*
　8. 花梗和子房密被腺头刚毛。
　　11. 幼枝、叶柄及叶片两面均密被刚毛或腺头刚毛,花冠白色或淡红色,叶片长圆状披
　　　　针形 ……………………………………………………………… 刺毛杜鹃 *R. championae*
　　11. 幼枝、叶柄及叶背中脉被疏刚毛或腺头刚毛,花冠淡紫色或粉红色,叶片椭圆状
　　　　卵形。
　　　　12. 子房被毛,叶柄具腺头刚毛 ……………………………… 弯蒴杜鹃 *R. henryi*
　　　　12. 子房无毛,叶柄不具腺头刚毛 …………………… 秃房杜鹃 *R. henryi* var. *dunnii*
1. 落叶或半常绿稀常绿灌木。
　13. 花金黄色,成总状伞形花序 …………………………………………… 羊踯躅 *R. molle*
　13. 花白色、鲜红色或紫红色,单生、簇生或成伞形花序。
　　14. 小枝无毛或有毛,叶轮生状簇生枝顶,落叶。
　　15. 幼枝绿色,无毛,叶柄被糙伏毛和短柔毛………………… 华顶杜鹃 *R. huadingense*
　　15. 幼枝被铁锈色或黄棕色柔毛。
　　　　16. 花冠紫丁香色,果梗微弯曲 ……………………………… 丁香杜鹃 *R. farrerae*
　　　　16. 花冠淡紫红色或紫红色,果梗直立 ……………………… 满山红 *R. mariesii*
　　14. 小枝和叶柄被红棕色扁平糙伏毛、刚毛或腺头刚毛,叶幼枝上散生,落叶或多少宿存。
　　17. 雄蕊 10 枚。
　　　　18. 雄蕊短于花冠,花萼裂片大,幼枝和叶被平贴糙伏毛,叶片椭圆状长圆形 ……………
　　　　………………………………………………………………… 锦绣杜鹃 *R. pulchrum*
　　　　18. 雄蕊与花冠等长或比花冠长。
　　　　　19. 雄蕊与花冠等长,花冠红色,具深红色斑点,幼枝被扁平糙伏毛,叶片卵形…………
　　　　　………………………………………………………………………… 杜鹃 *R. simsii*
　　　　　19. 雄蕊比花冠长,花冠白色,幼枝密被开展长柔毛,混生少数腺毛,叶片披针形 ………
　　　　　………………………………………………………………… 白花杜鹃 *R. mucronatum*
　　17. 雄蕊 5 枚。
　　　　20. 花冠裂片和花冠管外面均被毛,花冠白色,叶背密被黄棕色糙伏毛,叶片卵形 ………
　　　　………………………………………………………………… 毛果杜鹃 *R. seniavinii*
　　　　20. 花冠裂片和花冠管外面均无毛,花冠白色或淡白色,叶背被糙伏毛及曲毛,叶片椭
　　　　　圆形
　　　　…………………………………………………………………… 崖壁杜鹃 *R. saxatile*
　　杜鹃 *R. simsii*：落叶。全株密被棕褐色扁平糙伏毛。叶二型。花鲜红或深红色。蒴果卵
圆形。
　　羊踯躅 *R. molle*：落叶。幼枝被柔毛。花黄色。蒴果长圆形。植物体含有闹羊花毒素、
马醉木毒素等,对人、畜有毒。
　　满山红(三叶杜鹃)*R. mariesii*：落叶。叶 2～3 片集生枝顶。花淡紫色或玫瑰红色。
　　马银花 *R. ovatum*：常绿。叶集生枝顶,卵形。花淡紫色,并有紫色斑点。

2. 越橘属 *Vaccinium*

花萼 4～5 裂,花冠 4～5 裂,筒状、壶状或钟状,子房下位。浆果顶端有宿存萼齿。

1. 叶常绿。
　2. 总状花序具宿存叶状苞片,花白色 ………………………… 乌饭树 *Vaccinium bracteatum*
　2. 总状花序不具苞片或多少有早落的苞片。
　　3. 花冠短筒状钟形,花冠裂片长为花冠全长的 1/2,幼枝有短柔毛,叶片短尾状渐尖,浆果紫红色 ………………………………………………………………… 短尾越橘 *V. carlesii*
　　3. 花冠坛状或坛状筒形,花冠裂片长仅为花冠全长的 1/8～1/6。
　　　4. 幼枝和花序总轴有密而长的刚毛,叶片卵状长圆形,叶缘有腺头细齿牙 ………… ………………………………………………………… 刺毛越橘 *V. trichocladum*
　　　4. 幼枝和花序总轴无毛或有短柔毛,无刚毛。
　　　　5. 幼枝、花序轴、叶两面中脉和花萼均密生锈色柔毛,果实稍有毛,叶片椭圆状披针形 ………………………………………………………… 黄背越橘 *V. iteophyllum*
　　　　5. 幼枝、花序轴、叶两面中脉和花萼通常无毛 ……………… 江南越橘 *V. mandarinorum*
1. 落叶。
　6. 小枝圆柱形,花冠 5 浅裂,裂片三角形,不反卷 ………………………… 无梗越橘 *V. henryi*
　6. 小枝扁平,花冠 4 深裂,裂片线形,反卷………… 扁枝越橘 *V. japonicum* var. *sinicum*
　　乌饭树 *V. bracteatum*:常绿。总状花序腋生,苞片披针形,宿存,花萼具黄色柔毛,花冠白色。浆果球形。

　　江南越橘(米饭花)*V. mandarinorum*:常绿。总状花序腋生兼顶生,苞片早落,花萼无毛,花白色,果红色。

3.3.1.27　报春花科 Primulaceae

约 22 属近 1000 种,主产于北半球温带至热带。中国有 13 属约 500 种,主要分布于西南部。浙江有 6 属 38 种。

草本。常有腺点和白粉。花两性整齐,花冠合瓣,雄蕊与花冠裂片同数而对生,心皮 5 枚,特立中央胎座。蒴果。

1. 花冠裂片在花蕾中覆瓦状或镊合状排列。
　2. 花冠筒短于花冠裂片,叶均基生 …………………………………… 点地梅属 *Androsace*
　2. 花冠筒长于花冠裂片。
　　3. 花生于花葶顶端,叶均为基生 ………………………………… 报春花属 *Primula*
　　3. 花单生于茎上部叶腋,叶基生并茎生 ……………………… 假婆婆纳属 *Stimpsonia*
1. 花冠裂片在花蕾中回旋状排列。
　4. 植物体具球状块茎,花冠裂片剧烈反卷 …………………………… 仙客来属 *Cyclamen*
　4. 植物体不具球状块茎。
　5. 蒴果瓣裂 …………………………………… 排草属(珍珠菜属)*Lysimachia*
　5. 蒴果盖裂 ……………………………………… 琉璃繁缕属 *Anagallis*

报春花 *Primula malacoides*：植株被腺体节毛，花葶上部有伞形花序 2～6 级，花冠红色或黄青色。

珍珠菜 *Lysimachia clethroides*：茎直立。叶互生，具黑色腺体。总状花序顶生，粗壮，花密生，花冠白色。

过路黄 *L. christinae*：匍匐草本。叶对生，具黑色条状腺体。花黄色，成对腋生。

3.3.1.28　龙胆科 Gentianaceae

约 80 属 700 余种，广布于全世界。中国有 22 属 427 种，主要分布于西南部。浙江有 7 属 19 种。

草本。单叶对生。花两性整齐，花冠裂片常旋转状排列，裂片间具褶，或裂片基部有大型腺体或腺窝，子房上位，心皮 2 枚，1～2 室，花柱单生，柱头全缘或 2 裂。蒴果。

1. 陆生植物，叶通常对生。
　2. 茎缠绕，浆果或蒴果 ………………………………………… 双蝴蝶属 *Tripterospermum*
　2. 茎直立或斜升。
　　3. 花药在开花后扭转，花冠筒细长 ………………………… 百两金属 *Centaurium*
　　3. 花药在开花后不扭转。
　　　4. 雄蕊着生于花冠裂片间弯缺处 ……………………… 匙叶草属 *Latouchea*
　　　4. 雄蕊着生于花冠筒上。
　　　　5. 蜜腺轮状着生于子房基部 ……………………… 龙胆属 *Gentiana*
　　　　5. 蜜腺轮状着生于花冠筒基部，与雄蕊互生 ……… 獐牙菜属 *Swertia*
1. 水生草本，叶互生。
　6. 蒴果开裂，掌状 3 出复叶，总状花序 …………………… 睡菜属 *Menyanthes*
　6. 蒴果不开裂，单叶，花序束状或伞状 …………………… 莕菜属 *Nymphoides*

1.　龙胆属 Gentiana

7 种，大部分可供观赏。

1. 多年生草本，具略肉质的根。
　2. 花小型，紫色，蒴果倒卵形，茎直立 ………………… 华南龙胆 *Gentiana loureirii*
　2. 花大型，蓝色，蒴果长圆形。
　　3. 茎斜升，单轴分枝，种子表面具蜂窝状网隙 ……… 五岭龙胆 *G. davidii*
　　3. 茎直立，合轴分枝，种子表面具增粗的网纹，两端具翅。
　　　4. 上部叶片卵形，边缘粗糙，花萼裂片常向外反曲 ……… 龙胆 *G. scabra*
　　　4. 上部叶片线状披针形，边缘平滑，花萼裂片线状披针形，直立 ……
　　　　………………………………………………………… 条叶龙胆 *G. manshurica*
1. 一年生草本，具细瘦的木质主根，五莲座叶，蒴果先端具翅。
　5. 花萼裂片极狭窄，丝状，茎直立，花小 ……………… 黄山龙胆 *G. delicata*
　5. 花萼裂片宽，长圆形或卵形。
　　6. 花萼裂片卵形，开展，花小 ……………………… 灰绿龙胆 *G. yokusai*
　　6. 花萼裂片狭三角形或卵状椭圆形，花大 …………… 笔龙胆 *G. zollingeri*

　　2. 獐牙菜属 *Swertia*

1. 多年生草本,基部叶片长圆形,具柄,上部叶片椭圆形,无柄,花淡黄绿色,花冠裂片中部有 2 个黄色大斑点 ……………………………………………… 獐牙菜 *Swertia bimaculata*

1. 一年生草本。

　2. 花 5 基数,叶片狭长圆形,花白色 ……………………………… 江浙獐牙菜 *S. hickinii*

　2. 花 4 基数,叶片披针形。

　　3. 叶片狭披针形,花白色 ……………………………… 美丽獐牙菜 *S. angustifolia*

　　3. 叶片披针形,花淡黄色 ……………………………… 建德獐牙菜 *S. jiendeensis*

3.3.1.29　茄科 Solanaceae

　　约 95 属 2300 余种,广布于温带至热带地区。中国有 22 属 101 种,南北各地都有分布。浙江有 14 属 30 种。

　　草本或灌木。茎直立、匍匐或攀缘状。单叶全缘,无托叶。花单生或聚伞花序,常由于花轴与茎结合,使花序生于叶腋之外,萼片宿存,花后增大;雄蕊与花冠裂片同数互生,常生于花冠筒上;子房上位,中轴胎座。蒴果或浆果。

1. 浆果,不开裂。

　2. 花萼在花后显著增大,完全或不完全包围浆果。

　　3. 果萼不成膀胱状,花冠宽钟状,花 1～3 朵腋生 ………… 散血丹属 *Physaliastrum*

　　3. 果萼膀胱状,花单朵腋生 …………………………………… 酸浆属 *Physalis*

　2. 花萼在花后不增大或明显增大,不包围果实,仅宿存于果实基部。

　　4. 花单生或近簇生。

　　　5. 多刺灌木,花冠漏斗状 ……………………………………… 枸杞属 *Lycium*

　　　5. 草本或亚灌木,无刺,花冠钟状。

　　　　6. 花萼短,皿状,全缘,花冠宽钟形 ………………… 龙珠属 *Tubocapsicum*

　　　　6. 花萼稍长,有萼齿或裂片。

　　　　　7. 花萼具 10 齿或更多 ……………………………… 红丝线属 *Lycianthes*

　　　　　7. 花萼具 5 齿或裂片。

　　　　　　8. 花萼杯状,具 5 齿,花白色 ………………………… 辣椒属 *Capsicum*

　　　　　　8. 花萼钟状,5 裂 ………………………………… 颠茄属 *Atropa*

　　4. 聚伞花序顶生、腋生或腋外生。

　　　9. 常绿灌木,浆果仅有一至几粒种子 ……………………… 夜香树属 *Cestrum*

　　　9. 草本,花冠辐射状,浆果有多数种子。

　　　　10. 花萼及花冠裂片 5 片 ……………………………… 茄属 *Solanum*

　　　　10. 花萼及花冠裂片 5～7 片 ……………………… 番茄属 *Lycopersicon*

1. 蒴果,盖裂或瓣裂。

　11. 花集生成顶生聚伞花序、圆锥花序或有叶的总状花序。

　　12. 花冠长筒状漏斗形,蒴果 2 瓣裂 ……………………… 烟草属 *Nicotiana*

　　12. 花冠漏斗状,蒴果盖裂 ……………………………… 天仙子属 *Hyoscyamus*

11. 花单生或 1～3 朵簇生。
13. 雄蕊 5 枚,全部发育,蒴果 4 瓣裂,常有刺　………………………… 曼陀罗属 *Datura*
13. 雄蕊 5 枚,第 5 枚不发育,蒴果 2 瓣裂………………………… 碧冬茄属 *Petunia*

1. 茄属 *Solanum*

草本、灌木或小乔木。花冠常辐射状。浆果。

1. 植物体无刺,花药长而厚,顶孔向内或向上。
　2. 具块茎,奇数羽状复叶　…………………………………… 马铃薯 *Solanum tuberosum*
　2. 不具块茎,单叶,不分裂或羽状深裂。
　　3. 草本或亚灌木,直立或攀缘状,浆果小,直径不超过 1cm。
　　　4. 一年生直立草本,花序短蝎尾状或近伞状。
　　　　5. 植株粗壮,短蝎尾状花序,常 4～10 朵花　………………… 龙葵 *S. nigrum*
　　　　5. 植株纤细,花序近伞状,常 1～6 朵花　………………… 少花龙葵 *S. americanum*
　　　4. 蔓生草本或亚灌木,花序聚伞状或稀为轮伞圆锥花序。
　　　　6. 叶片不裂,光滑无毛,花多白色　……………… 海桐叶白英 *S. pittosporifoliun*
　　　　6. 叶片基部至少有少数具(2)3～5 裂。
　　　　　7. 茎、叶均被多节长柔毛　……………………………… 白英 *S. lyratum*
　　　　　7. 植株无毛或近无毛。
　　　　　　8. 植株无毛,花大,直径约 1.5cm　……………… 素馨叶白英 *S. jasminoides*
　　　　　　8. 植株被短柔毛,花小,直径不超过 1cm………… 野海茄 *S. japonense*
　　3. 直立灌木,浆果较大,直径 1.2～2.5cm。
　　　9. 全株光滑无毛,果单生　……………………………… 珊瑚樱 *S. pseudocapsicum*
　　　9. 幼枝及叶背有星状簇绒毛　……………… 珊瑚豆 *S. pseudocapsicum* var. *diflorum*
1. 植物体有刺,花药较长,顶孔细小,向外或向上。
　10. 茎具星状毛,花单生,果实大,长圆形或圆形　………………… 茄 *S. melongena*
　10. 茎无毛,或疏生长柔毛或星状毛,聚伞花序短而少花,果实球形或扁球形。
　　11. 浆果扁球形,直径约 3.5cm,成熟时橙红色　………… 牛茄子 *S. capsicoides*
　　11. 浆果球形,直径约 1.5cm 成熟时黄色………… 北美水茄 *S. carolinense*

2. 枸杞属 *Lycium*

灌木。常有刺。单叶互生,全缘。花单生,淡绿色或紫色,花丝基部有 1 圈白色毛环,浆果长圆形,红色。

枸杞 *Lycium chinensis*:果实鲜红色,味苦,药用。
宁夏枸杞 *L. barbarum*:果实橘红色,味甜。原产西北。叶、根、果入药。

3. 其他属种

辣椒 *Capsicum annuum*:花单生,花萼杯状,花白色,花药紫色。浆果具空腔。栽培,原产南美,变种和品种较多。

3.3.1.30　旋花科 Convolvulaceae

约 56 属 1650 余种，广布于热带、亚热带和温带。中国有 17 属 118 种，分布以西南、华南为主。浙江有 13 属 26 种。

多为缠绕草本。常具乳汁。叶互生，无托叶。花两性，辐射对称，常单生或数朵集成聚伞花序；萼片 5 片，常宿存，花冠常漏斗状，大而明显；雄蕊 5 枚，着生于花冠基部；雌蕊多为 2 枚心皮合生；子房上位，2～4 室。果实多为蒴果。

```
1. 寄生植物，无叶，花小 ……………………………………………… 菟丝子属 Cuscuta
1. 不为寄生植物，具营养叶，花通常显著。
  2. 子房分裂为 2 室，叶小，心形、肾形或圆形 ………………………… 马蹄金属 Dichondra
  2. 子房不分裂，花柱顶生。
    3. 花柱 2 条，苞片于果期增大 ……………………………………… 土丁桂属 Evolvulus
    3. 花柱 1 条。
      4. 萼片在果期增大成翅状，脱落，蒴果小 ……………………… 飞蛾藤属 Porana
      4. 萼片在果期不增大，宿存。
        5. 花冠较短，坛状，冠檐短 ………………………………… 鳞蕊藤属 Lepistemon
        5. 花冠漏斗状、钟状或高脚碟状，通常较大，多数具开展冠檐。
          6. 外萼片比内萼片显著长而宽 ………………………… 心萼薯属 Aniseia
          6. 内、外萼片近相等。
            7. 花萼包藏在 2 片大苞片内，柱头 2 枚，扁平 ……………… 打碗花属 Calystegia
            7. 花萼不为苞片所包，若有总苞则柱头 1 枚，头状。
              8. 柱头 2 枚，长圆形，聚伞花序组成伞形花序 ………… 小牵牛属 Jacquermontia
              8. 柱头 1 枚，头状或 2 裂。
                9. 花冠黄色 ………………………………………… 鱼黄草属 Merremia
                9. 花冠白色、淡红色、红色、淡紫色、紫色。
                  10. 雄蕊和花柱内藏，花冠漏斗状或钟状。
                  11. 子房 2 或 4 室，胚珠 4 枚 ………………………… 番薯属 Ipomoea
                  11. 子房 3 室，胚珠 6 枚 ……………………………… 牵牛属 Pharbitis
                  10. 雄蕊和花柱多少伸出，花冠高脚碟状。
                  12. 花大，子房 2 室 ………………………………… 月光花属 Calonyction
                  12. 花小，子房 4 室 ………………………………… 茑萝属 Quamoclit
```

番薯属 Ipomoea

```
1. 叶片不分裂或仅先端 2 裂。
  2. 野生植物。
    3. 叶宽卵状心形，上面粗糙，下面光滑 ……………………… 瘤梗甘薯 Ipomoea lacunosa
    3. 叶心状箭形，两面无毛 ………………………………………… 齿萼薯 I. fimbriosepala
  2. 栽培植物，茎光滑无毛。
    4. 茎直立或蔓生，具节，节间中空 …………………………… 空心菜(蕹菜)I. aquatica
```

　　4. 茎蔓生,具块根 ·· 番薯 *I. batatas*
1. 叶片分裂。
　　5. 叶片掌状深裂,栽培 ·· 番薯 *I. batatas*
　　5. 叶片 3 裂或顶端 2 裂,野生。
　　　　6. 叶顶端微凹或 2 裂,花冠长 4～5cm ······························· 厚藤 *I. pescaprae*
　　　　6. 叶 3 深裂,花冠长 1.5cm ·· 三裂叶薯 *I. triloba*

3.3.1.31　马鞭草科 Verbenaceae

　　约 90 属 2000 余种,分布于热带和亚热带地区。中国有 20 属 182 种。浙江有 9 属 33 种。
　　常木本。叶对生。花两性,不整齐;雄蕊 4 枚,2 强;子房上位,2 枚心皮,2 室,中轴胎座。
核果或蒴果状。
1. 花无梗,组成穗状花序或密集成头状。
　　2. 直立草本,穗状花序狭长 ·· 马鞭草属 *Verbena*
　　2. 匍匐草本或灌木,穗状花序短或成头状。
　　　　3. 匍匐草本,果干燥 ·· 过江藤属 *Phyla*
　　　　3. 有刺灌木,果肉质 ·· 马樱丹属 *Lantana*
1. 花有梗,组成聚伞花序、圆锥花序等。
　　4. 灌木,单叶,果熟后裂成 4 个小坚果 ······························· 莸属 *Caryopteris*
　　4. 小灌木或乔木,核果。
　　　　5. 掌状复叶,花冠 5 裂或二唇形 ·· 牡荆属 *Vitex*
　　　　5. 单叶,花冠 4～5 裂或稍成二唇形。
　　　　　　6. 花序腋生,果实通常紫色 ·· 紫珠属 *Callicarpa*
　　　　　　6. 花序通常顶生。
　　　　　　　　7. 花长不超 1.5cm,花萼常无大腺体 ····················· 豆腐柴属 *Premna*
　　　　　　　　7. 花长在 1.5cm 以上,花萼常具大腺体。
　　　　　　　　　　8. 花冠管漏斗状,雄蕊着生于花冠管中下部 ·········· 石梓属 *Gmelina*
　　　　　　　　　　8. 花冠管长圆筒状,雄蕊着生于花冠管中上部 ········ 大青属 *Clerodendrum*

　　紫珠属 *Callicarpa*

1. 叶片全缘,蔓生灌木,叶背被棉毛状茸毛,花梗与花萼有黄褐色茸毛 ·······················
　　··· 全缘叶紫珠 *Callicarpa integerrima*
1. 叶片有锯齿,直立灌木或小乔木。
　　2. 嫩枝密生棕褐色茸毛,萼齿尖长,果实成熟时藏于花萼内 ······························
　　··· 枇杷叶紫珠(野枇杷)*C. kochiana*
　　2. 嫩枝密生黄褐色星状毛、多节长柔毛或无毛。
　　　　3. 总花梗长为叶柄的 3～4 倍。
　　　　　　4. 叶背、花萼无毛,或微有星状毛。
　　　　　　　　5. 小枝被毛,叶片卵形 ·· 白棠子树 *C. dichotoma*
　　　　　　　　5. 小枝无毛,叶片椭圆形 ·· 光叶紫珠 *C. lingii*

4. 叶背、花萼密生黄褐色星状毛或多节长柔毛和腺毛。

6. 叶有短柄,基部楔形 ································ 杜虹花 *C. formosana*

6. 叶近无柄,基部心形或近耳形。

7. 小枝、叶片和花序被星状毛 ···················· 红紫珠 *C. rubella*

7. 小枝、叶片和花序被多节长柔毛和腺毛 ··········· 长柄紫珠 *C. longipes*

3. 总花梗短于叶柄或近等长。

8. 叶背有红色腺点。

9. 叶背有星状毛 ····························· 珍珠枫 *C. bodinieri*

9. 叶背无毛 ······························· 华紫珠 *C. cathayana*

8. 叶背有金黄色腺点。

10. 叶背、花萼和花冠均疏被星状毛,聚伞花序 3～5 次分枝,药室纵裂 ············
··································· 老鸦糊 *C. giraldii*

10. 叶背无毛,花萼有毛或无毛,聚伞花序 2～5 次分枝。

11. 叶披针形,叶柄有星状毛 ···················· 短柄紫珠 *C. brevipes*

11. 叶背无毛或近无毛。

12. 聚伞花序 2～3 次分枝,花较少 ·············· 日本紫珠 *C. japonica*

12. 聚伞花序 3～5 次分枝,花较多 ············· 广东紫珠 *C. kwangtungensis*

杜虹花 *C. formosana*:叶下面被黄褐色星状毛和细小黄色腺点,花序宽不足 4cm,花序柄常纤细。

3.3.1.32　唇形科 Labiatae

约 220 属 3500 余种,广布于全世界,主要分布于地中海及中亚。中国有 97 属 807 种。浙江有 43 属 110 种。

草本,含挥发性芳香油。茎方。叶对生,聚伞花序常退化成一花,在节上形成轮伞花序,或由轮伞花序、聚伞花序再组成顶生的总状花序、穗状花序、头状花序或圆锥花序,具苞片,花萼宿存,花冠唇形(上 2,下 3),雄蕊 4 枚,2 强雄蕊,稀 2 枚,生于花冠筒部。子房上位,2 室,常裂为 4 室,花柱生于裂隙基部;中轴胎座。4 个小坚果。

1. 筋骨草属 *Ajuga*

花冠假单唇形,子房 4 浅裂或几裂至中部。小坚果倒卵形。

1. 花冠筒直立,茎直立,通常无毛 ················ 筋骨草 *Ajuga ciliata*

1. 花冠筒在毛环上略膨大,浅囊状或屈膝状。

2. 植株花时具基生叶,常平卧,茎匍匐 ············· 金疮小草 *A. decumbens*

2. 植株花时常无基生叶,常直立 ················ 紫背金盘 *A. nipponensis*

2. 黄芩属 *Scutellaria*

轮伞花序由 2 朵花组成。

1. 小坚果背腹面不明显分化,具瘤。

2. 顶生兼有腋生的总状花序,苞叶小,与茎叶不同。

3. 花小型,长不及 1cm,叶膜质 ……………………………………… 柔弱黄芩 *Scutellaria tenera*

3. 花中等至大型,长在 1cm 以上。

　4. 中等大至高大直立或蔓生草本。

　　5. 花淡黄白色,花萼两面被毛 ………………………………… 安徽黄芩 *S. anhweiensis*

　　5. 花紫蓝色,花萼边缘被毛 …………………………………… 浙江黄芩 *S. chekiangensis*

　4. 通常矮小上升或披散草本。

　　6. 叶片卵形,先端急尖,边缘具齿牙 ……………………………… 京黄芩 *S. pekinensis*

　　6. 叶片椭圆形,先端钝圆,边缘具整齐的圆齿。

　　　7. 叶片上面无毛,下面叶脉具毛 ………………………… 光紫黄芩 *S. laeteviolacea*

　　　7. 叶片两面均被毛 ……………………………………… 印度黄芩(韩信草)*S. indica*

2. 花序非绝对顶生。

　8. 花主要组成腋生总状花序。

　　9. 植株多分枝,分枝全能育,叶片近菱形 ……………………… 裂叶黄芩 *S. incisa*

　　9. 植株少分枝,分枝不全能育,叶片卵形。

　　　10. 花枝伸长,花生于叶腋内 ……………………… 大花腋花黄芩 *S. axilliflora*

　　　10. 花枝缩短,腋生 ……………………………………… 岩藿香 *S. franchetiana*

　8. 花全腋生,在主轴上偏向一边。

　　11. 茎在上部分枝,叶两面无毛 ……………………………… 半枝莲 *S. barbata*

　　11. 茎在基部多分枝,叶两面被毛 ……………………………… 沙滩黄芩 *S. strigillosa*

1. 小坚果背腹面明显分化,背面具瘤,腹面具刺状凸起。

　12. 根状茎在节上具无叶匍匐枝,具块茎 ……………………… 假活血丹 *S. tuberifera*

　12. 根状茎在节上不具无叶匍匐枝,无块茎 ……………………… 连钱黄芩 *S. guilielmi*

3. 夏枯草属 *Prunella*

　苞片宽大,轮伞花序 6 朵花。

　夏枯草 *Prunella vulgaris*：茎紫红色。花蓝紫色或红紫色,轮伞花序密集成顶生穗状花序。

　白毛夏枯草 *P. Vulgaris* var. *albiflora*：花白色。全株具白毛。

4. 鼠尾草属 *Salvia*

　前 1 对雄蕊能育,花丝短,药隔成线形,花丝与药隔成“丁”字形,有关节相连;后 1 对雄蕊不育,呈棍棒形,称为杠杆雄蕊,当昆虫采蜜时,触动棍棒状花药,使能育药隔下弯,药室接触昆虫背部,当昆虫飞向另一朵花时,背上的花粉落在柱头上,完成授粉。

5. 风轮菜属 *Clinopodium*

1. 轮伞花序总梗极多分枝,多花密集,常偏向于一侧。

　2. 苞片针状,无明显中肋,花冠长不到 1cm ………………… 风轮菜 *Clinopodium chinense*

　2. 苞片线形,中肋明显,花冠大,长约 1.2cm ………………… 麻叶风轮菜 *C. urticifolium*

1. 轮伞花序无明显总梗或具总梗但分枝不多,不偏向一侧。

　　3. 茎 1 或 2 枝,大多直立 ……………………………………………… 灯笼草 C. umbrosum
　　3. 多茎,铺散式或自基部多分枝,多柔弱上升。
　　　4. 花萼大,长在 4mm 以上,轮伞花序密集多花 ……………… 匍匐风轮菜 C. repens
　　　4. 花萼小,长在 4mm 以下。
　　　　5. 轮伞花序具苞叶,萼筒等宽,外面全无毛 ………………… 光风轮 C. confine
　　　　5. 轮伞花序不具苞叶,萼筒不等宽,外面被毛 …………… 细风轮菜 C. gracile

6. 水苏属 Stachys

1. 一年生草本,花冠筒极短,藏于花萼内,叶卵圆形 ………… 田野水苏 Stachys arvensis
1. 多年生草本。
　2. 叶两面无毛,长圆状宽披针形 …………………………………… 水苏 S. japonica
　2. 叶有毛。
　　3. 叶片长圆状披针形,上面被柔毛,下面密被绒毛,叶柄短,长约 2mm,或近无柄,地下无块
　　　茎 …………………………………………………………… 针筒菜 S. oblongifolia
　　3. 叶片卵形或长椭圆状卵形,两面贴生短硬毛,叶柄长 1~3cm,地下具螺蛳状肥大肉质
　　　块茎。
　　　4. 植株分枝少或无,轮伞花序 4~6 朵花,花萼倒圆锥形,细小,花冠淡紫色至紫蓝色 ……
　　　　…………………………………………………………… 地蚕 S. geobombycis
　　　4. 植株分枝多,被柔毛,轮伞花序通常 2 朵花,花萼管状钟形,花冠粉红色 …………
　　　　…………………………………………………………… 蜗儿菜 S. arrecta

3.3.1.33　玄参科 Scrophulariaceae

　　约 200 属 3000 种以上,分布于全世界,以北半球温带居多。中国有 60 属 634 种,主要分布于西南。浙江有 31 属 67 种。

　　草本,稀木本。具星状毛。叶对生。花两性,两侧对称,萼片 4~5 片,宿存;花瓣 4~5片,合瓣,常 2 唇形;雄蕊 4 枚,2 强,着生于花冠筒上;子房上位,2 枚心皮,2 室,中轴胎座。蒴果。

1. 泡桐属 Paulownis

　　落叶乔木。叶对生。花冠不明显唇形。蒴果木质。
1. 小聚伞花序有明显总花梗,花序狭圆锥形或圆柱形。
　2. 蒴果长圆形,花序圆柱形,花冠白色或浅紫色 ……………… 白花泡桐 Paulownis fortunei
　2. 蒴果卵圆形或椭圆形,花序狭圆锥形,花冠紫色或浅紫色。
　　3. 蒴果卵圆形,花萼深裂,毛不脱落 ……………………… 毛泡桐 P. tomentosa
　　3. 蒴果卵圆形,花萼浅裂,毛部分脱落 ……………………… 兰考泡桐 P. elongata
1. 小聚伞花序除位于下部者外无总花梗,花序圆锥形。
　　4. 蒴果卵圆形,花萼深裂 ……………………………………… 华东泡桐 P. kawakamii
　　4. 蒴果椭圆形,花萼浅裂 ……………………………………… 台湾泡桐 P. taiwaniana

2. 地黄属 *Rehmannia*

草本。叶互生,边缘具粗齿。花冠唇形。蒴果藏于宿萼内。浙江有地黄(*Rehmannia glutinosa*)和天目地黄(*R. chingii*)2 种。

3. 婆婆纳属 *Veronica*

草本。花萼裂片 4 片,花冠筒短,雄蕊 2 枚。

1. 总状花序顶生。
 2. 多年生草本,具根状茎,生于山地。
  3. 叶互生或下部叶对生,叶片具短柄 ………… 水蔓青 *Veronica linariifolia* ssp. *dilatata*
  3. 叶对生,叶片无柄,半抱茎 ………… 朝鲜婆婆纳 *V. rotunda* var. *coreana*
 2. 一年生草本,不具根状茎,多生于田野、荒漠或干旱草地。
  4. 种子扁平而光滑,花梗远短于苞片。
   5. 茎直立,叶片圆卵形,花紫色或蓝色 ………… 直立婆婆纳 *V. arvensis*
   5. 茎多分枝而披散,叶片倒披针形,花白色 ………… 蚊母草 *V. peregrina*
  4. 种子舟状,花梗比苞片长或近相等。
   6. 花梗明显长于苞片,花蓝色 ………… 波斯婆婆纳 *V. persica*
   6. 花梗与苞片近相等或短,花淡紫色、粉红色或白色 ………… 婆婆纳 *V. didyma*
1. 总状花序侧生于叶腋上,往往成对。
 7. 水生草本,茎肉质中空,蒴果圆形 ………… 水苦荬 *V. undulata*
 7. 陆生草本,茎实心,蒴果倒心形 ………… 多枝婆婆纳 *V. javanica*

3.3.1.34 桔梗科 Campanulaceae

约 60 属 200 余种,世界广布。中国有 17 属约 172 种。浙江有 10 属 18 种。

常为多年生草本,含乳汁。单叶互生。花两性,常辐射对称;花萼裂片 5 片,宿存;花冠钟形,裂片 5 片;雄蕊与花冠裂片同数,着生于花冠基部或花盘上,花药分离或结合;子房下位,常 3 室。蒴果。

1. 花冠辐射对称,雄蕊分离。
 2. 浆果,花单生 ………… 金钱豹属(土党参属)*Campanumoea*
 2. 蒴果。
  3. 蒴果不开裂,袋形,花单生,纤细草本 ………… 袋果草属 *Peracarpa*
  3. 蒴果开裂。
   4. 蒴果有顶端整齐的裂瓣开裂。
    5. 花冠辐射状,缠绕草本,花 1 朵顶生或腋生 ………… 党参属 *Codonopsis*
    5. 花冠钟状或筒状,直立或匍匐状草本。
     6. 花冠大,柱头 5 裂 ………… 桔梗属 *Platycodon*
     6. 花冠小,柱头 3 裂 ………… 蓝花参属 *Wahlenbergia*
   4. 蒴果基部不规则开裂、不裂或孔裂。
    7. 花柱基部有圆筒状花盘,蒴果基部瓣裂 ………… 沙参属 *Adenophora*

　7. 无上述花盘,蒴果瓣裂或孔裂。
　　8. 蒴果倒卵形,瓣裂 ……………………………………………… 风铃草属 *Campanula*
　　8. 蒴果圆柱形,孔裂 …………………………………………… 异檐花属 *Triodanis*
1. 花冠两侧对称,雄蕊合生。
　9. 蒴果,2 瓣裂,茎直立,上升或匍匐状 …………………………… 半边莲属 *Lobelia*
　9. 浆果,茎平卧或匍匐状 ……………………………………… 铜锤玉带草属 *Pratia*

1. 沙参属 *Adenophora*

　多年生草本。花下垂,花冠钟形,花丝下部宽广,有毛。
1. 叶轮生,花序分枝通常也轮生 ………………………… 轮叶沙参 *Adenophora tetraphylla*
1. 叶和花序分枝,不为轮生。
　2. 茎生叶无柄,叶狭卵形,叶基楔形 ……………………………………… 沙参 *A. stricta*
　2. 茎生叶具长或短的叶柄。
　　3. 茎生叶叶柄明显,叶基心形,不下延 ……………………… 荠苨 *A. trachelioides*
　　3. 茎生叶无柄或仅具短柄,叶基楔形下延。
　　　4. 萼裂片长卵形,叶卵形 …………… 华东杏叶沙参 *A. hunanensis* ssp. *huadungensis*
　　　4. 萼裂片线状披针形,叶长椭圆形 ……………………… 中华沙参 *A. sinensis*

2. 半边莲属(山梗菜属)*Lobelia*

　花单生叶腋,或顶生总状或穗状花序,花两侧对称,雄蕊与花冠分离,花药合生。
1. 平卧草本,节上生根,全体无毛 ………………………………… 半边莲 *Lobelia chinensis*
1. 直立草本。
　2. 苞片长于花,花与叶背脉上有毛,花萼裂片边缘有齿 ………… 江南山梗菜 *L. davidii*
　2. 苞片短于花,花及叶均无毛,花萼裂片全缘。
　　3. 花萼裂片钻状线形,花冠裂片无毛 ………………………… 东南山梗菜 *L. melliana*
　　3. 花萼裂片三角状披针形,花冠裂片有密毛 ……………………… 山梗菜 *L. sessilifolia*

3.3.1.35　茜草科 Rubiaceae

　约 500 属 6000 余种,广布于全球热带和亚热带地区。中国有 98 属 676 种。浙江有 27 属 53 种。
　乔木、灌木或草本。单叶对生,全缘,具托叶。花两性整齐,常 4 或 5 数,单生或排成各种花序;花萼与子房合生;花冠合瓣;雄蕊与花冠裂片同数而互生,着生在花冠筒上;子房下位,2 室。蒴果、核果或浆果。

1. 栀子属 *Gardenia*

　灌木。托叶在叶柄内合成鞘。浆果。
1. 叶片狭披针形,果有纵棱,棱有时不明显 …………………… 狭叶栀子 *Gardenia stenophylla*
1. 叶片常长圆状披针形或椭圆形,果有翅状纵棱 5～9 条。
　2. 花单瓣 ……………………………………………………………… 栀子 *G. jasminoides*

　2. 花重瓣 ·· 玉荷花 *G. jasminoides* var. *fortuniana*

2. 钩藤属 *Uncaria*

钩藤 *Uncaria rhynchophylla*：攀缘状灌木。具钩状花序柄。小枝四棱柱形。叶片椭圆形。

3. 香果树属 *Emmenopterys*

香果树 *Emmenopterys henryi*：落叶乔木。叶片宽椭圆形至宽卵形，托叶大，三角状卵形。顶生大型圆锥花序。蒴果。国家二级保护植物。

4. 狗骨柴属 *Diplospora*

狗骨柴 *Diplospora dubia*：常绿灌木或乔木。花腋生，密集成束或成稠密的聚伞花序，花白色或黄色。

5. 耳草属 *Hedyotis*

草本。花少数。蒴果。
1. 叶片线形，宽 1~3mm。
　2. 茎四棱形，花序腋生，伞房状，有花二至数朵 ·············· 伞房花耳草 *Hedyotis corymbosa*
　2. 茎圆柱形。
　　3. 无花梗，花 2~3 朵簇生叶腋内 ···················· 纤花耳草 *H. tenelliflora*
　　3. 花梗短而粗，花单生或成对生于叶腋 ··············· 白花蛇舌草 *H. diffusa*
1. 叶片非线形，宽超过 4mm。
　4. 花序全部腋生。
　　5. 多年生匍匐草本，植株干后黄绿色，茎密被金黄色柔毛，叶片椭圆形、卵状椭圆形或卵形
　　　·· 金毛耳草 *H. chrysotricha*
　　5. 一年生披散草本，植株干后黑褐色，被短粗毛，茎多分枝，叶片长圆形，上面被短硬刺毛
　　　·· 粗叶耳草 *H. verticillata*
　4. 花序顶生和着生于上部叶腋内。
　　6. 肉质草本，叶片肉质，无柄 ···················· 肉叶耳草 *H. coreana*
　　6. 直立亚灌状草本，叶革质，具柄 ·············· 剑叶耳草 *H. caudatifolia*

6. 茜草属 *Rubia*

草本，根常红褐色，茎被粗毛，叶 4~8 片轮生。
1. 叶片先端短尖，花冠裂片伸展 ························ 东南茜草 *Rubia argyi*
1. 叶片先端渐尖，花冠裂片明显反折 ··················· 卵叶茜草 *R. ovatifolia*

7. 六月雪属 *Serissa*

1. 叶片狭椭圆形，萼裂三角形，花冠长约 1cm ·········· 白马骨 *Serissa japonica*
1. 叶片卵形，萼裂披针形，花冠长 5mm ············· 六月雪 *S. serissoides*

3.3.1.36　忍冬科 Caprifoliaceae

　　13 属 500 多种,主要分布于北半球温带。中国有 12 属 200 余种。浙江有 6 属 41 种。

　　常木本。叶对生,无托叶。花两性,4 或 5 基数;聚伞花序,花萼筒与子房贴生,花冠合瓣,雄蕊与花冠裂片同数而互生,子房下位。浆果、蒴果或核果。

1. 奇数羽状复叶 ……………………………………………………………………… 接骨木属 Sambucus
1. 单叶。
　2. 花冠辐射对称 ……………………………………………………………… 荚蒾属 Viburnum
　2. 花冠两侧对称。
　　3. 藤本 ……………………………………………………………………… 忍冬属 Lonicera
　　3. 灌木或小乔木。
　　　4. 轮伞花序,叶具 3 出脉 ………………………………………… 七子花属 Heptacodium
　　　4. 花序非上述情况,叶具羽状脉。
　　　　5. 1 个花梗上并生 2 朵花,2 朵的萼筒多少合生 ………………… 忍冬属 Lonicera
　　　　5. 相邻 2 朵花的萼筒分离。
　　　　　6. 雄蕊 4 枚 ………………………………………………………… 六道木属 Abelia
　　　　　6. 雄蕊 5 枚 ………………………………………………………… 锦带花属 Weigela

1. 忍冬属 Lonicera

　　直立或缠绕灌木。单叶全缘。花常双生。浆果。

1. 花单生,每 3~6 朵组成 1 轮,生于小枝顶端。
　2. 花冠整齐,雄蕊着生于花冠裂片基部以下 ………… 贯月忍冬 Lonicera sempervirens
　2. 花冠唇形,雄蕊着生于花冠裂片基部 ………………… 盘叶忍冬 L. tragophylla
1. 花双生,生于总花梗顶端,无合生的叶片。
　3. 直立灌木。
　　4. 小枝髓部白色,实心。
　　　5. 冬芽具数对外鳞片。
　　　　6. 冬芽不具四棱角,叶片倒卵形 ………………… 倒卵叶忍冬 L. hemsleyana
　　　　6. 冬芽具四棱角,总花梗与叶片等长。
　　　　　7. 叶片下面被短柔毛 …………………………… 下江忍冬 L. modesta
　　　　　7. 叶片下面无毛 ……………… 庐山忍冬 L. modesta var. lushanensis
　　　5. 冬芽仅具 1 对外鳞片。
　　　　8. 花冠近整齐,相邻 2 萼筒分离 …………………… 北京忍冬 L. elisae
　　　　8. 花冠唇形,相邻 2 萼筒连合 ………………… 郁香忍冬 L. frangrantissima
　　4. 小枝髓部黑褐色,后变中空。
　　　9. 小苞片分离,总花梗长于叶柄 ………… 须蕊忍冬 L. chrysantha ssp. koekneana
　　　9. 小苞片基部连合,总花梗短于叶柄 ………………… 金银忍冬 L. maackii
3. 木质缠绕藤本。
　10. 叶片下面无毛。

11. 花冠长不及 3cm。

　12. 总花梗长 5～23mm,萼齿无毛 ………………………………………… 淡红忍冬 *L. acuminata*

　12. 总花梗长 5mm 以下,萼齿外面有毛。

　　13. 花柱全部有密毛 ……………………………………………………… 毛萼忍冬 *L. trichosepala*

　　13. 花柱完全无毛 ……………………………………………………… 短柄忍冬 *L. pampaninii*

11. 花冠长 3～12cm。

　14. 苞片大,叶状,卵形 ………………………………………………………… 忍冬 *L. japonica*

　14. 苞片小,非叶状。

　　15. 叶下面具橘红色腺体 …………………………………………………… 菰腺忍冬 *L. hypoglauca*

　　15. 叶下面被毡毛和硬毛,无腺体 ………………………………………… 大花忍冬 *L. macrantha*

10. 叶片或至少幼叶下面被绒毛。

　16. 幼枝密被灰色糙伏毛 …………………………………………………… 灰毡毛忍冬 *L. macranthoa*

　16. 幼枝除短伏毛外,还有淡黄色长柔毛。

　　17. 萼齿三角形,长达 1mm,长、宽近相等,叶片被灰白色至灰黄色细柔毛 ………………
　　……………………………………………………………………………… 细毡毛忍冬 *L. similis*

　　17. 萼齿三角状披针形,长超过宽,叶片下面除糙伏毛外,被灰白色绒毛 ………………
　　…………………………………………………… 异毛忍冬 *L. macranthoa* var. *heterotricha*

2. 荚蒾属 *Viburnum*

　常绿灌木。花为顶生圆锥花序,或伞形花序式的圆锥花序,有些种类缘花不育。核果。

1. 冬芽裸露,植物体被簇状毛,果实成熟时由红色转为黑色。

　2. 花序无总梗,有长枝和短枝,花序近生于短枝上 ……… 合轴荚蒾 *Viburnum sympodiale*

　2. 花序有总梗,枝全为长枝,无短枝。

　　3. 侧脉近叶缘有分枝,但分枝都直达齿端而不互相网结,叶片卵状长圆形至卵形 …………
　　………………………………………… 壮大聚花荚蒾 *V. glomeratum* ssp. *magnificum*

　　3. 侧脉近叶缘是互相网结,而不达齿端。

　　　4. 花序有大型不育花 …………………………………………………… 绣球荚蒾 *V. macrocephalum*

　　　4. 花序全由两性花组成,无大型不孕花。

　　　　5. 花冠辐射状,筒比裂片短,白色,萼筒被星状毛,叶片下面全被星状毛 ………………
　　　　…………………………………………… 浙江荚蒾 *V. schensianum* ssp. *chekiangense*

　　　　5. 花冠筒状钟形,筒比裂片长,红色或紫红色 ……………………… 壶花荚蒾 *V. urceolatum*

1. 冬芽有鳞片 1～2 对,当年生小枝有环状牙鳞痕。

　6. 冬芽有 2 对合生的鳞片,叶掌状 3 裂,花序周围有大型的不孕花,植株无毛 …………
　……………………………………………………… 天目琼花 *V. opulus* var. *calvescens*

　6. 冬芽有 1～2 对分离的鳞片,叶柄顶端或叶片基部无腺体。

　　7. 果核圆形,果成熟时蓝黑色,叶具离基 3 出脉 ………………… 球核荚蒾 *V. propinquum*

　　7. 果核非圆形,果成熟时红色,叶为羽状脉。

　　　8. 花序具大型不孕花。

　　　　9. 花序全由不孕花组成 ………………………………………………… 粉团荚蒾 *V. plicatum*

  9. 花序周围有 4～6 朵不孕花 ················ 蝴蝶戏珠花 *V. plicatum* var. *tomentosum*

 8. 花序不具大型不孕花。

  10. 圆锥花序或伞房状圆锥花序,果核通常浑圆。

   11. 圆锥花序伞房状,有毛 ················ 伞房荚蒾 *V. corymbiflorum*

   11. 圆锥花序尖塔形,无毛。

    12. 叶片近革质 ················ 珊树 *V. oboratissimum* var. *awabuki*

    12. 叶片亚革质,下面脉腋具孔 ················ 巴东荚蒾 *V. henryi*

  10. 花序复伞形。

   13. 常绿灌木。

    14. 幼枝四方形,叶具离基 3 出脉。

     15. 叶片卵状菱形,下面全面散生金黄色及黑褐色腺体,叶柄、花序无毛 ·············· ················ 金腺荚蒾 *V. chunii*

     15. 叶片椭圆形,下面无毛,有黑褐色和栗褐色腺体,幼枝、叶柄及花序密被星状短柔毛 ················ 具毛常绿荚蒾 *V. sempervirens* var. *trichophorum*

    14. 幼枝圆柱形,叶具羽状脉,叶片下面具腺点。

     16. 叶片长圆状披针形,雄蕊比花冠长 ················ 长叶荚蒾 *V. lancifolium*

     16. 叶片宽卵形,雄蕊短于花冠 ················ 日本荚蒾 *V. japonicum*

   13. 落叶灌木。

    17. 叶柄具托叶 ················ 宜昌荚蒾 *V. erosum*

    17. 叶柄无托叶。

     18. 花序有总梗 ················ 衡山荚蒾 *V. hengshanicum*

     18. 花序无总梗,叶不分裂。

      19. 叶片干后黑色,花序或果序下垂 ················ 饭汤子 *V. setigerum*

      19. 叶片干后不变黑,花序或果序不下垂。

       20. 叶下面具透亮腺点。

        21. 植株密被糙毛 ················ 荚蒾 *V. dilatatum*

        21. 植株无毛。

         22. 叶片卵圆形 ················ 腺叶荚蒾 *V. lobophyllum*

         22. 叶片倒卵形 ················ 浙皖荚蒾 *V. wrightii*

       20. 叶片下面无腺点。

        23. 果熟时黑色或紫黑色 ················ 黑果荚蒾 *V. melanocarpum*

        23. 果熟时红色。

         24. 植株无毛,叶片狭卵形、椭圆状卵形至菱状卵形 ·············· ················ 光萼台中荚蒾 *V. formosanum* ssp. *leiogynum*

         24. 植株被毛。

          25. 总花梗无或极短 ················ 吕宋荚蒾 *V. luzonicum*

          25. 总花梗长 1～3cm ················ 南方荚蒾 *V. fordiae*

3. 接骨木属 *Sambucus*

奇数羽状复叶,有托叶。核果。

1. 高大草本,聚伞花序伞形,果红色 ………………… 接骨草 *Sambucus javanica* var. *argyi*
1. 木本植物,聚伞花序圆锥形,一年生茎具明显皮孔。
　2. 茎髓部白色,果黑色(栽培)…………………………………… 西洋接骨木 *S. nigra*
　2. 茎髓部褐色,果红色或黑色……………………………………… 接骨木 *S. williamsii*

3.3.1.37　菊科 Compositae

菊科是被子植物最大的 1 个科。约有 1000 多属 30000 余种,广布于全世界。中国有 230 多属 2300 余种。浙江有 107 属 247 种。

草本、灌木、乔木均有。具乳汁管和树脂道。叶互生。头状花序,下具总苞,花常 5 数,萼片变态成为冠毛、刺毛或鳞片,花冠合生,常有 5 种类型:① 管状花:辐射对称;② 舌状花:两侧对称,花冠裂片结成舌状;③ 二唇花:两侧对称,上唇 2,下唇 3;④ 假舌状花:雌花或中性花,舌片 3 齿;⑤ 漏斗状花:无性花,花冠漏斗状。雄蕊 5 枚,聚药雄蕊,下位子房。瘦果具冠毛(连萼瘦果)。

菊科植物可分为以下 2 个亚科。

1. 管状花亚科 Tubiflorae

该亚科植物均有管状花或边花,为假舌状、漏斗状,而盘花为筒状花。植物体无乳汁。

（1）蒿属 *Artermisia*

大多为草本。全体被蛛丝状绒毛、绵毛或柔毛,具浓烈的挥发性香气。总苞 3～4 层。连萼瘦果无冠毛。

艾蒿 *Artermisia argyi*:头状花序的边花和盘花均能结实,边花雌性,盘花两性。瘦果椭圆形。叶入药。

茵陈蒿 *A. capillaris*:茎黄棕色。头状花序仅边花结实,盘花不结实。瘦果无毛,长圆形。早春 2—3 月采全草入药,可治疗黄疸肝炎。

牡蒿 *A. japonica*:茎基部木质化。叶中脉不明显,中部叶无叶柄,有 1～2 枚假托叶。全草供药用,有清热、解毒、怯风、去湿、健胃、止血、消炎之功效。

奇蒿 *A. anomala*:叶缘具尖锯齿。头状花序极多,无梗,排成圆锥状。全草入药,有清热利湿、活血行淤之功效。

（2）菊属 *Dendranthema*

头状花序单生枝顶或呈伞房状;边花舌状,1 层,雌性;盘花管状,两性,全部黄色。瘦果无冠毛。

菊花 *Dendranthema moriflia*:边花颜色。形态极多。瘦果不发育。为著名的观赏植物,栽培品种很多。花入药,有清凉镇热之功效。

野菊 *D. indica*:边花黄色。瘦果倒卵形。全草入药,有清热解毒、平肝明目、疏风散热、凉血降压之功效。

（3）向日葵属 *Helianthus*

植株高大,被短糙毛或白色硬毛。叶对生,或上部叶互生,叶心状卵形,离基 3 出脉。边花舌状,黄色,雌性,不结实;盘花筒状,黄色,两性,结实。瘦果冠毛膜片状。

向日葵 *Helianthus annuus*:花序单生,盘花棕色或紫色,结实。

菊芋 *H. tuberosus*:地下茎块状,瘦果上端有 2～4 枚锥状扁芒。块茎可食用或做酱菜。

（4）紫菀属 *Aster*

1. 茎无毛,中部叶片线状披针形,全缘,无毛 …………………………… 钻形紫菀 *Aster subulatus*
1. 茎有毛,中部叶非上述形状,叶缘有锯齿或波状齿,两面无毛。
　2. 总苞半球形,总苞片 2～4 层,头状花序有梗,单生,排列成伞房状。
　　3. 总苞片干膜质,叶具离基 3 出脉 ……………………………… 三脉紫菀 *A. ageratoides*
　　3. 总苞片草质,边缘有时狭膜质,叶脉羽状。
　　　4. 头状花序直径 2～2.5cm,叶无柄,半抱茎 …………………… 琴叶紫菀 *A. panduratus*
　　　4. 头状花序直径 3～4cm,叶有短柄或近无柄,但不抱茎。
　　　　5. 花紫青色,叶片匙形 ………………………………… 匙叶紫菀 *A. spathulifolius*
　　　　5. 花白色,叶片卵圆状披针形 ………………………………… 高茎紫菀 *A. procerus*
　2. 总苞倒圆锥形,总苞片多层,头状花序无梗或有梗,单生叶腋或排成圆锥状。
　　6. 头状花序较大,总苞长 10～12mm,总苞片质厚,外面无毛,茎中部叶抱茎,舌状花蓝紫色
　　　………………………………………………………………… 陀螺紫菀 *A. turbinatus*
　　6. 头状花序较小,总苞长 5～7mm,总苞片质薄,外面被短密毛,茎中部叶基渐狭 …………
　　　………………………………………………………………… 白舌紫菀 *A. baccharoides*

（5）白酒草属 *Conyza*

1. 茎生叶片为倒披针状、长圆形或长圆状披针形,头状花序排列成密集球状或伞房状,稀单生,冠毛污白色或稍红色 ……………………………………… 白酒草 *Conyza japonica*
1. 茎生叶片为线状披针形或线形,头状花序多数,排列成总状或圆锥状。
　2. 植株全体呈绿色,叶片边缘有睫毛,冠毛污黄白色 …… 小蓬草(加拿大蓬)*C. canadensis*
　2. 植株全体呈灰绿色,叶片边缘无睫毛,冠毛黄棕色或褐黄色。
　　3. 头状花序直径 1.5～1.8cm,排列呈总状或狭圆锥状 …… 香丝草(野塘蒿)*C. bonariensis*
　　3. 头状花序直径 6～8mm,排列成大型的圆锥状 ……………… 苏门白酒草 *C. sumatrensis*

2. 舌状花亚科 Liguliflorae

该亚科植物花序全为舌状花(花冠常 5 裂片)组成,植物体具乳汁。

（1）莴苣属 *Lactuca*

草本,具乳汁。头状花序同形,排成伞房状、圆锥状或总状圆锥花序;花全为舌状,黄色;冠毛 2 层,刚毛状,粗糙白色。

莴苣 *Lactuca sativa*:基生叶丛生,无叶柄,中部叶片的基部耳状抱茎。花黄色。瘦果的喙细长,冠毛白色。变种有莴笋 *L. sativa* var. *angustata*(茎特别粗壮,肉质)、生菜 *L. sativa* var. *romana*(叶片狭长,直立,全缘)。

（2）苦荬菜属 *Ixeris*

1. 叶片基部扩大,箭头状半抱茎。

　2. 全部叶片不分裂,全缘 …………………………………… 苦荬菜 *Ixeris polycephala*

　2. 叶片羽状深裂 …………………………………………… 深裂苦荬菜 *I. dissecta*

1. 叶片基部不扩大抱茎。

　3. 叶片圆形或椭圆形,全缘 …………………………………… 圆叶苦荬菜 *I. stolonifera*

　3. 叶片匙状披针形,边缘有锯齿至羽状分裂 ………………………… 剪刀股 *I. japonica*

　（3）其他属种

　　蒲公英 *Taraxacum mongolicum*：无茎。叶基生,叶柄具翅。瘦果的喙细长,冠毛白色,刚毛状。

3.3.2　单子叶植物纲 Monocotyledoneae

3.3.2.1　泽泻科 Alismataceae

　　11 属约 100 种,主要分布于北半球的温带或热带地区。中国有 4 属 20 种。浙江有 4 属 8 种。

　　水生或沼生草本。具根状茎或球茎。叶基生,基部鞘状,开裂。花序总状或圆锥状;花被 2 轮,外轮萼片状,宿存,内轮花瓣状,脱落;雄蕊与心皮均多数至 6 枚,分离,螺旋状排列或轮生于花托上;上位子房。聚合瘦果。

1. 花单性,心皮多数,雄蕊多数 ……………………………………… 慈姑属 *Sagittaria*

1. 花两性或杂性。

　2. 花托凸出成球形,雄蕊 9 枚,心皮多数 ……………………… 毛茛泽泻属 *Ranalisma*

　2. 花托不凸出,雄蕊 6 枚。

　　3. 心皮多数,轮生成一环形 ……………………………………… 泽泻属 *Alisma*

　　3. 心皮 6～9 枚,集合成半球形 ……………………………… 泽薹草属 *Caldesia*

　　泽泻 *Alisma orientale*：花两性,圆锥花序,心皮轮生成一环。叶椭圆形。球茎入药,有清热利尿、渗湿之效。

　　慈姑 *Sagittaria sagittifolia*：花单性,总状花序下部为雌花,上部为雄花。纤匐枝顶端膨大成球茎。可食用或入药。

3.3.2.2　天南星科 Araceae

　　约 115 属 2000 余种,主要分布于热带和亚热带地区。中国有 35 属 209 种。浙江有 14 属（其中栽培 9 属）32 种。

　　草本。汁液乳状、水状或有辛辣味,具草酸钙结晶。有根状茎或球茎。叶形、叶脉多样。花两性或单性;肉穗花序,外包佛焰苞,雄花生于花序上部,雌花生于下部,中部为不育花;子房上位。浆果。

1. 浮水植物,叶为倒卵状楔形,无叶片和叶柄的区分,排列成莲座状（栽培） … 大薸属 *Pistia*

1. 非浮水植物。

　2. 叶狭长剑形,常有香气 …………………………………………… 菖蒲属 *Acorus*

　2. 叶宽,不为狭长剑形。

　　3. 叶羽状分裂、掌状或鸟趾状全裂。

　　4. 具块茎,直立草本。

　　　5. 植株花、叶不同时存在,叶 1～2 回羽状分裂 ……………… 魔芋属 *Amorphophallus*

　　　5. 植株花、叶同时存在,叶非羽状分裂。

　　　　6. 佛焰苞喉部几乎闭合,肉穗花序与佛焰苞部分合生,单侧着花,内藏于佛焰苞管部 ……
　　　　　………………………………………………………………………… 半夏属 *Pinellia*

　　　　6. 佛焰苞喉部张开,不与肉穗花序合生 ……………………… 天南星属 *Arisaema*

　　4. 攀缘藤本。

　　　7. 浆果相互分离(栽培) …………………………………………… 麒麟叶属 *Epipremnum*

　　　7. 浆果相互粘合(栽培) …………………………………………… 龟背竹属 *Monstera*

3. 叶片不分裂。

　　8. 肉穗花序有顶生附属器。

　　　9. 肉穗花序的雌花部分与佛焰苞贴生 ……………………… 半夏属 *Pinellia*

　　　9. 肉穗花序的雌花部分与佛焰苞分离。

　　　　10. 雄蕊分离,叶片箭状戟形(栽培) ……………………… 犁头尖属 *Typhonium*

　　　　10. 雄蕊合生成一体,叶片盾状着生。

　　　　　11. 植株无地上茎(栽培) …………………………………… 芋属 *Colocasia*

　　　　　11. 植株具地上茎 ……………………………………………… 海芋属 *Alocasia*

　　8. 肉穗花序无不育附属器。

　　　12. 花两性,具花被,佛焰苞扁平,常具美丽的颜色,宿存(栽培) ……… 花烛属 *Anthurium*

　　　12. 花全部单性,花被通常不存在。

　　　　13. 雄蕊合成一体,根茎块状,叶柄盾状着生,叶片戟状卵形至卵状三角形(栽培) ……
　　　　　……………………………………………………… 五彩芋属(花叶芋属)*Caladium*

　　　　13. 雄蕊分离。

　　　　　14. 植株无地上茎,浆果包在佛焰苞内,佛焰苞白色,花后变大,片状凋谢(栽培) ……
　　　　　………………………………………………………………… 马蹄莲属 *Zantedeschia*

　　　　　14. 植株具地上茎,浆果不包在佛焰苞内,佛焰苞绿色,花后全脱落(栽培) ………………
　　　　　………………………………………………………………… 广东万年青属 *Aglaonema*

　　菖蒲 *Acorus calamus*:沼泽草本。有香气。根状茎匍匐。叶 2 列。花两性。全草可做香料,驱蚊、辟秽。

　　半夏 *pinellia ternata*:肉穗花序顶端具细长的柱状附属体,花单性,雌雄同株。块茎小球形。一年生的叶为单叶,2～3 年的叶是三小叶复叶。浆果红色。块茎有毒,炮制后入药。

　　天南星 *Arisaema hetrophyilum*:叶片鸟趾状分裂,附属体向上渐细而呈尾状,具块茎,雌雄异株。块茎有毒,炮制后入药。

3.3.2.3　禾本科 Gramineae

　　约 7000 属 10000 余种,广布于全世界。中国有约 200 属 1500 多种。浙江有 130 属(竹亚科 21 属,禾亚科 109 属)335 种(竹亚科 133 种,禾亚科 202 种)。

　　茎圆柱形,中空,有节。叶鞘开裂,叶 2 列,常有叶舌、叶耳。颖果。

　　根据花序和小穗的结构常分为竹亚科和禾亚科。

1. 竹亚科 Bambusoideae

木本。秆上的箨叶(笋壳)和普通叶明显不同,箨叶的叶片常退化,没有明显的主脉,箨鞘发达,抱茎。普通叶具柄,与叶鞘相连处有一关节,易与叶鞘分离。雄蕊 6 枚。常见的有:

毛竹 *Phyllostachys pubescens*:秆散生,秆环平,箨环隆起,箨耳小,耳缘有毛。鳞被 3 枚,雄蕊 3 枚,柱头 3 枚。主要分布于秦岭至长江流域以南,是我国分布最广、面积最大、经济价值较高的竹种。

茶秆竹 *Pseudosasa amabilis*:箨鞘迟落,箨舌平截,无箨耳,箨片长三角形。总状花序或圆锥花序顶生,小穗含花 3～9 朵。颖果淡棕色,无毛。可做运动器材、滑雪秆、钓鱼竿等。

方竹 *Chimonobambusa quadrangularis*:节间呈四方形,节具刺。笋期不规则,多在秋冬季出笋。

阔叶箬竹 *Indocalamus latifolius*:末级小枝具 3～4 枚叶,叶片长圆形,长 20～34cm,宽 3～5cm。叶片可包粽子,也可制作船篷、笠帽等。

绿竹 *Dendrocalamopsis oldhami*(浙江植物志:*Bambusa oldhami*):秆节间长约 28cm,深绿色,无毛。箨片直立,箨舌低矮。箨鞘外面无毛。笋期 6—9 月,笋味甘美,笋肉肥嫩。

2. 禾亚科 Agrostidodeae

草本。叶片披针形或线形,无叶柄,叶片与叶鞘之间无关节。

(1) 稻属 *Oryza*

水稻 *Oryza sativa*:叶耳幼时明显,老时脱落。圆锥花序顶生,小穗两侧压扁,脱节于颖之上,有 3 朵小花,仅 1 朵花结实,雄蕊 6 枚。

(2) 小麦属 *Triticum*

小麦 *Triticum aestivum*:叶舌、叶耳较小。穗状花序顶生,每节 1 小穗,小穗两侧压扁,脱节于颖之上,雄蕊 3 枚,外稃具芒。

(3) 大麦属 *Hordeum*

大麦 *Hordeum vulgare*:叶耳较大。每节 3 小穗,每小穗具有 1 朵两性花,脱节于颖之上,雄蕊 3 枚,穗状花序顶生,外稃具长芒。

(4) 玉蜀黍属 *Zea*

玉米 *Zea mays*:雄花为圆锥花序,顶生;雌花为肉穗花序,腋生,外有多数鞘状苞片;雄蕊 3 枚,花柱细长,脱节于颖之下。原产墨西哥。

(5) 马唐属 *Digitaria*

1. 小穗 2～3 枚或 4～5 枚簇生,卵圆形,小穗柄圆筒形,较平滑,顶端盘状或杯形。

　2. 小穗具柔毛与稍膨大的细柱状棒毛,一年生草本,穗轴扁平具翼 ……………………………………………………… 止血马唐 *Digitari ischaemum*

　2. 小穗被柔毛。

　　3. 一年生直立草本,秆基部倾斜,无毛,叶鞘无毛,叶片无毛,总状花序 4～8 枚 ……………………………………………… 紫马唐 *D. violascens*

　　3. 多年生草本，秆下部倾卧或具长匍匐茎，秆、节、叶鞘及叶片密生柔毛，总状花序 2～4 枚
　　…………………………………………………………………… 绒马唐 D. mollicoma
1. 小穗孪生，披针形，小穗柄三棱形，边缘粗糙，顶端截平。
　　4. 小穗窄披针形，第一外稃正面具 3 条脉，叶片短小 …………………… 红尾翎 D. radicosa
　　4. 小穗披针形，第一外稃正面具 5 条脉，叶片宽大。
　　　5. 第一外稃脉间及边缘具柔毛 ………………………………………… 升马唐 D. ciliaris
　　　5. 第一外稃边缘与侧脉间具柔毛与疣基长刚毛，成熟后广开展 …………………………
　　　　………………………………………………………………… 毛马唐 D. chrysoblephara

　　（6）结缕草属 Zoysia
1. 小穗宽 1.8～2.2mm ……………………………… 大穗结缕草 Zoysia macrostachya
1. 小穗宽不超出 1.5mm。
　　2. 叶片宽在 1mm 以内 ………………………………………… 细叶结缕草 Z. pacifica
　　2. 叶片宽 2～5mm。
　　　3. 小穗卵圆形，长 3～3.5mm ……………………………………… 结缕草 Z. japonica
　　　3. 小穗披针形，长 4～5mm ……………………………………… 中华结缕草 Z. sinica

　　（7）狗尾草属 Setaria
1. 圆锥花序疏松成塔形、圆锥形、披针形，或紧缩成线形，部分小穗或每小穗下有刚毛 1～2 枚。
　　2. 叶片宽披针形或线状披针形，具明显纵向皱褶，基部常窄缩成柄状。
　　　3. 植株粗壮高大，基部直立，叶鞘常被粗疣基毛，叶片宽披针形，第二外稃皱纹不明显 ……
　　　　……………………………………………………… 棕叶狗尾草 Setaria palmifolia
　　　3. 植株矮小细弱，基部直立或倾斜，叶鞘疏生较细疣基毛，第二外稃具明显皱纹 ………
　　　　………………………………………………………………… 皱叶狗尾草 S. plicata
　　2. 叶片线状披针形或线形，扁平，不具纵向皱褶，基部不窄缩成柄状。
　　　4. 植株具粗壮根系，无横走根茎，第 1 朵小花雄性 ………… 西南莩草 S. forbesiana
　　　4. 植株具鳞片状横走根茎，第 1 朵小花中性 ………………… 莩草 S. chondrachne
1. 圆锥花序紧缩成穗形或圆柱形，每小穗下有数枚刚毛。
　　5. 花序主轴上每小枝具 1 枚成熟小穗，第二颖长为小穗的 1/2，第一外稃纸质，不具横皱纹
　　　…………………………………………………………………… 金色狗尾草 S. glauca
　　5. 花序主轴上每个小枝常具 3 枚以上的成熟小穗，第二颖与第二外稃等长或短于第二外稃
　　　的 1/4～1/3。
　　　6. 小穗顶端尖，第二颖短于第二外稃的 1/4～1/3，成熟后小穗肿胀 …………………
　　　　………………………………………………………………… 大狗尾草 S. faberii
　　　6. 小穗顶端钝，第二颖与第二外稃等长，成熟后小穗微有肿胀。
　　　　7. 谷粒连同外稃一起脱落 ………………………………………… 狗尾草 S. viridis
　　　　7. 谷粒自颖与第二外稃分离而脱落，栽培。
　　　　　8. 植株粗壮，圆锥花序大型，呈多种形式 …………………… 粱（小米）S. italica
　　　　　8. 植株瘦小，圆锥花序圆柱形 ……………………… 粟 S. italica var. germanica

3.3.2.4　百合科 Liliaceae

　　约 230 属 3500 余种，广布温带及亚热带地区。中国有 60 属约 560 种。浙江有 40 属

94 种。

大多数为草本。具根状茎、鳞茎或球茎。单叶互生。总状花序、穗状花序、圆锥花序或伞形花序,花 3 基数,花被花瓣状,子房上位,中轴胎座。蒴果或浆果。

1. 百合属 *Lilium*

多年生草本。具鳞茎,花大,苞片叶状,花被 6 枚,离生,内轮花被基部具有蜜腺,花柱细长,柱头膨大,微 3 裂。浙江有 3 种 2 变种。

卷丹 *Lilium lancifolium*:茎带紫色。花橘红色,散生黑色斑点,花瓣中部以上反卷。花期 7—8 月。

药百合 *L. speciosum* var. *glorisoide*:花白色,内面散生紫红色斑点,花被中部以上反卷。

野百合 *L. brownii*:花乳白色,喇叭形,稍下垂,背面稍带紫色,上部张开,不反卷,叶片披针形。

百合 *L. brownii* var. *viridulum*:叶片倒披针形或倒卵形,茎上部叶明显变小。

2. 贝母属 *Fritillaria*

叶对生、轮生或散生。花被片不反卷。常见的有:

浙贝母 *Fritillaria thunbergii*:下部叶互生或对生,中部叶 35 片轮生,上部叶近对生或互生,叶先端反卷。花淡黄绿色。原产浙江北部。

3. 葱属 *Allium*

多年生。具有葱蒜味。鳞茎外有膜质或革质的皮。伞形花序顶生,具总苞,子房上位。蒴果。

洋葱 *Allium cepa*:鳞茎扁球形,鳞茎皮紫红色。叶挺直,中空,管状圆柱形。花葶粗壮,中空,高可达 1m。

葱 *A. fistulosum*:鳞茎圆柱形,鳞茎皮白色。花葶与叶几乎等长。叶挺直,中空。

蒜 *A. sativum*:鳞茎球形,由 1 个或多个小鳞茎(蒜瓣)组成,皮白色。叶片扁平,实心。花葶圆形,实心,伞形花序密生珠芽,间有数花。

韭 *A. tuberosum*:鳞茎圆形,皮黄色。叶片扁平,实心。花葶实心,圆形而具 2 条纵棱。

4. 天门冬属 *Asparagus*

茎直立或蔓生,有根状茎或块根小枝转化成刚毛状的叶状枝。叶退化成鳞片状。

天门冬 *Asparagus cochinchinensis*:块根纺锤形。茎攀缘,叶状枝 3 枚簇生。花淡绿色,雌雄异株。

文竹 *A. setaceus*:根状茎粗短,茎幼时直立,或攀缘状,具有多数水平方向排列的分枝,叶状枝 10～13 枚簇生,刚毛状。花白色,两性。栽培。

石刁柏 *A. officinalis*:根状茎粗短,叶状枝 3～6 枚簇生,近圆柱形。花黄绿色,雌雄异株。嫩茎做蔬菜,称芦笋。

5. 黄精属 *Polygonatum*

1. 叶互生,叶片先端平直。
　2. 根状茎扁圆柱形,不成结节状膨大 ………………………… 玉竹 *Polygonatum odoratum*
　2. 根状茎姜块状或念珠状膨大。
　　3. 叶背具短毛,总花梗细长,长 3～8cm ……………………… 长梗黄精 *P. filipes*
　　3. 叶背无毛,总花梗粗短,长 1～4cm ……………………… 多花黄精 *P. cyrtonema*
1. 叶大部分为轮生,叶片先端卷曲。
　　4. 花柱长为子房的 1.5～2 倍,根状茎结节状 ……………… 黄精 *P. sibiricum*
　　4. 花柱稍短或稍长于子房,根状茎念珠状 ……… 湖北黄精 *P. zanlascianense*

6. 菝葜属 *Smilax*

1. 伞形花序常单个腋生,总花梗基部有关节,短于叶柄,花序基部具 1 枚与叶柄相对的革质鳞
　片,叶革质,有光泽 ………………………………………… 暗色菝葜 *Smilax lanceifolia*
1. 伞形花序单生于叶腋或苞片腋部,基部不具 1 枚与叶柄相对的鳞片,总花梗上不具关节。
　2. 叶脱落点为叶柄中部至上部,花大,雄蕊较长,为花被片长的 1/2～2/3 或近等长。
　　3. 草本,茎中空,具髓,干后凹扁,有沟槽,无刺。
　　　4. 叶背苍白色,总花梗常较粗壮,在花期花序托上近无小苞片,花药狭椭圆形,短于 1mm
　　　　………………………………………………………… 白背牛尾菜 *S. nipponica*
　　　4. 叶背绿色,总花梗常较纤细,在花期花序托上可见多数小苞片,花药线形,长约 1.5mm
　　　　………………………………………………………………… 牛尾菜 *S. riparia*
　　3. 灌木或亚灌木,茎木质,实心,干后不凹扁,通常具刺。
　　　5. 叶柄均具宽鞘,鞘近半圆形,叶基部心形 ………………… 托柄菝葜 *S. discotis*
　　　5. 叶柄无鞘,叶基部圆形至楔形。
　　　　6. 叶背绿色。
　　　　　7. 花序生于叶已完全长成的小枝上,果实成熟后紫黑色,植物如有刺,则刺呈针状……
　　　　　　………………………………………………………… 华东菝葜 *S. sieboldii*
　　　　　7. 花序生于叶尚幼嫩或刚抽出的小枝上,成熟果实红色,植物如有刺,则刺基部骤然
　　　　　　变粗。
　　　　　　8. 叶柄上的鞘耳状,宽于叶柄,卷须细短 ……………… 小果菝葜 *S. davidiana*
　　　　　　8. 叶柄上的鞘较狭,与叶柄近等宽,卷须粗长,雌花具 6 枚退化雄蕊 … 菝葜 *S. china*
　　　　6. 叶背多少苍白色或具粉霜。
　　　　　9. 成熟果实紫黑色,叶片椭圆形 …………………………… 黑果菝葜 *S. glaucochina*
　　　　　9. 成熟果实红色。
　　　　　　10. 花序具花 1～2 朵或 3～5 朵,后者花极疏离,排成总状花序,叶片椭圆形 ………
　　　　　　　………………………………………………………… 三脉菝葜 *S. trinervula*
　　　　　　10. 花序具花 2～7 朵,排成总状花序 ………… 浙南菝葜 *S. austrozhejiangensis*
　2. 叶脱落点常位于叶柄近顶端,花较小,雄蕊短,长不超过花被片的 1/2。

11. 叶柄基部两侧边缘的鞘向前延伸为 1 对离生的披针形的耳,叶背苍白色,植株无刺 ……
…………………………………………………………………… 粉背菝葜 *S. hypoglauca*

11. 叶柄基部两侧边缘无鞘,或具狭鞘向两侧延伸而形成半圆形的耳。

　12. 直立或披散的落叶灌木,叶柄均不具卷须或其痕迹,果梗伸直,雄蕊花丝离生 ………
…………………………………………………………………………… 鞘柄菝葜 *S. stans*

　12. 攀缘灌木,叶柄一般具卷须。

　　13. 总花梗短于叶柄或近等长,花序托膨大,连同多数宿存的小苞片,多少呈莲座状……
……………………………………………………………………………… 土茯苓 *S. glabra*

　　13. 总花梗明显长于叶柄,花序托不膨大。

　　　14. 卷须生于叶柄近中部,叶干后呈古铜色,最外侧的主脉靠近叶缘 ………………
……………………………………………………………………… 尖叶菝葜 *S. arisanensis*

　　　14. 卷须生于叶柄近基部,叶干后呈黄绿色,在外侧的主脉几乎与叶缘结合………
…………………………………………………………………… 缘脉菝葜 *S. nervomarginata*

3.3.2.5　兰科 Orchidaceae

约 700 属 20000 余种,分布于热带、亚热带和温带地区。中国有 171 属 1247 种,主要分布于西南部至台湾。浙江有 47 属 93 种。

陆生、腐生或附生的多年生草本。陆生或腐生种类常具根状茎或块茎,附生种类具假鳞茎和具肥厚根被的气生根。单叶互生,基部具抱茎的叶鞘。花序穗状、总状或圆锥状;花两性,两侧对称,花被 2 轮,内轮中央 1 片特化为唇瓣,唇瓣常因子房 180° 扭转而位于下方,唇瓣基部有距或囊,内含蜜腺;雄蕊和花柱合生为合蕊柱,半圆形,面向唇瓣,合蕊柱前方具一凸起,称为蕊喙,由不育柱头形成,能育柱头位于蕊喙下面,充满黏液;能育雄蕊 1～2 枚,由 6 枚雄蕊退化而成,花粉常粘合成为花粉块,包括花粉块柄、花粉团和粘盘;子房下位,3 心皮 1 室,侧膜胎座。蒴果。种子微小。

1. 兰属 *Cymbidium*

1. 叶片倒狭披针形,具明显叶柄,花白色,有红色条纹　……　兔耳兰 *Cymbidium lancifolium*
1. 叶片带形,无明显叶柄。

　2. 假鳞茎数个聚生成根状茎状,仅最前面 1 个假鳞茎有叶 2～4 枚,叶片冬季凋落…………
…………………………………………………………………………… 落叶兰 *C. defoliatum*

　2. 假鳞茎不明显,藏在叶丛中,均有叶,叶常绿。

　　3. 花序常下垂,苞片短,卵状披针形,花序具花 20～50 朵,花期 4—5 月,附生植物 ………
……………………………………………………………………………… 多花兰 *C. floribundum*

　　3. 花序直立或略倾斜,苞片较长,地生植物。

　　　4. 单花,苞片长于子房连花梗,叶脉不透明,春季开花,花葶低于叶丛,花被片浅绿色………
……………………………………………………………………………… 春兰 *C. goeringii*

　　　4. 花序具花多于 2 朵,花苞片短于子房连花梗或与之等长。

　　　　5. 叶中脉明显,叶脉常透明,唇瓣上具发亮的小乳突,夏初开花 ………… 蕙兰 *C. faberi*

　　　　5. 叶中脉不明显,叶脉不透明,唇瓣上无发亮的小乳突。

6. 花序在中部以上的苞片长超过 1cm,萼片宽线形,长超过 4cm,花期 10—12 月 ……
……………………………………………………………………… 寒兰 *C. kanran*

6. 花序在中部以上的苞片长不超过 1cm,萼片非宽线形,长不超 4cm。

　7. 叶绿色,花葶常短于叶,花序具 3～9 朵花,花期 7—10 月 ……… 建兰 *C. ensifolium*

　7. 叶暗绿色,花葶常长于叶,花序具花 10～20 朵,花期冬季 ………… 墨兰 *C. sinense*

春兰 *C. goeringii*:陆生。假鳞茎集生于叶丛中。叶片带形。花葶直立,具花 1 朵,花淡黄绿色,花瓣具紫褐色斑点,中脉紫红色,唇瓣乳白色。花期 2—4 月。

蕙兰(夏兰)*C. faberi*:陆生。假鳞茎不明显。叶片带形。总状花序具 9～18 朵花,花黄绿色或紫褐色,花瓣狭长披针形,基部具红线纹,唇瓣浅黄绿色或苍绿色,具有红色斑点,中裂片向下反卷。花期 4—5 月。

建兰(秋兰)*C. ensifolium*:陆生。叶 2～6 枚成束,带形。总状花序具 5～10 朵花,花苍绿色,花被片有 5 条深色脉,唇瓣具红色斑点和短硬毛。花期 7—10 月,开花 2 次。药用。

寒兰 *C. kanran*:陆生。叶 4～5 枚成束,带形。总状花序疏生 5～12 朵花,花绿色或紫色,唇瓣乳白色,具有红色斑点或紫红色。花期 10—11 月。

2. 石豆兰属 *Bulbophyllum*

1. 假鳞茎在根茎上聚生,近圆柱形或瓶形,花白色带紫 … 齿瓣石豆兰 *Bulbophyllum levinei*
1. 假鳞茎在根茎上疏生,彼此相距在 1cm 以上。
　2. 假鳞茎圆柱形,长 1～2.5cm,侧萼片分离,与中萼片近等长,并相近似,花初时白色,后变橘黄色 ………………………………………………… 广东石豆兰 *B. kwangtungense*
　2. 假鳞茎卵球形,长不到 1cm,侧萼片边缘多少粘合,明显比中萼片长。
　　3. 假鳞茎具 4 条棱角,花葶纤细,长约 2cm,花金黄色,中萼片与花瓣边缘密生棒状腺毛 ……
………………………………………………………………… 浙杭卷瓣兰 *B. quadrangulatum*
　　3. 假鳞茎无棱角,花葶粗壮,长约 10cm,花金黄色带褐色,中萼片与花瓣边缘具睫状腺毛
………………………………………………………………… 斑唇卷瓣兰 *B. pectenveneris*

3. 虾脊兰属 *Calanthe*

1. 唇瓣无距。
　2. 花小,萼片长 6mm,叶长圆形,上面无毛,下面被短柔毛,花后萼片和花瓣不反折 ………
………………………………………………………………… 无距虾脊兰 *Calanthe tsoongiana*
　2. 花大,萼片长 1.1～1.5cm,叶长椭圆形,两面无毛,花后萼片和花瓣均反折 ……………
………………………………………………………………… 反瓣虾脊兰 *C. reflexa*
1. 唇瓣具距。
　3. 叶柄比叶片长,唇瓣在两侧裂片之间具数个瘤状的附属物和密被灰色长毛,中裂片扇形,先端截形,深 2 裂,萼片背面被黑褐色糙伏毛 ……………… 泽泻虾脊兰 *C. alismaefolia*
　3. 叶柄比叶片短,唇瓣在中裂片上具膜质片状褶片或龙骨状凸起,无其他附属物,中裂片先端截形或微凹。
　　4. 假鳞茎粗短,近圆锥形,叶背密被短毛,唇盘上具 3 条片状褶片,萼片和花瓣两面紫褐色,唇瓣中裂片倒卵状楔形,先端微凹或 2 浅裂,距伸直或微弯………… 虾脊兰 *C. discolor*

4. 假鳞茎短,近卵球形,叶两面无毛,唇盘上具 4 个褐色斑点和 3 条平行的龙骨状脊,萼片和花瓣外面褐色,内面淡黄色,唇瓣中裂片斜卵状楔形,先端截形并微凹,距常钩曲……………………………………………………………… 钩距虾脊兰 *C. graciliflora*

4. 阔蕊兰属 *Peristylus*

1. 叶集生于茎的中部,唇瓣三角形,3 浅裂,侧裂片与中裂片的夹角小于 45°,两者近等大,距圆球形,长 2mm …………………………………… 阔蕊兰 *Peristylus goodyeroides*
1. 叶基生或生于茎下部,唇瓣侧裂片与中裂片成 90°的夹角,侧裂片丝状或线形,较中裂片长,距棒状或圆筒状。
  2. 叶散生于茎上,植株干时变黑,唇瓣的侧裂片线形,较中裂片稍长且狭,距圆筒状,长 4mm ……………………………………………………… 狭穗阔蕊兰 *P. densus*
  2. 叶近基生,植株干时不变黑,唇瓣的侧裂片丝形,较中裂片长很多,距棒状或带纺锤形,长 4~5mm ……………………………………………… 长须阔蕊兰 *P. calcaratus*

5. 天麻属 *Gastrodia*

天麻 *Gastrodia elata*：腐生。块茎肉质,具环纹,茎直立,不分枝。叶膜质,鳞片状。总状花序,花淡黄色,唇瓣白色。块茎入药。产西天目山、九龙山、天台山等。

6. 白及属 *Bletilla*

白及 *Bletilla graminifolia*：假鳞茎扁球形,彼此相连接。叶 3~6 枚,带状披针形至长椭圆形,花红紫色。假鳞茎药用,有补肺止血、生肌之功效。

7. 石斛属 *Dendrobium*

黑节草(铁皮石斛)*Dendrobium officinale*：茎直径 2~4mm,茎上部节上有时有根,可长出新植株,茎干后青灰色。总状花序长约 2~4cm,花苞片干膜质,淡白色,唇瓣先端不裂或有不明显的 3 裂。

细茎石斛(铜皮石斛)*Dendrobium moniliforme*：茎直径 1.5~3mm,干后常为灰色或古铜色。总状花序长约 5mm,花苞片干膜质,白色带淡红色斑纹,唇瓣 3 裂。

第 4 章

动物学野外实习

4.1 海滨无脊椎动物

4.1.1 潮汐

我们把海水周期性的涨落现象叫做潮汐。"潮"是指白天海水的上涨;"汐"是指晚上海水的上涨。潮汐的产生是月球、太阳与地球互相吸引的结果,由于太阳离地球的距离比月球离地球的距离远 300 多倍,万有引力定律表明,月球的引潮力是太阳的 2~3 倍,故月球是产生潮汐的主要引力。

月球绕地球 1 周需要 24h50min,即一个太阳日内地球上同一片海域有一次向月和一次背月的过程,所以,地球上某一地区的潮水涨落的时间要比前一日推迟约 50min。在 24h50min 内,地球上部分海域有两次海水涨落的现象,称为"半日潮",前一次的高潮和低潮的潮差与后一次的潮差大致相同,涨潮过程和落潮过程的时间也几乎相同(6h12.5min),我国渤海、东海、黄海的多数地点是半日潮型,如大沽、青岛、厦门等。1 个太阳日内只有 1 次高潮和 1 次低潮,称为"全日潮",我国沿海只有少数地区,如秦皇岛、北戴河、海南岛西部沿海为全日潮。1 个月内有些日子出现两次高潮和两次低潮,但是高潮和低潮的潮差相差大,涨潮过程和落潮过程的时间不等,而另外一些日子则出现 1 次高潮和 1 次低潮称"混合潮",我国南海多数地点属此类潮。浙江沿海地区多为正规的半日潮。

大潮涨停时,海水与陆地相接处为大潮涨潮线;退潮结束后,海水与陆地相接处为大潮退潮线。随海水周期性地涨落,部分海底会相对应地被淹没或暴露在空气中,这一特殊地带就是潮间带。潮间带通常指大潮高潮最高潮线与大潮低潮最低潮线之间的区域,这一区域具有潮汐现象和受潮汐影响,一般分为高潮带、中潮带和低潮带(图 4-1)。潮间带海底每昼夜都周期性地被海水淹没和暴露,潮流扩大了水体和空气的接触面积,增加了氧的溶解,同时被潮冲来的有机物为动物提供了营养来源,所以潮间带的动物丰富。只有在大潮时,潮间带才会完全暴露出来,所以我们采集标本的时间应该赶在大潮时,即农历初一或十五的后一两天进行。每天采集时间应在低潮前1～2h进行,所以实习前应该提前查阅实习地点的潮汐表,掌握大潮的时间,才能够收到良好的实习效果。

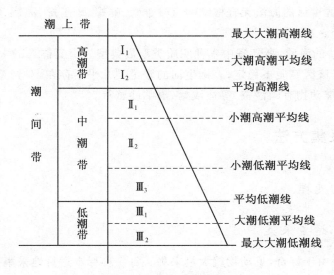

图 4-1 潮间带分区模式图

Ⅰ₁—高潮区第一亚带;Ⅰ₂—高潮区第二亚带;Ⅱ₁—中潮区第一亚带;Ⅱ₂—中潮区第二亚带;Ⅲ₃—中潮区第三亚带;Ⅲ₁—低潮区第一亚带;Ⅲ₂—低潮区第二亚带

4.1.2 海滨的生态环境

海滨是动物栖息与繁衍的良好场所,经长期的演化形成了十分繁盛的动物群落。海洋生物的生存区可分为水层区和底栖区两种类型,受到海水温度、盐度、深度及潮汐等环境因素的影响。

海水的温度随着纬度、深度和季节的不同而变化,沿海和岛屿海域的水温还受到陆源环境因素的影响,其变化频率及幅度较外海及大洋更为强烈。水温对海洋动物的生长、繁殖和发育极为重要。浙江沿海年平均水温在17.0～18.8 ℃,属于亚热带类型。浙江地处我国南北海岸线近中部交汇带,海洋动物种类较为丰富。海水的盐度也是环境的主要因素之一,与海水的蒸发、海洋降水、海流和海水混合关系密切,而在近岸处同样受到陆地淡水流入的影响,其变化频率及幅度比外海和大洋大。浙江沿海年平均表层盐度为12.025‰～30.100‰。盐度对海洋动物的作用,主要表现在渗透压方面。海水的pH值相当稳定,一般为7.5～8.6。进行海滨动物实习,对海滨自然环境和潮汐的规律都要有一定的认识,以便选择合适的时间和地点。否则,实习工作将难以顺利进行。

浙江沿海海岸线漫长,岛屿众多,底质类型复杂多样,沿海底质类型可以分为3种:岩石区、泥沙岸区和沙岸区。

岩石区:由近岸岩石构成,岩礁林立,块石纵横,如浪岗、中街山、渔山、南麂诸列岛。该区域的海滨无脊椎动物主要是固着或吸着生活和在岩石或岩缝中生活的种类,如太平侧花海葵、平角涡虫、内刺盘管虫、红条毛肤石鳖、日本花棘石鳖、单齿螺、史氏背尖贝、嫁蝛、肉球近方蟹、平背蜞等。

泥沙岸区：由泥沙组成，在浙江省沿岸分布最为广泛，各大港湾和沿海滩涂、浅海大多数属于此类型。在该区生活的海滨无脊椎动物有棒锥螺、蛙螺、斑玉螺、泥螺、青蛤、泥蚶、彩虹明樱蛤、日本大眼蟹等。

沙岸区：属细沙的海滩，浙江省中本种底质类型最典型为南麂群岛的大沙岙、普陀山的千步沙、百步沙。由于该区底质不稳定，表栖生活的腹足类几乎不存在，双壳类也很少，在此类底质栖息的海滨无脊椎动物有鳞沙蚕、等边浅蛤、痕掌沙蟹等。

4.1.3　野外采集方法

4.1.3.1　标本的处理

1. 保证种类，适量采集

采集时，切不可由于好奇，见动物就大量采集。每一种标本适量地采集一部分，不要过多。应按"种类多，但适量"的原则采集。采集时不仅要注意大型种类，也要注意小型种类。

2. 使用恰当的采集方法

在全面了解各种动物的生活环境和习性的基础上，对各不同的动物要采取不同的方法和工具进行采集。有毒或者不认识的动物要用镊子或其他的工具采集，切勿用手直接去触摸或捉拿。

3. 恰当保存采集的标本

对采集到的大小、强弱、软硬不同的标本要分装在容器中，不能混放，以防标本损伤。

4. 重视标本的质量

采集标本要注重标本的质量。不论什么标本都须认真对待，严格要求。每种标本都要经过培养、麻醉、固定等处理过程才能得到良好的效果。

5. 使用恰当的麻醉方法

对处理标本的容器和采集来的标本，先用海水冲洗干净后进行处理。麻醉的动物要放在稍暗的地方，不要震动。麻醉剂要适量，量过少时需要的时间就过长，量过多时标本的身体、触手会收缩，一旦收缩即停止添加麻醉剂或加些海水，待动物恢复自然状态后麻醉。

6. 使用恰当的保存液

对具石灰质贝壳和骨骼的动物，要用乙醇或中性甲醛保存，不能用酸性甲醛。因酸性甲醛中的蚁酸易侵蚀石灰质贝壳和骨骼。为了防止标本变坏，可以将标本先在较多的固定液中浸泡 24h，然后再放入标本瓶中，每一标本瓶内的标本体积不多于 2/3。

7. 掌握干制标本的方法

干制标本时,必须先用淡水洗掉盐分,然后晾晒。

8. 标本登记编号

对每一种标本进行编号,并在记录簿上登记采集的日期、地点,及标本的中文名、学名、地方名(俗名)、个数、栖息的环境等。同时在一张标签纸上记录标本的编号、中文名、学名、采集地、鉴定者等,并一起放入标本瓶中。

4.1.3.2　各种标本的采集和保存

海绵动物:将采集的海绵动物置于新鲜的海水中,待恢复自然状态后,加入福尔马林至5%浓度或加入酒精至70%浓度。

腔肠动物:将采集的腔肠动物置于新鲜的海水中,待身体和触手展开后,徐徐滴入饱和的硫酸镁溶液,约2h后麻醉完成,再加入7%福尔马林,固定1～5h后,取出整形,放入5%福尔马林或70%酒精中保存。

扁形动物:将涡虫置于新鲜的海水玻璃器皿中,加入薄荷脑,麻醉3h,再加入7%福尔马林将其杀死,经过整形后,继续固定8h,最后放入5%福尔马林中保存。

纽形动物:将纽虫置于新鲜的海水容器中,后用薄荷脑或硫酸镁麻醉,再加入7%福尔马林将其杀死、固定。

环节动物:将环节动物置于新鲜的海水中,待其恢复自然状态后,用薄荷脑或硫酸镁麻醉,再加入7%福尔马林将其杀死,后固定、整形,最后移入5%福尔马林或者70%酒精中进行保存。

星形动物:将星形动物置于新鲜的海水中,待其恢复自然状态后,用薄荷脑或硫酸镁麻醉,再加入7%福尔马林杀死,后固定、整形,最后移入5%福尔马林或者70%酒精中进行保存。

苔藓动物:将采集的苔藓动物置于新鲜的海水中,待身体和触手展开后,徐徐滴入饱和的硫酸镁溶液,约2h后麻醉完成,再加入福尔马林至7%浓度,固定1～5h后,取出整形,放入5%福尔马林或70%酒精中保存。

腕足动物:用7%福尔马林直接杀死,整形,置于5%福尔马林或70%酒精中保存。

软体动物多板纲:石鳖足部发达,受刺激时会紧紧抓住岩石,采集时需用铁钩或者铁锹迅速将石鳖从岩石上分离。标本采来后置于新鲜的海水中,待其恢复生活状态,然后徐徐加入薄荷脑或硫酸镁,或滴几滴酒精进行麻醉,再加入5%福尔马林和70%酒精进行固定,24h后,保存于70%酒精中。

软体动物腹足纲、半鳃纲:标本采来后置于新鲜的海水中,待其恢复生活状态,然后徐徐加入薄荷脑或硫酸镁,或滴几滴酒精进行麻醉,再加入5%福尔马林和70%酒精进行固定。不可不经过麻醉直接固定。

甲壳动物:蔓足类动物放入新鲜的海水中,待其蔓足伸出后,用薄荷脑或硫酸镁麻醉,再用10%福尔马林固定,保存于5%福尔马林中,或者直接用10%福尔马林来进行保存。其他甲壳动物用10%福尔马林直接固定,并保存于5%福尔马林或70%酒精中。

棘皮动物：将标本放于新鲜的海水中,用薄荷脑或硫酸镁麻醉 2~3h,用 10% 福尔马林固定,保存于 70% 酒精中。

鱼类：先在鱼体内注射 25%~30% 福尔马林,后在 10% 福尔马林中固定,数小时后整理鱼鳍,使之恢复自然生长状态,继续固定 24h,然后放入 5% 福尔马林中保存。

4.1.4　浙江沿海潮间带常见无脊椎动物

浙江沿海海岸线漫长,潮间带与大陆相接,潮汐的现象使海底时常暴露,生活环境不稳定。不同的栖息条件下栖息着不同的生物种群,且在形态结构上表现出相对应的适应性,这是长期历史发展演变的结果。

4.1.4.1　岩礁习见种

桂山厚丛柳珊瑚 *Hicksonnella guishanensis*（丛柳珊瑚科 Plexauridae,腔肠动物门 Coelenterata）：群体是由 1 根短茎和少数细长的分枝组成,有的无分枝,基部固着于岩石或贝壳上。生活时群体苍白色,骨针白色,形态较多,有卵形、多棘状、短而小的瘤状和少疣绞盘形骨针。常固着生活于潮间带低潮区的岩石和贝壳上。

纵条矶海葵 *Haliplanella luciae*（矶海葵科 Diadumenidae,腔肠动物门 Coelenterata）：体长 1~4cm,体柱圆筒形,体壁一般为绿褐色,常有 12 条橙红色或深红色的纵条,表面光滑无疣突。在充分伸展时,体表还能显出许多小的壁孔,枪丝由此射出。口为裂缝状,位于口盘中央,其外环生有多圈细长锥形触手,排列不规则,经常为 6 的倍数,但变异较大。基盘略宽于体柱,固着生活于潮间带中、低潮区的岩石缝隙中,受到刺激后缩成小球。

平角涡虫 *Planocera reticulata*（平角涡虫科 Planoceridae,扁形动物门 Platyhelminthes）：体扁平,叶状,略成椭圆状,前端宽圆,后端钝尖,体长 20~50mm,体宽 15~30mm,体背面 1/4 处有 1 对细圆锥的触角,其基部有呈环形排列的黑色小眼点。口位于腹面中央,沿体中线有纵走的肠道管,向两侧有许多分支,末端为盲管。体灰褐色,有深色的色素颗粒常结成网状,腹面颜色较浅。常生活于潮间带中潮区,可在海水浸没的岩石下爬行。

内刺盘管虫 *Hydroides ezoensis*（龙介虫科 Serpulidae,环节动物门 Annelida）：口前叶有 1 对鳃冠,每一侧具有鳃丝变成厣,为漏斗状,分两层,边缘有许多锯齿状凸起。腹部 7 节,背面围有发达的薄膜,腹部具有 90~115 环节,石灰质栖管为弯曲圆筒形,背面中央有 1~2 条隆起。体小约为 30~45mm,体节总数约为 97~122。生活于潮间带岩石和贝壳上,也附着于水中建筑、船底等处,是主要污损生物之一。

覆瓦哈鳞虫 *Harmothoe imbricata*（多鳞虫科 Polynoidae,环节动物门 Annelida）：口前叶前端有 3 个触手,中央 1 个较长。腹面有 2 个粗大的触角。背面有 2 对眼,其中前 1 对眼较大而靠近腹侧。围口节触须左右各 1 对。吻长,完全伸展时约与前 10 个体节等长。体背具有 15 对肾形鳞片,极易脱落。大部分刚毛末端 2 齿。体长通常 25~40cm,宽 5~8cm,体节数 35~38 个。生活于潮间带中、低潮区石块下和海藻间。

红条毛肤石鳖 *Acanthochiton rubrolineatus*（毛肤石鳖科 Acanthochitonidae,多板纲 Polyplacophora）：别名石鳖,体长扁形,壳片中部有 3 条红色色带,环带较宽,上面生有 18 束丛棘。头板半圆形,表面布有粒状凸起,嵌入片有 5 个齿裂;中间板的宽度与长度相近,峰部具纵肋,翼部具有较大的颗粒状凸起;尾板小,前缘中央微凹,后缘弧形,盖层布有颗粒凸起。生活于岩潮间带的高、中、低潮区。

日本花棘石鳖 *Liolophura japonica*（石鳖科 Chitonidae,多板纲 Polyplacophora）:别名石鳖,体长椭圆形,壳板褐色,环带上黑色和白色的棘相间排列,成带状。头板上有互相交织的细放射肋和生长纹;中间板具有同心环纹,中央部和翼部分界不明显;尾板小,中央区特别大。在8枚壳中以第3壳片最宽。环带肥厚、宽,有肌肉,其上着生短而粗的石灰棘。生活于岩相潮间带中、低潮区。

史氏背尖贝 *Notoacmea schrenckii*（笠贝科 Acmaeidae,腹足纲 Gasteropoda）:贝壳笠状,壳薄。壳周缘完整,椭圆或近圆形。壳顶尖端向下方弯曲,略低于壳高。壳前部略窄而低,后部较宽而高。贝壳表面有自壳顶向四周射出的细而密集的肋,肋上有串珠状的微小结节。壳面呈绿色或者绿褐色,并具有多数褐色的放射色带或云斑。生活于岩相潮间带中潮区。

矮拟帽贝 *Patelloida pygmaea*（笠贝科 Acmaeidae,腹足纲 Gasteropoda）:贝壳笠状,较小,壳薄。周缘完整呈卵圆形。壳顶高起,位置略靠近于中央,稍向前方,壳顶钝,常被磨损。放射肋细弱,略可辨,位于壳缘部较清楚,生长纹不甚明显,壳面常被腐蚀而呈现灰绿色,边缘常有三角形放射状褐色色带,壳内面白色或有棕色斑块,边缘有一圈褐色与白色相间的镶边。生活于岩相潮间带高、中潮区。

嫁蝛 *Cellana toreuma*（帽贝科 Patellidae,腹足纲 Gasteropoda）:贝壳笠状,壳薄。壳表具许多放射肋,常呈现锈黄色,并夹杂紫色斑点,壳内面为银灰色。生长纹较细,不甚明显。生活于岩相潮间带高、中潮区。

单齿螺 *Monodonta labio*（马蹄螺科 Trochidae,腹足纲 Gasteropoda）:壳小型,呈陀螺状。壳体暗褐色。螺层约6层,体螺层周缘膨隆。除壳顶外,每一螺层具隆起的螺旋肋5~6条,体螺层15~17条,螺旋肋上有许多颗粒状或方形的小凸起。壳表为暗绿色或红褐色,具白色或淡绿色斑点,色斑有变异。壳口略呈心脏形,外唇边缘薄,内缘具较厚内壁,具齿列状凸起;轴唇具1个基部较宽的白色尖齿。无脐,厣角质。生活于潮间带中、低潮区岩礁或石块下。

拟蜒单齿螺 *Monodonta neritoides*（马蹄螺科 Trochidae,腹足纲 Gasteropoda）:壳小型,呈陀螺状。壳层约5层,体螺层高于螺旋部,体螺层周缘膨隆。壳面密布宽而低的螺肋,肋间以细沟相隔。壳面灰棕色,螺肋上有近方形、规则排列,但不隆起的绿色斑块,螺肋面平。壳口斜,呈桃形,内面呈灰白色,有珍珠光泽。外缘边缘薄,内缘具较厚的内壁,具齿列状凸起;轴唇具1个基部较宽的强齿。无脐孔,角质厣。生活于潮间带中、低潮区岩礁或石块下。

锈凹螺 *Chlorostoma rusticum*（马蹄螺科 Trochidae,腹足纲 Gasteropoda）:贝壳圆锥形,螺层约7层,各层的宽度自下而上逐渐增大,缝合线浅,壳面密布细密的螺沟和粗大的放射肋。壳面呈黄褐色或黑褐色,常具有铁锈色的斑纹。壳口呈马蹄形。脐孔周围呈白色。生活于岩相潮间带中、低潮区。

齿纹蜒螺 *Nerita yoldii*（蜒螺科 Neritidae,腹足纲 Gasteropoda）:贝壳较小,近半球形,壳质坚厚。螺层约为4层,缝合线明显。壳顶钝,常被磨损,螺旋部小,体螺层较膨大,几乎占贝壳的全部。壳面有低平的螺肋。壳表面为白色或黄白色底,具有黑色的“Z”字形的花纹或云斑状。壳口半月形,内面灰绿或黄绿色,外唇缘具有黑白相间的镶边,内部有1列齿;内唇不十分广宽,倾斜度稍大,表面微现皱褶,内缘中央凹陷部有细齿2~3枚。厣石灰质,表面有细小的颗粒状凸起。生活于岩相潮间带高、中潮区。

短滨螺 *Littorina brevicula*（滨螺科 Littorinidae，腹足纲 Gasteropoda）：贝壳小型，呈球形，结实。螺层约为 6 层，缝合线明显，壳顶尖小，螺旋部不很高，体螺层膨圆。壳面具有粗细不一的螺肋，壳黄绿色，杂有褐、白、黄色云状斑。体螺层螺肋约有 10 条，粗细不很均匀。壳口圆，内面褐色，有光泽，外唇有一褐色和白色相间的镶边，内唇厚，宽大，下端向前扩张成一反折面。无脐，具有角质厣。常生活于岩相潮间带高潮区。

粒结节滨螺 *Nodilittorina exigua*（滨螺科 Littorinidae，腹足纲 Gasteropoda）：壳形小，呈陀螺状。缝合线明显，缝合线下方略呈肩部。壳顶尖，体螺层膨大，壳表密生螺肋，螺肋与生长线相交，呈细小的颗粒状。壳顶处的 3 个螺层光滑无肋，体螺层下部的颗粒不发达。壳面呈灰黄色或灰褐色。壳口呈卵圆形，外唇薄，边缘具细小锯齿状缺刻，内唇具有胼胝。厣为角质，生活于岩相潮间带高潮区至潮上带。

黄口荔枝螺 *Thais luteostoma*（骨螺科 Muricidae，腹足纲 Gasteropoda）：别名辣螺。贝壳中等大小，呈纺锤形。螺层约 7 层，缝合线浅，不明显。螺旋部尖，约为壳高的 1/2。体螺层较膨大，每一螺层中部凸出，形成肩部，在肩角有 1 列角状或鸭嘴状凸起。通常在螺旋部有 1 条，体螺层上有 4 条角状凸起。壳面密生细螺纹和生长纹，壳面灰黄色或黄紫色，角状凸起部呈土黄色。壳口长卵圆形，壳口和内唇通常为黄色，外唇外缘有细的缺刻，内唇略直，光滑。前沟短，末端稍弯向背方。厣角质。生活于潮间带中、低潮区的岩礁间。

疣荔枝螺 *Purpura clavigera*（骨螺科 Muricidae，腹足纲 Gasteropoda）：别名辣螺。贝壳稍小，略呈椭圆形。螺层约 6 层，缝合线浅。螺旋部高起，约为壳高的 1/3。壳面膨胀，在每一螺层的中部有 1 列明显的疣状凸起。在体螺层上有 4～5 列黑褐色疣状凸起。壳表面密布细的螺肋和生长纹。壳面灰褐色或黄褐色。壳口卵圆形，内面浅黄色，边缘有大块的黑色或褐色斑，外唇外缘有明显的肋纹，内唇光滑，淡黄色。前沟短，缺刻状。厣角质。生活于潮间带中、低潮区岩礁，或附着于牡蛎的空壳上。

覆瓦小蛇螺 *Serpulorbis imbricata*（蛇螺科 Vermetidae，腹足纲 Gasteropoda）：壳管状，通常以水平方向逐步向外盘卷如蛇卧状。全壳大部分附着在外物上，仅壳口部稍游离。壳面粗糙，呈灰黄色或褐色，有数条粗的螺肋，粗肋间有 3～5 条细肋，肋上均被不明显的覆瓦状鳞片。固着生活于潮间带中、低潮区的岩石上。

青蚶 *Barbatia virescens*（蚶科 Arcidae，瓣鳃纲 Lamellibranchia）：贝壳近长方形，中部稍压缩，后方较膨胀。壳顶凸出，前、后端圆，后端背侧有时略呈棱角。足丝孔狭，足丝片状。壳表面被带绒毛的表皮，壳顶常裸露，放射肋细密。壳面淡绿色、黄白色、淡黄绿色，有光泽，铰合部中央较狭，后部特别宽；铰合齿低、稀，中央者细小，后部粗大。闭壳肌痕正圆形，前闭壳肌痕小，后者大。生活于潮间带中、低潮区，以足丝固着在岩石缝内或洞穴中。

中国不等蛤 *Anomia chinensis*（不等蛤科 Anomiidae，瓣鳃纲 Lamellibranchia）：贝壳长和高略等，近圆形，扁平。壳质薄而坚，半透明。左壳表面呈黄铜色，有光泽；右壳平而薄，上部呈黄铜色，足丝孔呈卵圆形，周围部分呈白色。生活于潮间带的中、低潮区或较深的浅海。

条纹隔贻贝 *Septifer virgatus*（贻贝科 Mytilidae，瓣鳃纲 Lamellibranchia）：贝壳中等大小，多呈楔形。前端尖细，后端宽圆。壳顶尖，位于贝壳的最前端。壳面为紫褐色，密布细放射肋，肋分叉；壳内面呈灰蓝色。壳顶下方为 1 个三角形的小隔板。铰合部窄，有 1～3 个小凸起。壳周缘具排列整齐的小缺刻。足丝孔小，足丝粗，较发达。以足丝固着生活于潮间带中、低潮区至潮下带浅水区岩缝内。

近江牡蛎 *Crassostrea ariakensis*（牡蛎科 Ostreidae, 瓣鳃纲 Lamellibranchia）：贝壳大型, 壳多呈纵的卵圆形或细长形。右壳表面有松散的同心鳞片。左壳鳞片趋于愈合状态, 在壳缘处有不甚明显的放射刻纹的迹象。左壳稍凹, 右壳较平。韧带槽较宽。壳内面白色, 闭壳肌痕甚大, 形状大多为卵圆形或肾脏形。常生活于低盐区潮间带中、低潮区岩礁。

棘刺牡蛎 *Saccostrea echinata*（牡蛎科 Ostreidae, 瓣鳃纲 Lamellibranchia）：壳形较小, 壳形变化极大, 呈三角形、卵圆形及不规则形。右壳稍扁平, 具鳞片, 无放射肋, 除壳顶区以外的整个壳面有翘起的半管状棘。左壳附着面较大, 壳内面的嵌合体仅出现于前、后两侧。生活于盐度较高的外海隐蔽岩岸, 常群栖于潮间带中、低潮区。

短石蛏 *Lithophaga curta*（贻贝科 Mytilidae, 瓣鳃纲 Lamellibranchia）：贝壳略呈圆柱状。壳质薄, 易碎, 前端凸圆, 后端较扁, 壳表具有浅灰色的角质壳皮, 外被 1 层光滑的石灰质薄膜, 呈灰白色, 无花纹, 壳内略呈彩虹色, 外套痕及闭壳肌痕不明显。生活于潮间带低潮区, 穴居于珊瑚礁、石灰石和一些大的贝壳中。

龟足 *Pollicipes mitella*（铠茗荷科 Scalpellidae, 甲壳纲 Crustacea）：别名佛手、石蜐。大型的有柄蔓足类, 体分为头状部和柄部。头状部侧扁, 壳板由 8 块大的主要的壳板及基部 24 片小型壳板所成。柄部软而呈黄褐色, 外被细小圆形的石灰质鳞片, 有规则地紧密排列, 柄部富有肌肉质, 可伸缩。无丝突。有或无尾突。雌雄同体。常生活于潮间带高、中潮区。

鳞笠藤壶 *Tetraclita squamosa*（笠藤壶科 Tetraclitidae, 甲壳纲 Crustacea）：周壳呈陡圆锥形, 壳的背板 4 片, 内多中空小管。大型种类, 壳表暗蓝绿色, 多较细密的纵横小肋, 但被盖藻侵蚀的个体, 肋起不明显, 鞘黑绿色。楯板较狭, 表面生长线不明显, 背板狭, 楯侧缘几乎与基楯角相连接。基底膜质。生活于岩相潮间带中潮区至潮下带, 常构成黑色的"藤壶带"。

三角藤壶 *Balanus trigonus*（藤壶科 Balanidae, 甲壳纲 Crustacea）：周壳圆锥形或筒圆形。每壳板表面呈白色或粉红色, 有紫红色的斑点, 有的在峰板呈现蓝紫色。表面还间有显著的白色纵行的许多细肋, 数目向基部增多, 吻板和侧板顶端稍内向, 峰板顶端较高而直。壳口呈三角形, 或呈五角形。幅略宽, 具有斜行的平行沟, 侧缘呈齿状。翼部薄而宽, 边缘光滑。基底白色, 有放射管。楯板狭长而厚。表面具有凹的中部和高起的两端。交接器基部的背突发达。附着于岩石、浮标、浮筒和木质试板上。此种是海洋污损生物主要种类之一, 对养殖业的危害很大。

四齿大额蟹 *Metopograpsus quadridentatus*（方蟹科 Grapsidae, 甲壳纲 Crustacea）：头胸甲近方形, 宽度大于长度。前半部稍宽于后半部, 表面较平滑, 分区不明显, 外眼窝尖锐, 眼窝腹缘内侧部具有较细的锯齿, 第 2 触角完全与眼窝隔离, 步足扁平, 长节较宽, 背面具横皱, 螯足不相称, 步足的腕节、长节、指节具有刚毛。雄性腹部呈三角形, 雌性腹部圆大。生活于潮间带的岩石的石缝中或石块下。

粗腿厚纹蟹 *Pachygrapsus crassipes*（方蟹科 Grapsidae, 甲壳纲 Crustacea）：头胸甲呈方形, 表面隆起, 除心、肠区外, 具有横行或斜行的皱褶。背眼窝缘稍斜, 深凹, 腹眼窝缘具有锯齿。外眼窝角大而尖锐, 前侧缘稍拱, 在外眼窝角间隔以 1 个"V"字形缺刻。螯足稍不对称或对称, 长节及腕节均有细隆线, 长节内缘末端具有 3 齿; 腕节内末角呈锯齿状; 掌节较为平滑, 仅背面具有颗粒及褶襞; 指节背面基部具颗粒, 两指内缘具不规则齿。雄性腹部呈三角形, 雌性腹部呈圆形。生活于岩礁潮带的岩缝及岩洼中。

肉球近方蟹 *Hemigrapsus sanguineus*（方蟹科 Grapsidae, 甲壳纲 Crustacea）：头胸甲呈

方形,前半部稍隆,后面有颗粒及紫色或血红色的斑点,甲面呈黄绿色或青褐色,足部有深浅相间的色斑,后半部平坦,色较淡。前胃及侧胃区隆起,胃心区以"H"字形沟相隔。额宽约为头胸甲的 1/2,前缘平直,中间稍凹。前缘具有 3 锐齿,眼窝腹缘隆脊细长,越到外侧越细,向后延伸到前缘第 2 齿腹面的基部之下。雄螯比雌螯大,背面具血红色斑点;雄螯两指间空隙较大,基部之间有一球状的泡状膜,雌螯无,在雄性幼体球状泡也不明显,步足指节扁,较前节短,具有 6 纵列褐色短刚毛。雄性腹部呈三角形,雌性腹部圆形。生活于低潮区的岩石下或石缝中。

　　绒螯近方蟹 *Hemigrapsus penicillatus*(方蟹科 Grapsidae,甲壳纲 Crustacea):头胸甲呈方形,前半部略宽于后半部,表面具凹点,前半部各区具有颗粒,肝区低凹,前胃及侧胃区隆起,被一纵沟相隔。胃、心区具有"H"字形沟,额较宽,前缘中部稍凹。腹眼窝隆脊内侧部具有 6~7 个颗粒,外侧部具有 3 个钝齿状凸起,越到外端越小,前侧缘连外眼窝齿在内共分 3 齿,由前至后依次减小。雄螯比雌螯大,长节腹缘近末端具有一发音隆脊,腕节隆起,具有颗粒;掌节宽大,前节背面中央具沟,指节有多列短刚毛,末端尖锐而呈角质。雄性腹部呈三角形,雌性腹部呈圆形。生活于潮间带中、低潮区岩石下或岩缝中,有时还发现在河口泥滩上。

　　平背蜞 *Gaetice depressus*(方蟹科 Grapsidae,甲壳纲 Crustacea):头胸甲圆方形,甲面扁平,表面光滑,前半部宽于后半部。前胃区和侧胃区略为凸出,中胃区和心区间隔以 1 条横沟。额宽稍小于头胸甲 1/2,前缘连外眼窝齿在内共有 3 齿。螯足对称,有时略不对称,雄螯大于雌螯,长节短,外侧面布有颗粒,内侧面具有稀疏的刚毛,长节腹缘近末端具有一发音隆脊,腕节内末角钝圆不成齿,掌节光滑,外侧面下半部具有 1 条光滑的隆脊,延伸至不动指的末端;指节长于掌部,两指节有较大的空隙,可动指内缘近基部具有一齿突,齿的前后具不等大的齿,齿的前后具不等大的齿,雄性腹部呈窄长的三角形,雌性呈圆形。生活于潮间带中、低潮区的石块下。

4.1.4.2　泥滩习见种

　　棒锥螺 *Turritella bacillum*(锥螺科 Turritellidae,腹足纲 Gasteropoda):别名钉螺。贝壳呈尖锥状。壳质厚而坚固。螺层约为 21 层,每层的高、宽度增长均匀,壳面微凸,缝合线深,呈沟状。壳顶尖,螺旋部高,体螺层短,缝合线深。每一螺层的下半部较为膨胀,上半部较为平直,螺旋部的每一层有 5~7 条排列不均的螺肋,肋间还夹有细肋,在顶部各螺层肋数逐渐随长度缩小而减少。壳表面黄褐色或紫褐色。壳口卵圆形,内面具有与壳面相同的肋纹,外唇薄而锐,内唇略扭曲。无脐。生活于潮间带低潮线至浅海的泥沙质和软泥质底。

　　蛙螺 *Bursa rana*(蛙螺科 Bursidae,腹足纲 Gasteropoda):贝壳近卵圆形。壳质坚硬,螺层约为 9 层,缝合线浅,壳面有细的螺肋,螺肋上生有小的颗粒结节。各螺层的尖角上各生有 1 列角状凸起,而在体螺层上生有 2 列角状凸起,纵肋在近壳顶部的螺层上较明显,在下部各螺层则不清楚。在贝壳的左右两侧各有 1 条发达的纵肿肋,其肋上也生有角状凸起。壳口橄榄型,内面黄白色。外唇厚,边缘具许多齿,齿多为白色,有的为橘黄色。内唇内缘有许多小的褶襞及颗粒凸起,前沟半管状,前端微向背方弯曲,后沟较深,内侧有时具有肋状凸起。壳面为黄白色,有时杂有不均匀的淡紫褐色,具有角质厣,棕色,长卵圆形。生活于泥、沙泥或细沙质的海底。

　　泥螺 *Bullacta exarata*(阿地螺科 Atyidae,腹足纲 Gasteropoda):外壳呈卵圆形。壳薄脆,黄色,其壳不能包被全身。体长方形,拖鞋状,头盘大,无触角。眼退化,埋藏在头盘的皮肤中。外壳呈卵圆形,不发达,薄脆,不能包被全部身体。侧足发达,遮盖贝壳两侧的一部分。无螺塔和脐,开口广阔。无厣,螺轴平滑。泥螺雌雄同体,异体受精。生活于潮间带泥质或泥沙质底。

斑玉螺 *Natica tigrina*（玉螺科 Bursidae,腹足纲 Gasteropoda）：贝壳近卵圆形或球形。壳质薄而坚固。螺层约 5 层,每层壳面稍隆起,缝合线较深,螺旋部短小,其高度约为体螺层高度的 1/2,体螺层膨大。贝壳表面光滑无肋,壳面为灰黄色,被大小不等的紫褐色斑点,或曲线纵走花纹,斑点在体螺层上部较密,而在基部脐的周围则没有。壳口呈卵圆形,内面白色,边缘完整。外唇薄,内唇上部不明显,中、下部加厚,中部形成 1 个结节,附于脐的外方,脐大。厣石灰质,白色,坚固。核位于基部靠内侧,生长纹极细。生活于潮间带中、下区的海滩上。

缢蛏 *Sinonovacula constricta*（竹蛏科 Solenidae,瓣鳃纲 Lamellibranchia）：别名蛏子、蜻子。贝壳长方形。壳顶位于边缘略靠前端,约为贝壳全长的 1/3 处,背腹缘近于平行,前后端圆。两壳关闭时,前后端开口。外韧带黑褐色,略近三角形。壳表生长线显著。壳的中央稍前端有 1 条自壳顶至腹缘微凹的斜沟,壳面被有 1 层黄绿色的外皮,在生长的个体中,常被磨损脱落而呈白色。铰合部小,右壳具有 2 枚主齿,左壳具有 3 枚主齿,中央 1 枚大而分叉。生活于盐度较低的河口或有少量淡水注入的内湾,在潮间带中、低潮区的软泥滩上,利用足部掘孔穴居。

中国绿螂 *Glaucomya chinensis*（绿螂科 Glaucomyidae,瓣鳃纲 Lamellibranchia）：贝壳小型,呈长卵圆形。两壳等大,质脆弱,壳高约为壳长的 1/2,壳顶靠前方,从壳顶至前方的距离约为贝壳全长的 1/3。贝壳前端圆形,后端较前端尖瘦,腹缘平。韧带短凸出壳面。壳表无放射肋,有同心的生长轮脉,表面被灰绿色角质层,角质层常微伸出腹缘成皱褶状。在壳顶部分角质层脱落呈灰白色,铰合部窄长。两壳各具主齿 3 枚,后主齿大,后壳中央主齿和左壳后主齿二分叉,无侧齿。前闭壳肌痕长卵圆形,后闭壳肌痕长正方形。生活于河口地区,盐度较低的潮间带上部,底质较硬的泥沙中。

彩虹明樱蛤 *Moerella iridescens*（樱蛤科 Tellinidae,瓣鳃纲 Lamellibranchia）：别名梅蛤、黄蛤、海瓜子。贝壳长卵形,前端边缘圆,后端背缘斜向后腹方延伸,呈截形。两壳大小近相等,两侧稍不等,前端较后端略长,后端略向右侧弯曲。外韧带凸出,黄褐色。贝壳表面平滑,灰白色,略带肉红色,有彩虹光泽。同心生长轮脉明显,细密,在后端形成褶襞。贝壳内面与表面颜色相同,铰合部狭,两壳各具有 2 枚主齿,呈倒"V"字形,右壳前方有 1 枚不发达的前侧齿,左侧齿不明显。闭壳肌痕明显,前闭壳肌痕梨形,后闭合肌痕马蹄形。生活于潮间带中潮区泥滩。

泥蚶 *Tegillarca granosa*（蚶科 Arcidae,瓣鳃纲 Lamellibranchia）：别名蚶子、花蚶、血蚶。贝壳坚厚,卵圆形,两壳相等,很膨胀。壳顶凸出,尖端向内卷曲,壳顶间距远,表面放射肋发达,约为 20 条,同心生长纹与放射肋交结成极显著的颗粒状结节,结节在成体壳的边缘较弱,壳表面白色,边缘具与壳面放射肋相应的条沟。壳表被棕褐色的薄壳皮。铰合部直,齿密集。前闭壳肌痕较小,呈三角形,后闭壳肌痕较大,四方形。生活于内湾及沿岸潮间带低潮区软泥滩。

青蛤 *Cyclina sinensis*（帘蛤科 Veneridae,瓣鳃纲 Lamellibranchia）：别名墨蚬、蛤皮、蛤蜊。贝壳近圆形,高度和长度几乎相等,宽度较大,约为高度和长度的 2/3。壳顶凸出,位于背侧中央,先端向前方弯曲。小月面不清楚,楯面狭长,全部为韧带所占据,韧带黄褐色,不凸出壳面,贝壳表面极凸出,壳面淡黄色或棕红色,生活标本常为黑青色。贝壳内面为白色或淡肉色,边缘呈淡紫色,具有整齐的小齿,靠近背缘的小齿稀而大。铰合部狭而平。左右两壳具有主齿 3 枚,集中于铰合面前部,前闭合肌痕细长,呈半月形,后闭合肌痕大,呈椭圆形。外套痕鲜明,外套窦深,自腹缘向上方斜伸至贝壳中心部成三角状。生活于近高潮区或中潮区上部的泥沙中。

海棒槌 *Paracaudina chilensis*（芋参科 Molpadiidae，海参纲 Holothurioidea，棘皮动物门 Echinodermata）：俗称海老鼠。体呈纺锤形，后端伸长呈尾状，体长约 10cm，直径 3cm。体柔软，体表光滑，尾部带横纹，生活时尾长约为体长的 1.5 倍。前端口周围 15 个触手，其末端有 4 个指状小枝。肛门周围疣足 5 组，每组有小疣 3 个。体呈肉色或带灰紫色，体壁很薄，半透明，可见体壁内的纵肌和横肌。穴居于潮间带的泥沙中，穴道"U"字形，深 20～50cm，身体横卧其中。

日本大眼蟹 *Macrophthalmus japonicus*（沙蟹科 Ocypodidae，甲壳纲 Crustacea）：头胸甲的宽度约为长度的 1.5 倍，表面具有粗糙的颗粒和软毛，雄性尤其明显。分区明显，鳃区有 2 条平行的横行的浅沟，心肠区连接成"T"字形，额很窄，稍向下弯，表面中部有 1 条纵痕。眼窝宽，占据除额外的头胸甲的前缘，背、腹缘具有锯齿。眼柄细长，其末端的角质膜部不超过外眼窝齿之外。外眼窝呈三角形，末齿很小。侧缘较直，后缘有颗粒凸起。口前板中部内凹。螯足左右对称，雄螯大于雌螯，雄螯的长节内侧面及腹面均密被短绒毛，无发音的隆脊，步足较粗壮，前节前、后缘均有颗粒，指节扁平，前、后缘具有短毛。雄性腹部呈长三角形，尾节末缘半圆形；雌性腹部圆大。穴居于潮间带或河口的泥滩上。

4.1.4.3　沙滩习见种

等边浅蛤 *Gomphina aequilatera*（帘蛤科 Veneridae，瓣鳃纲 Lamellibranchia）：别名沙蛤。两壳较侧扁，略呈等边三角形，前端圆，后端尖，腹缘弧形，贝壳表面不甚膨胀，无放射肋，同心生长纹明显，有时呈现沟纹。壳面为灰白色或灰黄色，具锯齿或斑点状的褐色斑纹。生活于潮间带中、低潮区至浅海的沙质海底。

痕掌沙蟹 *Ocypode stimpsoni*（沙蟹科 Ocypodidae，甲壳纲 Crustacea）：头胸甲宽大于长，呈方形，背面隆起，密生微细颗粒，分区不明显，心区呈六角形。额窄而下弯。眼窝深而大，内眼窝锐突，外眼窝齿尖锐。两性螯足皆不对称，步足细长。体色一般呈沙黄色，随气候、昼夜而有所变化。穴居于高潮区的沙滩上。

4.2　昆虫

4.2.1　野外采集及调查方法

4.2.1.1　野外采集方法

1. 网捕法

是采集昆虫标本最常见的方法之一。对于飞行迅速的昆虫，要迎头挥动捕虫网，使网袋下部连同虫子一并甩到网圈上来，以免虫子逃脱。栖息在草丛或灌木丛中的昆虫要用扫网去捕捉。扫网的使用方法是边走边左右扫动，网口略向下倾斜。可根据需要用镊子将捕获的虫子

——取出,也可在网底部开口并套一塑料管,直接将虫子集中于管中,节省时间。对于水生昆虫,采集时可使用"D"字形踢网、手网或单柄踢网,可两人或单人操作,两人操作时,一人在水流上游用脚、手搅动水体底质,将浑浊了的水用脚或手往网内泼,大部分水生昆虫就随水流进入了网内;另一人在水流下游撑住网,待流经网中的水变清后,捞起手网或踢网,将网上的水生昆虫连同底质一起倒入白塑料盘中,然后挑选。

2. 扣管法

有些小型昆虫具快速游走和跳跃习性,可以直接用采集管扣捕。扣捕时左手拿采集管扣住昆虫,右手拿塞子塞住管口。或用拿塞子的右手将昆虫驱赶入采集管内堵住。

3. 观察搜索法

许多昆虫往往不易被发现,特别是具"拟态"现象的昆虫,与环境融为一体,难以辨认。此时只要振动周边环境,一般昆虫便会受惊起飞;具"假死性"的昆虫经振动便会坠地或吐丝下垂。根据不同昆虫的生境进行观察、采集,如土蝽、蝼蛄、步甲及它们的幼虫常生活在土壤中;天牛、象甲、吉丁虫、小蠹虫等大多数甲虫及其幼虫钻蛀在植物茎秆中;卷叶蛾、螟蛾等生活在卷叶中;不少昆虫生活在枯枝、落叶、岩石缝隙中。只要我们仔细观察和搜索,便可从这类环境中采集多种昆虫。总之,要掌握昆虫生境,仔细观察、采集。

4. 诱捕法

利用昆虫对某些物理、化学因素的特殊趋性或生活习性进行诱捕。具有趋光性的昆虫(如蛾类、蝼蛄、蜻类、金龟子、叶蝉等)可用灯诱的方法在夜间进行诱捕(可用不同频率的诱光灯诱捕不同的昆虫);具有趋化性的种类(如夜蛾类、金龟子、蝇类等)可用食物来诱捕。

4.2.1.2　野外调查方法

1. 总体计数法

对于一些栖息地范围有限的昼行性昆虫来说,可直接统计其全部数量。总体计数可以获得十分准确的结果。总体计数时,时间要相对集中,最好在同一天内完成,防止因动物迁移而漏计或重计。对于昆虫来说,要积极地搜寻捕获,特别是个体大的有翅昆虫,比如蜻蜓、豆娘、蝴蝶等。对会飞的昆虫常常需要用捕虫网。

2. 样方计数法

如果调查的面积相当大,又不可能对全部动物由行统计,需要用抽样方法计数。将调查区域分割成若干样方,然后抽取部分样方调查动物的数量,根据多个样方算出平均数,然后推断出整个地区的种类数量。一般昆虫的样方为 $1m \times 1m$。选取适当大小的样方的具体操作如下:

① 运用网络法在地图上将动物的生境类型划分为相等的小方格,并编号;或采用实地投掷法。

② 用计数器随机地选取若干方格作为样方。

③ 将样方再分为若干个小样方,并随机选择小样方调查。

④ 统计每个小样方中昆虫数量。分析观察到的动物数量与观察时间的关系,综合所得结果,估计样方的昆虫数量。

由于昆虫的特殊性,需要通过观察昆虫有无因昼夜节律发生变化而发生部分迁移来补充原来估计的种群数量。特定昆虫种群的抽样必须要考虑到昆虫的分布与生活周期。由于密度变化与统计参数之间存在一定关系,所以乐意按分层抽样,也就是把样本单位分成若干层次(即成层分布现象,比如树上与树下)。

3. 哄赶法

对于一些隐藏在草丛、灌丛中的昆虫,即采用哄赶法统计动物的绝对数量。此法适用于地势平坦或坡度不大的山地,过密的草丛和树丛不宜采用哄赶法。记录下在已知的栖息地宽度内受扰动的动物数量,如果受扰动比例恒定,则数量本身即可给出绝对种群的密度,若把受干扰个体与面积相结合,就可以计算出绝对种群的密度,同时应尽量避免哄赶效力的差异。该法适用于红翅蝗暴发区种群的估计。观察者驾驶摩托车经过暴发区,记录下在车前受扰动的蝗虫数,忽略蝗虫对驱赶反应的差异性,且驱赶效力没有差异性,就能估算出种群的绝对密度。

4.2.2　浙江省野外常见种类识别

4.2.2.1　衣鱼目 Zygentoma

中文名衣鱼。体小至中型,无翅,生活在室外阴湿之处或室内干燥的地方,对书籍、衣服等造成一定的危害。

多毛栉衣鱼(毛衣鱼)*Ctenolepisma villosa*(衣鱼科 Lepismatidae,栉衣鱼属 *Ctenolepisma*):俗称蠹虫,是室内常见的害虫。体背腹稍扁平,长约 10mm,银灰色,密被银色鳞片。头大。复眼小而分离,无单眼。触角几乎与体等长。下颚须 5 节。胸部宽阔。腹部末端逐渐尖削。有 1 条长的中尾丝和 2 条位于侧方的尾须。头部、胸部和尾部边缘有棘状毛束。腹部第 1 节背面有梳状毛 3 对,其后有梳状毛 2 对。性活泼,畏光夜出。危害书籍、纸张、绢丝、毛料等。

4.2.2.2　蜉蝣目 Ephemeroptera

成虫体态轻盈,波浪式飞行似浮游状,故名蜉蝣,简称蜉。有亚成虫期。常在溪流、湖泊、河滩附近活动。稚虫一般生活在淡水中,为鱼以及各种动物的优良饵料。由于稚虫对水域的适应性与要求不同,故其可用于检测水域的类型与污染程度。

斜纹似动蜉 *Cinygmina obliquistrita*(扁蜉科 Heptageniidae,似动蜉属 *Cinygmina*):雄成虫体长 6.0~10.8mm,淡黄色。复眼卵圆形,紫黑色,两眼与头顶处相接;单眼 3 个,基部紫黑色。前胸背板后缘有 1 条分枝的褐纹;中胸背板有 1 条"八"字形褐色斑纹。前翅无色透明,长 7.0~10.8mm,亚前缘区和第一径脉区不透明,翅基部有三角形紫褐色斑点 1 个,翅痣区有 11 根不分叉的亚前缘脉和 8 根第一径脉横脉。足黄色,基节两侧有 1 条褐色长斑纹,跗节各节长度排列顺序为 2、3、1、4、5;中、后足基节的两侧各有 1 对褐色斑点,跗节各节长度排列顺序为 5、1、2、3、4。各足爪均 1 尖 1 钝。腹部细长,第 2~8 腹节两侧各有 1 条赭色斜纹。尾铗 4

节,第 2 节最长,第 3、4 节之和约为第 2 节长度的 1/3,阳茎叶左右分离,两叶之间为"V"字形缺刻。尾须 2 根,长 20～32mm,约为体长的 3 倍。

4.2.2.3　蜻蜓目 Odonata

多数为大中型昆虫。头大且转动灵活,翅 2 对,膜质透明,多横脉,翅前缘及翅顶处常有翅痣,腹部细长,雄性交合器生在腹部第 2、3 节腹面。全世界分布,已知约 5000 种。中国记载约400 余种和亚种。蜻蜓目分三个亚目:① 均翅亚目 Zygoptera,色艳丽,休息时一般 4 翅竖立体背;② 差翅亚目 Anisoptera,休息时 4 翅展开,平放于两侧;③间翅亚目 Anisozygoptera,翅基部不呈柄状,后翅大于前翅。

黑色螆 *Agrion atratum*(色螆科 Agriidae,色螆属 *Agrion*):体型较大,成虫雄性腹长52mm,后翅长 45mm。头部上、下唇黑色。口器两侧各有一淡褐色小斑。额及头顶暗绿色,额中央具一凹陷,触角第 1 节基部具一小褐色斑点,整个面部着生黑色毛。胸部黑色带绿,稍有光泽,翅完全黑或褐色,脉序浓密,无翅痣。足细长,全黑色,具长刺。腹部背面绿色,有金属光泽,腹面黑色。上肛附器长约第 10 节的 1.5 倍,端部向内弯曲,扁平;内肛附器稍短于上肛附器,较直。多生活于池沼、河流附近,飞翔力不强。

白尾灰蜻 *Orthetrum albistylum*(蜻科 Libellulidae,灰蜻属 *Orthetrum*):成虫雄性头部淡黄色,具黑色短毛。下唇中叶黑色,侧叶黄色;上唇黄褐色。前、后头褐色。前胸浓褐色,背板中央具紧密连接的黄斑。翅透明,黑褐色,前缘脉及其邻近的横脉黄色,M_2脉强烈波状弯曲。足黑色,胫节具黑色长刺,前足基、转、腿节及中、后足基、转节均具黄斑。腹部第 16 节淡黄色,具黑斑,第 7～10 节黑色。上肛附器上面白色,下面黑或褐色。

4.2.2.4　蜚蠊目 Blattodea

体最大可达 10cm,最小仅 2mm;体躯扁平,卵圆形。头小且能活动,口器咀嚼式。触角丝状,多节。翅 2 对,前翅皮质,后翅膜质,少数无翅。腹部有尾须 1 对。包括蜚蠊和地鳖,俗称蟑螂和土鳖。世界已知 3600 多种,中国已知 240 多种。

美洲大蠊 *Periplaneta americana*(蜚蠊科 Blattidae,大蠊属 *Periplaneta*):又称红蠊、船蠊。体大形,赤褐色,头顶及复眼间黑褐色。复眼间距雄狭雌宽;单眼明显淡黄。前胸背板略呈梯形,雄虫体长 6.0～9.5mm,色淡黄,中部有一赤褐以及黑褐大斑,其后缘中央向后延伸像小尾巴,其前缘有淡黄"T"字形小斑。雄虫的大斑之后、背板后缘中部之前,有左右二浅斜沟;雌虫则不明显。前、后翅在雄虫一般远超腹端;雌虫则仅稍超过。腹部各节背板后侧雄虫为直角,钝圆;雌虫后端数节向后略凸出。雄虫肛上板宽大,两侧缘弧形,几成四方形,后缘中央有深三角形切口;雌虫肛上板略呈三角形,后缘切口略呈小三角形,尾毛细长多节,比肛上板几长1 倍。下生殖板雄虫较宽短,后缘中央无切口;雌虫中部隆起,两侧下倾如船底。初产卵鞘白色渐变褐至黑色,长约 1mm,宽约 0.5mm,母虫用口吐分泌液粘附于附近物体上。每鞘有卵1416 粒。卵期约 45～90d 化为若虫,若虫约经 10 次蜕皮化为成虫,成虫寿命约 1～2 年,完成一世代约需要两年半。无雄虫时,雌虫能产不受精卵鞘,其中部分孵出雌若虫。是中国蜚蠊目中室内三大害虫之一。

德国小蠊 *Blattella germanica*(蜚蠊科 Blattidae,小蠊属 *Blattella*):又称蟑螂。体长雌10～11mm,雄 10～13mm。前翅长雌 11～13mm,雄 9.5～11mm。体呈淡褐色,前胸背板有两

条黑纵纹,黑纹本身比其间距为狭。头较大,前方稍稍露出于前胸背板前缘。前胸背板宽大于长,侧缘半透明。前翅狭长,长达腹端;后翅无色透明,前缘区脉纹赤褐色,扇区纵脉淡褐色,横纹无色。腹部雄狭长,第7节背板特化。肛上板雄半透明,狭长如牛舌;雌赤褐色,端部狭。下生殖板雄左右不对称;雌宽大,表面隆起。阳茎叶及阳茎端刺有时露出腹端,或仅阳茎端刺露出腹端。

4.2.2.5　等翅目 Isoptera

中小型的社会性昆虫。腹部柔软,触角念珠状,翅膜质,狭长,2对翅相似,尾须1对。通称白蚁,是较原始的昆虫。分布于热带和亚热带地区,以木材或纤维素为食。是一种多形态、群居性而又严格分工的昆虫,群体组织一旦遭到破坏,就很难继续生存。全世界已知3000多种。中国约有400余种。

台湾乳白蚁 *Coptotermes formosanus*(鼻白蚁科 Rhinotermitidae,乳白蚁属 *Coptotermes*):

兵蚁:头及触角浅黄色。上额黑褐色,镰刀形。腹部乳白色。从背面观头呈椭圆形。额近圆形,大而显著,位于头前端1个微凸起的短管上。前胸背板平坦,较头狭窄,前缘及后缘中央有缺刻。有翅成虫:头背面深黄褐色,较头色淡。腹部腹面黄色。翅微具淡黄色。复眼近于圆形,单眼长圆形,其与复眼的距离小于单眼本身的宽度。前胸背板前缘向后凹,侧缘与后缘连成半圆形,后缘中央向前方凹。翅面密布细短的毛。

工蚁:头微黄。腹部白色,有时透露肠内物的颜色。前胸背板前缘略翘起。腹部长,略宽于头。

群体一般栖居在林地、庭院的土壤或树干内,以及建筑木材或墓地的棺木,但也往往定居在衣柜、书柜等家具内,甚至靠近富含纤维的空间内。主要取食对象是木材、木材的加工品以及活树的已死部分,蛀食情况往往发展极为迅速。

4.2.2.6　螳螂目 Mantodea

简称螳。有的昆虫分类学家将该目和蜚蠊目合并为网翅目 Dictyoptera,螳螂目属其中的一个亚目。全世界已知2200多种。中国已记载的有112种。成虫、若虫均为肉食性,捕食其他昆虫及小动物,其卵鞘可入药,所以是重要的天敌昆虫,又是重要的药用资源昆虫。

中华大刀螳 *Tenodera sinensis*(螳科 Mantidae,大刀螳属 *Tenodera*):体型较大,但相对较阔。前胸背板相对较宽,其沟后区与前足基节长度之差约是前胸背板最大宽度的0.3~1.0。雌性前胸背板侧缘具有较密的细齿,雄性于沟前区两侧具少量细齿或缺失。前翅翅端较钝,后翅基部具明显的大黑斑。雄性下阳茎叶端突明显长于左上阳茎叶端突。

近似种为:

枯叶大刀螳 *Tenodera aridifolia*(螳科 Mantidae,大刀螳属 *Tenodera*):前胸背板相对较狭长,其沟后区与前足基节长度之差是前胸背板最大宽度的1.0~1.5倍。前翅翅端较尖,后翅基部具明显的大黑斑。

4.2.2.7　革翅目 Dermaptera

中文名蠼螋、蝠螋。革翅目昆虫与人类关系不很密切,少数种类危害花卉、储粮、贮藏果品、家蚕及新鲜昆虫标本,有的种类是蝙蝠和鼠的体外寄生者。世界性分布。全世界迄今为止已知约 1900 多种。中国已记录的有 200 多种。

大蠼螋 *Labidura japonica*（蠼螋科 Labidueidae，蠼螋属 *Labidura*）：雌成虫：体长 25.0～28.3mm，头宽 2.9～3.6mm，尾铗长 5.6～6.9mm。身体扁平，背面深褐色，腹面及足黄褐色。下颚须发达，常明显露在头的前方；复眼黑色，位于头的中部；无单眼；触角污黄色，27～28 节不等。前胸有大而扁平的前胸背板，前缘两侧呈直角三角形，侧角向外凸出，后缘呈圆形，中央有 1 条不太明显的纵沟。中胸和后胸背板在前翅下不易看到。

4.2.2.8 直翅目 Orthoptera

大中型、体较壮实的昆虫。咀嚼式口器，下口式。前翅为覆翅，后翅扇状折叠。后足多发达，善跳。尾须 1 对。包括蝗虫、蟋蟀、蝼蛄等。全世界已知 20000 多种。中国已知 800 多种，分隶 28 个科。

纺织娘 *Mecopoda elongata*（纺织娘科 Mecopodidae，纺织娘属 *Mecopoda*）：鸣声"轧织，轧织"，故名。体长 50～70mm，绿色或褐色。触角有黑环。前胸背板侧叶基部，黑色；前翅阔，发音器大，约占前翅长度的 1/3；翅面常有纵形排列的黑色圆纹；后足腿节下缘有刺。产卵寄生于桑、桃、柑橘等，喜食南瓜、丝瓜的花。

油葫芦 *Gryllus testaceus*（蟋蟀科 Gryllidae，蟋蟀属 *Gryllus*）：体褐色至黑褐色，头顶和头的后半部黑色。前胸背板有 2 个月牙形纹；中胸腹板的后缘中央凹入如三角形。后翅发达，伸出腹端以外。食性很广，能取食棉、芝麻、花生、绿豆、甘薯、蔬菜和稻等，尤喜食带有香甜的食物。

东方蝼蛄 *Gryllotalpa orientalis*（蝼蛄科 Gryllotalpidae，蝼蛄属 *Gryllotalpa*）：体型较小，体长 30mm。前足腿节下缘平直；后足胫节的内上方有等距离排列的刺 3～4 个（或 4 个以上）。过去鉴定为非洲蝼蛄（南方蝼蛄）*G. africana* Palisotde Beauvois。在土内活动时，能形成纵横交错的隧道，使作物根部与土壤分离，形成严重的缺苗垄断。在中国分布较广，尤其是使长江流域各省受害较严重。

中华剑角蝗（中华蚱蜢）*Acrida cinerea*（剑角蝗科 Acrididae，剑角蝗属 *Acrida*）：体长雄性 36～47mm，雌性 58～81mm。前翅雄性 30.5～36.5mm，雌性 47～65mm。头顶向前凸出较长，自复眼的前缘到头顶顶端的长度比其复眼的直径等长或较长。前胸背板侧片的后下角常呈锐角形，向后凸出，侧片的后缘较凹入。跗节爪间的中垫较长，常超过爪的顶端。雄性下生殖板的上缘具有明显的凹口，顶端尖锐；雌性下生殖板后缘中央的圆形凸出较长，比其两侧的突齿略长或等长。后翅淡绿色或黄绿色。

4.2.2.9 同翅目 Homoptera

刺吸式口器，2 对翅，静止时多呈屋脊状置于背上。同翅目昆虫因前翅质地相同而得名。世界已知有 45000 多种。中国已知有 3000 多种。

蚱蝉（黑蚱蝉）*Crytotympana atrata*（蝉科 Cicadidae，黑蚱属 *Crytotympana*）：体长 36～48mm，漆黑色，密被金黄色短毛；头冠稍宽于中胸背板基部；前翅比体长；腹部约与头胸部等长。头部宽短，复眼深褐色，大而凸出，单眼浅红色；复眼与触角间的斑纹黄褐色；喙管黑褐色，粗短，达中足基节间；前胸背板黑色，无斑纹，中央有"I"字形隆起；中胸背板前缘中部有"W"字形刻纹。前、后翅透明，但基部 1/4～1/3 黑褐色，不透明，且被有短的黄色绒毛。腹部背面黑色,侧腹缘黄褐色;背瓣大,稍隆起,被黑色绒毛;腹瓣铁铲形,黑褐色,左右腹瓣接触或稍重叠,常因地而异。雄性尾节较大,背面黑色,产卵管鞘粗,黑色,末端被长毛。成虫以产卵器撬破枝梢后产卵其中,致使枝梢开裂枯死,或易为风所吹折;还危害果树和行道树,吸食树液。此种系儿童娱乐的一种鸣虫。

大青叶蝉 *Cicadella viridis*(叶蝉科 Cicadellidae,叶蝉属 *Cicadella*):成虫体连翅长 7～10mm,全身青绿色。头部面区淡褐色,两侧各有 1 组黄色横纹;冠区淡黄绿色,其前部左右各有 1 组淡褐色弯曲横纹,在中后域有 1 对黑斑。前翅蓝绿色,边缘淡白色。前胸背板前缘区淡黄绿色,后部大半深青绿色。胸、腹部腹面及足均为橙黄色,后足胫节上有 2 排短刺。1 年发生 2～6 代,以卵越冬。常 7～8 粒卵排列成块,产于禾本科植物寄主的表皮下或产于禾本科植物寄主的叶鞘或主叶脉内。孵出的若虫性喜群聚,常栖息于叶背或茎上;成虫喜聚集于矮生植物。成虫、若虫均善跳跃。成虫趋光性强。寄主有高粱、玉米、水稻、甘蔗、麻类、豆类、桑、梨、杨、柳等。

4.2.2.10　半翅目 Hemiptera

又称蝽、椿象。大部分成虫前翅基部革质,端半部膜质,为半鞘翅,常有臭腺,有些能发出腥臭的气味。若虫的形体和生活习性似成虫,吸食植物汁液或捕食小动物,有些是农林害虫或益虫,少数种吸食血液,传播疾病。全世界已知 38000 余种。中国已记录的种类约 3100 余种。

扁豆蝽 *Eurygaster testudinarius*(蝽科 Pentatomidae,扁豆蝽属 *Eurygaster*):体长 9.0～9.5mm,宽 6mm,黄褐至灰褐色,密被同色、褐色及黑色刻点,这些刻点在前胸背板上组成竖条不显著的黑褐色纵带,在小盾片中央形成"Y"字形淡色纹,在小盾片两侧之前半部各有一斜列的平行四边形隐约的淡色斑。其余区域呈深色,腹部各节侧接缘后半部黑色。腹下污黄褐,胸下布深色刻点,腹下刻点色较淡,侧缘中央有一黑斑。腹下中央处常有一些密集的黑点组成小斑。寄主为小麦。

大臭蝽 *Metonymia glandulosa*(蝽科 Pentatomidae,臭蝽属 *Metonymia*):体长 24～28mm,宽 14～15mm,淡黄褐色、黄褐色至淡红褐色。触角全部褐色。前胸背板前侧缘锯齿状。前胸背板及小盾片上具稀疏的小黑点,小盾片基角的斑金绿色,有强光泽。

粟缘蝽 *Liorhyssus hyalinus*(缘蝽科 Coreidae,粟缘蝽属 *Liorhyssus*):体长6.0～6.5mm,草黄色,具浅色细毛。头顶、前胸背板前部横沟及后部两侧、小盾片基部均具黑色斑纹,斑纹变异很大;触角及足常具黑色小点;腹部背面黑色,第五背板中央具 1 个卵形黄斑,两侧各有 1 个较小的黄斑,第六背板中央具 1 条黄色带纹,后缘两侧黄色,第七背板基部黑色,端部中间及两侧黄色;侧接缘各节端部黑色。寄主为粟穗、蔬菜。

4.2.2.11　脉翅目 Neuroptera

脉翅目昆虫通称"蛉",包括草蛉、褐蛉、蚁蛉、螳蛉等。成虫和幼虫均捕食害虫,是一类重要的益虫。全世界已知的约 4500 多种。中国有 638 种。

大草蛉 *Chrysopa pallens*(草蛉科 Chrysopidae,草蛉属 *Chrysopa*):成虫体长约 14mm。翅展约 35mm。体黄绿色,有黑斑纹。头部触角 1 对,细长,丝状;复眼大,呈半球状,凸出于头部两侧,呈金黄色;头上有 2～7 个黑斑;口器发达,下颚须和下唇须均为黄褐色。胸部黄绿色,背中有 1 条黄色纵带。腹部全绿,密生黄毛。足黄绿色,跗节黄褐色。四翅透明,翅脉大部分黄绿色,但前翅前缘横脉和翅后缘基部的脉为黑色;后缘仅前缘横脉和径横脉大半段为黑色;翅脉上多黑毛,翅缘的毛多为黄色。卵有长丝柄,十多粒集在一处像一丛花蕊。1 年繁殖 3 代,以老熟幼虫在茧内越冬。幼虫称大蚜狮,捕食棉蚜、桃蚜、麦蚜等多种蚜虫以及棉铃虫的卵和小幼虫等,已用于生物防治,是有益昆虫。

4.2.2.12　鞘翅目 Coleoptera

体壁坚硬,特别是前翅角质化,故通称甲虫。口器咀嚼式,完全变态。是昆虫纲中最大的一个目。世界已知约 35 万多种,占世界已知昆虫总数的 1/3,下分 22 个总科,135 个科。中国已知约近 1 万余种,隶属 17 个总科,105 个科。

中国虎甲 *Cicindela chinensis*(虎甲科 Cicindelidae,虎甲属 *Cicindela*):体长 20mm,长圆柱形,具金属光泽和鲜艳斑纹。复眼大,触角 11 节,生在上颚基部的上方。鞘翅光滑,后翅发达,但脉序极不规则;足细长,胫节有距。成虫很活跃,能迅速飞行,白天喜在田埂、河边觅食小昆虫,无翅个体常在夜间活动。幼虫体细长,乳白色,栖于沙质草地的洞穴中,捕食接近洞口的猎物,腹部背面的倒钩可防止猎物挣扎时将幼虫拖出洞外。

粪堆粪金龟 *Geotrupes stercorarius*(粪金龟科 Geotrupidae,粪金龟属 *Geotrupes*):体中到大型,粗壮,黑色;触角 11 节,棒状部 3 节;上颚和上唇凸出。小盾片发达;鞘翅完全覆盖腹部,表面有明显沟纹;前足胫节宽阔,外缘齿形或扇形;后足胫节端距 2 枚,跗节细长。幼虫的感觉器官和运动器官均发达,能自由选择合适的食物区。成虫善于飞翔。成虫、幼虫一般食牲畜粪便、尸体、腐木或腐生菌类。在加拿大已利用来清除牧场上的牲畜粪便。

铜绿异丽金龟 *Anomala corpulenta*(丽金龟科 Rutelidae,丽金龟属 *Anomala*):又称铜绿金龟子、铜壳螂。成虫体长 16～22mm,体阔 8.3～12.0mm,长卵圆形,背腹扁圆,体铜绿色,头面、前胸背板色泽深,鞘翅较淡而泛铜黄色。唇基前缘、前胸背板两侧呈淡褐色条斑。臀板黄褐色,常有形成多变的 1～3 个铜绿或古铜色斑。腹面多呈乳黄或黄褐色。头大,唇基短阔,梯形,头面布皱密刻点。触角 9 节,鳃片部 3 节。前胸背板大,侧缘略呈弧形,最阔点在中点之前,前侧角前伸,尖锐,后侧角钝,后缘边框宽,前缘边框有显著膜质饰边。小盾片近半圆形。鞘翅密布刻点,背面有 2 条清楚纵肋纹,缘折达到后侧缘转弯处,翅缘有膜质饰边,胸下密被绒毛。腹部每腹板有毛 1 排。前足胫节外缘 2 齿。此种是中国黄淮一带粮棉区的主要地下害虫之一。1 年发生 1 代,以老熟幼虫越冬,成虫杂食而量大,是果园、林木的重要害虫。

大锹甲 *Odontolabis siva*(锹甲科 Lucamidae,齿鄂锹甲属 *Odontolabis*):体中至大型,长椭圆形,黑色或具黑、黄色斑纹,有光泽。触角 11 节,膝状,棒状部 3～6 节;雄虫上颚几乎长于身体其余部分;鞘翅盖住腹部,表面无纵痕纹,可见腹板 5 节。成虫趋光,植食性或腐食性,可危害果树或林木,食树皮和嫩枝。幼虫生活在腐殖土、根或朽木中。

中华黄萤 *Luciola chinensis*(萤科 Lampyrisae,黄萤属 *Luciola*):小至中型,体壁与鞘翅柔软。头部被平坦的前胸背板遮住,雄虫复眼发达,雌虫复眼小;触角 11 节,柄节靠近。前足亚基节显著,中足基节相连,后足基节横扁;跗节 5 节。夜动性,一般都能发光,雌虫较强,发光器位于第 7 腹节;雄虫发光器位于第 6、7 腹节,卵、幼虫、蛹亦能发光,光一般为黄绿色。成虫一般不取食,幼虫捕食昆虫、蜗牛、蚯蚓或甲壳类,栖于河岸、树皮、瓦砾堆、蔬菜堆下。

七星瓢虫 *Coccinella septempucata*(瓢虫科 Coccinellidae,瓢虫属 *Coccinella*):体长 5.2～7.0mm。上颚外方黄白色;触角大部分黄褐色,端部黑褐色。前胸背板前角的黄斑近方形;中胸后侧片白色;后胸后侧片黑色,鞘翅上有 7 个黑色斑点,黑斑常随海拔升高而有各种变化,扩大而部分相连形成特殊花纹,或甚至消失。捕食棉蚜和麦蚜,为常见益虫。

星天牛 *Anoplophora chinensis*(天牛科 Cerambycidae,星天牛属 *Anoplophora*):成虫体长 19~39mm,体宽 6.0~13.5mm。体漆黑,有时略带金属光泽。鞘翅具小形白色毛斑,大致排成 5 横行。肩基部亦常有斑点,斑点变异很大,有时很不整齐,难辨行列。触角柄节第 3 节以下各节基部和足被淡蓝色绒毛,柄节端疤关闭式。前胸背板侧刺突粗壮,胸面具 3 个瘤突,中瘤明显。鞘翅基部颗粒颇密,大小不等,约占鞘翅的 1/5。肩部下有粗刻点,其余翅面平滑,刻点极细稀,卵多产于树干基,以幼虫在木质部隧道中越冬,一般 1 年 1 代,在北方可能 2~3 年 1 代。被害植物中以柑橘类和杨柳类树木受害最严重。

4.2.2.13　双翅目 Diptera

口器刺吸式或舐吸式。前翅膜质,后翅退化成平衡棒,极少数种类无翅。发育全变态。包括蚊、蝇、蠓、虻,为昆虫纲中第四大目。世界已知 85000 多种。中国已知 4000 多种。

稻大蚊 *Tipula aino*(大蚊科 Tipulidae,大蚊属 *Tipula*):体长 14~18mm,淡褐色。翅透明,淡褐色。触角 13 节,基部 3 节淡褐色,其他各节黑褐色,第 3 节比第 1 节短。幼虫在土中,食腐殖质,喜食幼芽,危害稻秧和麦苗的幼根。

中华按蚊 *Anopheles sinensis*(蚊科 Culicidae,按蚊属 *Anopheles*):雌蚊下颚须有白环。前翅缘由明显的亚缘脉白斑和亚端白斑;径脉,干大部分黑色,纵脉 6 条,仅有 2 个黑斑。后跗节 1~4 节有窄端白环,第 4 节基部通常无白环。腹部侧膜上一般有“T”字形暗斑。雄蚊抱肢基节后面有很多淡色鳞。雌蚊兼吸人、畜血液,但偏向牛、马、驴等大家畜血液。饱血雌蚊的栖息习性因地区和季节有很大变化。稻田通常是这种按蚊的主要孳生场所,但也广泛地在沼泽、芦苇塘、湖滨、沟渠、池塘、洼地积水等环境中生长。以成蚊越冬。中华按蚊是中国记述最早和研究最广的蚊虫,是广大平原地区传播疟疾的重要媒介之一。有些地区也曾从这种按蚊分离到流行性乙型脑炎病毒。

牛虻 *Tabanus mandarinus*(虻科 Tabanidae,虻属 *Tabanus*):体大型,17~19mm,黑色。腹部背面有 5 条灰色纵线;足黑褐至黑色,腹部各节(第 1 节除外)的后缘白色,第 1~6 腹节侧面有白斑。雌虻吸食牛血。

舍蝇 *Musca domestica vicina*(蝇科 Muscidae,家蝇属 *Musca*):又称窄额家蝇。体长 5.0~8.0mm。雄性额宽约为眼宽 1/4 左右,头顶单眼三角和眼缘间的距离只有单眼三角横径 1/2 或更狭;后头上部凸出不明显。腹部灰黄色棋盘状斑纹明显。舍蝇繁殖力强而快。自卵孵化至成虫,约需 8~14d(随气候、温度、食物等环境而异)。卵集结成块。幼虫杂食性,孳生习性极复杂,一般孳生于人、畜粪中和腐败的动植物中。蛹与幼虫均能越冬,一般以蛹过冬。舍蝇因有边吃边排的习性,因此,凡是由口腔进入人体的病原体,均可由它转播。

4.2.2.14　鳞翅目 Lepidoptera

翅膜质,具鳞片;横脉少;口器虹吸式。为昆虫纲第二大目,包括蝴蝶和蛾类。世界已知种数约 20 万种以上。中国已知的约 8000 种。其中有许多是农林生产上的重要害虫,同时许多成虫具有传粉功能。家蚕、柞蚕、天蚕等是著名的产丝昆虫;许多美丽的蝴蝶和蛾等具有极大的艺术观赏价值。

玉带凤蝶 *Papilio polytes*（凤蝶科 Papilionidae，凤蝶属 *Papilio*）：体翅黑色，雄蝶前翅外缘有 4 列白斑；后翅中部有清晰而规则的横白斑，反面外缘凹陷处有橙色点，亚缘有 4 列橙色新月形斑，中部有 1 列白斑。雌蝶多型。寄主为柑橘、枸杞。

菜粉蝶 *Pieris rapae*（粉蝶科 Pieridae，粉蝶属 *Pieris*）：又称白粉蝶。翅展 42～54mm。翅面和脉纹白色，前翅顶角和中部有 2 个黑色斑纹；后翅前缘有 1 个黑斑，雌蝶明显。翅基部和前翅前缘色暗，雌性较明显。幼虫主要是危害十字花科蔬菜及豆科、蔷薇科等植物。

4.2.2.15 膜翅目 Hymenoptera

包括常见的蜂、蚁，即蜜蜂、胡蜂、姬蜂、蚂蚁等。全世界已知约 10 万多种，加上尚未发现的估计至少有 25 万种。为昆虫纲第三大目。膜翅目昆虫的研究，不仅对经济植物害虫的研究和防治有重要意义，而且对天敌昆虫和传粉昆虫的研究及开发利用也有特别重要的意义。

细黄胡蜂 *Vespula flaviceps*（胡蜂科 Vespidae，黄胡蜂属 *Vespula*）：雌体体长约 10～12mm，头部宽与胸部略相等。两触角窝之间有倒梯形黄色斑，额沟明显。触角支角突黑色，除柄节前缘黄色外，各节全呈黑色。基唇宽大于长，黄色。前胸背板前缘略凸出，两肩角圆形，全呈黑色。中胸背板全呈黑色，中央有纵隆线，光滑，覆较长的棕色毛。小盾片矩形，中央有纵的浅沟，黑色。后小盾片向下垂直，端部中央凸起，全呈黑色。腹部第 1 节背部前缘两侧各有一黄色窄横斑，第 2、5 节背、腹板均黑色，第 6 节背、腹板均近三角形，黄色。雄性体长约 12mm，与雌蜂相似，触角略长，腹部 7 节。

中华蜜蜂 *Apis cerana*（蜜蜂科 Apidae，蜜蜂属 *Apis*）：体长 11～13mm，具密毛，部分毛呈羽状或有分枝。触角 3 节，第 1 节明显短于第 3 节。前、中足胫节各有一端距，后足胫节端部宽扁，无距，外侧表面略凹陷，边缘有长毛，形成花粉篮，第 1 跗节胀大扁阔，内侧有几列短刚毛，形成花粉刷。前翅前缘室长，肘室 3 个。腹端具螫针。营群居生活，为社会性昆虫。蜜蜂为人类利用最早和研究最多的常见种类。

4.3 土壤动物

4.3.1 野外采集及调查方法

4.3.1.1 采集地的选择

在土壤动物研究过程中，采集地的选择往往以植被类型作为样地选择的主要依据。样地的面积以 1hm² 为宜。如果样地形状为方形，则在样地的四角和中央各选 1 个采样点，每个采样点选取 50cm×50cm 的样方 1 个，用于大型土壤动物的采集。通常按照凋落物层、0～5、6～10 和 11～15 分四层取样。收集样方内的所有凋落物，带回实验室，用干漏斗引诱法分离动物。采样地光线好时，就地手拣，分别挑取各层土壤中的大型土壤动物；采样地光线不好时，将三层土壤分别取出，运至空地进行手拣。中小型土壤动物的采集，常用环刀法：先做土壤剖面，在 0～5、6～10 和 11～15 三层，分别用中环刀各取 2～3 个土样，带回实验室用于干生土壤动物的分离,用小环刀取 2~3 个土样用于湿生土壤动物的分离。应该注意的是,选择样方时应尽量避开白蚁和蚂蚁的蚁窝。

4.3.1.2　土壤动物的保存

土壤动物可用保存液保存中小型土壤动物不可制成永久装片保存。

1. 保存液保存

一种是用 75% 或 80% 酒精。另一种是奥氏保存液,由 87 份 70% 酒精、5 份甘油、8 份冰醋酸配制而成。将标本放入装有保存液的指管内,口塞好脱脂棉。若把指管放入装满保存液的广口瓶内,封口保存则更好。

2. 永久装片保存

制片时将动物用保存液洗数次,干净后用封固剂封片。常用的封固剂是蒸馏水 50ml、水合氯醛 50g、甘油 20ml、阿拉伯胶 30g 顺序混合,剧烈搅拌,再用细纱布过滤而成。将标本浸入封固剂中,盖上盖玻片,用灯焰缓慢加热至沸腾即可,待数天阴干后用指甲油涂封可防止受潮发霉,也可用油镜观察。

4.3.1.3　土壤动物的分拣

体长大于 2mm 的大型土壤动物一般采用手拣法;体长 0.2~2mm 的中小型土壤动物采集用干漏斗引诱法(Tullgren)和湿漏斗引诱法(Baermann)最有效。

1. 干漏斗引诱法

用 1 个金属圆筒(去掉顶和底的圆筒罐头盒即可),底部装有金属网,上面用电灯加热,下接漏斗,漏斗下接收集瓶,瓶内装 80% 酒精作为防腐剂。引诱时,将土壤材料用一两层粗纱布包起,放在漏斗内的金属网上,防止土掉入收集瓶内。用 40W 的灯泡烘烤,使土壤材料表面温度在 35~40℃左右。这样土壤内小动物受热后下移,通过金属网落入收集瓶内,一般用 24~48h 即可分离完毕,气温较高、湿度较低时分离时间可缩短。此法对螨类和弹尾类引出率较高。

2. 湿漏斗引诱法

用一直径 7~10cm 左右的玻璃漏斗,颈端接一段 15cm 长的胶管,胶管用 2 个弹簧夹夹住,漏斗口上平铺 1 层细纱网,上面用 40W 灯泡加热。引诱时将漏斗装满水,把土壤材料放在纱网上,重力网与土会慢慢坠入漏斗里。开灯加热时,小动物由于避热反应会进入水中并沉淀到漏斗底部。经 48h 分离后,松开胶管上边的弹簧夹再夹紧,使水中的小动物集中到两弹簧夹之间,取下胶管放入培养皿,打开弹簧夹,将小动物连同水一并浸入保存液。此法对线虫类的引出率较高。

4.3.1.4　土壤动物的鉴定

土壤动物类群与物种十分丰富。在尹文英的《中国土壤动物》一书中记述了 570 余属 3000 多种;在《中国土壤动物检索图鉴》一书中记述了我国各气候区典型地带的土壤动物 8 门

28 纲 90 多个目约 500 个科 1400 个属及其代表种;在《中国亚热带土壤动物》中记述了我国亚热带土壤动物 8 门 20 纲 71 目 347 科 443 属 606 种的分类和主要形态特征。由此可见,土壤动物类群和种类十分繁多,且由于它们身体大小不一,对于它们的鉴定又各有特殊的标准和要求,具体详见尹文英的《中国亚热带土壤动物》和《中国土壤动物检索图鉴》。但一般的土壤动物工作者和野外实习指导教师很难全面掌握其分类和鉴定方法,所以在实际的土壤动物生态学研究和野外实习中,常采用大类别系统,除了个别类群,只要分到纲、目、科即可。

4.3.2　浙江省野外常见种类识别

土笋蛭 *Bipalium kewense*(笋涡虫科 Bipallidae,笋蛭属 *Bipalium*):体长 12～35cm。头部膨大如扇状,活动时可胀大或缩小。背部的底色是黄色或橄榄色,有 3 条狭的和 2 条宽的深紫色纵线。腹部灰色或橄榄色,有 2 行紫色纵线。头部边缘和体两侧边缘有许多眼点。在"颈"的两侧,各有 1 块由黑色素点构成的暗色区,极为显著。口在腹部前方约 1/3 处,咽短而多皱襞。生活在屋旁,墙角等潮湿的地方,有时爬行入屋内,温室中亦有。

威廉环毛蚓 *Pheretima guillelmi*(钜蚓科 Megascolecidae,环毛蚓属 *Pheretima*):体长 96～150mm,宽 5～8mm。背面颜色青黄或灰青色。背中线深青色。环带占 ⅩⅣ～ⅩⅥ 3 节,无刚毛。身体上刚毛较细。雄生殖孔在 ⅩⅧ 节两侧一浅交配腔内,陷入时呈纵裂缝。受精囊孔 3 对,在 6/7～8/9 节间,孔在一横裂小突上。无受精囊腔。隔膜 8/9～9/10 缺。盲肠简单。受精囊的盲管,内端 2/3 在平面,左右弯曲,为纳精囊,与管分明。

双眼符䖴 *Folsomia diplophthalma*(等节䖴科 Isotomidae,符䖴属 *Folsomia*):体长达1.5mm。体白色,胸的腹面、背面及头上具有分散的黑色素。触角各节长之比为 1:3:2:4,第 4 节具一些钝状刚毛。角后器长椭圆形,约为单眼直径的 4 倍。眼 1+1,眼斑圆形、黑色。胸部第 1 节不明显,退化为膜质,无背板及刚毛;第 2、3 节明显。各胸足爪均无侧齿和内齿,小爪亦无齿。弹器基腹面前端具 2 根粗大刚毛。弹器齿节在背中央有一些小锯齿,在背基部具 1 根粗直刚毛和 1 根较短刚毛,稍靠中央有 1～2 根刚毛。腹面具 6～8 根刚毛,两齿节腹面基部之间具 2 对粗钩。端节有两齿,亚端齿长大于端齿。体背除短而光滑刚毛外,还具长而光滑的刚毛,常生活于石块下、腐殖质等生境中。

斯氏针圆䖴 *Sphyrotheca stachi*(圆䖴科 Sminthuridae,圆䖴属 *Sphyrotheca*):体长 1.0mm。触角除第 2 节白色外,其余 3 节均呈紫色,杂有白色到淡黄色斑点及横带,眼 8+8,位于黑色眼斑内。触角为头长的 1.4 倍;触角各节长之比为 2.7:3.8:6.5:11.7;第 4 节分 9 个亚节,末端的亚节长为其余各亚节长的 1.5～2.0 倍。头部额区具不成对大毛 2 根,眼间囊区有短而光滑的刺状毛 4 根。体球形,胸腹间无明显界限,腹部第 1～4 节愈合为大腹。躯体刚毛弯刀状,外侧细微皱纹状。爪背面具膜,小爪亚顶端具一细丝,其长超过爪之末端。雌虫生殖区的肛上瓣有大型光滑刚毛 4 根。肛附器粗大而弯曲,末端两侧呈纤毛状。常生活于石块下、腐殖质等处。

约安巨马陆 *Prospirobolus joannisi*(姬马陆科 Julidae,巨马陆属 *Prospirobolus*):体大,长约 120mm,宽约 7mm。触角长 5mm,有毛,末端有 4 个以上圆锥状感觉体。头鞘平滑,前中央有一纵沟。触角基部后每边约有 50 个单眼集结,排成三角形,似复眼。躯干背面黑褐色,后缘淡褐色,前缘盖住部分淡黄色。约自第 6 背板以后,每侧各有 1 对臭腺孔。第 1 节(颈节)无附肢,第 2~4 节各具 1 对附肢,第 5 节至肛前节,每节都有 2 对附肢。每步肢由 6 节组成,末端有爪,黑褐色。胸板成弱"Ⅴ"字形。肛门在两肛门瓣之间。生殖肢由第 7 节步肢形成。广泛分布于山林潮湿地区。

北京山蚤 *Spirobolus pekinensis*(山蚤科 Spirobolidae,山蚤属 *Spirobolus*):体长 35mm,宽 3.4mm。全体暗褐色,惟侧庇步肢跗节赤黄色,侧庇两后角齿状凸出,超出本节。雄性背面有粗刻点(雌性仅前方 3~4 节有)。胸板有毛。生殖节基节相当大,有刺毛。前腿节小,腿节则甚长,等粗,微弯成弓状。胫跗节屈曲成圆形,后腿节即在其侧方出现,胫跗两节界限不分明,从后腿节分出两支,一支即胫节和跗节,末端有几个缺刻,另一细精沟支即围在外面。

锈耳盲蜈蚣 *Otocryptops rubiginosus*(盲蜈蚣科 Cryptopidae,耳盲蜈蚣属 *Otocryptops*):体长 40~50mm,宽 4mm。头长和宽相等。背部红褐色,触角、步肢及腹面淡红色,头和第 1 背板较多赤身。全无眼。头板上细点。躯干 23 节。触角 17 节,基部 3 节背侧缺毛。气门 10 对,各位于第 3、5、8、10、12、14、16、18、20、22 节步肢基节的上方。第 5~20 节背板有 2 条纵沟。末对步肢基侧板多腺孔。后端细长,有一尖棘。前腿节腹面有一很大棘,朝向下方,背面内侧有 1 个小棘。第 1~21 步肢有一跗节各有一棘,第 22、23 步肢各有 2 跗节,无棘。

少棘蜈蚣 *Scolopendra subspinipes*(蜈蚣科 Scolopendridae,蜈蚣属 *Scolopendra*):体长 60~120mm,宽 5~11mm。头板近圆形,前端凸出,长约为第 1 背板的 2 倍。头板和第 1 背板金黄色,自第 2 背板起墨绿或暗绿色。末板黄褐色。腹板和步肢淡黄色。4 对单眼。触角 17 节,基部 6 节无毛。背板约自第 4~9 节起有 2 条不明显的纵沟,第 2、4、6、9、11、13、15、17、19 节背板较短。胸板纵沟在第 2~19 节间有。鄂肢齿板前端每边具小齿 5 个(内侧 3 个靠拢)。步肢 21 对,末对步肢基侧板后端有 2 个尖棘,前腿节腹面外侧有 2 个棘,内侧有 1 个棘,背内侧有 1~3 个棘。

疣索蚰蜒 *Thereuonema tuberculata*(蚰蜒科 Scutigeridae,索蚰蜒属 *Thereuonema*):体较小,约 25mm,背板 11 块中有 8 块甚大,其他小。第 2~8 背板后中央开气门。体色灰绿,背和步肢上都有斑纹。左右小眼密集,宛如复眼。上唇分 3 叶,中央部分甚小。下颚 2 对有长须。第 2 对下颚有 4 节,毒鄂很大。下唇 2 基节,前左右 2 叶的前缘有长刺。触角和肛角细长,约近体长的 2 倍。步肢 15 对(包括肛脚),近体 3 节间有棘,跗节细长多分节,缺爪,易断。

4.4　两栖爬行类

4.4.1　野外调查方法

4.4.1.1　种群数量调查

两栖爬行类动物种群的调查方法众多,各方法所需人力不尽相同,调查者需依据研究需求来决定调查人力。针对不同的研究对象,应选择恰当的方法,以最少的人力和物力获得最有效的数据。从人员来讲,最好分成若干小组在不同点进行调查,且互不干扰,或不同小组间隔观察(如隔天观察)。建议每小组两三人,一人可专门记录,另外一两人则进行搜寻、观察,最多不超过 5 人。总之,不能单独调查,以免发生意外;人员太多,如超过 6 人,会影响调查质量。

　　现介绍几种常见的取样法,并比较各方法之优劣。当然,各方法之间并不相互排斥,选定适合的数种方法来进行取样,才能达到研究的目的。

1. 彻底资源清查法

　　本法主要是在特定样区内进行地毯式搜索,将样区内所有可能的种类与数量全数调查出来。这种方法调查时间密集,调查人力众多,能彻底、有效地了解该样区内两栖爬行类动物的组成。对研究者来说,若能获得此翔实的资料当然是最好的,但有时考虑研究目的、调查人力与时间,以及彻底资源调查法过程中对生物造成的干扰,倘若是仅需要相对数量即可达到原先设定的研究目的,研究者大可不必采用此法,可选择后续诸法来进行。

2. 目视遇测法

　　该法指研究人员在特定时间内系统地走过一特定路线或区域,将所看到的所有种类与数量记录下来。此法广泛应用于野生动物的调查与监测,可获得种群的相对数量。但有时瞬间无法进行辨识,此时宁可不纪录此数据,也不要误判;但如果调查数量为零或甚少,则补纪录:未确认种,暂记为 1 只。

3. 鸣叫计数法

　　在蛙类研究中经常利用蛙类独特的求偶鸣叫行为,在特定调查路线中将两侧所听到的种类数量记录下来,用以了解物种组成,估算雄性成蛙的相对数量,进而估计族群相对数量。但该法受限于调查人员对鸣叫声音的辨识、听力与辨析数量的能力,再加上各物种繁殖季节不同,且鸣叫的音频与音量差异甚大,一般常与其他方法配合使用。

4. 样方法

　　将欲调查的均质区域划为网格,对各方格给予一编号,再随机挑选数个方块,并仔细调查各方块内之生物组成,从而获得物种种类、相对丰度、密度。而划设方格的大小与选取的数量则需考虑调查人力与统计的可信度。此法可免除人为挑选样区时的误差;但有些选取的样方并不易到达,从而增加调查的困难度。

5. 穿越线取样法

　　本法系指样区或调查路线为线型,而样区类型主要有两类:其一,通过连续渐变的环境,例如为调查不同海拔的蛙类分布,则选取一条由低至高海拔之穿越线为样区,于穿越线中选取部分片段进行调查,通常适用较大尺度的调查。其二,通过均质环境,选取多条穿越线,每一条穿越线为一样区,通常适用于小尺度的调查。

6. 丛块取样法

　　许多生物通常会有特别偏好某种微栖息地或群体聚集的行为,所以调查者常常会在这类地方观察到较多的个体。本法就是以这些高密度的栖息地为单位(即一个样区,称为一个丛块),当调查丛块数量达到一定程度后,便可进行统计分析,通常适用于"微栖息地利用"研究。

7. 陷阱法

陷阱法主要根据目标生物的生态习性,并利用相关的设施来圈捕。诱捕有主动诱捕和被动捕捉之分:前者多利用食物或激素来作为引诱的物质,将标的生物引入陷阱中;后者则没有诱饵,多根据繁殖与活动习性,在该生物的移动路径中做拦截或陷阱。陷阱本身则分为致死与非致死的装置:前者系为了某必要研究因素,利用酒精、福尔马林或其他固定溶液来将掉入陷阱的生物予以固定;后者则是仅做暂时的禁锢,不会导致动物死亡,所以此法在设置期间必须定时巡查,以免遭捕获的生物饿死或被捕食。如可将水桶埋于地下,水桶口与地面持平,适合诱捕陆地上活动频繁或具有固定活动路线的两栖爬行类;还可将竹篾制成的诱捕笼(放有如咸鱼、猪肝等诱饵,且入口只能进不能出)投入水下,适于诱捕水下活动的两栖爬行类动物,但该法容易导致动物的窒息,需经常巡查。

8. 繁殖地调查法

本法主要针对特定蛙类,它们在繁殖期会聚集在特定的繁殖场所进行生殖活动,因此调查者可以在特定季节在特定地点进行密集的调查研究,地点多为溪流、池塘或积水处。

9. 定点声音监控法

本法主要针对会发出求偶叫声的蛙类进行调查,系利用录音机来进行长时间的声音记录,再回到室内逐一聆听记录到的鸣叫的动物的种类与相对数量。但该法分析录音所用的时间较长,需要一些专业软件配合,且只适用于鸣叫求偶的种类。

10. 幼体取样法

这里所指的幼体主要是蝌蚪,本法即在特定的栖息场所计数蝌蚪的种类与数量。此法的优点在于白天也可以进行调查,容易进行观察与计数,且可记录到一些平常没观察到的种类。但此法可能受到蝌蚪不易鉴定、数量估计不准确、繁殖场地多样等因素的影响。

11. 追踪调查法

所谓追踪就是指连续将某个体之活动路径记录下来。为了不干扰标的生物的正常行为,通常会采用一些辅助工具来追踪,而不会采用现场观察的方法。追踪的器材主要包括防水的无线发报器与接收器。无线发报器的重量不应超过动物体重的 5%,否则会导致生物负担过重。目前最小的防水的发报器约 1.75g(非防水的发报器约 1g),但价格高贵,电池寿命短。

12. 标志重捕法

标志重捕法的原理将在第 5 章节中具体讲述。在研究两栖爬行类动物中,两栖类的重捕的技术要求最高,因为两栖类生境复杂且体表分泌黏液,很难用涂料进行标志,因此人们发展出了剪指(趾)法、指(趾)环法、烙印法等。剪指(趾)法对动物体有一定损伤,且伤口可能会感染,剪指(趾)后需立即消毒止血,另外,剪指(趾)法可能会对其运动攀爬能力产生影响,增加其被捕食的几率。指(趾)环法是采用用塑料或金属环给有蹼的两栖爬行类做"戒指"的方法进行标志,该法需要穿过蹼,但对动物体的损伤很小。烙印法是用高温物体将动物体某些部位烫出伤疤以作为标志的方法,它对动物有不同程度的损伤。后来又发展出冷冻烙印法,即用低温物体(如液氮冷冻过的金属体)接触蛙的皮肤,可以产生烙印,但这些烙印标志在 1~2 个月后可能就会随着皮肤细胞的更新而消失,所以仅适于短期研究。

此外,调查时间、频度、地点,样地选择、大小对调查结果的影响极大。如在繁殖季节容易发现蛙类的集群现象;有的爬行类动物喜欢日间(如蜥蜴类)或夜间活动;蛙类多数喜欢夜间活动。调查频度过多会干扰动物的正常活动,因此两次调查间需间隔一定时间。此外,调查前需要预先搜集、了解待调查物种的分布情况、生境特征等信息,这样可以获得事半功倍的效果。调查样区的选择一样要考虑到研究目的,以及调查人力。一般来说,样区的规划需要注意每个样区大小、数量以及代表性。一般在进行样区规划前,会先将全区内的各栖息地类型逐一列出,如森林、溪流、池塘、耕地、果园、建筑物等,再依此规划样区地点与数量,以各栖息地类型能有重复为佳,最后再考虑人力与调查频度,规划适当的样区大小、数量,期望以最少的调查量,获得最大的代表性。

数据记录在两栖爬行类种群数量调查过程中非常重要,主要记录出现的物种名称、数量、出现地的小地形、小生境状况等,大致可以分为基本数据、环境数据、生物数据三方面。

(1) 基本数据

日期、时间、调查人员、记录者,以及其他备注的部分。

(2) 环境数据

栖息地环境的特征,包括调查当时的物候条件、栖息地类型与地理位置。

① 物候条件主要包括气温、水温与湿度,以及天气状况(晴、多云、阴、小雨、大雨)。

② 栖息地类型可分为宏观栖息地和微观栖息地。前者主要分为高山草原、针叶林、混生林、阔叶林、垦地、草原、裸露地等。前四项植被类型为原始林形态,概略来说可以海拔来区分,分别为:>3000m 为高山草原,2000~3000m 为针叶林,1000~2000m 为混交林,0~1000m 为阔叶林。垦地则是人为开垦的耕地、果园。草原以低海拔人为或先驱草原为主。裸露地则为天然崩坍地或人为开发而缺乏植被的地区。后者主要以观察到个体之停栖的位置为基准,可分为七大类:流动水域(河流>5m、河流<5m、山涧瀑布)、水沟(水沟、沟边植物、干沟)、静止水域(开阔水域、水池岸边、岸边植物)、暂时性水域(水域、水边植物)、树林(乔木、灌丛、底层、树洞)、草地(短草、高草)、开垦地(稻田、竹林、菜园、果园、废耕、住宅、马路、步道、空地、其他)。

③ 地理位置分为名称与坐标两项。该项数据的作用在于使调查者能够确定每次都在相同位置进行调查,从而令各季调查资料可以进行比较,未来若有人想要进一步观察,能够根据此描述而到达正确位置。在名称方面,乡、镇、市为最基本的要求,若能得知村、里则更好;如果地区有特殊地标、名称,最好在一般地图上都有标示的名称;如果沿道路调查,则记录公路或步道名称,并且附注公里数。然后用 GPS 和海拔表确定地理位置,并与地图稍微比对一下,确定在误差范围内。

(3) 生物数据

主要是记录生物本身的数据,最主要的内容包括名称及数量,其次则为性别、形态与行为。名称是所有纪录中最重要的一项,且与调查者的知识和经验有关。学生可请教有经验的教师或参阅相关图鉴。数量主要是记录调查者在野外观察到的个体数量。但在研究两栖类时会采用鸣叫纪录法来调查,此法在估计数量时,误差通常较大。为了减少鸣叫计数法的误差,建议由两三位调查者同时聆听,并给予估计,然后再取平均数即可,但该法往往很难保障非繁殖物种在种群中的比例。在估计大族群量时,宁愿低估也不可高估。在蝌蚪的计数时,若遇到蝌蚪数量较多的群体,可采取分区估计的方法,计算一小区块内的蝌蚪数量,然后再估计共有几个区块,相乘即可获得全数的估计数量。性别、形态主要记录动物的性别和个体大小,如蛙类可分为雄蛙(M)、雌蛙(F)、幼蛙(L)及蝌蚪(T)。部分两栖爬行类动物可以由外形与第二性征来判断雌雄,有些物种必须当场捕捉来判定,但幼体一般很难辨别雌雄。在进行繁殖生态学研究时,性别比例至关重要。记录观察到的个体行为包括生殖聚集、鸣叫、筑巢(挖洞)、领域(占区)、配对、打架、护幼、觅食、休息等。

记录方式一般来说分为三类:表格记录、随手记录、录音(录像)记录。录音(录像)记录的数据需经过人为分辨或软件分析转换为相应的数据。

4.4.1.2　食性及食物多样性调查与分析

1. 两栖爬行类动物的食性

由于潜在食饵的种类和数量有显著的季节和环境的变异,两栖爬行类动物摄入食物的种类也会相应地随季节和环境的变化而变化。

两栖类幼体阶段多为杂食性,成体表现为动物性食性,食物来源包括多种类群,如环节动物、软体动物、蜘蛛类、甲壳类、多种昆虫(包括卵和蛹)、鱼苗、蝌蚪、蜥蜴卵等,甚至在棘胸蛙(*Rana spinosa*)的胃内发现了五步蛇(*Deinagkistrodon acutus*)的幼体,虎纹蛙(*Hoplobatrachus rugulosus*)胃内发现小鼠,大鲵(*Megalobatrachus davidianus*)胃里发现有小型水鸟。对北京地区蛙类的调查表明,黑斑蛙(*Rana nigromaculata*)7月份的食物成分中,有害动物占63%,有益动物占24%,其他占13%。其中,动物性食物中主要有鞘翅目、直翅目、双翅目、同翅目等类群的昆虫。

绝大多数爬行类动物在消化道发育成熟后即为肉食性种类。龟鳖类主要以水生环境中的鱼、虾为食。鳄类多以软体动物、小鱼、小虾等为食。大多数蜥蜴捕食昆虫、蛛形类、蠕虫类和软体动物。夜间活动的壁虎类则以鳞翅目昆虫等为食。体型较大的巨蜥类则捕食蛙类、鱼类,甚至小型哺乳动物。有些蜥蜴也兼食植物,如生活于荒漠地区的虫纹麻蜥(*Eremias vermiculata*)取食白刺(一种植物)的浆果。蛇的食性很广,蚯蚓、蛞蝓、蜘蛛、昆虫及其幼虫、鱼、蛙、鼠、蜥蜴、鸟、兔等都是蛇的食物。不同的蛇有不同的喜好和食性,如金环蛇(*Bungarus fasciatus*)主要摄食鱼、蛙、蜥蜴、鼠或其他小型哺乳动物,也包括其他蛇类;银环蛇(*Bungarus multicinctus*)摄食鱼、蛙、蜥蜴、鼠或其他小型哺乳动物;眼镜蛇(*Naja naja*)摄食对象除了与银环蛇相同外,还摄食蜥蜴和鸟蛋;五步蛇主要摄食蛙鼠或其他小型哺乳动物,也摄食蜥蜴和鸟;蝮蛇(*Agkistrodon halys*)摄食鱼、蛙、蜥蜴、鸟类、鼠和其他哺乳动物;赤链蛇(*Dinodon rufozonatum*)还可吞食其他蛇类;大型的蟒蛇类可吞食野兔、小型鹿类等哺乳动物。

2. 两栖爬行类动物的食性分析方法

调查和研究两栖爬行类动物的食性,不仅有助于了解它们与农、林业和人类的益害关系,而且还可以为两栖爬行类动物的生理生态学研究提供基础数据。两栖爬行类动物食性分析的主要方法简单归纳如下。

（1）剖胃法

这是最为传统且有效的食性分析方法。野外捕获一定数量的标本(每个样点每次应不少于 20 只),2～3h 内用乙醚将动物处死,取出胃内容物称重,随后将胃内容物置培养皿内并加少许清水,进行识别鉴定。通过对消化或者半消化的胃内容物(包括细碎的昆虫头、翅、后肢等)进行鉴定和数量统计,记录胃内容物中的食物种类和数量,同时记录对应动物的形态学数据,记录表的样式参考表 4-1。有时野外条件难以满足观察和分析需要,可将胃及其内容物一起用 5％甲醛溶液固定,贴上标签后带回实验室分析,并将分析结果填入记录表。剖胃法的缺点是不能避免实验动物的处死,有违动物保护的理念。

表 4-1　食性分析记录表

编号	时间	地点	海拔	生境	天气	动物性食物	植物性食物	其他

（2）挤胃法

为了更好地实践动物保护的理念,在野外食性研究工作中,应尽量避免和减少对动物的捕杀和损伤。进行两栖爬行类动物食性分析时,挤胃法是值得推荐的一种方法。首先用一只手握住动物的后肢,使其腹面向上,以另一只手的拇指按压动物的腹部,以食指紧贴动物背部,然后两指相向并施加适当的压力,从体后向前推,胃即由口腔翻出,将胃内的食物团吐出,再将手指放松,并协助动物把胃退回原位。对食物团的分析参照前述方法进行。

（3）押胃法

适合于蜥蜴类等小型爬行类动物的分析。具体操作方法是,用左手握住动物的腰带处及尾部,右手拇指和食指分别垫于腹部背面,随后用拇指由后向前推进并挤压腹部,使胃内容物由口吐出。如果事先在胃中注水,则效果更好。取得胃内容物后,可根据其中某些特定的结构或器官特征及其数量进行种类鉴定、数量统计,如昆虫的头、下颚、翅,鱼类的头、尾鳞,蝌蚪的角质颌,蛙或蜥蜴的指(趾),鸟羽,鼠类的门齿等。挤胃法、押胃法可以有效实现实验动物的保护。

（4）检查粪便法

在其他方法多不适宜使用的情况下实施,仅适用于少数种类,检测包含难以消化的食物的存在,可根据动物的粪便中未消化的食物残渣来鉴定食物的种类。如鳖类的粪便中常见一些破碎的螺壳。

（5）饲养法

在野外食性分析的基础上进行,将捕获的活体动物带回室内,人工饲以多种食物,了解其对食物的喜好和选择性,如食物种类、数量、频次、捕食方法、捕食行为等。

3. 两栖爬行类动物的食性数据的处理

在对两栖类动物食性调查的基础上,选择正确的方法对数据进行有效的分析,从而实现食性分析的目标。可用有益系数这一指标评价动物的益害关系:

有益系数＝(有害昆虫数−有益昆虫数)/动物总数量(有害、有益、不明)

用食物种类百分比和频次百分比计算食物种类的组成:

食物种类百分比＝该类食物数量/各类食物总数

频次百分比＝该种食物在胃中出现的次数/检查胃的数目

用 Simpson 指数(B)表示食物生态位宽度：

$$B = 1/\sum p_i^2$$

式中：p_i 为实际利用的第 i 种食物在所有被利用的食物中所占的比例。

用 Levins（O_{jk} 或 O_{kj}）指数表示不同类群的食物生态位重叠度：

$$O_{jk} = O_{kj} = \sum p_{ij} p_{ik} /(\sum p_{ij}^2 \sum p_{ik}^2)^{1/2}$$

式中：p_{ij} 和 p_{ik} 分别为被 j 和 k 种类或性别组动物利用的第 i 种食物在所有被利用的食物中所占的比例。

4.4.1.3　繁殖生物学研究方法

1. 两栖类动物的繁殖

（1）外形特征和习性观察

在非繁殖季节，两栖类动物的雌、雄个体的外形差异较小。进入繁殖期后，性别相关的特征就会明显表现出来，雄性个体因为繁殖季节第二性征的表现而易于辨认。如大多数无尾两栖类雄性第 1 指背部或第 2、3 指同一部位形成婚垫；棘胸蛙雄性的胸、腹部有黑色婚刺；锄足蟾科不少种类雄性个体胸部有 1 对扁平的肱腺；不少雄性蛙类在口角或咽下有成对的外声囊或内声囊，或咽下有单一的内声囊；髭蟾类雄性上颌缘由锥形角质黑刺；另外，与雌性相比，多种蛙类雄性前肢一般略粗壮。

从繁殖行为角度观察，无尾两栖类雄性个体频繁的求偶鸣叫在春夏季节有明显的变化，这也是繁殖状态的标志。通过鸣叫可以确定蛙类的繁殖开始日期及持续时间。此时，可在其繁殖区域选择一定面积的样方，对种群数量、抱对数、产卵期、鸣叫开始与结束时间等进行统计和比较。例如，在繁殖期，黑斑蛙和花背蟾蜍（$Bufo\ raddei$）早晚都鸣叫，每天的鸣叫时间从 18：00 左右开始，至 20：00 左右达到高潮，可延续到次日黎明，花背蟾蜍每天开鸣时间较黑斑蛙晚，停鸣也较早，间隔约 1h。

（2）野外环境两栖类卵的识别

各种两栖类动物卵的产后形态略有差异，具有重要的分类和种类识别功能。在野外实习和野外研究工作中，熟悉和掌握这些差异有助于确定动物的种类，同时可用数码技术进行记录，以供后续的生态学分析。

① 单粒卵：卵为单粒，外包以狭长的胶质囊，如蝾螈的卵。

② 胶囊状卵：如小鲵科的卵。卵被包于 1 对略呈弧形的筒状胶质囊袋中，每个胶囊袋中有 7～8 枚卵。

③ 念珠状卵：如大鲵的卵。卵被包裹于长达数米的胶质囊中，囊前后相连，外观呈念珠状，与其他类型的卵极易区别。这类卵一般被产于洞口或石缝间有回流水处。

④ 带状卵：卵粒排列在长圆筒状的胶质卵带内，卵长达数米。卵带内卵的排列方式在不同种类略有差异，如各种蟾蜍的卵。

⑤ 块状卵：常由 2000～3500 枚卵粘结成块状，这类卵多漂浮于静水中的水草上，如黑斑蛙和很多蛙类的卵。

⑥ 泡沫状卵：有些种类将卵产于水边的树叶或草上，呈泡沫状，如树蛙的卵。

（3）两栖类动物繁殖情况调查

① 生殖器官的形态学变化和观察：为掌握两栖类动物繁殖状况，包括了解其生殖器官在年生活史中的变化与特征，需要解剖一定数量的成体和亚成体，观察和测量雄性精巢大小和重量，在显微镜下观察精子的发育情况；测量雌体卵巢大小和重量、卵径大小，并观察输卵管的发育状况、测量长度、管径等。在解剖之前，同时做好常规的测量和记录，包括采集时间、地点、水温、气温和实验动物的外部形态学特征等。

② 繁殖时间的记录：春夏时节，在野外听到雄蛙鸣叫，或在现场观察到雌雄抱对现象时，即标志着繁殖期的开始。因为多数两栖类在夜晚产卵，所以应于每天早、晚到繁殖区统计抱对数、产卵量等指标，以便确定产卵盛期和繁殖持续时间。

③ 受精率、受精卵孵化率及变态调查：从野外采集已卵裂的卵块或卵带，置于盛有少许清水的培养皿中观察，从中将未卵裂的卵挑出，此即为未受精卵，经过抽样统计后，即可得到受精率。选取部分受精卵，置人工孵化箱中孵化，根据孵化出的蝌蚪数量即可推算其孵化率。将孵出的蝌蚪置于模拟自然环境的条件下，使其完成胚胎后发育，在此过程中，了解其变态过程的分期与时间等。

2．爬行类动物的繁殖

爬行类动物为雌雄异体，大多数卵生，少数为卵胎生，如蜓蜒（*Sphenomorphus indicus*）。大多数种类雌、雄个体在外形上的区别并不十分显著，但还是存在形态特征的两性差异。如雌性乌龟（*Chinemys reevesii*）的背甲略带黄色，纵棱明显，尾短而尾基部粗，躯干短厚，无臭味，而雄性的龟甲为深黑色，尾长，尾基细，躯干部长而薄，有异臭；鳖的雌性尾较短，不凸出于甲外，雄性尾长并凸出于甲外；蝮蛇的雌性个体较雄性粗壮，尾较雄性短；蜥蜴类雄性个体因具有半阴茎，使尾基部较雌性宽大，用拇指、食指在尾基部由后向前挤压，即可见半阴茎从泄殖腔孔伸出；蛇类一般雄性的尾基部略膨大，尾亦较雌性略长，用挤压法或用注射器在尾基稍后处注射液体加压，亦可使其半阴茎伸出泄殖腔孔。

在野外实习中，如果遇到处于繁殖期的爬行类动物，应记录其产卵的时间，卵所在的微环境，卵的数量、大小、重量、气温、湿度，采集时间、地点等。如遇到正在交尾的动物，应保持安静，要预防有护卵和护巢行为的有毒蛇类的攻击，同时防止干扰导致动物繁殖行为的被迫终止，观察和记录其交尾的姿态、环境、气温、湿度、持续时间等。如采集到卵或幼体，可将其带回实验室，使其孵化或继续发育，定时观察、测量，并详细记录，以便于资料的分析整理，以了解动物种类、孵化期、幼体发育各阶段的特征等。

4.4.2　两栖纲的分类与检索

4.4.2.1　两栖类的分类特征及量度

1．有尾两栖类

有尾两栖类分类常用的量度有下列各项（图 4 - 2）。

全长：自吻端至尾末端的长度。

头体长：自吻端至泄殖腔孔后缘的长度。

头长：自吻端至颈褶或口角（无颈褶者）的长度。

头宽：头或颈褶左右两侧间的最大距离。

吻长：自吻端至眼前角之间的长度。

眼径：与体轴平行的眼直径。

尾长：自泄殖孔后缘至尾末端的长度。

尾高：尾部的最大高度，即尾上、下缘之间的最大高度。

尾宽：尾基部即泄殖孔两侧之间的最大宽度。

前肢长：自前肢基部至最长指末端的长度。

后肢长：自后肢基部至最长趾末端的长度。

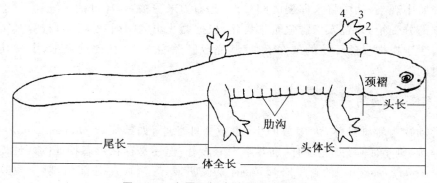

图 4 - 2 有尾两栖类的量度（自费梁）

2. 无尾两栖类

无尾两栖类（成体）分类常用的构造特征、术语有下列各项。

弧胸型肩带：上喙软骨颇大且呈弧状，其外侧与前喙软骨和喙骨相连，一般右上喙软骨重叠在左上喙软骨的腹面；肩带可通过上喙软骨在腹面左右交错活动（图 4 - 3）。盘舌蟾科、锄足蟾科、蟾蜍科和雨蛙科属此类型。

固胸型肩带：上喙软骨极小，其外侧与前喙软骨和喙骨相连，左右上喙软骨在腹中线紧密联结而不重叠，有的甚至合并为 1 条窄小的上喙骨；肩带不能通过上喙软骨左右交错活动（图 4 - 3）。蛙科、树蛙科和姬蛙科属此类型。

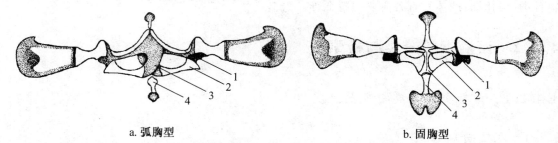

a. 弧胸型   b. 固胸型

图 4 - 3 无尾两栖类的肩带类型（自刘承钊）

1—锁骨；2—喙骨；3—上喙骨；4—胸骨

声囊：大多数蛙类的雄性个体，在咽喉部由咽部皮肤或肌肉扩展形成的囊状凸起，称为声囊。在外部能观察到的为外声囊，反之为内声囊。

蹼：连接指与指或趾与趾的皮膜，称为蹼；指间一般无蹼，仅少数树栖种类指间有蹼；趾间一般具蹼。蹼的发达程度因种而异(图 4 - 4)。

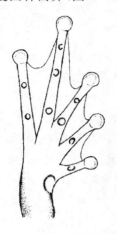

a. 全蹼与趾端膨大（湍蛙属）　　　b. 微蹼与趾端不膨大（小岩蛙属）

图 4 - 4　无尾两栖类足部腹面观图(自刘承钊)

指(趾)吸盘：指(趾)末端扩大呈圆盘状，其底部增厚成半月形肉垫，可吸附于物体上。

背侧褶：位于背部两侧，一般起自眼后伸达胯部的 1 对纵走皮肤腺隆起。

瘰粒：皮肤上排列不规则、分散或密集而表面较粗糙的大隆起，称为瘰粒。较瘰粒小、光滑的隆起为疣粒；较疣粒更小的隆起为痣粒。

无尾两栖类分类需用的量度有以下各项(图 4 - 5)。

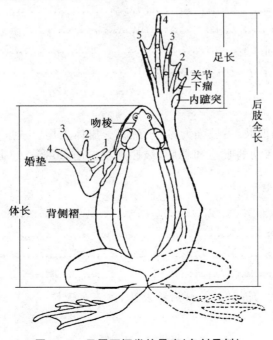

图 4 - 5　无尾两栖类的量度(自刘承钊)

  体长：自吻端至体后端的长度。

  头长：自吻端至上、下颌关节后缘的长度。

  头宽：头两侧之间的最大距离。

  吻长：自吻端至眼前角的长度。

  眼间距：左右上眼睑内侧缘之间的最窄距离。

  鼓膜径：鼓膜最大的直径。

  前臂及手长：自肘关节至第 3 指末端的长度。

  腿或后肢全长：自体后端正中部位至第 4 趾末端的长度。

4.4.2.2　两栖纲的分类与检索

  现存两栖纲分属 3 个目：无足目（蚓螈目）、有尾目（蝾螈目）和无尾目（蛙形目），34 科 398 属约 4200 种。我国有 280 余种。分类检索如下：

两栖纲分目检索

1. 无四肢（体细长，体表由皮褶形成环纹，似蚯蚓）…………………………… 无足目 Apoda

  有四肢 ……………………………………………………………………………………… 2

2. 四肢短小，有明显的颈部，终生有侧扁的尾 ……………………………… 有尾目 Urodela

  成体四肢发达，后肢一般较前肢发达，无颈部，躯干宽短，幼体具尾，成体无尾 …………
……………………………………………………………………………………… 无尾目 Anura

1.　有尾目 Urodela

  体长，多具四肢，少数具前肢，尾发达，终生存在。皮肤光滑无鳞。现存 8 科 60 属 300 余种。我国有 3 科 11 属 24 种。

有尾目分科检索

1. 眼有能动眼睑 ……………………………………………………………………………… 2

  眼无能动眼睑 …………………………………………………… 隐鳃鲵科 Cryptobranchidae

2. 犁骨齿二纵列呈"/\"形 …………………………………………… 蝾螈科 Salamandridae

  犁骨齿二纵列呈"\/"形 …………………………………………… 小鲵科 Hynobildae

2.　无尾目 Anura

  体形宽短，具发达的四肢，后肢强大，适于跳跃。成体无尾。皮肤裸露，富有黏液腺，一些种类形成毒腺疣粒。有活动的眼睑和瞬膜，鼓膜明显。有 20 科 303 属 3500 多种。我国有 7 科 23 属 172 种。

无尾目分科检索

1. 舌四周固着于口腔底部 ……………………………………… 盘舌蟾科 Discoglossidae

  舌端游离，折向口后方 ……………………………………………………………………… 2

2. 弧胸型肩带 …………………………………………………………………………………… 3

  固胸型肩带 …………………………………………………………………………………… 5

3. 上颌无齿，趾端不膨大，趾间有蹼，耳后腺发达，体表有疣粒 ………… 蟾蜍科 Bufonidae

  上颌一般有齿 ………………………………………………………………………………… 4

4. 趾端尖细,无粘盘,蹼不发达,有耳后腺 ·················· 锄足蟾科 Pelobatidae
　　趾端膨大,成粘盘,无耳后腺,多树栖 ·················· 雨蛙科 Hylidae
5. 上颌无齿,趾间无蹼,鼓膜不明显 ·················· 姫蛙科 Microhylidae
　　上颌无耻,趾间有蹼,鼓膜明显 ································· 6
6. 趾端直或末端趾骨呈"T"字形 ·················· 蛙科 Ranidae
　　趾端膨大呈盘状,末端趾骨呈"Y"字形 ·········· 树蛙科 Rhacophoridae

4.4.3　爬行纲的分类与检索

　　我国产爬行纲分属 3 目:龟鳖目、蜥蜴目、蛇目和鳄目。分类检索如下:

爬行纲分目检索

1. 体短(略扁平),有由骨板形成的硬壳,上、下颌无齿而覆以角质鞘 ······ 龟鳖目 Testudoformes
　　体较长,无骨质硬壳,上、下颌具齿 ································· 2
2. 体表被覆瓦状或镶嵌排列的鳞片,颌齿生于颌骨表面(端生齿或侧生齿),泄殖孔横裂,交接
　　器成对 ··· 4
　　体表被革质皮肤,颌齿生于齿槽内(槽生齿),泄殖孔纵裂,交接器单枚 ······ 鳄目 Crocodilia
3. 有四肢,偶缺四肢者亦有肩带,有活动的上、下眼睑和鼓膜,有胸骨 ·················
　　·· 蜥蜴目 Lacertiformes
　　无四肢,亦无肩带,无活动的上、下眼睑和鼓膜,无胸骨　　　蛇目 Serpentiformes

4.4.3.1　龟鳖目 Testudoformes

　　爬行类动物中特化的一群。躯干部被包在坚固的骨质硬壳内,无牙齿,代之以角质鞘。现
存 13 科 250 余种。我国有 5 科 37 种。

　　龟鳖目分类主要依据骨骼的构造,四肢形状,表皮结构,以及背腹甲骨板、盾片的形状、数
目和排列方式等。

龟鳖目分科检索

1. 四肢扁平成桨状,指、趾端无爪或仅有 1~2 爪 ·································· 5
　　四肢不成桨状,指、趾端具 4 或 5 爪 ··· 2
2. 背腹甲表面被角质盾片 ··· 3
　　背腹甲表面被革质皮肤 ··· 鳖科 Trionychidae
3. 头大尾长不能缩入壳内,腹盾与缘盾间有下缘盾 ·················· 平胸龟科 Platysternidae
　　头尾能缩入壳内;腹盾与缘盾间无下缘盾 ································· 4
4. 四肢较平扁;指、趾间具蹼;头顶前部无对称鳞片 ·················· 龟科 estdinidae
　　四肢粗壮,略呈圆柱形;指、趾间无蹼,头顶前部有对称大鳞 ·········· 陆龟科 Testudiniddae
5. 指、趾末端有 1~2 爪;体表覆以角质盾片 ·················· 海龟科 Chelonidae
　　指、趾末端无爪;体表覆以革质皮肤(背面有 7 条纵棱) ········ 棱皮龟科 Dermochelyidaae

4.4.3.2　蜥蜴目 Lacertiformes

　　体被角质鳞,具发达的四肢(个别退化),5 指(趾)有爪。具活动眼睑。舌扁平能收,无舌

鞘。现存 20 科 3750 种。我国约 7 科 150 种。

蜥蜴目主要依据骨骼、鳞被、鼻孔位置、耳孔、四肢发达程度和指（趾）结构、股窝和鼠蹊窝的有无等进行分类。

蜥蜴目常见科检索

1. 头顶无对称排列大鳞片 ·· 2

   头顶有对称排列大鳞片 ·· 5

2. 无活动眼睑 ··· 壁虎科 Gekkoridae

   有活动眼睑 ··· 3

3. 体大型；背鳞颗粒状；舌很长，前端深分叉 ································· 巨蜥科 Varanidae

   体小型；背鳞不呈颗粒状；舌较短，前端微有缺刻或略分叉 ········· 4

4. 尾背面有由大鳞形成的 2 行纵分脊 ··································· 鳄蜥科 Shinisuridae

   尾背面无或仅 1 行纵脊 ································· 鬣蜥科 Againidae

5. 有股窝或鼠蹊窝；腹鳞近方形 ···································· 蜥蜴科 Lacertidae

   无股窝或鼠蹊窝；腹鳞近圆形 ··································· 石龙子科 Scincidae

4.4.3.3　蛇目 Serpentiformes

体分头、躯干、尾三部分，颈部不明显，四肢消失，带骨退化。无活动眼睑，鼓膜、耳咽管消失，无膀胱。现存 13 科 2500 余种。我国有 8 科 148 种。

蛇目主要依据骨骼、牙齿、鳞片、鼻孔的大小和位置、眼的大小、雄性交接器等结构特征进行分类。

蛇目常见科分类检索

1. 体型小，蚯蚓状；通身被大小相似的鳞片，无腹鳞；眼不发达，隐没于鳞片之下呈一小黑点

   ··· 盲蛇科 Typhlopidae

   体型中等或较大；腹面正中一般有 1 行较宽大的腹鳞；眼明显 ······· 2

2. 腹鳞较窄（其宽度不到相邻背鳞的 3 倍）；泄殖孔两侧有爪状后肢残余 ········ 蟒科 Boidae

   腹鳞较宽（其宽度大于相邻背鳞的 3 倍）；泄殖孔两侧无爪状后肢残余 ········· 3

3. 尾左右侧扁；鼻孔位于吻背面，具有瓣膜 ··················· 海蛇科 Hydrophildae

   尾圆柱形；鼻孔无瓣膜 ································· 4

4. 上颌骨前端无毒牙 ····································· 游蛇科 Colubridae

   上颌骨前端有毒牙 ··· 5

5. 上颌骨前端具前沟牙 ····································· 眼镜蛇科 Elapldae

   上颌骨前端具管牙 ··· 蝰科 Viperidae

4.4.3.4　鳄目 Crocodilia

爬行类中最高等的一群。尾侧扁，后足有蹼。现存鳄科 Crocodilidae1 科 25 种。

扬子鳄 Alligator sinensis：背部棕褐色，有黄斑与黄条纹，上颌每侧有 17～18 个牙，下颌每侧 18～19 个牙。前肢 5 指，后肢 4 趾，具爪。泄殖腔孔纵裂。我国特产，国家一级保护动物。

4.4.4 浙江省野外常见种类识别

大鲵 *Megalobatrachus davidianus*(隐鳃鲵科 cryptobranchidae):国家二级保护动物。昼伏夜出。5—8 月为繁殖期,卵有胶带连接。幼体的外鳃为桃红色羽状。成体灰褐色,体背有大黑斑,皮肤有各种斑纹,头顶、腹部有许多成对疣状物,自颈侧至体侧有显著的皮肤褶,该褶上、下方有 2 行纵行、较大但不成对的疣粒。体侧有肋沟 12～15 条。前肢 4 指,后肢 5 趾,指(趾)间有蹼。肉食性,以蛙、鱼、蟹、虾、小昆虫为食。

中国小鲵 *Hynobius chinensis*(小鲵科 Hynobildae):全长 83～155mm,尾短于头体长。背面为均匀一致的角黑色;腹面浅褐色,散以深色斑。头长大于头宽,吻端圆;眼背侧位,瞳孔圆形;鼻孔略近吻端,鼻间距略大于或等于眼间距;无唇褶,有喉褶;犁骨齿列呈"V"字形,内外枝交角略超出内鼻孔前缘,内枝在后端靠近但不相连接。躯干粗短而略呈圆柱形,体侧肋沟 10～12 条。四肢较长,贴体相向时指、趾相遇,指 4,趾 5,较平扁,游离无蹼,掌跖指、趾均无角质鞘。尾基部略圆,往后侧扁,末端刀片状。

安吉小鲵 *Hynobius amjiensis*(小鲵科 Hynobildae):雄鲵全长 153～166mm,头体长 79.5～86.5mm;雌鲵全长 166mm,头体长 85mm 左右。头部卵圆而扁平;无唇褶,颈褶明显;犁骨齿列呈"V"字形。齿列向后延伸达眼球后缘。皮肤光滑,肋沟 13 条,前、后肢贴体相对时,指、趾端相重叠,指 4,趾 5;尾长略短于头体长,尾侧扁,尾鳍褶明显。体背面暗褐色或棕褐色,腹面灰褐色。生活在海拔 1300m 的山顶沟谷间的沼泽地内。周围植被较为繁茂,地面有浸水水坑,水深 50～100cm。成鲵于 12 月到翌年 3 月多栖息于水坑内,此期为繁殖期,卵鞘袋成对,多附在水草间,其长 460～580mm,每条卵鞘袋有卵 43～90 粒,每一雌鲵可产卵 96～174 粒。幼体在水坑内生长。以多种昆虫为食。分布于浙江(安吉)。

义乌小鲵 *Hynobius yiwuensis*(小鲵科 Hynobildae):头部卵圆形,躯干圆柱状,尾基略圆,末端侧扁。后肢较前肢粗,指、趾略扁,肛孔纵裂。皮肤光滑润湿,头顶有椭圆凹痕,肋沟 10 条。体背黑褐,散布银白斑点,腹面灰白。体全长 99～115mm 左右。栖息于海拔 100～200m 潮湿疏松的泥石或烂枝叶下。10 月下旬近繁殖季节时,陆续爬入坑塘或溪沟。12 月中旬至翌年 2 月产卵,产卵后继续营陆地生活。在 8～10℃水温中,40d 左右孵化成幼体,约 3 个月完成变态。饲养幼体可投喂碎肉,成体以蚯蚓、蜈蚣、马陆等为食。目前仅见于浙江省局部地区(镇海、义乌、温岭、江山、舟山),属我国稀有两栖类动物。

镇海棘螈 *Echinotriton chinhaiensis*(蝾螈科 Salamandridae):体色棕黑,嘴角后凸起,耳后腺,指、趾腹面,掌跖突部位,尾腹鳍褶均为橘黄色。皮肤粗糙,布满大小不等的疣粒。嘴角后上方有浅色凸起,其内为钩状方骨侧突,背中央脊棱凸出,紧贴髓脊,可见每个髓脊的轮廓,两侧可见与肋骨相应的斜行棱起。尾弱而短。为浙江省特有种。

东方蝾螈 *Cynops orientalis*(蝾螈科 Salamandridae):体背及体侧黑色,腹面朱红杂以不规则黑斑,多数个体在颈褶下方致富后部有一"T"字形朱红斑。两侧有不规则黑斑。肛后半部黑色。皮肤光滑,有小痣粒,耳后腺发达,有唇褶,颈褶明显。

中国瘰螈 *Paramesotriton chinensis*(蝾螈科 Salamandridae):体黑褐色,背棱棕红色。皮肤粗糙,体背及体侧布满大小不等的疣粒。背部有大疣粒,腹部有小疣粒。颈褶不明显,体腹面及尾侧有横的细沟纹。腹部有浅色斑,指、趾无缘膜。

无斑肥螈 *Pachytriton labiatus*（蝾螈科 Salamandridae）：雄螈全长 153～192mm，雌螈 129～198mm。体形肥壮，头部扁平，吻端圆，头侧无脊棱，唇褶发达，犁骨齿列呈"V"字形。体表光滑，四肢粗短，前、后肢贴体相对时，指、趾端相距甚远；指 4，趾 5，均具缘膜，个体大者缘膜甚显。尾短于头体长。体背面棕褐或黄褐色，无深色圆斑；腹面色浅有或多或少的橘红或橘黄色大斑块；尾上、下缘橘红色连续或间断。栖息在海拔 50～1800m 较为平缓的大小山溪内。溪内大小石块甚多，溪底多积有粗砂，水质清澈。以水栖生活为主，白天多栖于石下，夜晚出外多在水底石上爬行。4—7 月繁殖，产卵 30～50 粒，多为 10 粒以上成群粘附在水中石上或杂物上。幼体经过 2～3 年达性成熟，体全长可达 100mm 以上。成螈捕食象鼻虫、石蝇、螺类、虾、蟹等小动物。

肥螈 *Pachytriton bravipes*（蝾螈科 Salamandridae）：头略扁平；吻钝圆；唇褶显著；头部也无角质脊棱。四肢短粗；皮肤光滑；躯干部及尾前段略宽圆；体背及腹部稍平；全身满布黑褐色小圆斑。

崇安髭蟾 *Vibrissaphora liui*（锄足蟾科 Pelobatidae）：为我国特有的珍稀蟾类，俗称角怪。体长 68～90mm。头扁平，头宽大于头长。吻宽圆，吻棱明显。颊部略凹；瞳孔纵置；鼓膜隐蔽；上颌有齿，无犁骨齿；舌宽大，后端缺刻深。背部皮肤上的小痣粒构成细肤棱，交织成网状；腹面及体侧布满浅色小痣。生活时头和体背棕褐色，有许多不规则的黑细斑。上唇缘每侧有 1 枚雄性黑色锥状刺，而雌性的相应部位为橘红点。眼球上半浅绿色，下半均棕褐色。栖息于海拔 100～800m 林木繁茂的溪流及其附近。成体栖息在草丛、石块、土洞、耕地等处。繁殖时间为 11 月间，在山溪内才抱对产卵，卵粘附于石底面，卵群呈团状或圆环状，卵群含卵量多为 268～402 粒。蝌蚪昼伏夜出，约 3 年变态成幼蟾。

淡肩角蟾 *Megophrys boettgeri*（锄足蟾科 Pelobatidae）：头扁平，宽与长几相等。吻端钝圆，吻棱明显。颊部垂直；鼓膜明显；上颌有齿；舌后端圆；无犁骨齿。四肢细长，前肢指间无蹼；后肢左右跟部相遇，趾细长，趾侧有缘膜，且基部残存蹼迹。皮肤较光滑。背部有小疣粒；须部有 1 对白色疣粒；胸部两侧各有一胸疣。体背黄褐色，指、趾端肉红色，腹面灰褐色。生活在海拔 600m 左右的山溪附近杂草灌木丛生及土质潮湿的碎石隙中。平时活动分散而不易发现，但 5—7 月一般在溪边能见到。雌性个体较大，皮肤较光滑。雄性较小，背与腹侧疣粒较多。繁殖时期第 1 指有婚垫。

大蟾蜍中华亚种 *Bufo bufogargarizans*（蟾蜍科 Bufonidae）：体色随不同季节及不同性别而有深绿色至浅绿色的变化。皮肤粗糙，背部密被大小不等的圆形瘰粒，有深浅相间的花纹。1 对耳后腺。雄性体略小，内侧两趾有婚垫，无声囊，无雄性线。

黑眶蟾蜍 *Bufo melanostictus*（蟾蜍科 Bufonidae）：头部沿吻棱、眼眶上缘、鼓膜前缘有黑色骨质棱脊。体黄棕色，具不规则棕色花斑，皮肤粗糙，布满大小不等的疣粒。雄性有单个咽下内声囊，多在右侧。第 1、2 趾基部内侧有婚垫，无雄性线。

无斑雨蛙 *Hgla arborea immaculata*（雨蛙科 Hylidae）：背面纯绿色，皮肤光滑，颞褶明显。腹面白色，密布扁平疣。体侧及四肢无黑斑和深色细线纹。足长于胫。

华南雨蛙 *Hgla stmplex*（雨蛙科 Hylidae）：体背蓝绿色，腹部乳白色。足短于胫。体侧有细线纹。

中国雨蛙 *Hgla chinensis*（雨蛙科 Hylidae）：背部绿色或草绿色，体侧及腹面浅黄色，1 条清晰深棕色细线纹由吻端至颞褶达肩部，在眼后鼓膜下方又有 1 条棕色细线纹在肩部汇合成三角形斑。体侧有黑斑点或相连成黑线,腋、股前后缘、胫、跗、跖内侧均有分散的黑圆斑。雄性有单咽下外声囊。

黑斑侧褶蛙 *Pelophylax nigromaculata*(蛙科 Ranidae):又名黑斑蛙。体背绿色,有许多不规则黑斑,背侧褶较宽,浅黄色,侧褶间有 4~6 行短肤褶,吻端至肛部有 1 条浅色纵脊线。腹部白色。四肢背面有黑色横斑。雄性有 1 对颈侧外声囊。第 1 指基部具婚垫,有雄性线。

泽陆蛙 *Euphlyctis limnocharis*(蛙科 Ranidae):又名泽蛙。体色变化大,体背灰橄榄色杂以赭红或深绿色斑纹,上、下颌缘有 6~8 条纵纹。背正中有浅色脊纹。背部皮肤有许多不规则、分散排列的长短不一的纵肤褶,褶间有小疣粒,无背侧褶。体侧有小圆疣。腹白色。趾间蹼为 1/2~2/3。上、下唇缘有 6~8 条深色纵纹。雄性咽部黑色,有单咽下外声囊,第 1 指浅色婚垫发达,有雄性线。

华南湍蛙 *Amolops rikketi*(蛙科 Ranidae):体扁;有犁骨齿;鼓膜小;指、趾均有吸盘和横沟,背面有横凹痕,腹面呈肉垫状。

棘胸蛙 *Paa spinosa*(蛙科 Ranidae):体大且肥硕,背面有长短不一的窄长疣。趾末端无横沟。雄蛙前肢短,内侧 3 指有婚刺,胸部有肉质圆疣,疣上有黑色角刺,棘胸蛙之名即由此而来。具单咽下内声囊。可食用,生活在山区石坑边。

沼水蛙 *Rana guemheri*(蛙科 Ranidae):又名沼蛙。皮肤较光滑,背部棕色,沿侧褶有黑纵纹,体侧有不规则黑斑,后肢有黑色横纹。腹部白色。口角后端至肩部有显著浅色颌腺。雄性有 1 对咽侧下外声囊,前肢基部有肾形臂腺,婚垫不明显,无雄性线。有外声囊 1 对。

金线侧褶蛙 *Pelophylax plancyi*(蛙科 Ranidae):又名金线蛙。头长等于宽,鼓膜大,体背绿色,背侧褶金黄色,自眼后至胯部,前端窄,后端宽,有时不连续。体背及体侧有分散的疣。腹面光滑,黄色。雄性有 1 对咽侧内声囊,第 1 指有婚垫,有雄性线。

虎纹蛙 *Hoplobatrachus rugulosus*(蛙科 Ranidae):体背黄绿色略带棕色,头侧、体侧有深色不规则斑纹,皮肤极粗糙,无背侧褶,背部有长短不一、分布不规则、断续排列成纵行的纵肤褶,可达 10~14 行。肤棱间有小疣粒。腹面皮肤光滑,白色。四肢横纹明显。下颌前部有 2 个齿状骨突,趾间全蹼。雄性较小,有 1 对咽侧下外声囊,第 1 趾灰色婚垫发达,有雄性线。国家二级保护动物。

大绿蛙 *Rana livida*(蛙科 Ranidae):体背纯绿色,体较扁平,具背侧褶。指、趾末端有吸盘和横沟,趾间全蹼。雄蛙显著小于雌蛙,具 1 对咽侧下外声囊。皮肤分泌物具强烈的刺激性臭味。

花臭蛙 *Rana schmackeri*(蛙科 Ranidae):体较扁平,无背侧褶,体背为绿色,间以棕色大斑。指、趾端具吸盘及横沟,趾间具蹼。雄蛙有 1 对咽侧下外声囊。可散发刺激性臭味。

弹琴蛙 *Rana adenopleura*(蛙科 Ranidae):体长平均 45mm(雄蛙)及 47mm(雌蛙)。躯体较肥硕。头长略大于头宽,头部扁平,吻瑞凸出于下唇,吻棱明显。鼓膜大。犁骨齿为两短斜行。舌后端缺刻深。皮肤较光滑,背侧褶显著,背部后端有少许扁平疣,腹面无滑,肛周围有扁平疣。生活时背面灰棕色或蓝绿色,有黑色斑点。背侧褶色浅。两眼间至肛上方有浅色脊线。头侧沿背侧褶下方为深棕色。体侧浅灰散有棕色斑。雄性有 1 对咽侧下外声囊。栖息于海拔 1800m 以下的山区梯田、沼泽水草地、静水水塘及其附近地方。白天隐匿,夜间外出觅食。于 4—5 月可采到浮于水面而成片的卵;它们也会做成浅泥窝,产下的卵在窝内铺成单层。鸣声"登登"悦耳,故名。

武夷湍蛙 *Staurois wuyiensis*（蛙科 Ranidae）：为无尾目、蛙科的两栖类动物。成体体长 45mm 左右。指、趾末端有吸盘，吸盘边缘有横沟；指吸盘不大于趾吸盘；无犁骨齿。雄性咽侧下有 1 对内声囊，第 1 指内侧有黑色角质刺（称婚刺）。雌性无此特征。蝌蚪口部后方有 1 个马蹄形大吸盘，借以吸附在急流中的石块上。

斑腿泛树蛙 *Polypedates leucomystax*（树蛙科 Rhacophoridae）：体色常随栖息环境而改变，一般体背浅棕色，有黑色或黑棕色斑纹。四肢背面有黑色或暗绿色横纹或斑点。泄殖腔附近及股后方有黄、紫、棕及乳白色交织成的网状花斑，故名斑腿树蛙。腹部乳白色。雄性第 1、2 指基部内侧有乳白色婚垫，有 1 对咽下侧内声囊，雄性线显著。

饰纹姬蛙 *Microhyla ornate*（姬蛙科 Microhylidae）：背棕灰色，有 2 条深棕色纹自两眼间始，延伸到身体后侧，呈"∧"形。其后还有若干个"∧"形纹。

平胸龟 *Platysternon megacephalum*（平胸龟科 Platysternidae）：头大，略呈三角形，体橄榄色有小黑斑，腹面黄绿色，尾长约与腹甲等长。趾间具蹼，除第 5 趾外均具爪。

乌龟 *Chinemys reeveii*（龟科 Testdinidae）：背褐色，腹略黄色，均有暗褐色斑纹。头颈侧面有黄色线状纹。头前部平滑，后部被细鳞。背甲有 3 条纵隆起，背甲后缘部呈锯齿状。趾间全蹼。

花龟 *Ocadia sinensis*（龟科 Testdinidae）：背甲长约 26mm，宽约 153mm，壳高 85mm 左右。头较小，后部无滑无鳞。吻前向内斜达喙缘，上喙缘有细锯齿。鼓膜不显。背甲略拱起，脊棱 3 条，两侧不显，后缘略呈锯齿状。腹甲平坦，前缘平切，后缘有深缺刻，有甲桥、腋盾与胯盾。指、趾间全蹼，爪细而直。头及颈部橄榄色，密布细而窄的黄绿色纵纹。背甲棕色，脊棱色浅，边缘深色；盾片具较大的黄斑。腹棕黄色，每一盾片具有 1 块墨渍状斑。尾深棕色。生活在池塘湖沼及小河等静水处。食草。4 月间产卵，每产 3 枚，卵径 25～40mm。龟体型较大，数量较多。

黄缘闭壳龟 *Cistoclemmys flavomarginata*（龟科 Testdinidae）：背腹甲外缘和缘盾腹面均呈米黄色。腹甲后缘圆或微缺，背甲隆起。当头、尾、四肢缩入甲内时，腹甲前、后两部分向上闭合。吻前端平，上喙钩曲。

黄喉水龟 *Mauremys multica*（龟科 Testdinidae）：咽部及喙黄色，头侧自眼后沿鼓膜上、下各有 1 条米黄色纵纹。腹甲平坦，后缘有一三角形深凹，趾间全蹼，尾尖细。因背甲常着生基枝藻和刚毛藻，呈绿色毛状，又叫绿毛龟（许多水龟皆生有藻类）。

海龟 *Chelonia mydas*（海龟科 Chelonidae）：背部褐色或暗绿色，有黄斑。腹面黄色。头顶有 1 对前额鳞，上颌前端无钩曲，下颌边缘有锯齿缺刻。前肢长，有 1 爪。

玳瑁 *Eremochelys imbricata*（海龟科 Chelonidae）：背甲光滑，有褐色和淡黄色相间的花纹。头顶有 2 对前额鳞，上颌钩曲。背甲 13 块，幼体时呈覆瓦状排列，成体平铺。肋骨板 4 对。前肢较大，有 2 爪，后肢 2 爪。

中华鳖 *Trionyx sinensis*（鳖科 Trionychidae）：吻长，颌强。颈基部两侧无大瘰疣团；背甲前缘无 1 排明显疣粒。

山瑞鳖 *Palea steindachneri*（鳖科 Trionychidae）：吻长，颌强。颈基部两侧各有 1 团大瘰疣，背甲前缘有 1 排明显的粗大疣粒。

无蹼壁虎（守官）*Gekko swinkonis*（壁虎科 Gekkoridae）：趾基具蹼，各吸盘大小一致，趾下瓣 1 行。体被疣鳞大、稀疏。

多疣壁虎 *Gekko japonica*（壁虎科 Gekkoridae）：体被疣鳞小、密集，趾间无蹼，第 1 趾无爪。

蓝尾石龙子 *Eumeces elegans*（石龙子科 Scincidae）：体背面深色，有 5 条黄色纵带直达尾部。尾后半部蓝色。雄性肛侧有一大棱鳞。

中国石龙子 *Eumece chinensis*（石龙子科 Scincidae）：体背面黏土色，有 3 条纵形浅灰色纹，鳞圆淡灰色，呈网状纹。

蠼蜓 *Lygasonma indicum*（石龙子科 Scincidae）：体呈古铜色（古铜石龙子），体侧各有 1 条醒目的黑纵纹，止于尾基。

宁波滑蜥 *Scincella mdestum*（石龙子科 Scincidae）：体小，全长为 80～100mm。无上鼻鳞，左右前额鳞互不相接；睑窗小于外耳孔。通体鳞片光滑，覆瓦状排列。体背鳞片约为体侧鳞片的 2 倍，环体中段鳞 26～30 行，体两侧纵纹间背鳞 6 行＋2(1/2)行，背中线鳞 46～68 枚，腹中线鳞 50～81 枚。前、后肢贴体相向时不相遇；第 4 趾趾下瓣 13～16 行。背古铜色，略带黑点；体侧深灰色，有 1 条宽黑色纵纹，纵纹上缘波状；腹灰白色。生活于丘陵山地，栖息于背光阴处的杂草丛中、枯枝落叶下或石下。捕食昆虫，亦食蚂蚁、蜘蛛等。卵生，每次产 5～7 枚，卵白色，卵径(8.5～9)mm×5mm。

北草蜥 *Takydromus septentrionalis*（蜥蜴科 Lacertidae）：头背及体背棕绿色，头侧、吻鳞及上、下唇鳞草绿色，颏部黄绿色。腹部黄绿色或灰黄色。体背中段鳞片起棱，排列成 6 纵行，腹鳞方形，起棱排列成 8 行。鼠蹊窝 1 对。

脆蛇蜥 *Ophisaurus harti*（蛇蜥科 Anguidae）：四肢退化，通身细长如蛇。全长 500mm 左右，尾长占全长的 3/5 以上。耳孔较鼻孔小；有活动眼睑；吻背鼻鳞与单枚前额鳞（额鼻鳞）间有 2 枚小鳞。体侧各有一纵行浅沟，左右纵沟间上方有背鳞 16～18 纵行，明显起棱；下方有腹鳞 10 纵行，平滑。背面棕褐色，雄性背面有闪金属光泽的翡翠色短横斑或点斑；腹面黄白色，有的尾下散有棕色点斑。

钩盲蛇 *Ramphotyphlops albiceps*（盲蛇科 Typhlopidae）：外形似蚯蚓，体被光滑圆形鳞片，背腹鳞无区别。眼隐于皮肤鳞下，上颌有牙，下颌无牙，头小，方骨不能活动，口不能张很大。有腰带痕迹，穴居。

赤链蛇 *Dinodon rufozonatum*（游蛇科 Colubridae）：体背面黑色，具 70 余条红色狭横纹，腹面呈黄色。头顶至项背有一"人"字形红纹。头顶鳞片黑色，边缘绯红。

水赤链 *Natrix annularis*（游蛇科 Colubridae）：背灰褐色，体侧橙黄色有黑色横纹（两鳞宽，五鳞高，延至腹鳞中间），腹部粉红色和灰白色斑纹交互排列。

虎斑游蛇 *Rhabdophis tigrina*（游蛇科 Colubridae）：身体前段从颈部起至身体中部有黑色与橘红色斑块相间。

乌梢蛇 *Zoacys dhumnades*（游蛇科 Colubridae）：背绿褐色或黑褐色，中央有 2～4 行背鳞有棱，两侧有 2 条纵贯全身的黑纹，成年个体在后部逐渐不明显。体侧黄色，腹面灰色。

中国水蛇 *Enhydris chinensis*（游蛇科 Colubridae）：背暗灰棕色，有不规则小黑点，外侧第 2～3 行鳞片白色，形成条纹。腹部淡黄色，有黑斑，尾下鳞双行。鼻孔朝上，最后 2 枚上颌齿为较大沟牙。

黑眉锦蛇 *Elaphe taeniurus*（游蛇科 Colubridae）：眼后有一黑色斑纹伸向颈部。体背棕灰色，有横行梯状纹，前段明显，中段开始起有 4 条纵走黑带至尾末端止。腹部灰白色。

红点锦蛇 *Elaphe rufodorsata*（游蛇科 Colubridae）：背部红褐色，中央 1 行鳞片及两侧的半行鳞片成橙黄色纵线。体侧各有 2 列纵行黑条纹，头部有"八"形黑斑。

双斑锦蛇 *Elaphe bimaculata*（游蛇科 Colubridae）：体背灰褐色，体、尾背面有 2 行黑褐色大黑斑，左右两两相连成哑铃形。

玉斑锦蛇 *Elaphe maandarina*（游蛇科 Colubridae）：体背灰色，体、尾背面有 30 余个鲜明的黑色菱形斑，斑中央色浅（黄色）。

王锦蛇 *Elaphe carinata*（游蛇科 Colubridae）：成体的头背鳞缝黑色，明显呈"王"字形斑纹，故有"王蛇"之称。其头部、体背鳞缘为黑色，中央呈黄色，似油菜花样，瞳孔圆形，吻鳞头背可见，鼻间鳞长、宽几相等，前额鳞与鼻间鳞等长，体前段具有 30 余条黄色的横斜斑纹，到体后段逐渐消失。腹面为黄色，并伴有黑色斑纹。尾细长，全长可达 2.5m 以上。成蛇与幼蛇的色斑往往有明显差别，幼蛇头上多没有"王"字形斑纹。

钝尾两头蛇 *Calamaria septentrionalis*（游蛇科 Colubridae）：头椭圆形；额鳞长宽相等；有眶前鳞、鼻间鳞、颊鳞及颞鳞缺；尾端钝圆，色斑似头；体侧各有 1 条由白点组成的线纹，尾部腹面中央有一黑线。

翠青蛇 *Cyclophiops major*（游蛇科 Colubridae）：头、颈可区分；眼较大；尾细长；头、体背面草绿色，腹面黄绿色；背鳞通身 15 行。

灰鼠蛇 *Ptyas korros*（游蛇科 Colubridae）：头长，眼大，颊部内陷；尾长；背鳞灰褐色，每一鳞片中央黑褐色，前后缀连成黑纵纹。

渔游蛇 *Xenochrophis piscator*（游蛇科 Colubridae）：鼻孔位于头背侧面；眼下方一般都有 2 条向后斜走的黑纹；体背及体侧具网纹斑及较大的黑色斑；体腹面排有整齐的黑白相间的横纹。

滑鼠蛇 *Ptyas mucosus*（游蛇科 Colubridae）：背面黄褐色，体后部有不规则的黑色横纹，至尾部成为网状；腹面前段红棕色，后部淡黄色。

眼镜蛇 *Naja atra*（眼镜蛇科 Elapldae）：全长 1000～2000mm。具前沟牙的毒蛇。背面黑色、黑褐色或暗褐色，没有或具有若干白色或黄白色窄横纹，幼体较为明显。受惊扰时，前半身竖起，颈部扁平扩展，显露出项背特有的白色眼镜状斑纹或此斑纹的各种饰变。腹面污白色，颈腹具灰黑色宽横斑及其前方的 2 个黑点。头呈椭圆形，与颈区分不十分明显，头背具典型的 9 枚大鳞。没有颊鳞；上唇鳞 7 枚，第 3 枚最大，它前切鼻鳞后入眶；第 4、5 两枚下唇鳞之间嵌有 1 枚小鳞。背鳞平滑，中段 21(19) 行；腹鳞 162～182 枚，肛鳞完整或二分，尾下鳞 38～53 对。

眼镜王蛇 *Ophiophagus hannah*（眼镜蛇科 Elapldae）：枕鳞特大相接，体中段背鳞 15 行。

银环蛇 *Bungarus multicinctus*（眼镜蛇科 Elapldae）：体尾背黑色，具白色窄环纹，黑、白纹不等宽。躯干部白色或乳黄色带纹 35～45 条，尾部 9～16 条。腹部白色。

青环海蛇 *Hydrophis cyanpcinctus*（海蛇科 Hydrophildae）：体黄色或橄榄色，具黑带纹完全环绕身体。

白头蝰 *Azemiops feae*（蝰蛇科 Viperidae）：管牙类毒蛇。一般长 500mm 左右，最长达 770mm。躯干圆柱形，头部白色，有浅褐色斑纹，躯尾背面紫蓝色，有朱红色横斑，头背具 9 枚大鳞。背鳞平滑。以小型啮齿动物或食虫目动物为食。主要发现于路边、稻田、耕地、草堆，也出没于住宅附近。属晨昏活动类型。

尖吻蝮（五步蛇）*Deinagkistrodon acutus*（蝰蛇科 Viperidae）：吻端尖并上翘，颊窝明显。

背面灰褐色，有灰白色菱形方斑，腹面白色，有黑斑。

　　烙铁头（龟背竹叶青）*Trimeresurus jerdonii*（蝰蛇科 Viperidae）：头三角形，覆细鳞。头顶有暗褐色"∧"形斑纹。体背淡褐色，背中线有 1 行大块红斑，两侧有暗褐色斑块，腹部灰褐色。

　　竹叶青 *Trimeresurus stejnegeri*（蝰蛇科 Viperidae）：头三角形，体背绿色，腹面深绿色。体侧最外 1 行背鳞，颈部达尾部有纵走鲜明的黄线或白线 1 条。

4.5　鸟类

　　全世界已知鸟类约 9900 种。我国鸟类有 1331 种，鸟类资源较丰富。鸟类的年生活史具有明显的周期性，季节的变化对鸟类有极大的影响。大多数鸟类在春、夏季节进行繁殖，少数则在秋季。每年的春、秋季，除常年留居者外（留鸟），其余则进行迁徙。夏候鸟和冬候鸟的互换，丰富了当地的鸟类，有些成为季节性区域常见鸟类。在同一季节，不同地区的鸟类组成也不同，这样有时可以排除某个季节的鸟类。同时还需考虑到有的鸟类形成冬羽、夏羽的问题。因此，在不同季节进行实习，野外所见鸟的种类及习性均有差别。野外观察鸟类，最好是在一年的不同季节分别进行。尤其是在鸟类的繁殖季节，鸟类活动频繁，行为复杂，因此，繁殖时期的行为应作为鸟类实习的主要内容。

　　一个实习地区的鸟类，一般有 100～200 种，但在实习期间，由于受到地形、季节、时间、技术及人力等条件的限制，通常仅能观察到几十种。只要事先查看标本，实习时认真观察，可以达到预期目的。

4.5.1　鸟类野外识别的依据

　　在野外观察鸟类，一般根据其形态分类特征进行识别。但在大自然中，多数鸟类常隐匿在枝叶之间，或瞬间掠空而过，或受惊突然飞走，或逆光无法看清，而且在大多数情况下，需对这些鸟类进行生态观察，故不宜随便干扰。因此，应根据形态特点、羽毛颜色、活动姿态、鸣声、行为与习性等予以准确、迅速地识别。这些识别方法既是研究鸟类学的一种重要手段，也是从事野外工作所必须具备的基础知识，对初学者来说尤为重要。

　　在野外实习之前，需了解目的地的环境特点，预计可能遇见的鸟类类群。例如，在山地林区可以看到啄木鸟、杜鹃和一些雀形目鸟类；在高山的不同垂直带分布不同的鸟类；在一片树林的不同层次也可以看到不同的鸟类；在水区可以看到游禽、涉禽和一些在水边的大树或灌丛中生活的鸟类；在多岩石的山溪和平坦的水稻田，遇到的水鸟也有所不同。根据生态类群所做的划分和选择进行观察，不仅有助于研究鸟类的分布规律，还可收到事半功倍的效果。

4.5.1.1　根据形态特征识别鸟类

　　在野外，首先观察到的是鸟的外貌的大体形状，而鸟类在形状上细微的差别，常常是野外鉴别鸟类时最重要的参考因素。相同类群的鸟类有相同的外形和比例，却有不同的大小。体形上常划分为圆胖形，或者是长细形。可以把鸟的外部轮廓作为剪影，特定的头、翅、尾，不同的大小作为一个线索，以确定相应的类群。野外同样很难断定鸟的大小与体长，可以参考环境目标估测大小，以熟知的鸟为标准去比较。

由于距离、时间、天气等条件的限制，鸟的大小较难判断。鸟类有时也会改变它的外形。如冷天比热天大，这是因为保暖羽毛蓬松的缘故。有些鸟在性别上也有差异。如雉鸡中雄的比雌的体型大；猛禽中雄的比雌的体型小。

1. 身体的大小和形状

与柳莺相似者：树莺、苇莺、太阳鸟、绣眼鸟、戴菊及鹟莺等。

与麻雀相似者：鹀、鹨、文鸟、山雀及金翅等。

与八哥相似者：黄鹂、椋鸟及鸫等。

与喜鹊相似者：灰喜鹊、灰树鹊、杜鹃、红嘴蓝鹊、乌鸦、松鸦及寒鸦等。

与鸽子相似者：岩鸽、斑鸠及沙鸡等。

与老鹰相似者：鹰、隼、雀鹰、鸢、鹞及鵟等，大型的有鸶及鹏。

与雉鸡相似者：松鸡、石鸡、竹鸡、马鸡、勺鸡、长尾雉、角雉、白鹇及鹧鸪等。

与野鸭相似者：鸊鹈、雁等。

与鹬相似者：多种鹬类及麦鸡等。

与鹭相似者：多种鹭类、苇鳽及大麻鳽等，大型的有鹳及鹤。

2. 头及喙的形状

在头部术语中，脸部是否有眉斑、眼圈、过眼线，是否有中央线、横斑、冠羽，都是鉴别的主要内容。

鸟喙的形状与其食性密切相关。

喙尖细：小而锐利，易于啄食，如黄腰柳莺。

喙长而笔直（小型）：强直而端尖，适于刺啄水中鱼类，如普通翠鸟；方便将昆虫从树干中取出，如啄木鸟。

喙长而笔直（中型）：如冠鱼狗。

喙长而笔直（大型）：如苍鹭。

喙长而下弯（中型）：如戴胜。

喙长而下弯（大型）：长嘴插入泥沙的洞穴中探寻贝类、螃蟹、沙蚕等生物，如杓鹬。

喙长仅最前端下弯（大型）：嘴端钩曲，便于钩截鱼类，如鸬鹚。

喙长而上弯：嘴在水表面像镰刀一样左右摇摆过滤水中食物，如反嘴鹬。

上喙向下钩曲（小型）：嘴形尖锐而钩曲，便于撕裂肉质猎物，如红尾伯劳。

上喙向下钩曲（中型）：如红隼。

上喙向下钩曲（大型）：如秃鹫。

上、下喙交叉钩曲：上、下嘴的尖端，左右交叉，不能密合，非常适宜采集松子并打开果实外壳，如交嘴雀。

喙短而基部宽呈三角形（小型）：扁平宽阔，飞时张开，拦截面积大，易于捕食空中蚊虫，如家燕。

喙短而基部宽呈三角形（中型）：如普通夜鹰。

喙圆锥形：嘴短而壮，易于嗑食种子的外壳和硬的坚果，如麻雀。

喙上下扁平：侧缘具有缺刻，形成栉状，滤水，收集小的无脊椎动物和水生植物，如绿头鸭。

喙长而扁平端膨大：成为匙形，在水表面探寻猎物，如白琵鹭。

3. 尾的形状

按鸟类尾羽的长短可分为：

短尾者：如鹧鸪、鹌鹑、鹧鸪、苦恶鸟、八色鸫、鹪鹩等。

长尾者：长尾雉、白鹇、雉鸡、杜鹃、喜鹊、红嘴蓝鹊及寿带等。

按鸟类尾羽的形态可分为：

平尾：各枚尾羽在尾部末端表现齐整，如鹭。

圆尾：中央尾羽最长，依次往外的尾羽适当缩短，尾部末端呈弧形，如八哥。

凸尾：中央尾羽最长，依次往外的尾羽显著缩短，每枚尾羽末端不呈尖形，尾部末端呈凸形，如伯劳。

楔尾：中央尾羽最长，依次往外的尾羽显著缩短，每枚尾羽末端呈尖形，尾部末端呈凸形，如啄木鸟。

凹尾：中央尾羽最短，依次往外的尾羽适当延长，尾部末端中央呈凹形，如鸢。

尖尾：两枚尾羽末端延长，超过其他尾羽，如蜂虎。

叉尾：中央尾羽最短，依次往外的尾羽显著延长，尾部末端中央呈叉形，如雨燕。

铗尾：中央尾羽最短，依次往外的尾羽显著延长，最外侧两枚尾羽末端变尖，尾呈铗形，如燕鸥。

4. 翼（翅）的形状

尖翼：最外侧飞羽最长，其内侧数枚骤然短缩，而形成尖形翼端，如家燕。

圆翼：最外侧飞羽较其内侧短，因而形成圆形翼端，如环颈雉。

方翼：最外侧飞羽与其内侧数羽几乎等长，而形成方形翼端，如八哥。

5. 腿的长短及足的趾型

受野外环境和鸟类习性的限制，鸟类的腿和足在野外不易分辨。其中水禽类的腿特别长者，如鹭、苇鳽、麻鳽、鹳、鸻、鸿及鹬等。

足的趾型是鸟类分类的重要依据。

不等趾型：3 趾向前，1 趾向后，如鹰。

离趾型：似不等趾型，但中趾与后趾等长，如麻雀。

对趾型：第 2、3 趾向前，第 1、4 趾向后。适合在树干攀援活动。如啄木鸟。

异趾型：第 3、4 趾向前，第 1、2 趾向后。适合在树干攀援活动，如咬鹃。

并趾型：似不等趾型，但前 3 趾的基部并连，如翠鸟。

前趾型：4 趾均向前，如雨燕。

转趾型：似不等趾型，但第 4 趾可前后转动，如长耳鸮。

水鸟的蹼足类型有：

全蹼足：前 3 趾与后趾间有蹼相连,如鸬鹚。

蹼足：前趾间有蹼相连,易于游泳时划水,如鸭类。

凹蹼足：前趾间有蹼相连,但蹼膜凹入,如鸥。

半蹼足：前趾间蹼退化,仅存趾基部,易于涉水,如鹬。

瓣蹼足：趾的两侧有花瓣状蹼膜,易于潜水和游泳,如小鸊鷉。

4.5.1.2　根据羽毛颜色识别鸟类

一般鸟类身上最易区别的因素,莫过于它的羽毛了。在颜色相近和远距离观察的情况下,除注意整体颜色之外,还要以翅膀、胸、腹、腰及尾的斑纹加以识别,特别是这些部位的鲜艳或异样色彩。

腹面：腹或胸是否有横斑、纵斑或斑点。

体背与翼上：体背是否有斑纹,翼是否有翼带。

腰与尾：腰部呈何种颜色,尾羽是否有明显斑纹。

飞行时,翼上是否有白色翼带或白斑,翼与背的颜色对比是否明显。停栖时,斑纹、翅镜是野外最有效的标志。

全黑色：鸬鹚、黑苇鳽、黑水鸡、白骨顶、董鸡、河乌、乌鸫、黑卷尾、发冠卷尾、八哥、秃鼻乌鸦、大嘴乌鸦及小嘴乌鸦等。

全白色：白琵鹭、大白鹭、小白鹭、中白鹭及天鹅等。

黑白两色：喜鹊、白鹡鸰、燕尾、黑鹳、鹊鸲、白鹳、白鹇、鹊鹞、白腰雨燕、白翅浮鸥、凤头潜鸭及反嘴鹬等。

灰色为主：岩鸽、灰鹤、杜鹃、灰卷尾及普通鸬等。

灰白两色：夜鹭、苍鹭、白胸苦恶鸟、红嘴鸥、苍鹰、白额燕鸥、灰鹡鸰及灰山椒鸟等。

蓝色为主：翠鸟、蓝翡翠、三宝鸟、红嘴蓝鹊、蓝歌鸲、紫啸鸫、红尾水鸲及白腹蓝姬鹟等。

绿色为主：灰头绿啄木鸟、绯胸鹦鹉、栗头蜂虎、绿鹦嘴鹎、绿翅短脚鹎、红嘴相思鸟、绣眼及柳莺等。

褐色(棕色)为主：种类繁多,如部分雁、鸭、鹰、隼、鸮、鹬、斑鸠、雉鸡、云雀、鹨、伯劳、鸫、画眉、树莺、苇莺、扇尾莺、旋木雀、麻雀及鹀等。

黄色为主：黄鹂、黄鹡鸰、金翅、白眉鹀、黄腹山雀、黄胸鹀、黄斑苇鳽、大麻鳽及白冠长尾雉等。

红色(棕红)为主：红腹锦鸡(雄)、红隼、棕背伯劳、朱雀(雄)、红交嘴雀(雄)、棕头鸦雀及锈脸钩嘴鹛等。

4.5.1.3　根据飞翔与停落时的姿态识别鸟类

1. 飞翔姿态

根据鸟类的飞行轨迹,翱翔时翅的伸展状态、起落特点、扇翅频率的不同而将鸟类分成不同的飞行类型。对一些空中飞翔、逆光或距离较远的鸟类,这是一种有效的识别方法,例如：

　　大波浪行进：用力压翅，身体向前上方，收翅时像抛物线一样下降，一窜一窜地加力前进，如啄木鸟。

　　小波浪行进：幅度比较低，如鹡鸰、鹨。

　　直线形行进：翅膀一刻也不停地扇动，如麻雀、乌鸦；翅膀扇动一会，停止一会，不断反复，如鸽、白头鹎。

　　空中定点振翅、悬停：如鱼狗、红隼。

　　空中盘旋：长时间滑翔，飞行时利用上升气流，张开翅膀，就像画圆一样，一圈一圈地上升，如猛禽。

　　列队飞行：排成"一"字、"人"字或"V"字队形，如鹭、鸬鹚、雁、天鹅、鹤。

　　垂直起飞与降落：如百灵、云雀。

　　空中兜圈返回树枝：如鹟、鹛、扇尾莺及三宝鸟等。

　　飞行时翅膀伸展成"V"字形：如白尾鹞、秃鹫。

　　鱼贯式飞行：如红嘴蓝鹊、灰喜鹊及松鸦等。

2. 停落姿态

　　鸟的身体停息时所处的方式不同，也是鉴别的条件之一。如一般猛禽和攀禽（如杜鹃），外形颜色相似，但猛禽类在树上挺胸直立，而杜鹃身体水平。鸣禽中的鹪鹩仰头翘尾，高抬的尾羽与身体成直角。一些游禽在水面浮游时，尾部有的露出水面很高，有的低平，有的则没入水中（图 4-6）。褐河乌能在溪流中潜水，与鹪鹩相似，它在栖止时常仰头翘尾。

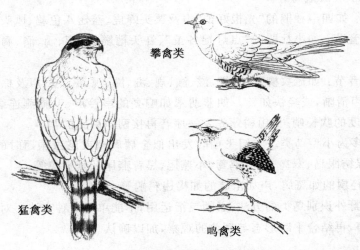

图 4-6　几种鸟停落时的姿态（仿郭冬生）

　　攀在树干上者：旋木雀、鸸及啄木鸟等。

　　尾上下摆动者：在树上如伯劳，在地上如白鹡鸰，在溪流岩石上如水鸲。

　　尾左右摇摆者：如山鹡鸰，能在粗树枝上奔走。

4.5.1.4　根据鸣叫声识别鸟类

鸟类行为隐秘,大多性机警,常隐蔽在枝叶茂密的树上或稠密的草丛中而不易被发现。但可以通过鸟的鸣叫加以识别,因每种鸟的鸣叫有其各自的特点,其声因种而异,这是辨别种类的主要方法,也是资源调查和数量统计的重要手段。

在繁殖期,鸟类由于发情而频繁鸣叫,鸣禽类在繁殖期的叫声具有求偶、防御及占区等作用。

鸟类的鸣叫声,大致可分为以下几类:

粗厉嘶哑:叫声单调、嘈杂、刺耳,如乌鸦"啊"声,雉鸡的"嘎"声及褐马鸡、野鸭、绿啄木鸟、三宝鸟、大嘴乌鸦、黑脸噪鹛、伯劳等。

婉转多变:绝大多数雀形目鸟类的鸣叫韵律丰富、悠扬悦耳、各有不同,如百灵、云雀、画眉、红嘴相思鸟、红点颏、乌鸫、鹊鸲、八哥、黄鹂及白头鹎等;有的还能模仿其他鸟的鸣叫,如画眉、乌鸫;有的还能发出像猫叫的声音,如黄鹂。

重复音节:清脆单调,多次重复。

重复一个音节:如灰喜鹊、煤山雀、银喉长尾山雀的"吱、吱"声,夜鹰的"哒、哒"机关枪声等。

重复二音节:如大杜鹃的"布谷、布谷"白胸苦恶鸟的"苦恶、苦恶"声及白鹡鸰、山鹡鸰、暗灰鹃鵙、黑卷尾、锈脸钩嘴鹛、黄腹山雀等。

重复三音节:如大山雀的"仔仔嘿"冕柳莺的"加、加、几"声及灰胸竹鸡、鹰鹃、小鸦鹃、戴胜、棕颈钩嘴鹛、小灰山椒鸟等。

重复四音节:如四声杜鹃的"光棍好苦"声及栗头蜂虎、蓝翅八色鸫、凤头鸦等。

重复五六个音节:如小杜鹃的"点灯捉各蚤"、红头穗鹛的"滴、滴、滴、滴"声及绿鹦嘴鹎、赤胸鸫等。

重复八九个音节:如冠纹柳莺的"滋、滋、滋、规、滋、滋、规、滋、滋"声及棕噪鹛等。

吹哨声:响声清晰,或轻快如铃。如蓝翡翠如响亮的串铃声、毛脚燕连续的短哨声、红翅凤头鹃为两声一度的吹长哨声、山树莺先发一序音再接两声高亢的哨声。

尖细颤抖:多为小型鸟类。它们飞翔时发出似金属摩擦或昆虫振翅时的声音,既颤抖又尖细拖长,如暗绿绣眼鸟、翠鸟、棕脸鹟莺、小燕尾、黑背燕尾及紫啸鸫等。

低沉:单调轻飘的如斑鸠,声如击鼓的如褐翅鸦鹃等。

以上几种在野外识别鸟类的方法,必须灵活运用,不能单凭一种方法。对一些善于鸣叫的鸟类,常循其鸣声,再结合平时形态与颜色的观察,加以确认。

4.5.1.5　根据行为与习性识别鸟类

有时行为和习性是识别鸟种的最好线索。观察鸟在哪里、做什么及怎么做等常是有效的鉴别方法。

1. 尾羽的摆动方式

绕圈,或上下摆动。尾上下摆动如鹡鸰。

2. 停于树干的姿态

攀附于树干上,或者上下左右行走。攀在树干上,啄木鸟只能向上爬行,而普通鸸就可以倒挂式向下爬行。

3. 跳跃

如麻雀。

4. 跳跃和步行

如大嘴乌鸦。

5. 其他

伯劳把捕到的猎物插在树刺上,慢慢享用;苍鹰在水畔长时间停立,等候鱼虾;环颈鸻走走停停,方向不定;一些鸭类,潜水的方式也各具特点(图 4 - 7)。

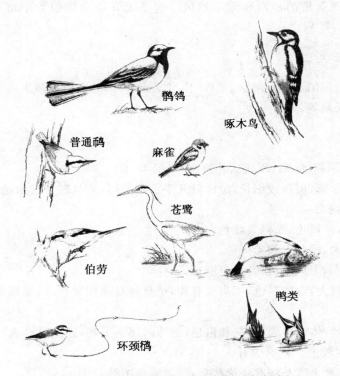

图 4 - 7　几种鸟类的行为与习性(仿郭冬生)

4.5.2　不同环境中常见鸟类的识别

鸟类的生活栖息地,可以分成森林、灌丛、荒漠、草原、农田、湿地和海岸,它们互有重叠。大部分鸟类也需要混合的栖息地。但一些鸟类只栖息在某些地区,如分布于湿地的鸥类,不会出现在落叶林树上。这样,根据生态类群划分,每到一地,只要先观察生态环境,就能判断出该地区可能有什么鸟,掌握鸟类分布规律,缩小观察种数,达到事半功倍的效果。例如:

森林:森林涵盖广大山区,有针叶林、阔叶林及针阔混交林等,是鸣禽、猛禽和其他众多鸟类重要的栖息地。从树冠到地面,从朽木到石缝,不同垂直带分布着不同的鸟,在一片树林的不同空间层次分布的鸟也不同。森林是鸟类筑巢和繁殖的场所,也是其食物来源地。有的鸟类取食林中昆虫;有的取食植物的嫩芽、浆果和种子。森林中大部分鸟类都具有特别的羽色,如绿色、黄色、红色等,所以在寻找它们时,注意树冠和移动的物体,森林鸟类通常在林缘区域内数量最多。

原野:指平原、农田和草原地区。最常见的鸟类有喜鹊、乌鸦、麻雀、百灵等。

湿地:包括沼泽、湖泊和河流。淡水,不论深浅,流与否,鸟类存在是它的环境指标。鸟类在湿地的适应反映在鸟的结构上,涉禽的长腿可以进入浅水区搜寻生物;游禽以其油脂涂在羽毛上防水,漂浮在深水区,帮助它们更好入水和出水。水中的挺水植物是鸟类的藏身地,但鸟类性机警,稍有惊扰就会在水面上群飞。

海岸:指潮涨潮落后的沙滩和滩涂地区。这里无脊椎动物极为丰富,鹬类和鸻类广泛分布。

4.5.2.1　水区鸟类

水区包括江河、湖泊、沼泽、滩涂、水库、山区溪流、广阔的水田和多水草的池塘等。鸟类主要有鹭、雁、鸭、鸻及鹬等。

1. 游禽

常见的游禽有䴙䴘、鸬鹚、雁、鸭、骨顶及鸥(图4-8)。

䴙䴘类:体形似鸭,但颈较细长,游泳时几乎看不见尾,遇敌时常潜水逃脱,飞翔时两脚明显伸于尾后。常见的有:

小䴙䴘:体小,暗褐色,颈侧栗红色。

赤颈䴙䴘:体大,颈和上胸赤褐色。

凤头䴙䴘:体大,上黑下白,有黑色羽冠。

鸬鹚类:体比鸭大,全体黑色,嘴尖长有钩,栖息时身体如同直立,飞翔时颈和腿伸直。常见的如鸬鹚。

雁类:大小如鹅,体羽多为褐、灰和白色,游泳时尾常上翘,迁徙时排成"一"字形或"人"字形,搧翅及分形速度较慢。常见的有:

鸿雁:嘴黑,雄雁上嘴基部有一疣状突,飞时鸣声喧哗。

豆雁:嘴亦黑,但有黄色横斑,飞行时常发出"yi-yo"的叫声。

天鹅类:国内有3种,体全为纯白色,游泳时长颈向上直伸,与水面垂直,尾常上翘;飞行时颈和腿伸直,也排成队形。常见的有:

小天鹅:嘴黑,基部黄色,在南方越冬。

鸭类:腿比雁短,雄鸭羽色多鲜艳,游泳时尾明显可见,遇敌时突然起飞,搧翅声甚大,飞行速度较快,颈伸直,脚不显,队形不定,叫声如"ga-ga-"。常见的有:

赤麻鸭：体较大,全身棕红色,翼镜绿色。

图 4 - 8　几种游禽的游水及飞翔姿态(仿盛和林等)

针尾鸭：雄鸭颈侧与下体连成鲜明的白色,颈细长,有两枚尾羽特长,易与其他野鸭区别。

绿头鸭：体如家鸭,雄鸭头颈绿色,胸栗色,尾羽边缘白色,飞时清晰可见。

斑嘴鸭：雌雄羽色如家养的麻鸭,嘴黑,尖端有明显的黄斑。

花脸鸭：体上褐下白,胸部散有黑点,雄鸭头侧有黑、黄、绿三色羽毛。

绿翅鸭：体甚小,头棕栗色,胸有黑点。

罗纹鸭：雄鸭头紫栗,脸绿,三级飞羽延长,成镰刀状,上体有褐色波纹。

白眉鸭：体甚小,头颈棕色,有明显的白眉。

除以上野鸭外,还常见潜鸭及秋沙鸭。潜鸭大小居中,头大颈短,在水面尾向下垂,能长时间潜水。常见的有：

红头潜鸭：头颈栗红,背及胸黑色。

青头潜鸭：头颈黑色,翼镜白色。

秋沙鸭：嘴细长有钩,有头冠,在水面尾向下垂,雄鸭羽色黑白相杂。常见的如普通秋沙鸭。

骨顶类：属于秧鸡科,在水面上远看像黑色小鸭,但头小,颈部前倾并伴以规律性的伸缩动作。常见的有：

红骨顶：额板红色。

白骨顶：额板白色。

鸥类：翅长而尖,常在水面展翅翱翔,游泳时尾端翘起,翅端伸到尾的后上方,体羽多为单调的灰、白及黑三色。常见的有鸥、燕鸥及浮鸥三类。

鸥类体较大,翅宽,尾方形。常见的有：

黑尾鸥：体较大,黄嘴红腿,背灰腹白,尾白但尾端具黑宽纹。

银鸥：体大,黄嘴红腿,背灰腹白,尾纯白色,叫声凄厉喧噪。

红嘴鸥：体型居中,红嘴红腿,背灰腹白,繁殖期头变为褐色,叫声有时如人笑。

燕鸥类体小,翅狭长,尾深叉形。常见的有：

燕鸥：头顶黑,背灰腹白,腰及尾亦白,黑嘴黑腿。

白额燕鸥：头顶黑但额白,背灰腹白,尾白,冬季嘴由黄变黑、腿由黄变红。

浮鸥类与燕鸥类相似,但尾较短呈浅叉形,如：

白翅浮鸥：体黑,翅灰,尾白,常集群飞翔。

2. 涉禽

常见的涉禽有鹭、鹳、秧鸡、鸻及鹬(图4-9)。

图4-9　几种涉禽的涉水及飞翔姿态(仿盛和林等)

鹭类：嘴、颈、翅、腿均长，飞翔时头颈缩成"乙"字形，两腿向后直伸，两翅搧动慢而柔软，翅端圆形，能在大树上群体营巢。常见的有以下12种(表4-2)。

表4-2　几种鹭类的野外识别比较

种名	大小	体　色	主要栖息地
大白鹭	大	全体纯白，嘴、腿均黑，秋后嘴变黄色	水边、湖滩，在大树上营巢
中白鹭	中	全体纯白，嘴前黑后黄，腿黑色	南方水边、稻田，在大树上营巢
白鹭	中	全体纯白，有两枚辫羽，嘴、腿均黑	同上
绿鹭	中	灰绿色，头顶及冠羽黑，腿不长	近山溪流、稻田，在树上营巢
苍鹭	大	体白，背灰，羽冠黑色	水边、湖滩，在大树上营巢
夜鹭	中	头颈粗胖，头顶至上体黑，下体白，有两枚白色辫羽	水边，夜间飞时常发出"wa-"的叫声，在大树上营巢
池鹭	中	头颈紫红，背黑腹白	沼泽、稻田，在大树上营巢
大麻鳽	大	体棕黄，有暗褐纵纹	沼泽、苇塘，在苇草中营巢
黑鳽	中	体大部铅黄，颈侧有黄斑	南方近山水边及稻田，竹林中营巢
栗苇鳽	小	全体几为栗红色，嘴黑	稻田及苇塘
紫背苇鳽	小	上体紫栗，下体黄色，雄鸟无纵纹，嘴黄	同上
黄斑苇鳽	小	背棕腹黄，飞时翅端及尾端黑色明显，嘴黄	同上

鹳和鹤类：都是大型涉禽，飞翔时头颈及两腿直伸，两翅搧动坚强徐缓，但可根据以下几点区别：① 鹳略小于鹤，但头及嘴较鹤大；② 鹳四趾落地，鹤的后趾小而高，只有三趾落地；③ 鹤的内侧飞羽弯曲，覆于尾羽之上，鹳无此现象；④ 鹳不鸣叫，鹤常边飞边鸣；⑤ 鹳可至山地林区，在大树上或岩隙间营巢，但鹤"行必依洲屿，止不集林木"，飞时排成整齐队形。常见的鹳和鹤有：

白鹳：体白翅黑，腿红色。

黑鹳：除下胸及腹为白色外，全体黑色，嘴及腿红色。

灰鹤：全体灰色,头顶裸皮红色。

白头鹤：头及颈白色,体及腿灰色,额顶黑色。

丹顶鹤：体白,内侧飞羽黑色,向后覆盖在白尾之上,常被误认为黑尾,头顶裸皮红色,颈的大部分为暗褐色。

白枕鹤：体灰色,头及后颈白色,脸部裸皮及腿红色。

秧鸡类：为中小型涉禽,形似小鸡,翅短圆,不善飞,腿及趾长,遇敌则在草丛间快速奔跑。常见的有：

董鸡：雄鸟全体灰黑色,头顶有红色肉突,叫声低沉如击鼓,如"wu-gedong,gedong"。

白胸苦恶鸟：上体暗灰,远看接近黑色,面部及下体白,尾红,叫声响亮单调,鸣时经久不休,如"kue,kue"(似"苦恶,苦恶")。

红脚苦恶鸟：见于南方山区溪流,上体橄榄褐,下体深灰色。

鸻、鹬及沙锥类：是小型或中型的涉禽,体为灰色或沙土色,保护色强,常在距人很近时突然起飞,飞时速度很快,方向不定,翅角明显,两腿向后直伸。

鸻类体中型或小型,嘴短,腿长,翅尖长。常见的有：

灰头麦鸡：大小如鸭,飞翔时可见头灰,下体白,翅尖及尾端的黑色明显,叫声急促尖锐,如"di-di-di-"。

凤头麦鸡：有黑色羽冠,飞时可见胸、翅及尾端黑,腹白。

剑鸻：大小如鸫,背褐腹白,胸有黑环,常在沙滩奔跑,叫声尖细,如"dili"。

金眶鸻：与剑鸻相似,但体较小,眼圈金黄色。

鹬类的种类多,有大有小,体多为灰褐色,嘴细长或向上向下弯曲,腿长,翅尖长。常见的有：

白腰杓鹬：体大,喙特长而下曲,黄褐色,腰及尾根白色。

白腰草鹬：大小如鸫,背褐腹白,飞时尾根白色明显,且常鸣叫。

林鹬：与白腰草鹬相似,但较小,叫声尖锐如"di-di-di-di-"。

矶鹬：背褐腹白,尾上覆羽不呈白色。

沙锥类体多为棕黄斑杂,有暗色斑纹,嘴更长直,眼在头侧后部,鸣声粗厉,如"ga-"。常见的有扇尾沙锥及大沙锥,在野外难以区别。

3. 水边小鸟

常见的水边小鸟有翠鸟、河乌、水鸲、燕尾、鹡鸰及苇莺等。

翠鸟类：主要有：

普通翠鸟：体小如雀,体翠蓝绿色,嘴红,常在临水低枝上历久不动,或沿水面低飞,发出尖细的"di-di-di-di-"叫声。

冠鱼狗：见于山溪,体大如鸽,黑白斑杂,羽冠明显。

蓝翡翠：见于山林,体翠蓝色,嘴红,头黑,颈有白环,飞翔时翅下白斑明显,并常发出如串铃的叫声。

河乌类：常见的有：

褐河乌：大小如鸫,黑褐色,常在山溪岩石上停留,沿水面低飞时常发出似摩擦金属的颤抖声,如"zeng-"。

水鸲类：常见的有：

红尾水鸲：大小如雀,雄鸟蓝灰色,尾棕红,雌鸟铅灰色,尾基纯白,常在山溪岩石上上下摆动或展开尾羽并发出短弱的"jiji"声。

燕尾类：主要分布在南方。常见的有：

黑背燕尾：大小如鸲,黑白两色,额顶及腰白,尾很长,分叉,栖山溪边,叫声极尖细拖长,如"di-"或"jing-"。

小燕尾：大小如雀,黑白两色,额及腰亦白,尾短分叉,栖高山急流间,叫声尖细颤抖。

鹡鸰类：多栖水边地面,尾不时上下摆动,飞翔挟翅波浪式前进,叫声如"jili"。常见的有：

白鹡鸰：脸及腹白,背黑。

灰鹡鸰：背灰腹黄,喉黑,多见于山区。

黄鹡鸰：背橄榄绿,下体鲜黄。

水鹨：体褐,背有纵纹,外侧尾羽有白斑。

苇莺类：栖苇丛间,体多为橄榄褐色。常见的有：

大苇莺：略大于雀,有淡黄眉纹,叫声烦躁,如"jiajiaji"。

黑眉苇莺：略小于雀,有黑色穿眼纹。

4.5.2.2　开阔区鸟类

开阔区包括较广阔的农田、草原,稀生灌木的丘陵草坡,近山的草地和居民点及其周围等。有些在北方林区等处繁殖的如柳莺、鹨、雀等,因迁徙越冬时遍及全国大部分开阔地区,且其为习见,故分列于此。以下按栖止活动的主要场所,如地面、空中、树上依次叙述。

1. 栖于地面上的鸟类

常见的有：

百灵：胸有黑带,翅黑有白斑,能垂直起飞和空中悬停,边飞边叫,婉转悦耳,见于内蒙。

云雀：沙褐色,有暗色纵纹,飞时搧翅几次后挟翅一次,也能朝天直升,鸣声婉转,大部分地区为冬候鸟。

小云雀：体较云雀略小,很相似,分布在中部以南地区为留鸟。

田鹨：大小与云雀相似,体黄褐色,有纵纹,眉纹棕白,飞行呈大波浪式,一上一下挟翅一次,栖止时尾做明显的上下摇摆,叫声单调,如"ji-ji-"。

棕扇尾莺：体较山雀小,沙黄色,能在空中悬停或做投弹式降落,鸣叫为尖细连续的"di-di-di-di-"声,飞时又忽改为似鸲的"jizha jizha"声,栖草丛,见于南方。

2. 在空中长时间飞翔的鸟类

包括猛禽、燕子及雨燕等。

猛禽：虽多栖树林,但活动在开阔地,冬季尤甚。主要的有隼、鹰、鹞、鸢、鹭几类。其区别见表4-3和图4-10。较常见的猛禽有：

燕隼：大小如鸽,上灰下棕,脚黄,翅长如镰刀,形似雨燕。

红隼：头灰,背砖红有黑斑,尾展开时为圆形,常停翔空中,直下掠食。

红脚隼：雄鸟青灰色,脚红,飞翔时翅下前缘的白色部分明显。

赤腹鹰：上体蓝灰,胸部棕红,常见于南方山林。

图 4-10　几种猛禽的停落及飞翔姿态(仿盛和林等)

表 4-3　几种猛禽的野外识别比较

	飞翔体形			飞翔状态		栖息地
	大小	翅形	尾形	搧翅	前进	
隼	似乌鸦	尖长	狭长,尾端截形	深而速	直线,少滑翔	林缘、丘陵、田野
鹰	似乌鸦	短圆	较长,尾端截形	较小	直线,能滑翔	森林、林缘、田野
鹞	似乌鸦	宽长,翅端分叉	长,尾端略成圆形	深而慢	善滑翔	林缘、村镇、田野
鸢	比乌鸦大	宽大,翅端分叉	不长,尾端浅叉形	深而慢	善滑翔	林缘、村镇、田野
鵟	比乌鸦大	宽大,翅端分叉	宽,尾端圆形	深而慢	善滑翔	林缘、村镇、田野

雀鹰:上体青灰,胸腹密布褐色横斑,尾有 4 条黑横带。

鹊鹞:黑白两色,远看像喜鹊。

白尾鹞:雄鸟上体蓝灰,尾根白色。

鸢:俗称老鹰,飞翔时可见翅下有大的白斑,尾端浅叉形。

鵟:羽色变异大,褐色,飞翔时翅下有大的黑斑,尾端圆形。

燕子:常见的有:

金腰燕:上体黑,但腰金黄,山区村庄附近较多。

家燕:腰不黄,喉栗红,平原村庄附近较多。

灰沙燕:灰褐色,似家燕,但翅较短,尾叉浅,见于河边。

毛脚燕:似家燕但较小,尾根白,见于河边,分布广(图 4-11)。

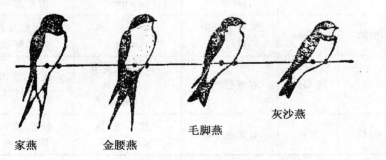

图 4-11　几种燕子的停落姿态(自盛和林)

雨燕:较家燕大,翅如镰刀状,飞翔时两翅不褶于体侧,栖止时能在岩崖或墙壁上垂直抓悬。常见的有:

楼燕:黑褐色,见于北方城市中。

白腰雨燕:黑褐色,但腰白明显,常栖山地或海岛岩崖。

3. 主要栖于树上的鸟类

常见的有太平鸟、柳莺、鹟及金翅等。

太平鸟:有两种。常见的为:

十二黄:略大于雀,体葡萄褐色,有明显的羽冠,尾端黄色,叫声似串铃,如"tululululu"。

柳莺:体小灵活,体橄榄绿色,叫声单调尖细,如"ji-"。常见的有:

黄腰柳莺:腰黄色。

黄眉柳莺:黄眉明显,翅有两道白斑。

冕柳莺:有黄色冠纹,翅有一道黄斑,尾下覆羽黄色。

极北柳莺:为柳莺中体型较大者,翅有一道白斑。

鹟类:常从树枝起飞捕捉昆虫,再返回原处,可作鉴别标志。常见的有:

姬鹟:体较雀小,上黑下黄,翅有白斑。

红喉鹟:体黄褐,尾根白,雄鸟繁殖期颏部和喉部柑红。

白腹鹟:略大于雀,体钻蓝色,胸以下白。

北灰鹟:上灰下白,有明显的白色眼圈。

乌鹟:和北灰鹟相似,但胸具灰褐色模糊带斑。

金翅:也见于开阔的树林及庭园等处,很少下地。体略小于雀,翅有黄斑,腰鲜黄,鸣叫常似摩擦金属细弱的颤抖声,或"weng-"声。

4. 主要栖于树上,也到地面活动的鸟类

多数可在居民点发现,有的常在建筑物上活动。主要的有以下几类。

斑鸠:常见的有山斑鸠、珠颈斑鸠、火斑鸠、灰斑鸠,其区别见表4-4。

表 4-4　几种斑鸠的野外识别比较

种　名	大小	体色	后　颈	鸣　叫	栖息地	分　布
山斑鸠	似鸽	灰褐	杂有蓝灰色黑斑	二声一度,如"gu-gu-"	松林,农田附近树林	全国
珠颈斑鸠	似鸽	灰褐	黑色半环中有白点	三声一度,如"hu-gu-gu-"	居民点及其附近树林	河北以南
火斑鸠	比鸽小	葡萄红	有黑色半环	三声一度,先有一单音,如"gu-gugugu"	松林,农田附近树林	河北以南
灰斑鸠	似鸽	灰褐	有黑色半环	三声一度,如"gu-gu-gu"	松林,农田附近树林	北方

喜鹊和乌鸦：常见的有：

喜鹊：体黑白两色，尾呈长锲状，叫声如"gaga"。

灰喜鹊：较喜鹊略小，头黑体灰，叫声沙哑，如"zha-"，或续以清脆的"gui-"声。

秃鼻乌鸦：体全黑，在阳光下可见鼻孔附近无毛，叫声如"wa-"。

小嘴乌鸦：较秃鼻乌鸦略小，鼻孔附近有丛毛。

寒鸦：比家鸦更小，领圈及胸腹白，其余黑。

白颈鸦：颈圈白，其余黑。

卷尾和伯劳：常见的有：

黑卷尾：体形及羽色似乌鸦，但较细小，尾长，末端分叉，不能在地上走动，常在空中捕食，叫声单调，如"jia-gui"。

红尾伯劳：体比鸫小，嘴钩曲，上体灰褐，尾根棕色，额灰色，常在电线上或树梢处俯视地面，经久不动，叫声单调粗厉。

虎纹伯劳：大小如鸫，上体前灰后红，翅及尾黑。

牛头伯劳：体比鸫小，头顶栗红，有黑眼纹。

八哥：体黑，额羽冠状，飞翔时翅下白斑明显，见于南方，栖大树、房脊、牛背及竹林。

鹊鸲：大小如鸫，黑白两色似喜鹊，飞翔时两翅白斑明显，外侧尾羽白，栖止时常翘尾，见于南方，常在房舍上或厕所附近活动，鸣声婉转悦耳。

麻雀：头侧及喉有黑斑。

白腰文鸟：体比雀小，头、翅及尾均黑，腰白，见于南方。

斑文鸟：头、翅及尾淡褐，腰不白，胸胁有波状斑，见于南方。

树鹨：较雀略大，体褐，有纵纹，飞翔时波浪前进，尾外侧白色，栖止时尾上下摆动明显。

北红尾鸲：大小如雀，雄鸟羽色大部棕红，头顶灰，翅黑有白斑。

红胁蓝尾鸲：大小如雀，体上蓝下白，两胁锈黄，尾常上下摆动。

斑鸫：棕褐色，有棕眉，尾根砖红，胸有栗斑或黑斑，飞翔搧翅较快，同时发出尖锐的叫声，栖止树上时常呆立不动。

雀类：常见的有：

燕雀：头颈黑，腰白，下体棕黄。

朱雀：雄鸟头胸鲜红。

黑头蜡嘴雀：嘴粗大呈黄色，头、翅及尾黑，其余灰色，飞翔很快，有波浪。

锡嘴雀：体粗尾短，嘴粗大为铅肉色，尾端白色，飞翔很快，呈波浪状。

鹀类：在迁徙时种类甚多，形似雀，飞时外侧尾羽白色明显，并伴以"jizha"的叫声，常见的有：

栗鹀：雄鸟头背栗色，胸腹黄色。

黄胸鹀：雄鸟上体栗红，下体鲜黄，但脸黑，并有栗色胸带。

灰头鹀：头灰，腹黄。

田鹀：头、脸近黑，下体白，有栗红色胸带。

小鹀：较雀略小，头中央栗，两侧黑，下体白有黑纹。

黄眉鹀：眉纹黄，冠纹及颊纹白。

白眉鹀：头黑，冠纹、眉纹及颊纹均白，尾根栗红。

三道眉草鹀：上体栗红，眉纹及颊纹白，叫声如"jia-jiajia-ji"。

4.5.2.3　山地林区鸟类

山地林区包括针叶林、阔叶林、针阔混交林、竹林、灌木林、人工林以及零星的高大乔木,环境复杂,鸟类繁多。实际上,有些水区及开阔区的鸟类,在此也能遇到。如鹰、隼、斑鸠等常栖居森林,但取食于原野;冠鱼狗、蓝翡翠、灰鹡鸰、河乌、红脚苦恶鸟、红尾水鸲、燕尾等生活在山地林区的溪流附近;池鹭、山斑鸠、金腰燕、毛脚燕、白鹡鸰、白颈鸦、伯劳等在平原及山区都能见到;在开阔区提到的一些旅鸟及冬候鸟,如红胁蓝尾鸲、斑鸫及柳莺、鹟、雀、鹀等,大多数在此也可遇到。为避免重复,不再列举。兹按攀缘鸟类、树栖鸟类、灌丛鸟类和林下地面鸟类,依次叙述。

1. 能在树干上攀缘的鸟类

主要有啄木鸟、鸸及旋木雀(图 4-12)。

鸸

绿啄木鸟　　　　　斑啄木鸟　　　　星头啄木鸟

图 4-12　几种啄木鸟和鸸的攀树姿态(仿盛和林等)

啄木鸟:在树干上攀缘时,身体与地面垂直,能用嘴叩树,连续作声,飞翔时波浪前进,常边飞边叫。常见的有:

黑枕绿啄木鸟:绿色,枕黑腰黄,叫声洪亮噪厉,如"ha-ha-"。

斑啄木鸟:上黑下棕,翅有白斑,尾下红色,叫声尖锐,如"di-di-"。

白背啄木鸟:上体前黑后白,下体白,尾下红色。

棕腹啄木鸟:上体黑,有白斑,下体棕褐,尾下红色。

星头啄木鸟:略大于雀,上体黑,有白斑,下体棕褐,尾下不红,叫声轻细,似吹口哨,如"shui-shui-"。

姬啄木鸟:体比雀小,头栗背黄,下体灰白,有黑斑,见于南方。

鸸:为大小如雀的小鸟,在树干向上向下均能攀跳自如,常见的为:

普通鸸:上体蓝灰色,有黑色穿眼纹,飞翔似山雀,叫声似红头山雀,为连续尖细的"zhi-zhi-"声,常两声一度,也鸣五声或六声一度。

旋木雀:略大于雀,体羽棕褐斑杂,嘴细长向下弯,为镰形,羽轴硬,能在树干上支撑身体,常绕树向上爬。见于东北、西北至西南。

2. 栖于森林,休息时常停在树上的鸟类

可分为夜间和白天活动两类。

(1) 夜间活动的鸟

有鸮及夜鹰。鸮头大尾短,飞行迅速无声,能在空中捕食,多在黄昏后鸣叫,可据其呕吐在

树下的食物残块寻找。常见的有：

红角鸮：体较小，灰褐斑杂，耳羽发达，繁殖期通夜鸣叫，叫声响亮，三声一度如"wang-gan-ge"。

斑头鸺鹠：上体黑褐，有棕白横斑，无耳羽，叫声轻飘，如"hu-lululululu"，能在白天活动，南方习见。

鹰鸮：上体为均一的褐色，下体有粗褐纵斑，飞翔似鹰，叫声如"hu-hu-"。

长耳鸮：体较大，棕褐斑杂，耳羽发达。

短耳鸮：体棕褐斑杂，耳羽不显。

普通夜鹰：嘴宽短，能在空中捕食昆虫，体棕褐斑杂，喉有白斑，雄鸟翅尖及尾尖也有白斑，白天伏贴在树上，身体和树枝平行，黄昏后活动，鸣叫为单音节，急促连续，像蛙叫，又像人咂嘴呼唤动物的"喳喳"声。

（2）白天活动的鸟类

白天活动的森林鸟类种数甚多，为便于识别，分以下 4 类叙述。

第一类：杜鹃类：尾长，末端圆形，飞翔或落树时两翅低垂，善于鸣叫。常见的有：

红翅凤头鹃：上体黑，两翅栗红，羽冠明显，鸣叫两声一度，如"xu-xu-"，音响单调，似吹长哨或麦秆，受惊时，发出似伯劳噪厉的"吱吱吱吱"声。

鹰鹃：上体褐色，胸白有褐色纵纹，鸣叫三声一度，如"gui-gui-lu"，越叫越快越响，4～6 次后突然停顿，雌鸟对唱，如吹集合口哨声。

四声杜鹃：体羽远看主为褐色，鸣叫四声一度，如"gu-gu-gu-gu"，常连鸣不休。

小杜鹃：体羽远看主为褐色，鸣叫五声或六声一度，如"guo-guo,guoguoguoguo"，第 4、5 声最高，繁殖期昼夜啼鸣，音响易辨。

噪鹃：全体黑色，似喜鹊，叫声响亮，如"wo-"，容易识别。

小鸦鹃：头尾均黑，两翅栗红，鸣叫时雄鸟先发出低沉的"wu-wu-wu-wu-"声，连鸣 4～5 次之后，雌鸟对唱，如"ka-da-gu"（似"快打谷"），音渐快渐低。

第二类：体形如乌鸦或喜鹊的有（图 4－13）：

松鸦：体栗褐色，腰白，翅及尾黑，翅有蓝白相间的横斑，叫声粗厉。

红嘴蓝鹊：体蓝色，似喜鹊，尾很长，红嘴，黑头，叫声多变。

灰树鹊：体灰褐色，似喜鹊，翅及尾黑，翅上有明显的白斑，尾长，叫声嘶哑，如"gua-gua-gua-gua-"。

大嘴乌鸦：体较大，全体黑，有蓝色反光，叫声粗粝嘶哑，如"a-"。

红嘴山鸦：体似小乌鸦，全体黑，嘴及脚红，叫声如"jiu-jiu-,jiu-ji,jiu-jiao"（似"舅舅，就记，救叫"），见于北方。

卷尾：体形似鸦但较小，尾长呈叉状，体羽黑色或灰色。常见的有：

灰卷尾：体灰，颊白，外侧尾羽向上卷曲，叫声似白头鹎，常为连续的"gui-"声。

发冠卷尾：全体黑，额有发状羽，向后披散，外侧尾羽向上卷曲甚著。

第三类：体大如鸽或略小的有：

黑枕黄鹂：体鲜黄色，嘴红似鸽，鸣声圆滑流利，清脆悦耳，如"jiao-jiao-jiao-ge-lie-jiao"，有时发出似猫叫的声音。

戴胜：体棕色，翅及尾黑有白斑，有鲜丽的扇状冠羽，嘴细长向下弯，鸣叫三声一度，如

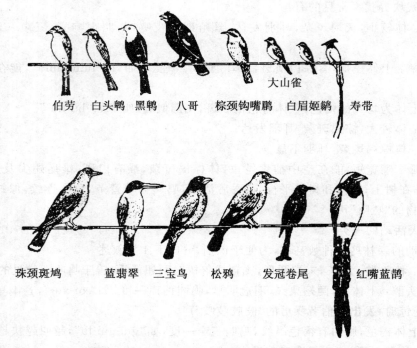

伯劳　白头鹎　黑鹎　八哥　棕颈钩嘴鹛　白眉姬鹟　寿带

大山雀

珠颈斑鸠　　　蓝翡翠　三宝鸟　松鸦　发冠卷尾　　红嘴蓝鹊

图 4 - 13　几种鸟类的停落姿态（仿盛和林等）

"hu-hu-hu-"。

三宝鸟：体蓝绿色，嘴红似鹦鹉，常停留在乔木枯枝上，状似小猫头鹰，捕食姿态似鹟，飞翔时翅下的白斑明显，叫声单调嘈杂，如"ga-ga-ga-ga-"或"zha-zha-zha-zha-"。

丝光椋鸟：头及下体沙白，嘴红背褐，翅尾均黑。

灰椋鸟：体灰褐色，脸及尾根白色，飞时常发出略带颤抖的"唧唧"声。

暗灰鹃鵙：体暗灰色，最黑似鹎，翅尾均黑，叫声高昂清脆，如"guai-ni，guai-ni"（似"怪你，怪你"）。

小灰山椒鸟：上灰下白，飞时翅下白斑明显，并发出连续的"ji-li-li-"叫声。

乌鹎：体黑褐色，嘴黄，能学他鸟鸣叫，音脆悦耳，性不甚畏人。

第四类：体大如雀或更小的有：

山鹡鸰：背橄榄绿，眉纹及翅斑黄色，胸有 2 条黑横带，能在粗树枝上奔走，鸣叫如摩擦金属的"zhi-gang，gang-zhi"声。

暗绿绣眼鸟：形似柳莺，全体橄榄绿色，有明显的白色眼圈，叫声似小鸡，但颤抖，如"ji-"。

白眉鹀：体由黑、白、黄三色组成。雄鸟：腰、喉、胸及上腹黄色，下腹、尾下羽白色，其余黑色，仅眉线及翼斑白色。雌鸟：上体暗褐，下体色较淡，腰暗黄。

方尾鹟：头及胸灰，背绿腹黄，鸣叫三声一度，如"ji-ji-ji-"，见于南方。

寿带：体为均一的栗红色或白色，头黑，中央两枚尾羽拖长似带，飞翔波浪状，叫声如"gui-gui-"，常两声，有时四声或六声一度。

山麻雀：体羽远看锈红色，形与麻雀极似，鸣叫亦为"zha-zha-"声，但较细，有时也发出尖细的"zhi-zhi"声。

山雀在森林中较为普遍,常见的有以下 6 种(表 4 - 5)。

表 4 - 5　几种山雀的野外识别比较

种 名	大小	体 色	鸣 叫
大山雀	较大	头黑颊白,下体白,有一黑纵纹	常三声一度,如"zi-zi-gui-"
沼泽山雀	适中	头顶黑,头侧白,下体五黑纵纹	较大山雀尖细,如"zi-zi-gui-gui-"
煤山雀	适中	头黑颊白,下体皮黄,五纵纹	尖细如"zi-zi-"
黄腹山雀	适中	头黑颊白,胸及腹鲜黄色	尖细、连续,如"zi-gui,zi-gui,zi-gui"或 "zi-zi-mo,zi-zi-mo-"
红头山雀	小	头及胸腹栗红,脸及喉黑	尖细、连续,如"zhi-zhi-zh-zhi-"
银喉山雀	小	头黑,下体棕黄	细弱、短促,如"di-di-di-"

3. 栖于灌木林的鸟类

常在灌木林树枝上活动,有时也落乔木,如鹎、莺、画眉及鹛等,多分为在南方。

鹎科:常见的有:

黑鹎:较鹎略小,明显分为黑、白两色(头白体黑)或全黑,嘴脚均红,易于识别(图 4 - 13)。

白头鹎:头黑枕白,背绿腹白,叫声婉转多变,常如"di-li,di-li-lu",性不畏人。

绿鹦嘴鹎:头黑,体黄绿色,嘴粗短,淡黄色,叫声尖细像白头鹎,如"di-du-di-du"或"gua-ji-gua-ji-gua-ji"。

绿翅短脚鹎:上体褐色,翅及尾鲜绿色,胸栗嘴黑。

黄臀鹎:较雀略大,头如戴黑帽,喉白臀黄。

莺亚科:常见的有:

短翅树莺:较雀大,上体棕褐,有淡黄眉纹,常在灌丛的枝梢抑首高鸣,音似自瓶口向外倒水一般,如"gu-lu-lu-lu-lu-lu-fan-jiu"(似"咕噜……粪球"),最后两音清脆短促,分布几遍全国。

山树莺:较雀小,上体棕褐,有淡黄眉纹,常隐在枝叶间抑首高鸣,叫声响亮清晰,第一声为拖长的序音,第二、三声短促,如"xu-weiqu"(似"去—回去"),见于南方。

冠纹柳莺:有淡黄冠纹及眉纹,叫声很像大山雀,但较急促,多为九声连发,如"zi-zizi-gui-zi-zi-gui-zi-zi"。

棕脸鹟莺:较柳莺小,上体橄榄绿色,额及头侧杏黄色,喉黑,叫声似昆虫,像细弱的金属摩擦声,如"zeng-"。

褐山鹟莺:体栗褐色,上体有黑褐色纵纹,嘴细尾长,飞翔似鹀雀,鸣叫为连续低哑的"zha-zha-zha-zha-"声。

前面介绍过的开阔区树上的几种柳莺在此也可见到。

画眉亚科:常见的有:

棕颈钩嘴鹛:较雀略大,嘴略向下弯,体棕褐色,有明显的白色眉纹和黑色穿眼纹,鸣叫短促响亮,常三声一度,如"hu-hu-hu"(图 4 - 13)。

锈脸钩嘴鹛：大小如鸫，嘴向下弯，背、翅及耳羽栗红，胸有明显的黑点，叫声很响亮，如"gui-lu,gui-lu"，对唱时雄鸟先发出"gu-du-du-du-du-du"，雌鸟接继鸣以"du-du-du-du-du"，如吹口哨。

画眉：上体棕褐，有明显的白眼圈向后伸成眉状，叫声响亮，婉转悦耳。

黑脸噪鹛：头灰背褐，额及脸黑，如戴眼镜，叫声洪亮有力，如"ji,jiu,jiu"。

黑领噪鹛：上体橄榄褐，眉纹白，后颈锈红，胸有黑带，性极活跃，叫声嘈杂洪亮。

棕噪鹛：翅及尾棕红，眼先及喙基黑，喙中部黄，叫声特殊，犹如弹琴，常九声一度，如"di-di-da-da-di-di-da-da-di"，有时也四声或三声一度如"di-da-di-di"或"di-di-da,da-da-di"。

白颊噪鹛：上体橄榄褐，眉纹及脸白，鸣叫似黑脸噪鸟，但较细而急促并带颤音。

灰翅噪鹛：头黑脸白，眉纹栗，翅尖及尾尖有黑白斑。

红嘴相思鸟：大小如雀，嘴红脸黄，翅有红黄色斑，上体橄榄绿，下体橙黄，叫声似画眉，多为"jiao-jiao-jiao"，最后一声既高又尖。

白眶雀鹛：大小如雀，头背均灰，眼圈白，下体棕黄。

红头穗鹛：较雀略小，头顶红，背橄榄绿，下体淡黄，叫声细弱、短促，如"di-di-di-di-di"，常五声一度，与棕颈钩嘴鹛的轻叫声相似。

棕头鸦雀：较雀小，全体棕红，嘴短尾长，常集群活动，叫声短促噪人，如"zhi-zhi-zhi-zhi"或"zha-zha-zha-zha"。

灰头鸦雀：较雀大，头灰背褐，嘴红喉黑，下体淡黄，常集群活动，鸣叫像棕头鸦雀的单声，但音高而尖。

鸫类：常见的有：

赤胸鸫：体棕褐，斑杂，喉有黑斑，胸有栗带，叫声细，如"jia-jia-ji-ji-jia-ji-"。

凤头鸫：体黑色，有羽冠，翅、尾栗红很明显，叫声尖细似大山雀，但常四声一度，如"ji-ji-gui-gui"或"di-di-gui-gui"。

前面在开阔区提到有关迁徙或越冬的鸫类，在森林的灌丛中也常遇见。

4. 在森林地面上活动的鸟类

主要是鸡形目鸟类，除分布在北方的石鸡和斑翅山鹑见于无林的裸岩区之外，其他都和森林有密切的关系。常见的有：

石鸡：上体褐色，有黑色穿眼纹交于胸部，嘴及腿红色，叫声如"ge,ge"，久鸣不休。

斑翅山鹑：体棕褐，斑杂，雄鸟胸前有大黑斑，翅有白纹，不善鸣叫。

灰胸竹鸡：乍看似为锈红色，常集群，叫声响亮，三声一度，如"gua-gua-gu"，常连鸣不休，见于南方。

雉鸡：体大如鸡，尾很长，雄鸟艳丽，颈有白环，叫声如"ge-"。

常见鸟类分目检索表

趾间不具全蹼 …………………………………………………………………… 4

4. 嘴通常扁平,先端具嘴甲;雄性具交接器 ………………………… 雁形目 Anseriformes
　 嘴不扁平;雄性不具交接器 ……………………………………………………… 5

5. 翅尖长,尾羽正常发达;后趾缺如或位置高出 ………………………… 鸥形目 Lariformes
　 翅短圆,尾羽短;后趾被覆羽所掩盖 ……………………………………………… 6

6. 向前三趾间具蹼 ………………………………………………………… 潜鸟目 Gaviiformes
　 前趾各具瓣蹼 ……………………………………………… 鸊鷉目 Podicipediformes

7. 颈和脚均较短;胫全被羽;无蹼 ………………………………………………… 10
　 颈和脚均较长;胫的下部裸出;蹼不发达 ……………………………………… 8

8. 后趾发达,与前趾在同一水平上;眼先裸出 ………………………… 鹳形目 Ciconiiformes
　 后趾不发达或完全退化,存在时位置较它趾稍高;眼先常被羽 ………………… 9

9. 翅大多短圆,第 1 枚初级飞羽较第 2 枚短;趾间无蹼,有时具瓣 ……… 鹤形目 Gruiformes
　 翅大多形长,第 1 枚初级飞羽较第 2 枚长,或与之等长(Vanellus 例外);趾间蹼不发达或缺
　 如;眼先被羽 …………………………………………………… 鸻形目 Charadriiformes

10. 嘴爪均特强而锐,弯曲;嘴基具蜡膜 …………………………………………… 11
　 嘴爪平直仅稍曲;嘴基不具蜡膜(鸽形目例外) ……………………………… 13

11. 足呈对趾型;舌厚而成肉质;尾脂腺被羽 …………………… 鹦形目 Psittaciformes
　 足不呈对趾型;舌正常;尾脂腺被羽或裸出 …………………………………… 12

12. 蜡膜裸出;两眼侧位;外趾不能反转(Pandion 例外);尾脂腺被羽　隼形目 Falconiformes
　 蜡膜被硬须掩盖;两眼向前;外趾不能反转;尾脂腺裸出 …………… 鸮形目 Strigiformes

13. 足呈不等趾型(后趾有时缺如),各趾彼此分离(极少数例外) ……………… 19
　 足不具上述特征 …………………………………………………………………… 14

14. 足大都呈前趾型;嘴短阔而平扁;无嘴须 ………………………… 雨燕目 Apodiformes
　 足不呈前趾型;嘴强,不平扁(夜鹰目例外);常具嘴须 ……………………… 15

15. 足呈异趾型 ………………………………………………………… 咬鹃目 Trogoniformes
　 足不呈异趾型 ……………………………………………………………………… 16

16. 足呈对趾型 ………………………………………………………………………… 17
　 足不呈对趾型 ……………………………………………………………………… 18

17. 嘴强直呈凿状;尾羽通常坚挺凸出 ………………………………… 䴕形目 Piciformes
　 嘴端稍曲,不呈凿状;尾羽正常 …………………………………… 鹃形目 Cuculiformes

18. 嘴强或强直,或细而稍曲;鼻不呈管状;中爪不具栉状缘 ……… 佛法僧目 Coraciiformes
　 嘴短阔;鼻通常呈管状;中爪具栉状缘 ………………… 夜鹰目 Caprimulgiformes

19. 嘴基柔软,被以蜡膜,嘴端膨大而具角质 ………… 鸽形目 Columbiformes(部分)
　 嘴全被角质 ………………………………………………………………………… 20

20. 后趾缺如,跗跖被羽到趾 ……………………………………… 鸽形目(沙鸡亚目)
　 后趾常存在,跗跖裸出 …………………………………………………………… 21

21. 后爪不较其他趾的爪为长;雄性常具距突 ………………………… 鸡形目 Galliformes
　 后爪较其他趾的爪为长;无距突 ………………………………… 雀形目 Passeriformes

4.5.3　鸟类生活习性的观察

4.5.3.1　栖息环境

大多数鸟类只能在 1000m 以下的空中活动,但分布非常广泛,其分布与各种栖息环境条件(地貌、气候、植被、水文、土壤等)有着紧密的联系。鸟类的栖息地是其各种生命活动的场所,各种不同的鸟类对不同的生境有着不同的选择。从空间尺度上划分,鸟类的栖息地选择主要包括地理分布区、分布区内的生活环境、大环境中鸟类进行一切生命活动的场所。

整个地球表面上,鸟类栖息地可分为极地、苔原、高山区、针叶林、阔叶林、热带雨林、草原、荒漠、淡水流域(湖泊、池塘和河流)、海滨和沼泽、海洋 11 种主要类型。

不同类型栖息地的鸟类在其不同的栖息环境中生存,其形态结构、机能、行为及生活方式都在进化过程中逐渐与生活的环境相适应,并相互影响,彼此联系。

根据环境对鸟类生活的相关影响,就野外调查对栖息环境的观察记录,大致可分为以下几方面:

1. 地理地貌

主要分山地、高原、盆地、平原、丘陵等类型。每种地形又有着不同的结构,如森林、灌丛、沼泽、草地、农田、公园等。在调查山地时,因鸟类在山地具有垂直地带性分布的特点,所以应记录其海拔高度。如长白山鹀属鸟类共 6 种:在长白山海拔 800m 以下,主要分布着三道眉草鹀、黄胸鹀和栗斑腹鹀 3 种鹀鸟;海拔 800~1100m 分布着灰头黄喉鹀和白眉鹀,其中灰头鹀可沿生境一直分布到海拔 2100m。有报道认为,雪鸡属鸟类的生活特征会沿着海拔梯度变化而变化的。

2. 气候

地区的气候影响着鸟类的生活,其中温度、光照、降水量等因子都对鸟类有着明显的影响。野外调查时要关注当地的气候变化,选择适宜的时节。外出调查时,要记录当天的气温浮动。气温影响着鸟类的生活周期、昼夜活动,且能影响鸟类的垂直分布。受光照及温度影响,多数鸟类在日出后 2h 和日落前 2h 比较活跃,鸣叫、取食等活动频繁;高山山顶和山麓的鸟类有显著不同。另外,调查时还应根据实际需要记录当天的光照和降水量。

3. 植物群落

植物群落是反映自然景观的独特因素,也是鸟类隐蔽和觅食活动的主要场所。如就草地而言,草地高度、盖度的增加,则增加了草的结构层次的复杂性和食物的丰富度,从而更有利于鸟类的生存。如浙江省乌岩岭国家级自然保护区阔叶林长势良好,树种繁多,吸引众多鸟类,优势种为白头鹎,另外,濒危物种黄腹角雉和白颈长尾雉均在这一生境中栖息。鸟类会对生活环境中的植被进行选择。如保护区中灌丛的优势种为棕头鸦雀和白眶雀鹛,常见的种类有大山雀、画眉、棕颈钩嘴鹛、红嘴相思鸟和黑领噪鹛等。因此,观察时要记录植被的主要类型,如针叶林、阔叶林、针叶阔叶混交林或灌木林、荒草坡、果园等,同时也要注意树种名称及鸟类活动和停留的高度,如在树顶枯枝、树冠、树干、草丛、地面等。各种鸟类对植被的要求均有不同。

4. 水文

河流及山谷的分布及走向能影响鸟类的分布。在水源充足的地域,常常有丰富的食物,且环境条件较为隐蔽,常可见鸟类在这一带出没。如沿山沟一带常可见鸡形目鸟类。乌岩岭自然保护区山间溪流地带以红尾水鸲较为常见,此外还有黑背燕尾、小燕尾、翠鸟、褐河乌及紫啸鸫等。由于河流近旁满布幼林,因而也能遇见多种灌丛鸟类。因此,在野外调查中,要注意观察、研究栖息地的现状,以便对调查结果进行准确的分析。

4.5.3.2 活动和活动规律

野外观察鸟类的活动,主要调查其一天的活动,主要有几个方面:

① 以第一声鸣叫为基准,观察、记录其早上开始及晚上停止活动的时间(对夜间活动的鸟类则为晚出及早归时间)。

② 各种鸟类早晨开始鸣叫的时间和先后次序。

③ 飞翔的姿态、飞行距离、飞行高度、飞行方向及目的地、是否返回原栖息地。

④ 栖止的姿态、落在树上的位置、受惊后的反应。

⑤ 飞出及归来鸟群的行为。

⑥ 外界环境条件,如晴阴、降水、日照长度、温度变化对活动时间的影响。

⑦ 活动的频繁程度、高潮、距离及范围等。

⑧ 若观察的鸟类处于营巢或育雏期间,结合观察的鸟类的繁殖情况,统计每小时飞回鸟巢的次数。

另外,鸟类的迁徙活动是自然界中最引人注意的生物学现象之一。世界上每年有几十亿只候鸟在秋季离开它们的繁殖地,前往更为适宜的栖息地。在对迁徙鸟类的调查中,鸟类环志是一项非常重要的手段,截至 2004 年底,中国累计环志鸟类已近 600 种超过 120 万余只。

在观察鸟类孵化和育幼初期时,可采用远距离控制音、视频进行昼夜不间断的监测记录。对于巢址、环境及鸟卵可用特种摄影技术拍照分析、鉴别。

在观察和研究鸟类昼夜活动的过程中,可借助光度计、计时器等工具记录其活动的相应亮度和时间,如记录鸟类觉醒及夜宿的亮度和时间。对白天活动的鸟类来说,早晨开始鸣叫往往代表着一天活动的开始,但其傍晚最后一次鸣叫并不代表完全停止活动。

4.5.3.3 食物基地、取食活动与形态的适应

鸟类具有较高的代谢率,新陈代谢旺盛,需进食大量的食物。因此,环境中食物的丰富度常影响到鸟类的数量和空间分布、种间关系、垂直迁徙以及行为和生理的一系列变化。在繁殖期出现的占区现象以及领域的大小,也都和食物的丰富程度有关。在鸟类活动中,寻找食物的时间是其活动时间的主要组成部分。取食中,不同的捕食对象会影响鸟类的取食时间和活动方式。如夜鹰因捕食夜间飞行的昆虫,故其在傍晚活动最为活跃;灰卷尾为捕食牛蝇会飞出巢数里以外。

　　因觅食方式和食物特点名有不同,鸟类的嘴和脚等形态结构会发生适应性变化。如食肉的猛禽,嘴及爪弯曲成钩状;有的食鱼水禽嘴扁,侧缘有锯齿;戴胜、太阳鸟等嘴长而弯曲,以适应捕食;捕食飞行昆虫的食虫鸟,如雨燕、夜鹰嘴扁而阔,其中喙宽、口裂大,嘴须发达,便于兜捕昆虫;啄木鸟嘴长而直,有利于捕捉树虫。观察这方面内容可借助于鸟类标本、影像等材料,亦可在野外采到标本后仔细观察、记录。

4.5.3.4　鸣叫

　　鸟类的鸣叫对鸟类自身的生存和繁衍有着重要意义,其集群、报警、个体间识别、占据领域、求偶展姿、交配等行为都和鸣叫行为有着密切的关系。例如,无配偶的橙顶灶鸫(*Seiurus aurocapillus*)雄鸟比有配偶的雄鸟多叫 3.5 次;而无配偶的 Kentuch 莺鸟(*Oporonis formosus*)雄鸟比有配偶的多叫 5.4 次;雄性水蒲苇莺(*Acrocephalus schoenobaenus*)一旦被吸引交配时立即停止鸣叫;而雄性芦苇莺(*Acrocephalus scirpaceus*)交配后仍继续鸣唱。对于不同种类来说,鸣声信号类型的数量很不相同。1 只白鹳仅有 3 种叫声,而有些鸣禽可多达 20 余种。

　　各种鸟类都有其独特的鸣叫声,即在同种鸟类的雌雄之间、成鸟与幼雏之间、繁殖期与非繁殖期之间都存在差异。但总的来说,鸟类的鸣叫可分为鸣啭与叙鸣两种。

　　鸣啭多以雄鸟为限,是繁殖期的一种求爱行为和领域信号。在繁殖初期,同种雄鸟之间存在着占区的竞争,占区鸣啭是它们划分领域的主要手段。一旦划定了领域,歌声则成为其警戒和保护巢区的重要手段。一般在配对之后,雄鸟的歌声会明显减少。而在雌鸟离开视线时,才开始鸣唱。

　　叙鸣为日常一般的叫声,根据传递信息的要求和环境条件的变化,又可分为呼唤声、警戒声、惊恐声、寻群声等。常见的有以下几种情况:

　　① 在繁殖期,大多数的雏鸟会在很短时间内破壳而出,以山齿鹑为例,在孵化过程中,未出壳的雏鸟开始发出唧唧声,不久变为咔嗒声,这些有节奏的噪声在呼吸过程中加强,出壳后几小时内减弱,而其在破壳时发出一种有特征的噪声。

　　② 有学者对将巢筑在 Lofoten 岛悬崖上的群居海鸦做了研究,发现海鸦成鸟在发现巢附近受骚扰时会发出一种各不相同的叫声,幼鸟闻声便跑出来与自己父母重聚,现已证实海鸦雏鸟在破壳前已学会辨别父母的育雏声,即此时成鸟的鸣叫为一种保护的信号。

　　③ 鸟类间的鸣叫是亲鸟和幼鸟间一种重要的互动交流。幼鸟在向亲鸟乞食时会发出乞食的叫声,从而引起亲鸟的喂食行为。而这种乞食叫声也发生在雌雄亲鸟之间。许多孵卵的雌鸟在坐巢孵卵时会向雄鸟发出乞食叫声,则雄鸟会给雌鸟带来一些食物。另外,如幼鸭在鸭群中掉队时,会发出悲哀的尖叫,表示被遗弃了,而母鸭听到幼鸭的尖叫声后便会停下来,伸长脖子连续不断地发出召唤叫声。

　　④ 鸟类的鸣叫还是一种集群的通讯信号。许多鸟类在迁徙和越冬时是群居生活的,例如麻雀群集时,会唧唧喳喳发出一阵阵叫声。有研究发现,成百只麻雀集群活动时存在 3 种联络叫声,它们分别出现在 3 个阶段:飞行时、觅食时及入巢前。另外,在迁徙过程中,特别是夜晚彼此看不见的时候,鸣声成为鸟类聚集的唯一而重要的手段。

　　⑤ 当鸟巢受天敌侵扰时,亲鸟会表现出护巢行为,发出"嘶嘶"的叫声。许多鸟类有多种表示入侵者来临的叫声。乌鸫有 5 种警报声,分别发生在以下情况中:巢区面临潜在危险时;

被激怒时;从藏身处逃跑时;有猛禽飞临上空时;被天敌捕获时。而有些鸟类,如田鹬在攻击巢区入侵者时通常会发出比一般报警声更强烈和更快速的叫声。另外,油鸱、夜鹰、短嘴金丝燕等还能像蝙蝠一样在漆黑的山洞中利用回声定位原理在山洞中辨别方向。

研究和记录鸣叫的方法,最简单的是在听清音节的长短高低之后,用汉语拼音记录下来,如红尾伯劳的叫声可记录为"Ga -,Ga -,Ga -,Ga -"或"zhiga-zhiga-zhiga-zhiga-";白骨顶的叫声可记录为"ge-"或"dun er-"或"den er-";红隼的递食叫声可记录为"er,er,er…"或"zi,zi,zi…";强脚树莺(*Cettia fortipes*)的鸣唱主要分为 alpha 和 beta 两种唱型。也可以用录音机把鸣叫声音录下来,便于反复收听。

在利用磁带对鸟类个体的歌唱或叫声进行录音时,有条件的话最好是用有方向性的麦克风,并用计算机软件绘制声谱图(sound spectrogram)。不同个体的声谱图可以由一组观察者直观地区分开,或者通过更费时间但测定更精确声谱图的方法,然后再用判别函数分析(discriminant function analysis)声谱图每一组分的周期和频率以区分个体。

4.5.4　鸟类的数量统计

4.5.4.1　样方法

样方法是一种抽样法,是在研究区域内划出一定面积作为抽样样方,统计样方内鸟类的种类和数量,从而得出研究区域内的鸟类种类组成及数量情况,其最后得出的结果是每种鸟在研究区域内的估计数量,是绝对指标。

样方法比较适合在鸟类的繁殖季节采用,因这一时期大多数鸟类均成对生活,活动范围相对较小,比较固定于巢区附近,数量相对稳定。此法对生境类型没有特别的要求,适用于各种生境类型。

选择样地是研究成功的关键,在选择时,应选择研究区域内具有代表性的生境。一般在较大面积内调查时,抽样的面积(实际调查面积)不应少于调查对象栖息面积的10%。面积的大小通常以 hm² 为单位,在某些情况下也可扩大和缩小样方面积,如果林木稠密,鸟巢较多,可将面积缩小为 1/4hm²(50m×50m)。调查中,在同一生境里要选择几块样地进行统计,对其结果求出平均值,再推算出该区域内鸟类的数量。在实际工作中,为求精确,无论是 1hm²,或更小的面积,都需按一定的距离进行分段,并做出明显标志,划出更小的地段,统计起来也更方便、准确一些。

在统计对象的选择上,除了样方内的鸟类外,还可统计鸟巢。统计鸟巢常和繁殖生态研究联系在一起。进行样方统计时,应绘出样方内的生境配置图和鸟巢分布位置,研究巢区分配,领域行为及种内、种间关系等。

如果研究的生境为草原地带、海滩或湖泊滩地,可以进行打桩标志,划分出 1hm² 的面积,然后再划分成20m 或 25m 的宽度的小区,并打上标桩,按每小区进行样方统计,记录其鸟数或鸟巢数。另外,也可采用拉绳法进行带状统计,方法是 3 人为 1 组,取 1 条长 30～40m 的绳,绳上系有铃铛,2 人各持一端前进,另 1 人持计步器走在绳中央的后面,观察并记录鸟类起飞的地点及鸟巢的种类和位置。采用拉绳法所走的距离不受限制,可以走 100m、200m 或500m 等。

样方统计要求在一定的面积内重复进行,如隔天、隔周进行,也可连续多年进行,得出种群数量及其变动情况。样方统计的最后结果是以单位面积内的只数表示,以此推出研究区域内的总只数。

样方统计的优点在于它精密、准确且适用的生境类型也多。但其工作量大,费时、费力,且适用的季节较窄,主要适用于繁殖季节。越冬鸟类可以采用此法,但对迁徙鸟类的调查则不适用。

4.5.4.2　路线统计法

路线统计法是我国目前鸟类调查中最常用的一种数量统计方法。

1. 统计前的相关准备

在统计研究前,应先对研究区域进行一段时间的调查,熟悉当地鸟类的组成、活动规律和鸟类鸣叫特征,为统计做准备。

路线的设计要求穿越研究区域内不同的生境,即可在该地区选择几种不同生境,并择取具有代表性的地段和路线进行统计。但应注意路线的长度不宜过长,一般选择 1km 左右长度,并可根据不同的自然生境,分为若干地段。若地形或生境较为复杂,路线可以适当设计得较长,但原则上不能超过 6km。

统计的测定时间要在鸟类活动最强的时刻进行,使得统计数值较接近当地鸟类的实际数量。一般鸟类多在日出后和日落前的 2～3h 之内活动,故此时进行数量统计最为适宜。

另外,统计时要注意当天的天气状况,要选择晴朗、温暖、无风的天气,以排除阴雨及大风对鸟类正常活动的影响。

出发前应携带的工具有铅笔、望远镜、计时器及测定路线长度的工具。

2. 统计过程中

统计开始时,先记录下开始时间。一般行走的速度以 1～3km/h 为宜,但主要依实际环境而定。在行走过程中,中途要避免不必要的停留,以避免某些鸟类的往返飞翔而影响统计效果。如因工作需要停留较长时间,应在统计时间内扣除。

在行进中,观察并记录前方及两侧看到和听到的鸟的种类及数量,在事先做好的表格上进行记数。如果同时遇到 2 只或 2 只以上鸟类,则直接用阿拉伯数字填上;如果遇到的是单只鸟类,则用画"正"字的方法记数,见 1 只画上 1 笔。

记录过程中应注意,由前向后飞的鸟类要统计在内,但由后向前飞的鸟类,为了避免记录重复,则不必记入。在走完一路线后,记录结束时间。

在鸟类的繁殖季节,对同一路线需重复统计三四次,这样所得数据更加可靠。

3. 统计结果处理

路线统计的结果主要以只数的多少呈现,即每小时的出现频率。

确定生境内鸟类的数量等级可有两种方式:一种是根据每种鸟出现的频率来确定数量等级。一般情况下,陆栖鸟类以每小时出现 10 只以上为优势种,1～10 只为常见种,1 只以下为稀有种。但这种划分是相对的。实际统计中可适当提高或减少划分等级的数量以尽量符合实际情况。如调查水禽时,因路线无法穿越水域,鸟类的遇见率低,则可设定每天遇见的只数大于 30 只以上为优势种,10～30 只为常见种,少于 10 只为稀有种。另一种是按某种鸟类出现的个体数占统计中所遇到的鸟的总数的百分比来计算。如 1 种鸟类的数量占统计总只数的 10％以上,则认定为优势种;介于 1％～10％之间,则认为是普通种(常见种);低于 1％,可视为稀有种。

上述优势种、普通种和稀有种等级的划分多适用于一般环境中鸟类数量的统计。在实际统计工作中,应根据生境的具体情况而划定。如热带雨林的种类、数量均很多,为保持数量等级的含意,可把划分等级的数量适当提高;而在种类和数量比较贫乏的地区,如荒漠、苔原等地区,可适当减少划分等级的数量,以尽是反映实际数量的状况。

路线统计较为简便、易行,适用于各种生境类型,并适用于调查统计多种鸟类,如繁殖鸟类、迁徙鸟类和越冬鸟类。其不足之处是,得出的数量是个相对数值,不能正确反应种群的密度,仅为我们了解某一地区、某一时间内鸟类种类的组成情况及分布数量提供一定的参考。

4.5.4.3　样点统计法

样点统计法实为一种简化了的路线统计法,即观察者的行走速度为零时的样线法。目前被人们普遍采用的是被简化了的样点统计法——线-点统计法,以下重点介绍该种方法。

首先确定在研究领域内的统计路线,然后在每条路线上每隔一定距离(可依据实际情况而定)选定一统计点,以此法选择相当数目的统计点,并在笔记本上绘出草图,详细记录每点周围的环境特征。

统计时间一般定于清晨,沿预定路线行进,行进过程中不做记录,到达统计点时,停留并记录听到及看到的鸟类的种类及数量,并在事先绘制的草图上标出,同时,要记录该统计点周边的环境、植被及一些显著标志物特征。如果在规定时间内所记录的鸟种不清,在统计时间过后仍可进行观察以确定其种类。

统计中应注意的是,样点的选择是随机的,但各点间的距离必须大于鸟鸣距离,一般可设置为 200m 左右。另外,也可将所研究的面积划分为许多 250m×250m 的方格,于每一方格的中心设一统计点。统计时间为 5～20min,要依所研究的对象及内容而定,但标准一经确定之后,应多年不变,以便所得资料能够比较。

统计一般安排在繁殖季节。统计次数一般为 3 次重复,以较准确地了解有关鸟类的数量及分布概况。在研究区域允许的条件下,也可骑自行车或乘汽车代替步行,完成调查工作。

4.5.4.4　鸟类的频率指数估计法

频率指数估计法也是较常用的一种划分鸟类数量等级的方法。在调查期间,将各种鸟类遇见的百分率(R)与每天遇见数(B)的乘积(RB)作为指数,进行鸟类数量等级的划分。具体算法为

$$R=100d/D$$
$$B=N/D$$

式中:d 表示遇见该种鸟的天数;D 表示工作总天数;N 表示该种鸟的总数量。

凡指数 RB 在 500 以上的则为优势种,200～500 的为普通种,而 200 以下的为稀有种。

例如,在野外调查的 20d 中,共有 15d 见到棕头鸦雀,总数达 300 只,则

$$R=100\times15/20=75, B=300/20=15, RB=1125$$

故判断棕头鸦雀为此生境的优势种。

4.5.5　鸟巢和鸟卵的识别

在野外调查中,常能见到各式各样的鸟巢和鸟卵,不同的鸟类筑巢场所、鸟巢及鸟卵特征都不相同,因而研究调查区域的鸟巢、鸟卵特征就有着重要的意义。

4.5.5.1　鸟巢的识别

鸟巢(nest)是鸟类为了产卵、孵化直至雏鸟离巢而选择或筑造的鸟类繁育后代的一个特殊场所,具有容纳卵或雏鸟、保温、保护及促进繁殖的功能。大多数鸟类巢的结构比较复杂和致密,一般分为巢壁和巢腔。其中巢壁是鸟巢结构的主体,分为内、中、外 3 层。外层主要由一些枯树枝,树皮,植物纤维,树叶和禾本科植物的茎、叶等比较粗大、坚韧的材料构成,且排列比较松散,构成巢的基本轮廓。有些鸟巢的外壁上还具有苔藓、地衣、蜘蛛网等富有伪装性的材料,从而对巢起到保护和加固的作用。中层大多由一些较为细小的树枝、树根、草根或草棍等材料编织而成,比较紧密,构成容纳卵或雏鸟的腔。巢壁的内层通常由一些柔软的材料铺垫而成,也称为衬里,主要包括羽毛、兽毛、植物纤维、花絮以及棉、麻、布、纸等柔软材料,具有很好的保温隔热作用。判别鸟巢可根据其所处位置、鸟巢结构等进行,有必要时可结合亲鸟进行辨认。

下面根据鸟巢的结构及位置特点,对野外调查中可能遇见的、常见的鸟巢、鸟卵特征加以介绍(下面所列的鸟巢和鸟卵的量度均为依据标本所测的平均值,在实际调查应用中,可有适当的伸缩)。

1. 地面巢

巢位于地表或地表的浅凹坑内,结构一般都比较简单(雀形目鸟类除外),卵的颜色大多与环境极为相似,不易被天敌发现,幼鸟一般为早成雏。许多海鸟种,如海鸥、燕鸥、楔翼鸟和信天翁等都筑巢于地面上。在野外实习调查中,较常见的地面巢有以下几种类型:

(1) 凹坑

巢仅为地面上的凹坑,不具任何巢材,例如鸵鸟(*Struthio camelus*)、沙鸻(*Charadrius* spp.)、石鸻科鸟类(Burhinidae)、沙鸡科鸟类(Pteroclididae)、燕鸥、大鸨(*Otis tarda*)等鸟类的巢。

(2) 简单巢

巢由地面的凹坑及一些草、树叶、羽毛、石块等巢材构成。巢材种类比较单一,结构也较为松散,大多数鸡形目、雁形目、鸥形目、鹤形目、鸽形目以及一些猛禽、企鹅具有这种类型的鸟巢。其中,南极企鹅(*Pygoscelis antarctia*)和阿德利企鹅(*Pygoscelis adeliae*)仅在凹坑中铺垫上一些小石子;鸥类和鹬类多在坑内铺以少量干草;三趾鹑科和鸡形目鸟类则聚集草和树叶等材料;一些猫头鹰常以树枝及羽毛作为巢材;雁形目鸟类除了以草、树叶等材料铺在凹坑中以外,还在巢内铺大量的羽绒。

(3) 地面编织巢

在地面营巢的雀形目鸟类具有此类巢。巢由各种巢材编织而成,巢材排列紧密,巢形复杂

而精致。其中,地栖性种类如云雀(*Alauda arvensis*)、灰头鹀(*Emberiza spodocephalus*)、灰沙百灵(*Calandrella pispoletta*)等多以细草茎或动物的毛发编织成皿状巢,巢置于土凹坑内,巢缘与地表平齐;柳莺属等鸟类常用树叶、草茎、草根、苔藓等材料编织成球状巢。

2. 水面浮巢

某些游禽利用芦苇或其他水草构成简陋的盘状巢,漂浮在水面之上,能随水面升降,例如大多数的䴙䴘、水雉和一些秧鸡科鸟类的巢(图 4-14)。

图 4-14　白骨顶的巢(自盛和林)

3. 洞巢

大多数攀禽和某些雀形目鸟类将巢筑于树洞、岩洞、地洞或其他裂隙之中。不同生活习性的鸟类,其筑巢的位置及结构也不相同。一般来说,小型的攀禽多置巢于树洞之中;而许多大型的猛禽以及一些主要在地面或水边活动的鸟类多在岩洞或地洞之中筑巢;在人类居住地生活的鸟类常把巢筑在建筑物上。另外,不同等级的鸟,其鸟巢的结构也不同。较低等的鸟类的洞巢之中常没有巢材或仅有少量巢材,卵多呈纯白色;而高等种类,如雀形目鸟类,常在洞穴之中用各种巢材编织成结构精致的巢,卵色较为丰富。在野外,鸟类的洞巢一般只能见到洞口,而较难看到洞内的巢,所以在调查观察时,可借助内诊镜(endoscope)、光学纤维镜(fiberscope)及其他特殊摄像设备对洞巢内部进行观察。一些洞巢位于陡峭山坡或峭壁地带,较难接近,则可根据鸟类繁殖活动行为,如鸣叫、育雏、宣示领域等确定巢穴的大概位置。

一般情况下,根据洞巢所处的位置不同,可将巢分为以下几种常见的类型:

(1) 树洞巢

巢位于天然的或用喙凿掘出来的树洞之内,为典型的森林鸟类所有。树洞巢有简单型和精致型两类。一类是树洞内垫有少许木屑或草叶、树皮、羽毛等,形成简单的树洞巢,常见的营这类巢生活的鸟类有啄木鸟科鸟类(Picidae)、三宝鸟(*Eurystomus orientalis*)、戴胜(*Upupa epops*)等。另一类是将由各种巢材编织出碗状或浅杯状的巢置于树洞底,如寒鸦(*Corvus monedula*)、椋鸟、大山雀(*Parus major*)、北红尾鸲(*Phoenicurus auroreus*)等雀形目鸟类;并且有些鸟巢会用泥土填补和修饰洞口及洞腔内壁,常见于鸱科鸟类。而有些鸟巢会经一些鸟类,如犀鸟,进行修理和加工,而且在雌鸟开始孵卵以后,雄鸟还把整个树洞的洞口用泥土掺和唾液封闭起来,仅仅留下 1 个小孔以便喂食。

野外观巢时,可借助鸟巢中或鸟巢下的粪便、孵卵,出没的成鸟或鸟巢中小鸟的叫声等来判别树洞巢的存在,必要时可使用鸟巢镜(一面设在长杆顶端的镜子)以观看鸟巢里面的情况。

(2)岩洞巢

该种巢常见于岩壁上,为鹡鸰(*Motacilla* spp.)、褐河乌(*Cinclus pallasi*)、红嘴山鸦(*Pyrrhocorax pyrrhocorax*)、红尾溪鸲(*Chaimsrrornis fuliginosus*)、黑背燕尾(*Enicurus leschenulti*)、岩鸽(*Columba rupestris*)、黑鹳(*Ciconia nigra*)、一些海鸟及大多数猛禽等鸟类所有。

(3)地洞巢

该种巢常见于崖边的土崖上,为灰海燕(*Riparia riparia*)、普通翠鸟(*Alcedo atthis*)、冠鱼狗(*Ceryle pallasi*)等在水边生活的鸟类所有。在新疆、青海、西藏等草原地带,一些沙鹏(*Oenathe isabellina*)、棕颈雪雀(*Montrifringilla ruficollis*)常在鼠兔、黄鼠等啮齿动物的洞穴中筑巢,形成所谓的"鸟鼠同穴"现象。

(4)房洞巢

该种巢主要出现在人类建筑物的洞穴中,为麻雀、大山雀、北椋鸟、楼燕、北红尾鸲等所有。鸟类的这种筑巢行为方式被认为是适宜巢址的缺乏所产生的一种后生的适应性行为。

4. 编织巢

该种巢位于地面以上的灌丛中或树枝上,距地高度因种而异,基本结构由树枝、树皮纤维、树叶、草茎、毛发等物编织而成,除少数结构比较简单以外,大部分构造复杂而精致,为大多数森林鸟类和灌丛鸟类所有。营这种巢的鸟类的幼鸟一般为晚成雏。

根据形状和结构特点不同,一般可将编织巢细分为以下类型:

(1)板状巢(也称盘状巢)

巢常置于树上,结构较为简单,一般呈平板状,由少数树枝构成,往往从巢的下方可以看到巢中的卵。具有这类巢的常见鸟类是斑鸠和少数鹭科鸟类等(图4-15)。

(2)皿状巢

该种巢(图4-16)为绝大多数树栖鸟类所具有。有些以粗树枝作为巢材,常见于苍鹭、夜鹭、秃鼻乌鸦以及大多数猛禽;有些则以细小的树枝、草茎等进行编织,常见于红尾伯劳(图4-17)、黑枕黄鹂、卷尾、金翅、寿带和某些鸦类。

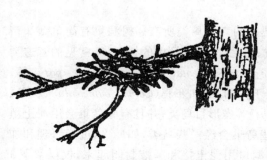

图4-15　斑鸠的巢(自盛和林)

a. 碗状巢　　　　　b. 浅杯状巢

图4-16　常见的皿状巢(自郑光美)

（3）球状巢

巢呈圆球状,上具顶盖,巢口位于巢的侧面,喜鹊(*Pica pica*)、短翅树莺(*Cettia diphone*)、黑胸麻雀(*Passer hispanilolensis*)等的巢属于这种类型(图 4-18)。

图 4-17　红尾伯劳的巢(自盛和林)　　　　图 4-18　常见的球状巢 (自郑光美)

（4）瓶状巢

该种巢较为精巧,有些巢会以植物纤维为巢材,形似毡质的曲颈瓶状,如攀雀(*Remiz pendulinus*)等的巢。

（5）厚饼状巢

苇鸦为生活在浅水地区的中小型涉禽,其巢位于水域附近的芦苇茎间,是由蒲草及苇叶等编成的悬巢,呈厚饼状。但也曾在人迹罕至的岸旁地面见其巢。以我国大多数水域普遍分布的黄斑苇鸦为例,其巢直径 18cm×20cm,巢高 8cm,满窝卵 5~6 枚,钝卵圆形,呈白色,卵重10g,卵径 24.2mm×32.5mm。

（6）高杯状巢

鹎常见于我国南方灌丛及低矮乔木林。其各种类的巢和卵较为相似。巢由干草茎编成,内衬细根及植物纤维,形似高杯状,结构较为松散。巢内径 6.5cm×6.5cm,外径13cm×14cm,巢深4cm,巢高 7cm,满窝卵 4 枚,白色,壳表面密布紫红色细斑及淡紫色疏斑,斑整体呈玫瑰色。黄臀鹎和白头鹎为我国常见种类,前者卵径 15.8mm×20.8mm,后者17mm×23mm。

鹟为常见的低山阔叶林中的食虫鸟类。其巢筑于距地不高的枝权间,以树皮纤维、草茎、细根、苔藓及蕨类植物等为巢材,巢形呈高杯状,巢壁紧密而较薄,外周及巢缘可见缠以蛛丝,为鉴别特征。现以我国东北繁殖的乌鹟以及我国东南部普遍分布的寿带为例,乌鹟巢内径 5cm×6cm,外径 8cm×9cm,巢深 3cm,巢高 5~6cm,满窝卵 4~6 枚,淡绿色,布以锈褐色疏斑,卵重1.5g,卵径 12.8mm×17mm。而寿带巢内径 5.6cm×6.3cm,外径 7.3cm×8.3cm,巢深 4cm,巢高7.6cm,满窝卵 4 枚,淡橙色,布以稀疏的红褐色斑,卵重 2.2g,卵径14.8mm×20mm。

（7）泥巢

该种巢主要筑于屋檐下或房梁之上,由泥土构成,形状多为杯状或瓶状,巢壁主要由泥丸堆砌而成,内部衬有干草、羽毛等柔软的物质。常见的有家燕、金腰燕、树麻雀、红隼、淡脚灶鸟(*Furnarius leucopus*)、岩鹨、鹊鹩、白翅拟鸦(*Corcorax melanorhamphus*)等的巢。

（8）唾液巢

该种巢多筑于岩洞或其他洞穴之中,巢材主要由鸟类口腔之中所分泌的唾液组成,为一些雨燕目鸟类所有的一种特殊巢型。最为著名的是产于我国及东南亚沿海地区的金丝燕(*Collcalia* sp.),其巢几乎完全由唾液构成,晶莹透明,经过加工可制成名贵补品"燕窝"。营岩洞巢生活的雨燕,其巢内衬以羽毛与干草,由唾液粘固在一起,能在表面看到光亮的、干涸透明的唾液遗痕。

(9) 叶巢

该种巢是一种特殊形式的编织巢,鸟类在筑巢时先将树梢上下垂的大型形叶片的边缘穿孔,以植物纤维或蜘蛛丝等物将叶缘互相缝合成袋状,然后再把草茎、植物纤维、兽毛等巢材叼到叶袋内编织成 1 个杯状巢。整个叶袋和巢均靠叶柄高悬于枝头。常见于长尾缝叶莺和灰胸鹪莺(*Prinia hodgsonii*)等鸟类的巢。

(10) 织布鸟巢

该种巢呈曲颈瓶状,悬挂在树梢上,主要由树皮纤维编织而成,在纤维之间常通过各式各样的编织方法和打结的技术使所编织的植物纤维不致松扣和滑脱。在巢内还常常存有泥团,有利于增大巢的重力,以防强风将巢颠覆。为各种织布鸟所有。

4.5.5.2　鸟卵的识别

同等鸟类的鸟卵的形状是比较稳定的,亲缘关系较近的鸟的鸟卵也大致相似。判别鸟卵时,可根据鸟卵的形状、光滑程度、颜色、大小进行。

1. 鸟卵的形状

鸟卵的形状主要分为卵形、椭圆形、钝椭圆形和洋梨形 4 种类型(图 4-19)。其中大多数鸟类,如鸡形目、雁形目以及绝大多数雀形目鸟类,具有卵形鸟卵;鸠鸽类的卵为椭圆形;雨燕等鸟类的卵为长椭圆形;猫头鹰、翠鸟、蜂虎和鹦鹉科鸟类的卵为球形;具洋梨形卵的有海雀及一些鸻鹬类。

 长卵形 卵形 短卵形 长椭圆形 椭圆形 球形   长钝椭圆形 钝椭圆形 短钝椭圆形 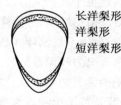 长洋梨形 洋梨形 短洋梨形

图 4-19 鸟卵的形状(自郑光美)

野外调查确认鸟巢,特别是洞巢时,为了区分于哺乳动物的洞穴,可通过鸟类及其活动的一系列特征,如羽毛、鸟挖的土、粪便、破的鸟蛋壳和气味(特别是幼鸟存在时),判断其是否为一鸟巢。

2. 鸟卵的表面光滑程度

大多数鸟卵的表面光滑。但有些鸟的鸟卵表现出不同的特点。有些卵表面凹凸不平,如鸵鸟、鹳类和鹦鹉科鸟类;有些卵表面粗糙而具有皱纹,常见于鸻鹬和风冠雉(*Ortalis* spp.);有些卵表面有一些白粉状物质,如鹱鹈、鲣鸟和犀鹃;而鸭科鸟类的卵的表面多涂有一层可以防水的油脂。

3. 鸟卵的颜色

鸟卵的颜色主要以白色或近似白色为主，包括鹲鹈科、鹱科、鹈燕科、鹈鹕科、军舰鸟科、鹳科、火烈鸟科、鹦鹉科、蜂鸟科、翠鸟科、雨燕科、鸮形目、佛法僧目（其中戴胜科和林戴胜科除外）、鸠鸽目的大多数种类以及鴷形目鸟类；而有些鸟卵呈现蓝色或绿色，常见于蓝歌鸲（*Luscinia cyane*）、鹭类、鸫类、椋鸟和大多数鸦鹊；而许多鸭类产浅绿色的卵；鸬鹚的卵呈深绿色；鸵鸟的卵为象牙色；秧鸡的卵为橄榄褐色；短翅树莺的卵呈砖红色；雉类的卵多为淡黄色或黄褐色；鹟尾鹳的卵接近于黑色。另外，有些鸟卵的壳会呈多种颜色，并布以斑点、斑块或花纹。例如，山鹡鸰的卵呈灰绿色或灰色，杂深浅不一的棕褐斑点；布氏鹨的卵颜色丰富，有白色、淡绿色、淡红色及褐灰色等，并布有暗色或紫色的斑点；黄鹂的卵为粉红色，上有稀疏的玫瑰紫色、大小不等的斑点；鸦类的卵多以白色、乳白色或青灰色为底色，在钝端常有深褐色的螺旋形纹线。

4. 鸟卵的大小

鸟卵的大小主要由鸟类的体型决定。鸟类的体型越大，卵重占体重的比例越小。例如，鸵鸟的卵重只相当于其体重的 1.7%；信天翁占 6% 左右；而鹪鹩占 13%。同一目中的鸟类也有类似情况。例如，中等体型的暴风鹱（*Fulmarus* spp.）的卵重相当于体重的 15%；小型的鹱科鸟类卵重与体重的比例则高达 22%。

4.5.6　浙江省野外常见种类识别

普通鸬鹚 *Phalacrocorax carbo*：通体黑色，头颈具紫绿色光泽，喉囊黄绿色，眼后下方白色，繁殖季节脸有红斑。

大白鹭 *Egretta alba*：体纤细，全身白色。繁殖季节背及前颈下部生有蓑羽。口角有一黑线延至眼后。无冠羽和胸前蓑羽。

中白鹭 *Egretta intermedia*：体型较大白鹭小，嘴和脚亦较短，口角有一黑线仅延至眼下。无冠羽，胸前具蓑羽。

小白鹭 *Egretta garzetta*：体中型，全身白色，嘴黑色，趾黄色。繁殖季节枕部着生 2 根狭长而软的矛状饰羽。背与前胸着生蓑羽。

苍鹭 *Ardea cinerea*：上体灰色，下体白色，头颈部白色。头顶有 2 条长黑色冠羽，前颈有 2~3 列纵形黑斑，体侧有大型黑色块斑。

绿头鸭 *Anas platyrhnchos*：雄性颈头绿色具金属光泽，颈基有一白色领环。中央 2 对尾羽黑色向上卷曲成钩状，两侧尾羽灰褐色，具白色缘。翼镜呈金属紫蓝色，其后缘各有 1 条黑色窄纹和白色宽边。雌性头顶至枕部黑色，具棕黄色羽缘，上体羽黑褐色，具棕白色羽缘，形成"V"字形斑，羽镜与雄性相同。

苍鹰 *Accipiter gentiles*：背灰褐色，腹白色，有深褐色横斑，尾灰褐色，有 4 条深褐色横斑，尾端白色。

红脚隼 *Falco vespertinus*：雄性通体暗石板灰色，尾和翅灰色，无横斑。眼周、腊膜和脚红色。雌性上体暗灰色，具黑色横斑，下体乳白色，胸具黑褐色纵纹，腹具黑褐色横斑，翅下腹羽和腋羽白色，具黑色斑点和横斑。

游隼 *Falco peregrinus*：眼周黄色，颊具一粗著的垂直向下的黑色髭纹。头至后颈黑色，上体蓝灰色，下体白色，上胸具黑细斑，下胸至尾下密被黑横斑。

草鸮 *Tyto capensis*：面盘灰棕色。上体多为栗褐色至黑褐色，具橙皮黄色斑纹。尾色较淡，几乎为白色，有 4 道显著黑色横斑。

长耳鸮 *Asio otus*：耳羽簇长，位于头两侧，竖直如耳。上体棕黄色，密布粗的黑色羽干纹。下体黑色羽干纹具树枝样分支。跗跖部被棕黄色羽。

短耳鸮 *Asio flammeus*：耳簇羽短、不明显。上体棕黄色，有黑色和皮黄色斑点及条纹。下体棕黄色，黑色羽干纹不分支，形成横斑。

环颈雉 *Phasianus colchicus*：雄鸟前额和上嘴基部黑色有蓝绿色光泽，头顶棕褐色，眉纹白色，耳羽蓝黑色，颈部有一黑色横带延伸到颈侧与喉部的黑色相连，具金属光泽，此环下有一白色环带延伸到前颈形成一完整颈环。尾羽黄灰色，除最外侧两对外均有交错排列的黑横斑。腹黑色。雌鸟头和后颈棕白色，具黑色横斑，下体沙黄色，尾较雄鸟短。

白胸秧鸡（苦恶鸟）*Anaurornis phoenicurus*：头顶及上体灰色，脸、额、胸及上腹部白色，下腹及尾下棕色。冬季要冬眠。

白腰草鹬 *Tringa ochropus*：嘴特别细长，向下弯曲。上体淡褐色，具黑褐色纵纹，腰白色。尾白色，具黑色横斑。

红嘴鸥 *Larus ridibundus*：头和颈上部咖啡色，背、肩灰色，外侧初级飞羽上面白色。具黑色尖端，其余飞羽灰色，体羽白色，嘴细长，暗红色，先端黑色。头部冬羽白色。

珠颈斑鸠 *Streptopelia chinensis*：上体褐色，下体粉红色，后颈黑色，其上布满白色细小斑点。尾长，外侧尾羽黑褐色，末端白色。脚红色。

大杜鹃 *Cuculus canorus*：上体暗灰色，尾无黑色端斑。腹具细密黑褐色横斑（宽 1～2mm）。鸣叫二声一度，如"布-谷"。

四声杜鹃 *Cuculus micropterus*：上体浓褐色，尾具黑色端斑和白色斑点。腹具粗横斑（宽 3～4mm）。鸣叫四声一度，如"花-花-包-菇"。

普通夜鹰 *Caprimulgus indicus*：上体灰褐色，密杂以黑褐色和灰白色虫状斑。颏、喉黑褐色，下喉具一大型白斑，胸灰白色。外侧尾羽具白色端斑。

白腰雨燕 *Apus pacificus*：体长 17～19cm，通体黑褐色，上体具近白色羽缘，下体羽端白色。腰、颏、喉白色，具细黑褐色羽干纹。

翠鸟 *Alcedo atthis*：耳羽棕色，耳后有一白斑。雄鸟前额、头顶、枕和后颈黑绿色，贯眼纹黑色，背至尾上飞羽翠蓝色，颏、喉白色。雌鸟头顶灰蓝色，羽色较雄鸟淡，上体多蓝色少绿色。

绿啄木鸟 *Picus canus*：下体灰色，颊、喉灰色。雄鸟前顶冠猩红，枕及尾黑色。雌鸟顶冠灰色。

百灵 *Melanocorypha mongolica*：上体褐色为主，杂有棕黄色和灰白色斑纹，胸左右具显著黑斑，由细纹相连。飞羽黑褐色，有白斑。翅长达尾端。除中央尾羽外，其余尾羽黑褐色，具白端斑。头、后颈栗色。眉纹白色。下体白色。

云雀 *Alauda arvensis*：头部有羽冠，但不显著。眉纹淡棕色，耳羽棕褐色。胸部有密集的黑褐色斑纹。下体白色。翅达尾端，尾羽只有外侧 2 对有大白斑，无端斑。

家燕 *Hirundo rustica*：上体黑色，具蓝色金属光泽。尾羽及飞羽黑褐色，有蓝绿色光泽，尾成深叉状，外侧尾羽特别长。额、颏、喉及前胸深栗红色，胸具不完整的黑褐色胸带。腹以下白色。

金腰燕 *Hirundo daurica*：上体蓝黑色，具金属光泽。腰部具宽阔的栗黄色横带。尾深叉状。下体白色染棕，具黑褐色纵纹。

　　白鹡鸰 *Motacilla alba*：我国有 9 个亚种。上体黑至深灰色。尾羽黑色，外侧尾羽具白斑。前头、脸、额、喉白色。翼上覆羽及飞羽具白斑。下体白色。胸部具宽窄不等的黑色胸带。头侧白色，有黑颧纹。

　　八哥 *Acridotheres cristatellus*：体黑色有光泽，飞羽有白斑，飞翔时呈"八"形，喙基无须羽，鼻羽冠状。

　　红嘴蓝鹊 *Cissa erythrorhyncha*：头、颈至胸黑色，头顶至后颈有青灰色大斑。体青灰色，尾羽蓝紫灰色，中央尾羽具白端斑，外侧尾羽具次端黑带及白端斑。飞羽褐色，外缘灰蓝色，具白色羽端。嘴红色。

　　喜鹊 *Pica pica*：头、颈、背至尾黑色。头、颈具紫色金属光泽。肩部黑色具大形白斑。翼羽黑色，初级飞羽内缘白色。尾长，成楔形。胸黑色，腹白色。

　　松鸦 *Garrulus glandarius*：体羽近紫褐色染灰，腰至尾上覆羽白色。尾羽黑色。翼上有一斑块，由翠蓝、白、黑色狭带组成。

　　大嘴乌鸦 *Corvus macrorhynchus*：嘴粗大，通体黑色体羽具绿色金属光泽，翼及尾具紫色金属光泽。

　　乌鸫 *Turdus merula*：雄鸟全身大致黑色。上体包括两翅和尾羽黑色。下体黑褐，色稍淡。颏缀以棕色羽缘，喉亦微染棕色。嘴黄，眼珠呈橘黄色，羽毛不易脱落，脚近黑色。嘴及眼周橙黄色。雌鸟较雄鸟色淡，喉、胸有暗色纵纹。

　　斑鸫 *Turdus naumanni*：雄鸟头顶、上颈、耳羽橄榄褐色，额有黑色纹。喉、颈、侧胸亮红色，有黑纹，下体白色，胸、肋具栗色或黑色斑点，颏、喉两侧有黑斑，翅黑褐色，大覆羽、次级飞羽外缘棕红色。雌鸟灰色的头染褐色，上体灰橄榄褐色，翅无棕红色缘。

　　画眉 *Garrulax canorus*：额棕色，头顶至上背橄榄褐色，具宽的黑褐色羽干纹。尾羽褐色，具黑色横斑。眼周白色，向后延伸成眉状。下体腹部中央污灰，余部棕黄。

　　红嘴相思鸟 *Leiothrix lutes*：额、头顶、枕部呈沾黄的橄榄绿。飞羽黑褐色，初级飞羽后缘黄色，自第 3 枚起羽基赤红色，形成显著翅斑。中央尾羽具亮蓝黑色羽端，尾叉状。颏、喉灰黄。上胸橙红。下胸、腹、尾下覆羽乳黄色。

　　黑枕黄鹂 *Oriolus chinensis*：雄鸟通体黄色，自额基过眼至枕部有一宽阔黑色斑带，初级飞羽黑色，尾羽黑色，外侧尾羽具黄端斑。雌鸟下体有纵纹。嘴粉红。脚铅蓝。

　　棕背伯劳 *Lanius schach*：头大，喙短而强壮有力，上喙具凹刻，先端向下弯曲成利钩，能很牢靠地捉住动物，使其不易自嘴里脱逃，脚短而强健。成鸟：额、眼纹、两翼及尾黑色，翼有一白色斑；头顶及颈背灰色或灰黑色；背、腰及体侧红褐；颏、喉、胸及腹中心部位白色。性凶猛，嘴、爪均强健有力，喙的咬合力较大，善于捕食昆虫、鸟类及其他动物。

　　大山雀 *Parus major*：头、枕部至后颈上部黑色，眼下、颊、耳羽至颈侧白色，呈三角形斑。上背黄绿色，下背至尾上覆羽灰蓝色。腹部白色，中央有黑色纵带，由胸向后与尾下黑色覆羽相接。

　　树麻雀 *Passer montanus*：头顶、后颈栗褐色。颊部白色，有一黑斑，颏、喉黑色。中、大覆羽黑色，有白色羽端，在翼上形成 2 道显著横纹。胸腹淡灰白色。

　　金翅雀 *Carduelis sinica*：雄鸟额、眉、颊及颏黄绿色。耳羽、头顶、后颈灰色，腰亮黄色。尾羽基部亮黄色，末端黑色。飞羽基部亮黄色，末端黑色，上腹及尾下覆羽亮黄色，下腹近白。雌鸟头顶、颊、后颈浓橄榄褐色，颏、喉灰色，腹部中央近白色。

三道眉草鹀 *Emberiza cioides*：雄鸟头顶、后颈、耳羽栗色。额基、眉纹、颊灰白。眼先、颧纹黑色。颈侧、颏、喉、上胸淡灰色。上体余部及胸横带栗红色，具黑色纵纹。中央尾羽淡栗红色，其余尾羽黑褐色，腹沙黄色。雌鸟羽色较雄性淡，无胸带。

白头鹎 *Pycnonotus sinensis*：额至头顶黑色，两眼上方至后枕白色，形成一白色枕环。耳羽后部有一白斑，白环与白斑在黑色的头部均极为醒目。上体灰褐或橄榄灰色，具黄绿色羽缘。颏、喉白色，胸灰褐色，形成不明显的宽阔胸带。腹白色，具黄绿色纵纹。

4.6　兽类

4.6.1　野外采集及调查方法

4.6.1.1　野外采集方法

在实习时，由于种类识别、标本制作、数量统计以及其他内容的调查和实习的需要，往往要对兽类进行野外采集。在野外采集时要特别注意对动物资源的保护，不得随意捕捉和采集国家一、二级保护动物和省级保护动物，只能对一些常见种和有害种（如鼠类）进行适当数量的采集。采集方法一般是用猎枪进行猎捕和用各类笼、铗诱捕，也可使用下面几种常用的采集方法：

套子：用设置活套的方法，可以捕到多种兽类，较小的如兔、旱獭、獾，大者如麋等。套子是用钢丝或马尾等做成的活套，置于猎捕动物常经过的路上，套子另一端固定在树桩上，当动物经过时即可套住。活套直径大小、放置位置及离地高度视猎捕对象而定，如捕野兔，活套大小约 12cm，离地 10～15cm 即可。

网捕：此法适用于捕捉鼬、貂、兔、猴等动物。用网将洞口围住，然后向洞内熏烟，当动物窜出洞外，误入网兜即被捕。另一方法是用大网，一端置于地上，一端用活动竹竿撑起，数人哄赶动物，迫使它往置网方向逃窜，令投网竿倒，动物便被网紧紧裹住。

压板：将石板倾斜支起，而将支起的支持物联系于设有诱饵的小棍上，当动物吃诱饵时触动机关，石板落下将动物压死。适用于鼠类和小型食肉类动物。

水灌：在野外发现鼠洞，并判定洞内有鼠时，用水灌法效果较好。灌水前必须注意周围洞口，除置网的洞口外，其余均应堵塞，否则因数个洞道相通，鼠类容易逃逸。灌时要快，以防鼠在洞中堵道。

采集到标本以后，先收集体外寄生虫，然后整形，进行外部形态的测量和标本制作。

4.6.1.2　野外识别方法

在野外实习之前，学生应依据实习地点的兽类名录和检索表，对照彩色图谱和实物标本，熟悉常见的兽类及其主要特征，以便对野外所遇见的兽类有一定的辨认能力。

由于兽类多在晨昏或夜间出来活动，白天较少遇见，而且在一定距离外识别活体兽类，一般只能到属，甚至仅能到科，许多小型兽类的相近种，特别是鼠类和鼩鼱等，需要依据量度指标或某些内部特征才能准确鉴定。因此，野外识别活体兽类，对于野外工作经验不足的初学者是比较困难的。

野外识别兽类的依据主要有以下 3 个方面：

1. 直接观察

在野外如果见到不认识的野兽，应集中辨认下列特征。

个体大小及一般外貌：它是小型兽，像小家鼠、褐家鼠？还是中型兽，像猫、兔、狐？

毛被的颜色：动物的基本毛色是什么色？头部、身体、臀部有无特殊的条纹或斑点？

显著的特点：有无尖长的鼻？耳的形状怎样和有无簇毛？尾的长短和形态怎样？行动方式是跑还是跳？

生境和具体场所：是发现在树林里，还是农田、水边？是见于地下、地上，还是树上？

依据上述特点，可以大致确定它是哪一属或科的兽类，如果当地的种类比较单纯，则可判定到种。在野外经验不足的情况下，则应获得标本，查对检索表后才能准确地鉴定。

2. 活动痕迹的识别

许多兽类行动迅速而机警，或多在夜间活动，对它们进行直接观察很困难，甚至不可能，而研究其活动痕迹，则能获得有关它们生活的许多重要资料。活动痕迹是兽类活动时遗留下来的一切痕迹，包括足迹、采食残迹、卧迹、粪便、尿斑等。

其中，足迹在野外较易见到，且具连续性，在河边沙岸或雨后泥地上的称为黑踪；冬季在雪地上的足迹叫做白踪。为了研究方便，一般按其成像特点分为 3 种类型：

单足迹：单足迹是指动物的单个脚印。单足迹的大小、形状，因种而异。通常大形单足迹的长度在 5cm 以上，如虎、驼鹿、马鹿等；中形单足迹的长度在 2cm 以上，如紫貂、黄鼬、小麂等；小形单足迹的长度在 2cm 以下，如各种鼠类。

足迹组：足迹组是指动物前后左右四足的脚印组。足迹组因兽类的种类、性别、行为特点的不同而有很大的变化。因而，仔细地观察足迹组的特点对于准确的鉴别具有很大的意义。足迹组的宽度，即左右单足迹之间的距离，对于鹿科动物的雌雄有时具有鉴别意义；而在相同条件下，根据足迹组的长度（即步距），常可估计同种兽类个体的大小，然而，由于雪被状况和动物行动特点的不同，足迹组的长度也有变化。

足迹链：足迹链是指动物行走时留下的成行脚印，即通常所说的"踪"。兽类足迹链的形式随着动物的种类、行走姿势和活动特点的不同而各不相同。一般说来，足迹链乃是足迹组的延伸，但随着足迹组的延长，又出现了许多新的特点和附加痕迹，如游荡漫步、追捕食物以及卧迹、尿斑、粪便、食物残迹或啃食痕迹等等。这些特点不仅具有鉴别意义，而且还为我们提供了许多重要的生物学资料。足迹链的长度与该种动物一昼夜行走的距离相符。各种动物在一昼夜间的活动范围，因天气情况、雪被厚度、食物多寡等因素的不同而有所差异。

足迹的测量：泥地足迹和雪地足迹的测量方法相同。测量足迹用木质或塑料小直尺，单位精确到 mm，测量时，应把尺子悬空拿着量或把尺子放在足迹的一侧量，不要放在足迹上，以免弄乱足迹。测量单足迹，要选择轮廓清晰明显的足迹，量其最大长度和宽度，对于食肉类动物还要量其掌垫（蹠）的宽度，而对有蹄类动物，如悬蹄印迹明显，测量时则应包括在内（图4-20～图4-25）。测量足迹组，宽度即左右单足迹之间的最大距离，长度为前后足迹的最大距离，测量时只量一侧即可，注意测量足迹的前缘（前缘轮廓较清楚，比量后缘精确），但对于食肉兽类，如果其掌垫的印迹比较清楚，也可以依据掌垫的后缘测量。测量时，如果足迹模糊或数据差异太大，就要多量几处,以取得较正确的数据。所测数据均及时记录在野外记录本上,最好绘描一简单足迹图,并记录其简要特点。最后,根据观察测量的结果鉴别动物的种类、性别和估计其走过的时间。

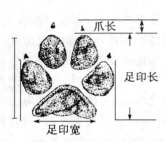

图 4 - 20　足印大小和爪长测量法

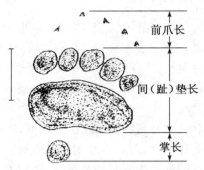

图 4 - 21　掌、足印和爪的测量法(自马世来)

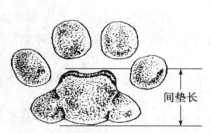

图 4 - 22　犬科与猫科间垫长测量法

图 4 - 23　犬科与猫科间垫宽测量法(自马世来)

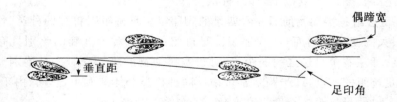

图 4 - 24　设定有蹄类动物的参考行进线和有关的测量法(自马世来)

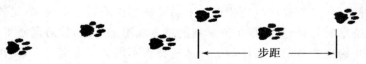

图 4 - 25　猞猁足迹的步距测量法(自马世来)

　　足迹的鉴别:对于鉴别足迹,掌握和了解影响兽类足迹成像的因素是十分必要的。在自然条件下,兽类足迹的特点受许多因素的影响,无论是足迹成像基质特点、天气条件变化,还是动物的性别、年龄差异和其行动的特点,都会使同一种动物的足迹具有很大的差别。当然,直接影响足迹成像的决定性因素是兽类的足趾类型,包括其着地类型、着地趾数、肉垫和爪的特点等。陆生兽类足趾的着地类型大致分为 3 种(图 4 - 26):① 蹠行型:整个脚掌(包括踵、蹠、趾)着地行走,如熊;② 趾行型:只用足趾着地行走,如狼;③ 蹄行型:只用趾端的蹄着地行走,如鹿。兽类典型的足皆具 5 趾,但因种类不同而有很大变化。指、趾数的多少,常成为科间(有时是属间)鉴别的重要特征。兽类的指趾数,通常用指趾式来表达。例如,鹿科动物的指趾式为(2)3－4(5)：(2)3－4(5)，这就是说，第 1 指(趾)已退化不见，第 2、5 指(趾)不发达，成为悬蹄，通常不着地，只有第 3、4 指(趾)的蹄着地行走(表 4－6)。脚掌面或指趾面的肉垫形状、数目以及爪的特点也具有鉴别意义。例如，猫科动物的爪能伸缩，足迹上通常不见爪印；而犬科动物的爪不能伸缩，足迹上爪印明显：虽然都是四趾型足迹，但仅此一点即可准确地将两科兽类的足迹区分开来。可见，在野外实习中鉴别兽类的足迹时，应该注意足迹的下列特点：

a. 蹠行型（熊）　　　　b. 趾行型（狼）　　　　c. 蹄行型（鹿）

图 4－26　兽类足迹着地类型(自刘凌云)

表 4－6　部分目科兽类足指(趾)着地类型和着地指(趾)数

类　型	指(趾)式 (前足：后足)	着地指(趾)数 (前足：后足)	着地类型	种类举例
食虫目　Insectivora				
鼹科　Talpidae	1－5：1－5	5：5	蹠行型	缺齿鼹
食肉目　carnivora				
犬科　Canidae	(1)2－5：2－5	4：4	趾行型	狼、狐
熊科　Ursidae	1－5：1－5	5：5	蹠行型	黑熊
鼬科 Mustelidae	1－5：1－5	5：5	趾行型或 半蹠行型	黄鼬、鼬獾
猫科　Felidae	(1)2－5：2－5	4：4	趾行型	豹、云豹
兔形目　Lagomorpha				
鼠兔科 Ochotonidae	1－5：2－5	5：4	蹠行型	鼠兔
兔科　Leporidae	1－5：2－5	5：4	蹠行型	东北兔、华南兔
啮齿目　Rodentia				
松鼠科 Sciuridae	(1)2－5：1－5	4：5	蹠行型	松鼠、旱獭
鼯鼠科 Petauristidae	(1)2－5：2－5	4：4	蹠行型	小飞鼠
田鼠亚科 Macrotinae	(1)2－5：1－5	4：5	蹠行型	黑腹绒鼠
偶蹄目 Artiodactyla				
猪科　Suidae	(2)3－4(5)：(2)3－4(5)	2：2	蹄行型	野猪
鹿科　Cervidae	(2)3－4(5)：(2)3－4(5)	2：2	蹄行型	马鹿、小鹿
牛科　Bovidae	(2)3－4(5)：(2)3－4(5)	2：2	蹄行型	青羊、鬣羚

① 单足迹的类型、大小和形状；

② 指趾数，前后足的差别；

③ 掌脚垫和指趾印的大小、形状；

④ 有无爪印，爪印的长度，前后足的差异；

⑤ 足迹组的特点，大小，形状，步行、奔跑、跳跃时各单足迹的排列位置；

⑥ 足迹链的特点，呈单珠状链还是双珠状链；

⑦ 另外，卧迹、粪便、尿斑、食物残迹(各种啮齿动物啮食坚果或核果的方式不同，也有鉴

别意义)等特点也应注意观察。

对于清晰的泥地足迹,可以小心地挖取、晒干,制成标本;也可用石膏灌制成足迹模型保存。对于沙地足迹,则需要先灌注木工胶水,再挖制成标本保存。良好的足迹标本既是该种动物标本的组成部分,也是重要的研究资料。

3. 兽类的洞和巢

许多兽类至少在其生活的某个时期有一个"家"。"家"包括住所以及其他有关的跑道、储仓、食台、便所等。兽类的住所至少有3种类型。① 穴：即利用现成物体作为基底,挖掘成构造简单的露天住所;② 洞：利用现成物体作为基底(土地、岩洞、树干、建筑物等),挖掘成结构比较复杂而不外露的住所;③ 巢：利用树枝、干草、兽毛和其他物品由兽类自己筑成的住所,也有在洞内筑巢居住的。有些种类营群栖生活,它们的住所由一种或多种类型组成,或由多个洞或巢组成复杂的洞系或巢组;有些种类一生中没有固定的住所,它们睡眠、休息、生育的地方只是临时选择一个较适宜的处所。这些都是兽类的生物学特征之一,因此,每一种兽类的住所都有自己特有的特点。

在对兽类洞或巢进行观察时,首先要详细记述洞巢所在的地形、方位、土质、植被类型,然后找到所有的洞口,再进行挖掘、观察,挖掘时要边挖边测量,测量洞道的粗细、分支及距地面深度等。为了不致在转弯或分支处迷失洞道,可插树枝以标志,待找到所有的洞道、洞内的仓窝后,一一按自然位置标绘在平面图上。

4.6.1.3　数量的调查

兽类的数量通常用种群密度来表示。种群密度是指单位面积(或体积)空间中的生物个体数量。有时候也可以用生物的重量来代替个体数量。种群密度是一个变量。在适宜的环境条件下,密度较高,反之则低。随着一年四季的变动,种群密度也会发生变化。因此,在进行密度调查时应当有特定时间的概念。另外,不同分布区当中由于环境条件优劣的差别,种群密度也有所不同,因此密度调查时还应当有空间概念,要注意了解、比较各地的具体环境条件。单位面积(或体积)特定生态环境中的生物个体数也称为生态密度,它反映了生物与环境的相互关系,是常用的密度指标。

根据密度调查方法的不同,密度可以分为绝对密度和相对密度。绝对密度是指单位面积(或体积)空间中的生物个体数量。相对密度则只是衡量生物数量多少的相对指标。相对密度可以用来比较哪一个种群大,哪一个种群小,或哪一个地方的生物多,哪一个地方的生物少。相对密度的生物数量虽不准确,但在难以对生物数量进行准确测定时,也是常用的密度指标。

由于兽类的栖息生境多种多样,活动范围也各不相同,而且它们行动迅速又机警隐蔽,所以人们至今尚未找到一种适用于所有兽类数量调查的统一方法。因此,在进行野外工作时,我们应该了解各种兽类数量调查方法的特点、适用性和局限性、优点和缺点,并根据研究目的和实际条件选用需要劳力较少、精确度较高的数量调查方法,或对某些方法加以改进。

兽类数量的调查可分为小型兽类调查和大型兽类调查两大类,现分别予以介绍。

1. 小型兽类的数量统计方法

小型啮齿类种类多,数量大,且与人类经济生活的关系密切,在野外工作中又经常遇见,因而也是野外实习中兽类部分的重点观察对象。目前习用的数量统计方法有下列几种。

(1) 铗日法

铗日是指 1 个鼠铗放置 1 昼夜(或 1 夜)的捕鼠单位。在选定的样地上放置 100 个鼠铗,经过 1 昼夜叫做 100 铗日。通常以 100 铗日作为统计单位,统计结果的整理可以是每 100 铗日的捕获数,即捕获率指标,也可以是 1hm²(100m×100m)面积上的捕获数,即密度指标。铗日法的工作程序是:选择样地—检查鼠铗—准备诱饵—布铗—检鼠—整理统计结果。样地要具有代表性,便于统计结果的比较。食饵要新鲜、一致,常用的有花生米、鲜豆、松子等,要因种而异,因地制宜。布铗的形式应历次一致,一般铗距 5m,行距 50m,50 铗为 1 行,排列成方形或长方形,便于计算面积。布铗数量依实际情况而定,每种生境至少放置 500 铗日才有代表意义。布铗时间多在傍晚或下午进行,2 人 1 组,每组 100 铗,置铗时注意小生境,要便于鼠上铗。置铗处如遇草丛,可扎草结或插块白布条作为标志,便于次日寻铗检鼠。检鼠时要携带镊子、棉花、标签及白布袋,在鼠口及肛门塞上棉花,连同鼠铗放入白布袋中,1 袋 1 鼠,袋口要扎紧。对被盗食的和打翻的鼠铗,要换饵重支,同一地方一般放置一昼夜。检鼠一般在早晨进行,或下午再增检 1 次。

使用铗日法应严格遵守以下几点:① 食饵和布铗方式必须历次一致,不能中途更换,便于统计结果的比较分析;② 如能判定失饵和翻铗是由鼠所致(如鼠铗上留有鼠毛),则应计入捕获数之内;③ 遇有大风、暴雨等异常天气,当天的捕获结果不计入正常统计数之内,其捕获数只作参考资料;④ 当地如为疫区,必须严格遵守防疫工作规定处理死鼠及其体外寄生虫,收回的鼠铗也需消毒,一般用来苏尔水浸半小时后以清水冲洗、晒干即可,工作结束时再全部处理 1 次。

铗日法的优点是不受地形和季节限制,简便易行,而且在短时间内即可得到当地鼠类在不同生境中的数量分布资料;缺点是有些鼠类不上铗,外界食物丰富时捕获率仍常偏低。

(2) 洞口统计法

此法是计数一定面积上鼠类的洞口数,以统计鼠类的数量。野外工作的程序是:识别洞口—选定样地—确定系数—计算密度。

① 识别洞口。不同鼠类的洞口的形状、大小各不相同,即使同一种鼠类的洞口也有栖居洞口、临时洞口和废弃洞口之别,应该结合置铗或挖洞捕鼠,认真观察调查区内各种鼠类洞口的特点及洞口周围的足迹、粪便、跑道等痕迹,做到能根据洞口即可准确判定鼠种。一般来说,有鼠洞口多有新鲜浮土,洞壁光滑、无蛛丝,近旁有足迹或鼠粪等痕迹;废弃洞口则常生有苔草或附蛛丝,无新鲜浮土、足迹或粪便等痕迹。

② 选定样地。应根据调查目的和当地环境特点,选定有代表性的样地。样地大小可是 1/4、1/2 或 1hm²。样地形式也可酌情定为方形、圆形或条带形。方形样地常为连续性生态调查使用,四周加以标志,统计其中洞口数;圆形样地常用于大面积鼠害普查,省力省时,做法是用 1 根测绳,一端固定于样地中心,另端 1 人手持拉直,标定起点后缓慢地按圆周前进,由三四人等距分段,随测绳计数洞口数,如测绳长 28.2m,此样地面积为 1/4hm²,如测绳长 40m,面积

即为 1/2hm²,余类推;条带形样地多在生境变化较大的条件下进行统计,选定 1 条长 1km 或数公里的调查路线,调查宽度取每侧 2m 或 4m(如洞口识别力允许也可再宽些),等距跨步前进(用计步器计步数,再折算成长度),统计调查路线上的洞口数。

③ 确定系数。洞口系数是洞口数与鼠数的比值,因为 1 只鼠有时能占有数个洞口,而有时数只鼠又共用 1 个洞口。各种鼠的情况各不相同,即使是同种鼠在不同季节也有变化,故依据洞口统计鼠数时,必须当时查明洞口系数。办法是选择典型样地,将样地内的全部洞口堵塞,次日查看被打开的洞口(即有鼠洞,或称为有效洞口),置铗(至少 2 昼夜)或挖掘洞穴,捕光洞内的全部鼠类。样地内的总鼠数和总洞口数之比即洞口系数。

$$洞口系数 = \frac{样地内总鼠数}{样地内洞口数}$$

④ 计算密度。将洞口系数乘以单位面积洞口数,即得单位面积鼠只数,即密度。

$$单位面积鼠只数 = 单位面积洞口数 \times 洞口系数$$

洞口统计法适于开阔地区大面积调查,统计结果接近鼠的绝对数量值。但此法在林区不适用,农田也有困难,取得准确的洞口系数较费时费力。

(3) 标志重捕法

此法是在样地内用笼捕鼠,标志后原地释放,经一定时间再行捕捉,以捕到标志鼠的百分数来推测该样地内实有的鼠数。样地面积通常应大于 1hm²,捕鼠笼编号后等距布放,笼距一般 15~20m,每天检查 2 次,将活捕的鼠进行标志,并在样地平面图上记录后,就地释放。标志的方法很多,依据研究目的和要求可简可繁,被采用过的有染色、剪毛、剪指(趾)、耳标、尾标和腿环等。使用后面 3 种方法需要事先做好有编号的铝签。剪指(趾)标志法比较简便,也可编号。剪指(趾)编号的方法是先将鼠的各指(趾)指定为代表一定的数,以剪去的指(趾)表示编号(图 4-27),剪去不同足相应的 2 指(趾),即代表 1 个编号。注意在 1 只足上一般只剪去 1 指(趾),最多 2 指(趾),以免影响鼠的活动。剪指(趾)前后都要在剪指(趾)处消毒,将整个指(趾)齐跟剪掉,同时记录标志的鼠种、性别、体重、日期和笼号等。

a. 右前足　　　b. 左前足　　　c. 右后足　　　d. 左后足

图 4-27　鼠类各指(趾)数序(自盛和林)

第 2 次重捕与标志释放的间隔时间不宜过长。第 2 次重捕时,必然有一部分鼠是标志过的,而另一部分鼠是未经标志的,取其两者数目的比值,计算样地内整个种群的数量。计算方法如下:

$$N = Mn/m$$

式中:N 为样地内的鼠数;M 为第 1 次捕获并标志的鼠数;n 为第 2 次重捕的总鼠数;m 为第 2 次重捕已标志的鼠数。

(4) 去除取样法

该方法常应用于小型哺乳动物。具体方法是在样方中按网格或路线放置同样数量的夹子,连续捕捉数夜,种群因捕捉而日益减少。用逐日捕获数对捕获积累数作图,通过点作一直线,该线延伸到与横坐标相交的点就代表种群的估计数。例如,第 1 天捕 6 只鼠,即 $y_1 = 6$;第 2 天捕 4 只,$y_2 = 4$;第 3 天捕 2 只,$y_3 = 2$;相应地,第 1 天、第 2 天和第 3 天的捕获积累数分别为 $x_1 = 0$,$x_2 = 6$,$x_3 = 10$;通过(0,6)、(6,4)、(10,2)可以作出一条直线或用回归方法求出该直线。从图 4 - 28 中可以看出,当 $y = 0$ 时,$x = 18$ 就是种群数量的估计值。

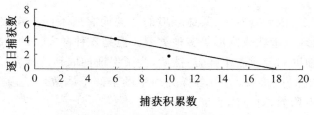

图 4 - 28　去除取样法调查鼠类数量

2. 大型兽类的数量统计方法

在自然条件下,尤其在大面积范围内,直接统计大型兽类的数量有很大困难。因此,在大多数情况下,都采取间接相对数量的统计方法。现介绍几种常用的统计方法,在野外实习时可依据当地的自然条件和统计对象酌情使用。

（1）路线统计法

路线统计法是在大面积上进行大中型动物数量调查的最基本的方法。无论是调查前的预查,或者是样地内统计,都以路线调查为基础,而且此法很少受生境条件的限制。采用路线统计,可以直接计数一定长度路线上遇见的动物实体,也可以计数遇见的足迹,再依据实际调查获得的换算系数,推算动物的实体数。

进行路线统计时,首先要确定调查范围内的合理路线,了解需要调查的总面积、调查境内的自然和社会条件(如有公路、采伐点等),在了解基本情况的基础上设置几条贯穿各主要生境的调查路线。路线的配置要均匀合理,不要以居民点为中心呈花瓣形,也要避免有过大的漏空。路线长度一般为 10km 左右,路线上如遇公路或居民点应当回避,各条调查路线均标绘在大比例尺的工作地图上;其次要了解调查对象的生态特点,如最频活动时间、一昼夜的活动范围、能否上树、集群情况等,如果是调查足迹,则应掌握足迹鉴别技术,如识别足迹新鲜度及雌雄、成幼足迹的差别等。依据统计对象的特点,安排最佳时间,如统计动物实体则应在它活动最频的时间内进行,统计雪地足迹最好是在有新雪的晴天上午。进行调查时,统计人员应携带路线草图、笔记本、望远镜、计步器、罗盘等用品。进入调查路线后必须按规定的路线前进,不要任意选择好路走,行进速度一般取 3km/h,如系调查多种动物或景观复杂时,速度可适当减慢(或调查路线长度缩短),但尽量保持速度前后一致,不要时快时慢;行进距离以事先确定的明显地标物标识,如小河、公路、山顶等;调查统计的宽度应事先确定,通常以清晰可辨的距离为准,一般在林区每侧 20m 左右,开阔地区可放宽些,一旦决定不宜中途变更,以免加大统计误差;统计记录只记前方和两侧出现的动物,不回头记身后的,如记足迹,注意避免重记或漏记,如足迹杂乱难辨,可循踪追查一段,辨清动物只数后再记。每天的统计结束后,必须于当天晚上整理笔记,将发现的动物只数和足迹数标在路线草图上,交由调查小组组长汇总统计结果。通常,同一条路线应反复统计两三次,取其平均数,方能更好地反映当地动物的数量状况。

　　根据调查路线的长度和路线两侧的调查距离,可以得出调查的面积,进而估算出单位面积的动物足迹数。

　　足迹路线统计所得的结果,只是一定路线上或一定面积上的足迹数,还不是调查面积上的动物只数,因此,应选择典型地段,应用哄赶法取得换算系数(即单位面积上足迹数与其动物只数之比值),才能推算出路线调查面积上共有多少只动物。

　　(2) 样方法

　　样方法的方法繁多,依调查对象、具体环境的不同而有所不同。样方面积有大有小,样方形状也有方形、长方形、条带状或圆形等多种类型。但是各种样方法的原理却都是相同的。首先,把要调查的某一地区划分成若干样方;然后,为了保证抽取到的样方具有较好的代表性,随机地抽取一定数量的样方;接着,计数各样方当中的全部个体数或足迹数;最后,通过数理统计,利用所有样方的平均数,对总体数量进行估计。

　　实际上,路线统计法也是样方法的一种。因此,样方法所得的结果也需要用换算系数来推算。

　　(3) 活动小区统计法

　　某些大中型的食肉兽类,如虎、豹等,除发情期外皆单独生活,然而它们均有比较固定的活动小区。此种调查方法的要点是,依据社会访问调查提供的线索,找到动物经常活动的地区,再仔细地寻找足迹和其他痕迹,根据足迹掌垫的宽度和足迹新鲜程度判定动物的成幼、性别及走过的时间,然后循迹跟踪。在跟踪过程中,注意观察动物行动的情况及遗留痕迹(如尿斑、粪便、捕食残迹以及食肉类跟踪有蹄类的足迹等),并一一标志在调查小区草图上。在整理全部资料时,如小区有重叠的,则应进行实地复查,判定取舍,最后将确定的活动小区逐一转绘在大比例尺(万分之一或五万分之一)地图上,并根据活动小区中的数量确定该地区统计对象的数量。

　　(4) 哄赶法

　　此法为单位面积上动物绝对数量的统计方法,由于该方法所需花费的人力较大,目前已不经常使用。但此法可作为求取换算系数(足迹调查)的一种方法。

　　哄赶法是在调查地区选择若干块样地,统计其中的动物实体数,从而推知整个地区的数量。在动物较多的地区,利用此法还可能见效,但要求的样地数较多(抽样总面积应达整个地区的 1/10)。如果仅用此法求取换算系数,样地数可不考虑抽样问题,一般 4～10 个就可以求平均值代表换算系数了。

　　首先通过路线调查,选择适宜的样地,样地应是统计对象的典型栖息地,面积大小视统计对象的活动范围而定。中小型兽类取 10hm² 左右即可,对于大型兽类,样地面积应大些,一般在 50hm² 以上。样地应适于哄赶和观察动物逃逸情况。鉴于有些动物惊起后并不逃向样地外,而是转圈绕回哄赶人员的后面,仍躲在样地内,故样地呈长方形较好,不要太宽。

　　哄赶调查过程可分 3 个阶段:

　　① 哄赶前计数。在选好的样地上,找一调查起点,并设置明显的标志。然后将调查人员分成两组,在同一时间内分头沿样地边界行进,将所见的足迹记在事先准备好的表格内及样地略图上,然后将记好的足迹涂掉,两组在约好的地点会合。这一阶段要求队员保持高度的安静,涂抹足迹时的动作要轻,以防动物从样地底边溜走。在山区哄赶时,样地底边可选在山坡底部,因为受惊的动物常常是向山脊奔逃的。此阶段的记录在求换算系数时是非常有用的,可

作为换算中的足迹链数。

② 哄赶。两组人员会合后,简单做一小结,然后沿样地边散开间隔的距离以能见到相邻的人为准(尽量离得远些),在同一时间一齐向前哄赶。哄赶时可利用呐喊、敲击树干等方式,一直将动物赶到样地顶边,然后会合于起点。

③ 计数。在哄赶的同时,位于样地两边的人员要负责记录,主要是记录样地两边和顶边的逃出个体及新鲜足迹链数,直到两边记录员会合后,即可统计出样地内的动物实体数。在计算换算系数时,此数据可作为动物实体数。

依据以上所得数据,可以得到换算系数的计算公式:

$$换算系数＝动物实体数/动物痕迹数$$

4.6.1.4　食性的调查

兽类的食性,因划分的依据不同而有不同的类型。根据食性的特化程度不同,可以分为广食性和狭食性两类。狭食性兽类的食谱幅较小,如大熊猫主要食竹,穿山甲主要吃蚂蚁等;大多数兽类是广食性的,广食性兽类能够交替利用当地的各种食物,也是对环境的一种适应。而根据食物组成的特点不同,通常将兽类分为食植(物)型、食动(物)型和杂食型 3 种类型。

兽类食性的研究内容应当包括兽类的采食时间、采食行为、食物组成及其利用的部分、含量及储食习性、采食范围、食物基地以及整个食性的季节变化和地理变异等。由此可见,观察和研究兽类的食性,需要搜集大量的实际材料,并需要多方面的动物生态学和生物学知识。研究兽类食性主要采用下列方法。

1. 野外直接观察

适用于一些白天活动的鼠类和有蹄类,直接观察它们采食的植物种类,或在冬季按照足迹跟踪,统计某种鹿类的采食情况,根据啃食程度定出等级。这样不仅能查明它们采食的植物种类,而且还可以定出哪些是主要食物,哪些是次要的,如果能结合弄清其采食时间、范围和在不同月份的变化,并且每年都进行同一时期和地点的观察研究,则可取得该种动物极宝贵的资料。

2. 胃食物分析法

此法多用于小型鼠类,逐月或按一定间隔时间捕杀一定数量的活鼠,剖胃检查,分析并记录其所食成分。胃食物如果尚未消化或未完全消化,则区分种类和计数均较易做到;如果食物已经胃液消化或多半消化,则鉴别比较困难,往往只能根据食糜的颜色、形状、气味进行推断。因而分析工作必须细致,并需要一定的经验,即使如此,也仅能分辨出以下几类:植物绿色部分;植物的非绿色部分,或能分辨出种子、花和根;无脊椎动物,如昆虫的几丁质外皮、头和附肢等;脊椎动物,如鸟羽、兽毛等。结果可用出现频率,即某种食物在 100 个胃含物中出现的次数作为指标,比较各种食物成分的重要性。对鼠胃中的各种食物分别称重比较困难,一般采用容量测定或目测估计各种成分所占的比例,通常分为 5 级:Ⅰ——偶见;Ⅱ——少量(10%～20%);Ⅲ——中等(约 50%);Ⅳ——大量(50%～75%);Ⅴ——很多(75%以上)。

胃含物分析法也适用于某些食肉类和有蹄类动物。许多食肉类动物吃食，往往是成块吞下，这有利于胃含物的鉴别分析。如研究人员曾在黄鼬、小灵猫、豹猫、獾等胃里清楚地辨认出所吞下的鼠类、蛙类、头翅完整的昆虫和某些植物的坚果与种子。对鹿科动物来说，其胃含物虽多呈糊状，但经水洗处理后，还是能拣出一些半碎的叶片、种子以及一些小型的真菌（蕈类），也能进行鉴别分析。当然，大型动物的标本不易有目的、有计划的成批获得，此法有一定的局限性。

3. 依据啃食痕迹、储存物、粪便等分析兽类食物成分

兽类的采食痕迹，只有在野外能直接观察到的情况下才较易判定。平时如能注意鹿类下门齿的状况，对野外鉴别树干上的啃迹很有帮助。

在野外挖掘鼠洞时，常能获得某种鼠类的储存物，应及时将所储存物的种类、数量记在野外记录本上。

粪便分析常用于大型动物食物的研究，因为大型动物不易也不能猎捕，大量个体难以胃含物分析法研究其食性。搜集粪便标本，要求在野外工作中认真细致地检查岩洞附近、林间小道上、树桩周围或大块岩石上有无兽类。发现粪便后应首先观察其外形、块数、新鲜度、周围的足迹及其他痕迹，以判定是何种动物的粪便，然后在卡片上标明日期、地点、生境、种名，粪便用纸包好或放入事先做好的粪便收集袋内，带回实验室分析。粪便水解后，要仔细鉴别其中残剩可辨的植物碎片、骨骼、牙齿、毛、羽毛及昆虫残片等各类成分，一一鉴别、登记。在整理材料时，1个粪便标本为1份材料，分别计算其中各成分的数量。

在解剖镜或显微镜下仔细观察各类残剩的食物的结构特点，并与事先准备的相关材料的标准切片进行对比分析，以确定其种类或类群。这部分工作有一定的难度：一是需要研究人员有良好的观察和对比分析能力，以及丰富的经验；二是要根据调查对象的食性和栖息地选择的特点，广泛采集动物有可能在当地捕食和采食的食物种类，在不同季节收集不同部位的材料，制作永久性切片，并总结出相应的鉴别特征，以便与动物粪便样品进行对比分析，确定食物种类，若鉴定到种比较困难，可鉴定到属或科。

4. 笼养试验法

这种方法不仅可以提供兽类的采食活动、食物组成资料，而且还可以进行食量测定和喜食度的观察，故为研究者所广泛采用。当然，这是在人为控制的条件下进行的各种试验性观察，在进行摄食行为等项目研究时，要估计到它与自然界情况的差别。

研究某些鼠类的食性时，可将捕到的活鼠置入 1m³ 无底的铁丝网笼内，并在距笼 4.5m 处设置挡板，人隐其后观察鼠类的采食情况，逐一填入记录本内。如利用自然条件进行实验，此法较接近自然状态，常为鼠类研究者所采用。根据实验研究的目的和实际条件，施行的方法可以灵活掌握。对于有蹄类，在有条件的地方，可带着驯养的幼麂或幼鹿到野外去，观察其自由采食的情况，也能获得良好的结果。

4.6.1.5　繁殖的调查

在哺乳类的实习中，观察兽类的繁殖习性和行为是很重要的内容。

通过野外对动物的观察、解剖，如有条件结合室内饲养，可以了解各种兽类的怀孕率、胎仔

数及它们数量增长的情况。

　　兽类繁殖力的大小主要是由遗传性所决定的,每年繁殖的次数及每次所生的仔数通常都是种的特性。例如,虎 3～4 岁成熟,每 2～3 年繁殖 1 次,怀孕期 4 个月左右,每次产 2～4 仔;一些小型鹿科动物 1 年左右性成熟,每年繁殖 1 次,每次产 1～3 头;而小型鼠类,有的出生后 3 个月即成熟,春季出生的个体到秋季就能繁殖,每年多的可产 4～6 胎,每胎产仔数多的可超过 10 只。

　　影响兽类繁殖的环境条件是多方面的,如气候条件、食物因素等。前者又可包括温度、光照、水分等方面。因此,在观察兽类繁殖时,要注意环境条件的影响,如能在室内饲养并结合进行环境因素的试验,将会收到更好的效果。

1. 性别和性比

　　兽类雌雄性别的分辨,大型兽类可以直接观察外生殖器部分。一般雌性的阴门位于体后部肛门之下,雄性的尿殖器官在腹部后方;另外,成熟雄性的阴囊外露(通常在鼠蹊部)。此外,还可以根据动物角的有无、个体大小等特征加以区别。例如,鹿科除麝和獐无角以及驯鹿雌雄均有角以外,其他种类仅雄性有角,如梅花鹿、驼鹿、毛冠鹿、小鹿等。有些种类个体大小有明显的性二型现象。例如,黄鼬雄性较大,平均体重达 0.8kg,而雌性只有 0.4kg 左右。另外,还有一些兽类雄性的犬齿特别发达,外露呈獠牙状,如野猪、麝、獐等。

　　啮齿类等小型兽类,在繁殖时期,雄性的阴囊突于尾下,容易区别。非繁殖时期,可根据体后部的开口情况决定性别。雄性的尿殖乳头和肛门两者相距较远,雌性则有泌尿乳头、阴道孔及肛门 3 个开口,而且相距较近(图 4-29),但幼体及未生育过的亚成体,其阴道孔因被处女膜封闭而不易看见。

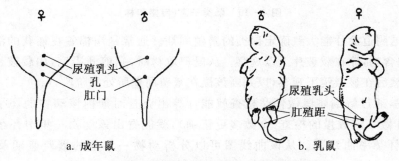

a. 成年鼠　　　　　　　　b. 乳鼠

图 4-29　鼠类外部特征的差别示意图(自郑智民)

　　种群的性比是动物种群的一个重要特性,与种群的繁殖力和数量增长有关。哺乳类的性比通常为 1:1,但不同种类的性比各不相同,如鼬和貂的一些种类种群的雄性显著高于雌性。

2. 怀孕检查和怀孕率

　　兽类繁殖力的大小取决于怀孕率和胎仔数、怀孕期长短、每年繁殖的次数、幼体生长发育及达到性成熟的速度、一生中能进行繁殖的年龄等因素。而在实习的短时期内,能够直接观察到,并让学生对繁殖力大小形成一个初步概念的主要是依靠怀孕率和胎仔数的检查。其对象主要是中小型兽类,特别是鼠类和食虫类。

　　怀孕率是指调查时所捕获的种群中,在全部成年雌体中正在怀孕个体的百分比。胎仔数是在其子宫内肉眼所能看到的胚胎个数,因此,对于在繁殖时期所捕获的雌性个体,应该逐个解剖,进行是否怀孕的检查,并记录胎仔数。

雌性动物在交配以后,卵子受精,怀孕即开始,但在怀孕初期,子宫变化不大,直到胚胎在子宫壁着床并开始生长发育后,子宫才逐渐膨大。因此,检查子宫内的胚胎情况,并不包括未着床的怀孕初期的胚胎。一般小型鼠类怀孕期为3~4周,因此所得到的怀孕个体数目只能是整个种群中实际怀孕个体数目的2/3~3/4。而目前大家还是用这种方法来检查怀孕情况和计算怀孕率。

子宫内怀孕的胎仔数一般是容易看清楚的,但有时因母体营养不足或其他原因,在正常胚胎之间出现较小的吸收胚(图4-30a),它不能继续发育,在记录中需加注明。另外,有时在子宫内可以看到黑色的斑点,这是在产仔后胎盘发育所留下的瘢痕,称为子宫斑(图4-30b)。雌鼠在怀孕以后,胚胎在子宫内发育,以胎盘固着于子宫壁,母体通过胎盘供给胚胎发育的营养,产仔后残存在子宫壁上的胎盘就形成了子宫斑。子宫斑保留时间比较长,一般为数周,有些动物甚至可达6~8个月。子宫斑也应做记录。有时子宫充血而膨胀,但没有看到发育着的胚胎,这可能是胚胎刚着床于子宫不久,肉眼难以看清,必须将子宫取出,夹在2块载玻片上透光看或在解剖镜下观察,才能见到。

a. 子宫已怀孕,其中1个为吸收胚　　　b. 产后保留的子宫斑

图4-30　鼠类子宫(自盛和林)

另外,根据阴道涂片能大致确定鼠类的繁殖周期。通常是用棉签在捕获的活鼠阴道黏膜上轻轻刮取内含物,涂在载玻片上以观察。从鼠尸取材时,则剪开阴道,用载玻片直接在阴道黏膜上涂片,然后在显微镜下观察,以判断该鼠在繁殖周期所处的阶段。

综上所述,通过解剖雌鼠做怀孕检查就能计算出调查时期内该动物的怀孕率。假如在一年中每个月做一定数量的检查(个数多更正确),就能看出该动物一年中怀孕率的波动情况,并绘制出怀孕率曲线图。从该曲线图可以分析动物一年中的繁殖盛期及种群的繁殖次数。

在繁殖时期,对雄鼠也要进行观察和记录。此时,精巢发育长大,并下降到体腔外的阴囊中,附睾也极其扭曲。观察时,需测量睾丸的长度和宽度,如能镜检附睾内精子的成熟情况,就更有意义。

4.6.1.6　领域与巢区的调查

可采用标志重捕法对小型兽类进行领域和巢区的调查,连续捕捉1周或更长时间,记录每天所捕获的个体及所在位置。调查结束后,将每只个体在整个调查期间曾被捕获的笼号标志在图上,将最外围的笼号连线,计算最大的活动范围面积,此面积即为巢区。用统计方法可以分别计算同性或异性个体的平均巢区面积。

　　通过分析同性个体之间的巢区是否有重叠以判断领域的情况。如果个体之间的巢区无重叠，则领域存在，且领域面积与巢区面积相等；如果个体之间的巢区完全重叠，则不存在领域；若个体之间的巢区有部分重叠，则将重叠的面积扣除，不重叠的面积则为领域面积。

4.6.2　分类与检索表

4.6.2.1　中国哺乳动物目别检索表

　　据记载，我国共有哺乳动物 607 种，隶属于 13 目 55 科 235 属。其中，食虫目 72 种，树鼩目 1 种，翼手目 120 种，灵长目 22 种，鳞甲目 2 种，食肉目 61 种，鲸目 35 种，海牛目 1 种，长鼻目 1 种，奇蹄目 5 种，偶蹄目 48 种，啮齿目 207 种，兔形目 32 种。

1. 水生；若能上陆行走，腹部着地 ………………………………………………………… 2
   陆生；若能生活于水中，常上陆靠四肢支撑躯体行走 ………………………………… 4
2. 四肢呈鳍状足，趾间有蹼，尾不明显 ……………………………… 鳍脚目 Pinnipedia
   前肢桨状，后肢消失 …………………………………………………………………… 3
3. 全身无毛，鼻孔开口于头顶 ……………………………………………… 鲸目 Cetacea
   全身有短的稀疏硬毛，唇厚，鼻孔位于吻端 ………………………… 海牛目 Sirenia
4. 指、趾具爪或甲 ………………………………………………………………………… 5
   指、趾具蹄 ……………………………………………………………………………… 12
5. 指、趾具甲，大指、趾与它指、趾相对 ……………………………… 灵长目 Primates
   指、趾具爪 ……………………………………………………………………………… 6
6. 前肢翼状，指延长，指间及肢间有翼膜，能飞行 ………………… 翼手目 Chiroptera
   前肢非翼状，有些种类肢间有皮膜，能滑翔，但不能飞行 ………………………… 7
7. 体被复瓦状角质鳞片 ……………………………………………… 鳞甲目 Pholidota
   体被毛或刺 ……………………………………………………………………………… 8
8. 门齿强大，凿状，犬齿虚位 …………………………………………………………… 9
   门齿不成凿状，有犬齿 ……………………………………………………………… 10
9. 上门齿 2 对，前后重叠排列 ……………………………………… 兔形目 Lagomorpha
   上门齿 1 对 ………………………………………………………… 啮齿目 Rodentia
10. 中央门齿小于其余门齿和犬齿 ……………………………………… 食肉目 Carnivora
    中央门齿大于其余门齿，多数也大于犬齿 ………………………………………… 11
11. 体形及大小似松鼠，尾毛蓬松；鼻吻部尖，但不延长 …………… 树鼩目 Scandentia
    体形似鼠，尾毛短而稀，鼻吻部延长，明显超过下唇 …………… 食虫目 Insectivora
12. 上唇和鼻部极度延长成象鼻，1 对上门齿形成粗的象牙 ………… 长鼻目 Proboscidea
    上唇和鼻正常或稍延长，上门齿若存在，不形成象牙 …………………………… 13
13. 后足或前后足蹄为单（奇）数 ……………………………… 奇蹄目 Perissodactyla
    四足蹄为双（偶）数，第 2、3 蹄最发达 …………………… 偶蹄目 Artiodactyla

4.6.2.2　浙江省食虫目分科检索表

1. 眼退化,无耳壳,前掌宽大,掌心朝外;体毛短而呈天鹅绒毛状,无毛向 ····· 鼹科 Talpidae
   眼正常或较小,四肢正常,有耳壳 ··· 2
2. 身上有棘刺或长的针毛;臼齿齿冠方形 ·· 猬科 Erinaceidae
   身上密生短毛;臼齿齿冠不呈方形,眼小,耳短,掌及爪均不发达 ········· 鼩鼱科 Soricidae

4.6.2.3　浙江省啮齿目分科检索表

1. 身体表面被坚硬的棘刺 ·· 豪猪科 Hystricidae
   身体表面被软毛,无坚硬的棘刺 ··· 2
2. 上臼齿列有齿 4～5 枚,下臼齿列有齿 4 枚 ··· 3
   上臼齿列有齿 3 枚 ·· 4
3. 身体两侧前、后肢之间无飞膜 ·· 松鼠科 Sciuridae
   身体两侧前、后肢之间有飞膜 ·· 鼯鼠科 Petauristidae
4. 尾被小型鳞片及稀疏的毛,并且尾基部的毛较短,后部逐渐加长。臼齿的咀嚼面成斜列的
   棱脊 ··· 猪尾鼠科 Platacanthomyidae
   尾完全裸露或被密毛。如被鳞片与稀疏短毛,后部的毛也不特别加长,臼齿的咀嚼面不成
   斜列的棱脊 ··· 5
5. 眶下孔下缘几呈直线形,成体臼齿的咀嚼面呈块状的孤立齿环。身体较大,适于地下生活
   ··· 竹鼠科 Rhizomyidae
   眶下孔下缘呈"V"字形,成体臼齿的咀嚼面不呈块状的孤立齿环。营地面生活 ·········· 6
6. 上颌第 1、2 臼齿的咀嚼面的齿突排成 2 纵列,或被珐琅质分割为各种形状的齿叶 ·········
   ··· 仓鼠科 Cricetidae
   上颌第 1、2 臼齿的咀嚼面的齿突排成 3 纵列,或被珐琅质分割为横列的板条状 ···········
   ··· 鼠科 Muridae

4.6.2.4　浙江省偶蹄目分科检索表

1. 鼻面部延伸成圆锥状,末端具鼻盘,上颌具门齿,下犬齿不呈门齿状,颊齿(前臼齿和臼齿)
   每侧 7 枚,臼齿为丘齿型 ·· 猪科 Suidae
   鼻面部不延伸成圆锥状,末端无鼻盘,上颌无门齿,下犬齿呈门齿状,颊齿每侧 6 枚,臼齿为
   月齿型 ·· 2
2. 若有角则为实角,无角鞘,有分枝,每年脱换,鼻孔相距宽,其间距等于或大于鼻孔与唇边间
   的最小距离,上犬齿不发达或成为獠牙状 ·· 鹿科 Cervidae
   若有角则为虚角,内有角髓,外有角鞘,不分枝,永不脱换,鼻孔相距窄,其间距小于鼻孔与
   唇边的距离,上颌无犬齿 ·· 牛科 Bovidae

4.6.3　浙江省野外常见种类识别

　　兽类的适应性很强,几乎在地球的各处都有分布,甚至在荒凉的极地也有它们的踪迹。根

据习性不同,兽类可分为下面几种类型:

1. 陆生兽类

偶蹄目、奇蹄目、食肉目及部分啮齿目动物都属于这一类。由于生活的环境不同,又可分平原生活的、林中生活的和山地生活的兽类。平原生活的兽类包括生活在草原、沙漠和旷野的有蹄类、啮齿目、食肉目和食虫目等,这些动物的视觉和听觉器官都比较发达,有耐渴的特性,并能较持久地、迅速地奔跑。林中生活的兽类是指在森林陆栖的种类,如黑熊、鼠等,它们不能攀树,从地面获得食物,没有特殊的巢穴,主要以树林作隐蔽处。

2. 树栖兽类

包括灵长目、啮齿目中的松鼠等,它们一生中的大部分时间生活在树上,在树上筑巢和获取食物,主要吃植物的果实和种子,此外也捕食一些小型动物。

3. 飞翔兽类

翼手目动物具有飞翔能力,前肢特化成翼,夜间活动,听觉和嗅觉很灵敏。

4. 穴居兽类

主要是一部分啮齿目和食虫目的种类。因适应地下生活,形态结构发生了变异,主要表现在眼和耳壳退化,身体成长形,尾短或无尾,毛呈绒状,无毛向,一些种类的前肢和牙齿特化,适于掘土。

5. 水栖兽类

有半水栖和水栖类型,如海豹、鲸等,它们的形态结构也发生相应变化而适于水中生活。

4.6.3.1　食虫目 Insectivora

本目动物是原始的哺乳动物类群。一般体型小,而吻部较尖长,呈管状。牙齿分化不明显,齿尖尖锐,门齿排成直列,前门齿都较发达。四肢较短,多具 5 指(趾),有钩爪,为蹠行性。多数陆栖,营地面或地下生活。多为夜行性。以动物性食物为主。

臭鼩 *Suncus murinus*:体形像鼠,但有区别。身体细长,体长在 100mm 以上,最大可接近家鼠。四肢较弱,前肢 5 指。吻部特别尖长,明显超出下颌的前方。尾基部粗大,末端削尖,除被短毛外,还有稀疏长毛。全身覆毛稠密,毛短细而柔软。体侧有 1 对臭腺。全身背腹均为烟灰色,有银光色光泽,背部略带一点浅棕色调。栖息在平原田野、沼泽地、灌木林和草丛,也生活于城镇及农村居民点内,常出没在房屋里(以木结构旧式房屋为多),尤其是厨房、阴暗潮湿。以各种昆虫、蠕虫为食,有时也吃植物种子和果实。

4.6.3.2　翼手目 Chiroptera

本目动物是兽类中唯一适应空中飞行生活的类群。前肢特化,除第 1 指外,其余 4 指的掌骨、指骨特别细长;尺骨退化,桡骨比肱骨长;指骨和体侧间有皮膜相连,形成特有的翼膜,往后与后肢相连;后肢和尾相互间亦有皮膜相连,称股间膜。第 1 指短而游离于翼膜,指端具弯曲的爪;除某些种类的第 2 指具爪外,其余都无爪。后肢 5 趾,等长而均有爪,用于钩挂在树枝或其他粗糙物体上停靠休息。夜行性,视觉退化,听觉发达,眼小,耳大。定位和捕食全靠发出和回收超声波。许多种类外耳具耳屏。菊头蝠科和马蹄蝠科在颜面部产生很多复杂的皮褶,称鼻叶。

伏翼 *Pipistrellus pipistrellus*:体型较小,耳短,向前折转达鼻孔与眼之间,耳屏短。翼膜长,止于趾基部。第 5 掌骨长于第 3、4 掌骨,距缘膜发达,尾短于体长,末端包于股间膜内。阴茎长而直,无阴茎骨。体毛黑色,少数毛尖,棕色。腹部毛黑褐色,部分毛尖,灰白色。

4.6.3.3　灵长目 Primates

树栖生活类群。除少数种类外,拇指(趾)多能与它指(趾)相对,适于树栖攀缘及握物。手掌(及蹠部)裸露,并具有 2 行皮垫,有利于攀缘。指(趾)端部除少数种类具爪外,多具指甲。两眼前视。广泛分布于热带、亚热带和温带地区。群栖,杂食性。

猕猴 *Macaca mulatta*:最常见的一种猴。个体稍小,颜面瘦削,头顶没有向四周辐射的漩毛,额略突,肩毛较短,尾较长,约为体长之半。四肢均具 5 指(趾),有扁平的指甲。其身上大部分毛色为灰黄色、灰褐色,腰部以下为橙黄色,有光泽,胸腹部和腿部的灰色较浓。不同地区和个体间体色往往有差异。面部、两耳多为肉色,臀胝发达,多为红色、肉红色,雌猴色更赤,眉骨高,眼窝深,有两颊囊。雄猴身长 55～62cm,尾长 22～24cm,体重 8～12kg;雌猴身长 40～47cm,尾长 8～22cm,体重 4～7kg。

4.6.3.4　鳞甲目 Pholidota

体外覆有角质鳞甲,鳞片间杂有稀疏硬毛。不具齿。吻尖,舌发达。前爪极长,适于挖掘蚁穴。舔食蚁类等昆虫。

穿山甲 *Manis pentadactyla*:体形狭长,全身有鳞甲,四肢粗短,尾扁平而长,背面略隆起。成体身长 50～100cm,尾长 10～30mm,体重 1.5～3kg。不同个体的体重和身长差异极大。头呈圆锥状,眼小,吻尖,舌长,无齿,耳不发达。足具 5 趾,并有强爪;前足爪长,尤以中间第 3 爪特长,后足爪较短小。全身鳞甲如瓦状,自额顶至背、四肢外侧、尾背腹面都有。鳞甲从背脊中央向两侧排列,呈纵列状。鳞片呈黑褐色。鳞有 3 种形状:背鳞成阔的菱形,鳞基有纵纹,边缘光滑,纵纹条数不一,随鳞片大小而定;腹侧、前肢近腹部内侧和后肢鳞片成盾状,中央有龙骨状凸起,鳞基也有纵纹;尾侧鳞成折合状,鳞片之间杂有硬毛。两颊、眼、耳以及颈腹部、四肢外侧、尾基都生有长的白色和棕黄色稀疏的硬毛。绒毛极少。成体两相邻鳞片基部毛相合,似成束状。雌体有乳头 2 对。

4.6.3.5　兔形目 Lagomorpha

上颌具有 2 对门齿:前 1 对较大,其前方有明显的纵沟;后 1 对极小,呈圆柱形隐于前 1 对的后方。无犬齿。在门齿和前白齿之间有很长的齿隙。前白齿与白齿的咀嚼面一般可分为前、后两部分。左右上齿列间的宽度比下齿列间的宽度要大得多,在咀嚼食物时只能有一侧的上、下齿列相对,因此它们的下颌经常是左右移动的。本目动物外形变化较大。无尾或尾极短小。上唇中部具有纵裂。

华南兔 *Lepus sinensis*:也称短耳兔,俗称野兔、草兔,是体型较小的一种野兔。一般体长

35～43cm,体重 1～2.5kg,尾长 7～9cm,比蒙古兔耳朵稍短。尾部背面毛与背部毛一致,体背棕土黄色,背脊有不规则的黑色纵纹,尾背毛色与体背面腹毛为淡土黄色或浅棕色,其余部分是深浅不同的棕褐色。

4.6.3.6 啮齿目 Rodentia

体中小型,上、下颌各具 1 对门齿,呈凿状,能终生生长。无犬齿,门齿与前臼齿之间具有空隙。

本目种类繁多,在各类生境中都有分布。有以树栖生活为主的松鼠类,也有能滑翔飞行的鼯鼠类;有大型的豪猪,也有许多中小型的野栖和家栖鼠类。

赤腹松鼠(红腹松鼠)*Callosciurus erythraeus*:中型树栖松鼠。体长 190～250mm,尾长 170～190mm。全身背面均为橄榄黄色,毛基及中段灰黑色,毛端黑黄色相间。背中部色较深,体侧略淡。耳壳黄色。整个腹面及四肢内侧均为栗红色。四足背色趋黑,趾黑色。尾一色,与背同,后端为黑黄相间的环纹。

长吻松鼠(珀氏长吻松鼠)*Dremomys pernyi*:中型松鼠,体长约 160～200mm,尾长短于体长,约占体长的 80%。体背橄榄黄色。眼周具淡黄色圈。耳后有明显的锈红色斑。背中部色较深,呈青黑。腹毛基部灰色,尖端白色。尾基腹面及肛门周围有一锈红色斑。后背毛基棕黄色,中段黑色,尖端白色而较长,故呈棕黄色的基底上撒有雪花样白斑,并形成不明显的黄黑相间的环。尾腹面棕黄色,两侧边缘为黑色和白色。四足毛色与背同。

豹鼠 *Tamiops swinhoei*:树栖小型松鼠,常下地活动。尾长略短于体长。体背呈深黑褐色,具明暗相间的条纹 7 条。眼眶四周有白圈。耳壳内面略呈黄色,背面棕黑色,具白色毛丛。背正中有 1 条黑色条纹,自前肢略后处起至尾基止。其两侧为淡黄灰色纵纹,再外为深棕色纵纹。最外两侧为淡黄色条纹,与两颊的淡黄色条纹不相连。体侧橄榄棕色。腹毛黄灰色,胸部中央黄色更显。尾毛基部深棕色,中段黑色,尖端浅黄色。

黑线姬鼠 *Apodemus agrarius*:体长约 70～120mm,尾长短于体长,约为体长的 2/3。耳短,向前拉折一般不到眼部。背部一般棕褐色,背部中央往往有 1 条明显的黑色纵纹,从两耳间直达尾基部。腹部及四肢两侧灰白色,体侧近棕色。

小家鼠 *Mus musculus*:小型鼠类,以家栖为主。体长约为 60～90mm,尾长与体长几乎相等或略短于体长。上颌门齿内侧有 1 个明显的缺刻。背毛灰褐色至黑褐色,腹部灰黄色,腹毛基部灰色,尖端黄色。

黄胸鼠 *Rattus flavipectus*:身体细长,体型比褐家鼠小,体长约 150～200mm,尾长超过体长。耳壳大而薄,向前拉折可遮盖眼部。背毛棕褐色,毛基深灰色,尖端黄褐色或棕褐色。背中部杂有较多的黑毛,故色较体侧深。腹部灰黄色,胸部黄色较深,有些个体胸部有 1 块白斑。前足背面中央呈褐色,后足背面为白色。栖息于房屋建筑物的上层,常在天花板上、梁柱屋架、椽缝间隙等处活动和营巢,因此在砖木结构屋内较多,在钢筋水泥结构楼房内较少。食性很广,较偏好植物性食物和含水较多的食物。

褐家鼠 *Rattus norvegicus*:体型粗大,成年个体连同尾长可达 300～400mm,少数个体体重达 400～500g,或者更重,尾长短于体长。耳壳短而厚,向前拉折不能遮住眼部。后足粗大,长度大于 33mm。背毛棕褐色至灰褐色,毛基深灰,尖端棕色。背面中部生有较多的全黑毛,故颜色较体侧深。腹部灰白色,腹毛基部灰色,尖端白色。足背毛白色。尾毛有两种颜色,上面黑褐色而下面灰白色。

黄毛鼠(罗赛鼠)*Rattus losea*：中等体型，尾长等于或稍长于体长。耳不特别大，很薄，具细小的密毛。后足短小，一般不超过 33mm。背毛黄褐或棕褐色，体侧毛色较淡。腹毛灰白色，基部灰色，尖端白色。背、腹毛色间无明显界限。四足背面白色。尾近一色，背面深褐，腹面略浅淡。

社鼠(硫黄腹鼠、刺毛灰鼠)*Niviventer confucianus*：体型中等，身体细长，尾长超过体长。耳大而薄，向前拉折能遮住眼部。背毛棕褐色，背中部毛色较深，毛基灰色，毛尖褐色。头、颈和两侧毛色较淡，偏重于黄棕色。夏季背毛中有很多的白色针毛，在冬季白色针毛的数量较少或不存在。腹毛白色而稍带浅黄。背、腹毛色界限十分清楚。四足背面棕褐色至灰白色。尾两色，背面棕褐，腹面白色，尾末端为白色。

白腹巨鼠(埃氏鼠、小泡巨鼠、穿山龙)*Leopoldamys edwardsi*：大型鼠类，体型粗大，尾粗而长，其长度超过体长。耳大而薄，向前拉折能遮住眼部。体背深棕褐色，背中央杂有较多的黑毛。夏季背部混有刺状针毛，针毛基部白色，尖端黑色。腹毛纯白。背、腹毛色有明显界限。四足背部淡棕黑色，两侧和趾尖白色。尾背部黑棕，腹面白色，尾端约 1/3 处为灰白色。

青毛鼠(包氏鼠)*Berylmys bowersi*：大型鼠类，尾长超过体长。耳大而薄，向前拉折可遮住眼部，耳上满被棕褐色的细小绒毛。体背灰褐色，具短灰白色毛尖，混有刺状毛。腹面纯白色。背、腹毛色有明显界限。耳棕褐色。四足背中央部灰黑，混有白色，两侧及趾部白色。尾一色，均为棕褐色。

豪猪(刺猪、箭猪)*Hystrix brachyuran*：大型啮齿类，体型粗大，体长约 650mm，体重一般 10kg 左右。身被长硬的棘刺。全身棕褐色。末端白色的细长刺在额部到颈背部中央形成 1 条白色纵纹，并在两肩至颏下形成半圆形白环。体背密覆粗大的棕色长刺。臀部更为密集，棘刺粗大而中空，呈纺锤形，中部 1/3 为淡褐色，余为白色，长度可达 200mm 以上。四肢和腹面的刺短小而软。尾甚短，约 90mm，隐于硬屑之中。全身硬刺之下有稀疏的白长毛。

4.6.3.7　食肉目 Carnivora

门齿小，犬齿强大而锐利，有裂齿。指(趾)端常具利爪以撕捕食物。毛厚密且多具光泽。为重要的毛皮兽。

黄鼬 *Mustela sibirica*：体长 25～40cm，尾长 13～18cm，体重 1kg 左右，雌体比雄体小。体形细长，四肢短，尾中等长，较为蓬松。肛门部有臭腺 1 对，遇敌时能放出臭气以自卫。全身毛棕黄或橙黄色，腹面毛色较淡，尤以腋下及鼠蹊部为甚，几呈淡黄灰色。鼻端周围、口角和额部为白色而掺杂棕黄色毛，眼周和两眼间为褐棕色。尾和四肢与背色同，冬季掌面被灰褐色毛。栖息于林区的河谷、土坡、沼泽及灌丛中，也常见于平原或村落附近，住石洞或树穴内。多夜间活动，性残暴，视觉敏锐，善游泳。

鼬獾 *Melogale moschata*：为小型貂科动物，又名小豚猫。头及身长 33～34cm，尾长 15～23cm，体重 1～1.75kg，在 5—6 月间的树洞内产仔，每胎产 1～3 仔，寿命 7 年，为杂食性，常以蚯蚓、昆虫、小哺乳动物、鸟蛋、蜥蜴、果实为食。全身粗毛呈深灰褐色，由后颈经肩部至背中央有一白色纵带，额有黄白斑，前颈和腹中央亦为黄白色。栖息于森林或灌丛、树丛里，栖居于自行挖掘之树洞或岩洞内。于薄暮或夜晚方外出狩猎，白天则于洞穴内休息。活动范围由平地至山麓，攀爬能力强，但不常爬到树上，行动缓慢，如在地面上就像拖拽似的，不能跳跃。主要以嗅觉发现猎物,但听力及触觉仍佳。具有味腺,受惊吓或被逼迫时,会分泌恶臭的气味,而以其头上及喉下之黄白色斑点作为警戒色。

4.6.3.8 偶蹄目 Artiodactyla

是大中型具有偶数指(趾)的有蹄类。缺第 1 指(趾),第 3、4 指(趾)特别发达,肢轴通过这两指(趾)之间以支持体躯,第 2、5 指(趾)退化或缺如。指(趾)端具蹄,善于奔跑。除猪、骆驼及鹿科的某些种类外,头上都有 1 对从额骨长出的骨质角。鹿类的角为实角,有分枝,并定期脱换。牛科的角为洞角,外被角质鞘,不分枝,永不脱换。上颌门齿趋于退化,甚至完全消失。上颌犬齿多数退化或缺如,有的则发展成獠牙状。为陆栖兽类,多数群居,除少数杂食性外,多数以植物为食。

野猪 *Sus scrofa*:皮肤灰色,且被粗糙的暗褐色或者黑色鬃毛所覆盖,在激动时在脖子上的鬃毛竖立,形成一绺毛。雄性比雌性大。猪崽带有条状花纹,毛粗而稀,鬃毛几乎从颈部直至臀部,耳尖而小,嘴尖而长,头和腹部较小,脚高而细,蹄黑色。背直不凹,尾比家猪短,雄性野猪具有尖锐发达的牙齿。

小麂(黄麂)*Muntiacus reevesi*:体长约 80cm,肩高约 40cm,尾极短,体重 10~20kg。雄兽具有短角和獠牙,角直,基部只分 1 个小叉,角端向内侧转曲,两尖端相对。从角的基部到眼上方有 2 条纵黑纹。雌兽无角。头部为鲜棕色,体毛呈棕褐色,颈背部较深,呈暗褐色,腹面从前胸至肛门周围均为白色。幼兽体毛上具有斑点。四肢细长,善于窜跑,栖息于稠密灌丛中。

第 5 章

生态学野外实习

5.1　用标志重捕法测定动物种群的密度

5.1.1　动物的标志技术

对动物进行标志是生态学研究中广泛采用的一种方法。这种技术可以使我们分别对每个个体或者每个不同的种群进行研究,例如从不同蚁窝来的蚂蚁、不同家群中的不同田鼠个体;还可以通过研究鸟类的迁徙、鱼类的洄游、兽类的迁移和扩散,分析不同动物在自然界的寿命,确定种群中不同年龄个体的数量,确定某一动物昼夜移动距离及周期等等。

5.1.1.1　标志时的注意事项

进行标志时,一个基本的要求是标志的一系列处理,如捕获、手提、麻醉、切指(趾)和着色等,对动物的寿命及行为没有影响,这也是所有标志方法数学模型的必要条件。为了验证某一标志手段是否会对动物的寿命造成影响,我们必须在室内饲养标志个体和未标志个体以比较其寿命。

有些物种标志不得过分夺目。在有关行为调查的标志中,色彩太鲜艳的标志,对同种内个体间的关系和捕食者的行为会产生一些影响。

5.1.1.2　各类动物的标志方法

在无脊椎动物的研究中,标志技术多数应用于昆虫和甲壳类,因为这些动物有较硬的外皮。在昆虫中,应用标志方法的例子较多。例如,蜜蜂的标志方法是用有色漆在蜜蜂的胸部和背部画点。如果有多种有色漆,则可标志上百只蜂。例如现有红色、绿色、白色、蓝色、黑色 6 种颜色的漆,那么在蜜蜂胸前最多画 6 个点,就可以有下列不同的号码(表 5-1)。

表 5 - 1　标志动物的编号方法

编号	标　志	编号	标　志	编号	标　志	编号	标　志
1	一点红	11	一点红＋一点黄	21	一点红＋一点蓝	31	一点红＋一点黑
2	两点红	12	两点红＋一点黄	22	两点红＋一点蓝	32	两点红＋一点黑
3	三点红	13	三点红＋一点黄	23	三点红＋一点蓝	……	……＋一点黑
4	四点红	14	四点红＋一点黄	24	四点红＋一点蓝	36	一点绿＋一点黑
5	五点红	15	五点红＋一点黄	25	五点红＋一点蓝	……	……＋一点黑
6	一点绿	16	一点绿＋一点黄	26	一点绿＋一点蓝	41	一点红＋一点白
7	两点绿	17	两点绿＋一点黄	27	两点绿＋一点蓝	42	两点红＋一点白
8	三点绿	18	三点绿＋一点黄	28	三点绿＋一点蓝	……	……＋一点白
9	四点绿	19	四点绿＋一点黄	29	四点绿＋一点蓝	46	一点绿＋一点白
10	五点绿	20	五点绿＋一点黄	30	五点绿＋一点蓝	……	……＋一点白

按表 5 - 1 的方法可编至 50 号。从 50~100 开始可以将个位数用蓝色和白色作为记号，然后再加上红点、黑点、黄点、绿点。

通常，昆虫按照种群来做标志：一个蜂群中的所有蜂用绿色点，另一群则用红色点等。指甲油或其他用丙酮或酒精溶解的有色漆很快能干，并牢固地留在昆虫的几丁质外皮上，所以是普遍适用的。蚊虫的标志做在翅膀上。

低等脊椎动物中，标志鱼类是应用最广泛的。通常采用带号码的不锈钢的标志物，固定在鱼的颌、鳃盖或鳍上；也有用有色丝所作的标志物，套在背鳍上。但是所有这些标志随着时间的延长都要脱落，可以保持长久的标志方法是剪掉左侧或右侧的鳍（或者鳍上的个别鳍条，与不同鳍上的鳍条组合作为标志）。

两栖类通常用金属标志物套在足上或颌上。套在颌上比较方便，特别是在作大量实验工作时。带号码的金属小条，通常用铝制的小条（也可以直接利用鸟类的环志），套在两栖类的下颌上。也可用塑料制成的有色标志物。

爬行类也用金属标志物，同样套在足上或颌上。由于爬行类体上具有角质板，所以可以广泛应用易干有色漆。在乌龟或大的蜥蜴角质板上可用记号笔直接写上号码；在蛇和小型蜥蜴的鳞片上可以用有色漆画点做标志。

关于鸟类迁徙问题的研究，很早以前就展开了。大部分鸟用由轻金属（如铝）制成的环进行标志。环志按不同的大小分为很多组，最大的带有锁，用于有力的鸟，最小的环志不仅适用于鸟类，而且也可用于兽类。各类环志均有编号。给少数鸟做标志时，可以在鸟颈上缝上不同颜色的带子，或者将翅膀上羽毛用有色漆涂上颜色。

许多兽类具有结实的软骨耳壳，可以把环志套在耳上。对于大动物（例如兔、狐等），环志经常使用。对于一些小型兽类，特别是田鼠类，环志标志容易脱落，因此通常采用切趾法或剪耳法进行标志。后肢上的 10 个足趾可以作为个位，前肢上的 4 个足趾作为十位（由于大拇指较小，为了避免对动物活动造成太大的影响，通常不剪）。因此剪掉一两个足趾便可标志近

100 个动物。另外，可结合剪耳法，可以标志上百只动物。除了用环志和切趾法标志兽类外，还可以使用放射性元素和荧光标志。

5.1.2　动物标志重捕的统计方法

标志重捕（capture mark recapture，CMR）是在调查地段中，捕获种群中的一部分个体，进行标志后在原地释放，经过一定时间后进行重捕，根据重捕中标志个体的比例，估计该地段中种群个体的总数。

5.1.2.1　封闭种群的估算方法

封闭种群指在种群调查期间，既无个体迁入也无迁出的种群。从种群中取 M 个动物样本，加以标志，然后立即在原地释放。标志个体及未标志个体经过充分相互混杂后，第 2 次样本取 n 只，结果其中有 m 只标志个体。标志重捕法成功的关键是保证总数中标志个体的比例与重捕取样中标志个体的比例相同，任何影响该比例的因素都会影响到实验的结果。因此，应用标志重捕法时应做如下假设：

① 种群是封闭的（没有个体出生、死亡及迁入、迁出）；

② 取样时，所有动物以相同的概率被捕获；

③ 所做的标志对动物的捕获率没有影响；

④ 两次取样期间，所作的标志不会消失或脱落。

对于封闭种群，如果是 1 次标志 1 次重捕，则采用 Lincoln 指数法，该方法适用于 1 次标志重捕就可获得足够的样本数的情况；如果 1 次标志重捕获得的样本数不能准确地估计种群大小，需要多次标志重捕，则通常采用 Schnabel 法。

1. Lincoln 指数法

适用于 1 次标志 1 次重捕的种群数量调查，种群总数 N 为

$$N = \frac{Mn}{m}$$

种群总数的 95% 置信区间为 $N \pm 2SE$。

SE 为标准误差，计算公式为

$$SE = N \sqrt{\frac{(N-M)(N+n)}{Mn(N-1)}}$$

2. Schnabel 法

该方法要求在每一次取样中，检查捕获动物的标志情况，未标志的动物标志后再释放。该方法适合在短期内进行多次标志重捕。通过多次标志重捕，我们可以获得如下数据：

n_i：第 i 次取样时捕获动物的总数；

m_i：第 i 次取样的捕获动物中已标志动物的总数；

U_i：第 i 次取样过程中新标志并释放动物的总数；

M_i：第 i 次取样时种群中已标志的动物总数。

通常情况下

$$n_i = m_i + U_i$$

根据以上这些数据，我们可以估算种群数量（N）

$$N = \frac{\sum (n_i M_i^2)}{\sum (M_i m_i)}$$

估计种群总数的 95% 置信区间，一般要按下式求出 $1/N$ 的方差 $S_{1/N}^2$

$$S_{1/N}^2 = \frac{\sum (M_i^2 / n_i) - (\sum m_i M_i)^2 / (\sum n_i M_i)^2}{\alpha - 1}$$

式中：α 为计算总和时所用的样本数。然后按下式求出 $1/N$ 的标准误差 $SE_{1/N}$

$$SE_{1/N} = \sqrt{\frac{S^2}{\sum (n_i M_i^2)}}$$

种群总数的倒数（$1/N$）的 95% 置信区间为 $1/N \pm t_{0.05} \, SE_{1/N}$。

取倒数即可得到种群总数 N 的 95% 置信区间。

5.1.2.2　开放种群的估算方法——Jolly - Seber 法

Jolly-Seber 法是适用于开放种群的统计方法。开放种群是指有个体出生、死亡、迁入及迁出的种群。在调查时间段内，迁出 1 次又返回的个体视为没有迁出，如果这样的个体数量较多的话，会产生误差。

数据采集的方法如下：连续多次取样、标志和释放。一般来说，各次取样之间的间隔期要比取样期长。每次取样时，不仅要记录各次重捕中已标志的动物数和未标志的动物数，并且要求对每个动物的重捕历史进行了解。在这个模型中应用到下列符号：

n_i、M_i、m_i：与前面两个模型中具有相同的含义。

N_i：第 i 次取样时的种群大小估计值。

S_i：第 i 次取样时释放的动物总数，包括过去标志和新标志的。

Z_i：第 i 次取样前标志的，在第 i 次取样时未重捕到，但在以后取样中又被重捕到的动物总数。

R_i：在第 i 次取样时释放的动物总数（即 S_i）中以后被陆续重捕到的动物总数。

R_i 和 Z_i 要通过表 5 - 2、表 5 - 3 的计算来进一步了解其含义。

表 5 - 2、表 5 - 3 中的数据是对苹果园中的一种盲蝽（*Blepharidopterus angulatus*）连续进行 13 次取样调查所获得的数据。每次取样间隔为 3～4d。取样过程中，新增加的个体包括迁入的和新羽化的。

表 5 - 2　多次重捕种群按 Jolly-Seber 方法计算的 n_i、S_i、R_i 值

取样序号（捕获日期）i	捕获数 n_i	释放数 S_i	捕获数中 未标志数	捕获数中 标志数 m_i	\[最后一次重捕的日期\] 1	2	3	4	5	6	7	8	9	10	11	12	13
1	54	54	54	0	1												
2	146	143	136	10	10	2											
3	169	164	132	37	3	34	3										
4	209	202	153	56	5	18	33	4									
5	220	214	167	53	2	8	13	30	5								
6	209	207	132	77	2	4	8	20	43	6							
7	250	243	138	112	1	6	5	10	34	56	7						
8	176	175	90	86	0	4	0	3	14	19	46	8					
9	172	169	62	110	0	2	4	2	11	12	28	51	9				
10	127	126	43	84	0	0	1	2	5	17	22	34		10			
11	123	120	46	77	1	0	4	8	12	16	30				11		
12	120	120	48	72	0	1	3	1	2	7	4	11	16	26		12	
13	142	142	47	95	0	1	0	2	3	3	2	10	9	12	18	35	13
R_i					80	70	71	109	101	108	99	70	58	44	35		

表 5 - 3　按 Jolly-Seber 方法计算 Z_i 值

取样序号（捕获日期）i												
2	(10)											
3	3	(37)										
4	5	23	(56)									
5	2	10	23	(53)								
6	2	6	14	34	(77)							
7	1	7	12	22	56	(112)						
8	0	4	4	7	21	40	(86)					
9	0	2	6	3	19	31	59	(110)				
10	0	0	1	3	6	11	28	50	(84)			
11	1	3	6	7	7	11	19	31	47	(77)		
12	0	1	4	5	6	8	15	19	30	46	(72)	
13	0	1	1	3	6	9	11	21	30	41	60	(95)
	14 Z_2	57 Z_3	71 Z_4	84 Z_5	121 Z_6	110 Z_7	132 Z_8	121 Z_9	107 Z_{10}	88 Z_{11}	60 Z_{12}	

　　表 5-2 中每行数字代表各次取样的情况。第 1 列是取样序号 i；第 2 列表示每次取样中捕获的动物数 n_i；第 3 列 S_i 是各次取样中释放的总数，它等于已标志动物数 m_i 和新标志并释放的动物数之和。以第 4 行（$i=4$）为例，这次取样中共捕获 209 只动物（$n_4=209$），其中已标志动物数有 56 只（$m_i=56$），未标志的动物有 153 只，释放动物总数为 202 只（$S_4=202$），并不是全部捕获的 209 只动物，说明在标志过程中，有 7 只动物由于操作方面的原因死亡了。表 5-2 右侧的数字，是把已标志动物按其之前最后 1 次被重捕的时间进行分类。例如在 $m_i=56$ 个已标志动物中，属于第 1 次重捕的有 5 只，属于第 2 次重捕的有 18 只，属于第 3 次的有 33 只。表 5-2 最下面 1 行的 R_i 值，表示在第 i 次取样时释放的动物中，以后陆续重捕到的累积数，其计算方法是把各数列的数字累加而得。

　　关于 Z_i 的计算，要利用表 5-3。表 5-3 是根据表 5-2 历次重捕动物数而得到的重捕动物累计数的统计表。其方法是把表 5-2 各行的历次标志动物数从左往右依次相加。例如，第 4 行的结果，其中第 4 行（当 $i=4$ 时）是第 4 次属于第 1 次取样时标志的 5 只动物，成为表 5-3 的第 4 行的第 1 个数字，第 2 次取样时标志动物 18 只，与前面的 5 只相加，共 23 只，成为第 2 个数字，再加上第 3 次取样时标志的 33 只动物，共 56 只，成为第 3 个数字。实际上，第 3 个数字就是重捕中已经标志的动物数 m_i。表 5-3 中最下面 1 行的 Z_i 值表示在第 i 次以前标志的，而在第 i 次取样中未捕获到，但在以后取样中又被重捕到的动物累积数。它是通过把表 5-3 各列中括号以下的数值累加而得。

　　根据表 5-2、表 5-3 中的数据，我们可以估算出各次取样时的种群大小，基本公式还是

$$N_i=\frac{M_i n_i}{m_i}$$

但其中各次取样时，种群中已标志动物总数 M_i 的估算方法应按照下一公式计算：

$$M_i=\frac{S_i Z_i}{R_i}+m_i$$

现在，我们以 $i=4,5,6$ 三次取样中的数据进行估算。
① 重捕取样中已标志动物的比例：

$$a_i=m_i/n_i$$
$$a_4=56/209=0.268$$
$$a_5=53/220=0.241$$
$$a_6=77/209=0.368$$

② 种群中已标志动物的数量估计值：

$$M_i=\frac{S_i Z_i}{R_i}+m_i$$
$$M_4=\frac{202\times71}{71}+56=258.0$$
$$M_5=\frac{214\times89}{109}+53=227.7$$
$$M_6=\frac{207\times121}{101}+77=324.9$$

③ 种群大小估计值：

$$N_i = m_i / a_i$$
$$N_4 = 258.0 / 0.268 = 962.7$$
$$N_5 = 227.7 / 0.241 = 944.8$$
$$N_6 = 324.9 / 0.368 = 882.9$$

以上我们介绍了种群标志重捕中 3 种最常用的种群大小估算方法。其实，通过标志重捕法来估算种群大小的方法有很多，例如相反取样法、Paloheimo 法、Marten 法等。

5.2　用样方法测定植物的密度

密度是指单位面积上某种植物的个体数目，通常用样方法测定。

样方法（quadrat method）是以一定面积的样地作为整个群落研究的代表的一种调查方法。在野外调查中，乔木和灌木物种通常按照个体株数计数。但是按照株数测定密度在调查构件生物时会遇到比较大的困难，不易辨别个体数，此时可以把构件数作为一个单位进行计数。构件数和个体数并非等值，所以必须同它们的盖度结合起来才能获得较正确的判断。特殊的计数单位都应在样方登记表中注明。

样方抽样包括样方大小、形状、数目和排列，以及样方记录等，具体操作取决于所研究植物的特征。

5.2.1　样方大小

样方大小的确定应以抽样植物的大小和密度为基础，样方应当足够大，包括足够的个体数，但又要便于区分、计数和测定现存个体，避免由于重复或漏掉个体而产生的混乱。草本植物的样方一般以 1m×1m 为宜。灌木或高度不超过 3m 的小树为 10～20m²，乔木一般为 100m²。但具体情况应根据预先确定的最小面积来确定。浙江省及其周边地区的生态学野外实习基地分布的主要是常绿阔叶林，其植物多以常绿阔叶乔木为主，因此 100m² 的样地较合适。

5.2.2　样方形状

样方的形状传统是正方形或者长方形。在环境梯度变化比较大的区域，使用矩形长轴与群落内的主要环境变化梯度相平行的样方，其调查效果要优于正方形。在调查草本或低矮群落时，使用圆形样方可以有效地减少边缘效应的影响，效果较好。

5.2.3　样方数目和排列

取样数目越大，代表性也越大，但取样的目的是在保证取样精确性的前提下，减少所花费的劳动和时间。根据经验,草本群落一般需取 5 个以上的样方,森林群落亦需取 2 个以上。群落内抽样地点应规则地或随机地加以选择,一般以随机抽样为主。随机确定样方的方法很多,通常可在两条互相垂直的轴上,根据成对随机数字确定样方的位置。随机数字可用抽签、游戏纸牌或使用随机数字表获得。规则取样包括梅花形取样、对角线取样、方格法取样等方法,其总的原则就是在群落调查中,使样方以相等的间隔占满整个群落。如果调查目的是为了研究群落的梯度变化,则采用样线取样法最为适合,既样方在样线上连续地一个接一个地设置。

5.2.4　样方记录

　　调查记录的内容、项目随研究目的不同而不同,但其原则是不宜罗列得太烦琐、太细致,以免影响调查进度。以亚热带常绿阔叶林群落为例,一般分为乔、灌、草三层,乔木层测物种数量、树高和胸径;再从样地中随机选 3～5 个 5m×5m 的小样方,测取灌木层的种名,每种的株(丛)数、平均高度、最高高度、盖度;再在样地中随机抽取 2～5 个 1m×1m 的小样方,记录草本层物种名称,每种株(丛)数和盖度(表 5 - 4～表 5 - 6 供参考)。

表 5 - 4　森林群落样方环境调查表

森林群落样方环境调查表				
调查者:		样方号:		日期:
植物群落类型:				
地理位置:	纬度:		经度:	
地貌:		土壤类型:		
坡向:		坡度:	地形:	坡位:
群落内地质情况:				
人为及动物活动情况:				

表 5 - 5　森林群落样方乔木层调查表

森林群落样方乔木层调查表			
乔木层	样方面积	总郁闭度	
树种名称	株数	胸径/cm	高度/m

表 5 - 6　森林群落样方灌草层调查表

森林群落样方灌草层调查表				
灌草层	样方面积		总盖度	
树种名称	株(丛)数		盖度/%	高度/cm

　　种群密度部分地决定着种群的能流、种群内部生理压力的大小、种群的散布、种群的生产力及资源的可利用性。种群密度的单位通常用"株(丛)/m²"表示。

$$密度 = \frac{一种植物个体总数}{样地面积}$$

$$相对密度 = \frac{一个种的密度}{所有种的密度总和} \times 100\%$$

5.3　植物多样性调查

　　物种多样性(species diversity)是群落中生物组成结构的重要指标,既可以反映群落组织化水平,又可以通过结构与功能的关系间接反映群落功能的特征。物种多样性有两个方面的含义:一是指一定区域内物种的总和,主要从分类学、系统学和生物地理学角度对一个区域内物种的状况进行研究,可称为区域多样性;二是指生态学方面的物种分布的均匀程度,常常从群落组织水平上进行研究,有时称为生态多样性或群落物种多样性。前一种含义主要是通过区域调查进行研究;后一种含义主要通过样方或样点在群落水平进行研究。

　　植物多样性的调查主要通过样方法和样线法来进行,其中,最小面积的确定比较关键。

5.3.1　最小面积的确定

　　理论上,一个植物群落的种类组成应当是该群落所含有的一切植物的种类组成。但实际工作中,由于受人力、物力、财力等各方面的限制,往往不能对某群落进行全面普查,只能根据群落的类型进行抽样调查,依据该类群落的最小面积,既能保证展现该群落的种类组成和结构特征,又能在有限的人力、物力和有限的时间内最大限度地获得该群落的信息。最小面积的确定,通常采用逐步扩大样地面积的方法。当样地面积再扩大而种数几乎不再增加时的面积,即为该样方(群落)的最小面积。

　　最小面积的确定通常采用一组逐渐扩大的巢式样方(图 5 - 1),逐一统计每个样方面积内的植物种数,以种数为纵坐标,样方面积为横坐标,绘制种-面积曲线(图 5 - 2)。此曲线开始时陡峭上升,而后水平延伸,曲线开始平伸时的这一点所对应的面积即可认为是该群落的最小面积。同时也可以将群落 85% 种出现的面积作为群落取样的最小面积,它可以作为样方大小的初步标准。以前调查研究确定的几种基本群落类型的最小面积为,热带雨林 2500~4000m²,南亚热带常绿阔叶林 1200m²,中亚热带常绿阔叶林 400~600m²,常绿针叶林 100~250m²。

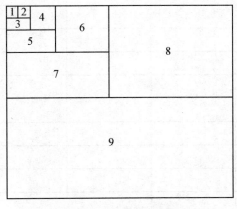

图 5-1　巢式样方示意图

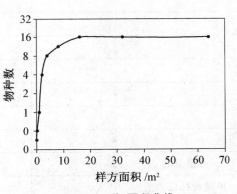

图 5-2　种-面积曲线

5.3.2　物种优势度的确定

优势度用以表示一个种在群落中的地位与作用,但对于其具体定义和计算方法,学者们意见不一。有些主张以盖度、所占空间大小或重量来表示优势度,并指出在不同群落中应采用不同指标。也有些学者提出,多度、体积或所占据的空间、利用和影响环境的特性、物候动态均应作为某个种优势度指标。此外,还有一部分学者认为盖度和密度为优势度的度量指标,或者优势度即"盖度和多度的总和"或"重量、盖度和多度的乘积"等等。现在野外调查中常常采用 2 种数量指标来反映物种的优势度,即重要值和总和优势度。

1. 物种重要值

重要值(IV)是评价某一种植物在群落中作用的综合性数量指标,是植物种的相对盖度、相对频度和相对密度(或相对高度)的总和。由于群落中任何植物单项的相对数量值都不会超过 100%,所以,群落中任何一个种的重要值都不会超过 300%。

重要值的计算公式为

$$IV = RDE + RCO + RFE$$

式中:IV 为重要值;RDE 为相对密度(样方内某种植物的密度与样方内所有物种密度数量总和的比值);RCO 为相对盖度(样方内某种植物的盖度与样方内所有物种盖度数量总和的比值);RFE 为相对频度(样方内某种植物的频度与样方内所有物种频度数量总和的比值)。

2. 总和优势度

总和优势度(SDR)是评价物种在群落中相对作用大小的一种综合性数量指标,是通过各种数量测度的比值计算而得的。任意数量测度的比值的计算方法是,某植物种的某一测度除以群落中的最大该数量测度。测度指标主要包括密度比、盖度比、频度比、高度比和质量比(表 5 - 7)。

表 5 - 7　物种优势度调查表

物种名称	密度/(株/m²)	盖度/%	频度/%	高度/m	质量/kg
数量总和					
单项指标最大值					

总和优势度的计算公式为

$$\text{SDR}_5 = [(C_i/C_1) + (D_i/D_1) + (F_i/F_1) + (H_i/H_1) + (W_i/W_1)]/5$$

式中:C_i 为某物种的盖度;C_1 为样方内盖度指标最大的物种的盖度;D_i 为某物种的密度;D_1 为样方内密度指标最大的物种的密度;F_i 为某物种的频度;F_1 为样方内频度指标最大的物种的频度;H_i 为某物种的高度;H_1 为样方内高度指标最大的物种的高度;W_i 为某物种的质量;W_1 为样方内质量指标最大的物种的质量;SDR_5 为总和优势度。但是如果其中两三个指标可以完全反映物种在群落中的地位和作用,计算公式可以相应减少测度指标。

5.3.3　植物多样性调查

常见的植物多样性调查主要有大范围的普查和具体的物种多样性分析。大范围的普查主要采取对普查地点进行分区,然后设置调查路线,对调查路线上发现的物种进行记录,最后归纳出该地区植物有多少科、多少属和多少种。物种多样性分析在野外通常采用样方法或样线法进行调查。

物种多样性是群落生物组成结构和功能的重要指标,它由两个成分组成。一是群落中物种的数量,即物种丰富度(species richness);二是物种的均匀性(species evenness),即物种数量是怎样在各物种中分布的。多年来,为使这两个成分数量化,已提出了许多丰富度指数和均匀度指数,试图把这两类指数联系起来,使之成为单一的指数,即为多样性指数。物种多样性分析常被用在群落结构分析、群落演替以及环境因子与群落动态关系研究中,是野外调查实验最基本的调查内容。目前物种多样性的测度指标归纳起来主要有以下几种:

1. 物种丰富度(S)

$$S = \text{出现在样地内的物种数}$$

2. α 多样性测度

Shannon-Wiener 指数：

$$H' = -\sum_{i=1}^{S} P_i \ln P_i$$

Pielou 指数（均匀度指数）：

$$E = H'/\ln S$$

Simpson 指数（优势度指数）：

$$P = 1 - \sum_{i=1}^{S} P_i^2$$

式中：P_i 为物种 i 的胸高断面积或相对密度值，而更为准确的是物种 i 的重要值（IV）。

3. β 多样性测度

Sorensen 指数：

$$SI = \frac{2c}{a+b}$$

Jaccard 指数：

$$C_J = \frac{c}{a+b-c}$$

Cody 指数：

$$\beta_C = \frac{g(H) + l(H)}{2} = \frac{a+b-2c}{2}$$

式中：a 和 b 分别为两群落的物种数；c 为两群落的共有物种数；$g(H)$ 为沿生境梯度 H 增加的物种数；$l(H)$ 为沿生境梯度 H 失去的物种数。上述指数中，Sorensen 指数和 Jaccard 指数反映群落或样方间物种组成的相似性；Cody 指数则反映样方内物种组成沿环境梯度的替代速率。

植物多样性调查表可参考表 5-8。

表 5-8　植物多样性调查表

样方号	物种名称	密度/(株/m²)	盖度/%	频度/%	重要值
样方内共有物种数					

5.3.4　植物生活型的调查

生活型(life form)是植物对于综合环境条件长期适应而形成的植物类型。不同植物群落常常有着不同生活型。在调查藤本植物群落时,生活型常分为缠绕类、卷曲类、搭靠类和吸固类等。在荒漠植物群落调查中,生活型常分为小乔木、灌木、半灌木、小灌木、多年生草本、一年生草本等。调查地衣植物时,生活型常分为石生固着型、地面固着型、树上附着型和旱生固着型等。因此,根据不同调查群落生活型可以有不同的种类。

通常在森林植物群落调查时,生活型常分为高位芽植物、地上芽植物、地面芽植物、隐芽植物(或地下芽植物)和一年生植物。高位芽植物为多年生芽着生在空气中的枝条上(高于地面25cm以上),包括乔木和高灌木、藤本和木本藤、附生植物、高茎的肉质植物。地上芽植物为多年生芽紧接地表(高度低于25cm),如草本、匍匐灌木、矮木本植物、矮肉质植物、垫伏植物。地面芽植物为多年生草本,植物空中部分在生长季结束后死去,留下休眠芽在地表或地表下,如季节性宽叶草本和禾草、莲座状植物。隐芽植物为休眠芽位于土壤表层以下或没入水中,如具有深根茎、球茎、块根的陆生植物、水面植物,以及根生于水底的沉水植物。一年生植物为一年生草本植物,用种子度过不利季节。

植物生活型调查常常以每一个生活型植物种数的百分率作为测度指标。

$$某一生活型的百分率 = \frac{该生活型的植物种数}{该群落内所有的植物种数} \times 100\%$$

植物生活型调查表可参考表 5-9。根据表 5-9 数据所得到的生活型百分率可以绘制群落的生活型谱图(图 5-3)。

表 5-9　植物生活型调查表

物种名称	高位芽植物	地上芽植物	地面芽植物	隐芽或地下芽植物	一年生植物
1	√				
2		√			
3		√			
4			√		
5					√
6				√	
7		√			
8	√				
物种数	2	3	1	1	1

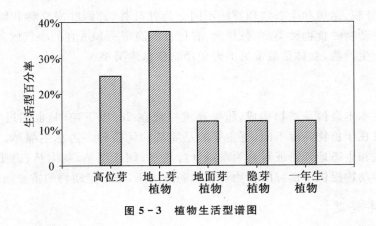

图 5-3　植物生活型谱图

5.4　动物多样性调查

5.4.1　动物多样性调查的意义

　　动物群落是在一定地理区域内,生活在同一环境中的不同动物种群的集合体,其内部存在着极为复杂的相互关系。动物群落多样性就是指动物群落在组成、结构、功能和动态等方面表现出的丰富多彩的差异。群落多样性研究的理论意义在于认识群落的结构和功能,其实践意义主要包括保护和监测两个方面。在生物多样性保护实践中,人们常以多样性指数为依据,评价群落或生态系统的状况,从而采取相应的保护措施;在环境监测方面,多样性指数可以作为环境问题的一个信号,人为活动使环境中物种数的减少和增加可导致异质性指数的变化。

　　需要指出的是,栖息地的减少、退化与破碎化是生物多样性面临的最重要的威胁,已成为影响野生动植物生存的重要原因,并成为生物学家和保护学家密切关心的问题。人们也逐渐意识到这些问题的重要性,为了掌握野生动物的种群资源现状和发展动态,必须对野生动物的种类、数量及多样性进行长期监测。

5.4.2　栖息地类型与动物多样性

　　野生动物总是以特定的方式生活于某一栖息地之中,并从栖息地中获得必要的物质和足够大的生存空间,如水、食物、隐蔽地和繁殖场所,其中,水、食物和隐蔽场所是动物栖息地(生境)的三大基本要素。每一种动物都有它所需要的特定的栖息地,一旦栖息地缩小或丧失,动物的数量也随之减少或灭绝。

　　野生动物的栖息地多种多样,根据世界自然保护联盟(IUCN)类的标准,栖息地分为 8 种类型。

　　1. 森林

由高 5m 以上具明显主干、树冠互相连接的乔木,或林冠盖度>30％的乔木层组成。森林按其物种组成、外貌、结构和生态地理特征不同分为针叶林、针阔叶混交林和阔叶林三类。森林环境的特点是动物的食物种类多、数量大,有优良的隐蔽所和适宜的小气候条件,因此,森林中栖息着多种野生动物,森林是最常见的野生动物栖息地类型。

2. 灌丛

主要由丛生木本高位芽植物构成,植物高度一般在 5m 以下,有时也超过 5m。它和森林的主要区别不仅在于植物高度不同,更主要的是灌丛的优势种多为丛生灌丛。灌丛按其物种组成、外貌、结构和生态地理特征可分为常绿针叶灌丛、阔叶灌丛、刺灌丛、肉质灌丛和竹灌丛等。灌丛为野生动物提供了良好的食物资源和隐蔽场所,是野生动物的重要栖息地。

3. 荒漠、半荒漠

荒漠极度干旱,植被稀疏,盖度<30%。荒漠植被的组成种类是一系列特别耐旱的旱生植物。在长期严酷条件的自然选择过程中,植物发展了对干旱适应的各种不同的生理机能和形态结构特征,形成了多种多样的生活型。荒漠、半荒漠植被也能为野生动物提供食物、水分和隐蔽场所,但由于植被稀疏、种类贫乏、数量少,只有少数昆虫及鸟类、蜥蜴、啮齿类和爬行类动物占优势,这里也生活着某些大型哺乳动物,如野骆驼和各种羚羊等。

4. 草本植被

是禾草型的草本植物和其他草本植物占优势的植被类型。① 草原。草原植被是由抗旱、抗寒并能忍受暂时湿润能力的草本植物组成,主要是禾本科植物。中国的草原可以分为 4 种植被类型,即典型草原、草甸草原、荒漠草原和高寒草原。② 草甸。草甸是由多年生中生草本植物组成,一般不呈地带性分布。我国草甸主要分布在山地、高山、平原和海滨等地区。根据栖息地特征,我国草甸主要分为 4 种植被类型,即大陆草甸、沼泽地草甸、亚高山草甸和高山草甸。草原中食物单调,景观开阔,缺乏隐蔽条件,主要生活着穴居的啮齿类动物和能快速奔跑的有蹄类动物,以及少数食肉类动物。夏秋两季食物丰富,气候适宜,是草原动物繁殖或育肥的良好季节;冬季寒冷,大多数鸟类南迁。

5. 湿地植被

是分布在土壤过湿,或有薄层积水并有泥炭积累,或土壤有机质开始炭化栖息地中的植被类型。广义的湿地包括江、河、湖泊、沼泽和滩涂等。它由湿生植物所组成,虽以草本植物为主,但也有木本植物,均扎根于淤泥之中。湿生植被根据生态外貌不同,分为木本、草本和藓类 3 种植被类型。湿地中哺乳动物不多,主要有一些啮齿类动物和少数有蹄类动物,但它是鱼类、水禽和涉禽最重要的栖息地。

6. 高山植被

可分为高山冻原和高山垫状植被 2 个植被类型。它们均属于分布在雪线以下或以上、适应于极端寒冷气候条件下的植被类型,群落低矮,多呈垫状、匍匐状,植物种类组成贫乏。流石滩稀疏植被是分布于流石滩、碎石坡、石壁缝隙中的植被群落,分布区域辽阔,生态条件差异很大,南北各地、不同海拔高度区系组成不同,一般分为高山流石滩植被和石隙植被 2 个植被类型。

7. 水体

可分为内陆水体和海域两部分。内陆水体又可分为流动水体和静止水体。海域是最大面积的野生动物栖息地,分布在远离海岸、近岸处和河口,面积占地球表面积的 70%,是贝类、海鸟、水生兽类和海洋鱼类的重要栖息地。河口包括河口沿岸的海湾,是河流淡水和海洋盐水的混合处,河流携带的营养物质使得此处植物资源丰富,从而令野生动物种类也较多。

8. 其他栖息地

包括自然类型和人工环境两部分。自然类型包括沙漠、戈壁、岩洞、裸岩地带、雪被、冰川、高山顶碎石和岛屿等。人工环境包括城市居民区、村庄、农田、牧场、果园、单一树种的人工林、温室和公路两侧地区等。人工环境植被单纯,食物丰富,隐蔽场所良好,但人类活动频繁。主要栖息着以啮齿类动物为主的动物群和一些以鼠类为食的小型食肉兽类。

浙江省具有多种多样的地形地貌和栖息地类型(详见第 2 章),不同的生态环境养育着不同类型的野生动物。

5.4.3　动物多样性常见的调查方法

野生动物种类和数量的调查监测是一项长期工作,为了能够对历年调查结果进行比较、分析,建议每年的实习地点要相对固定,并且使用相同的调查方法;同时,为了对不同栖息地的野生动物多样性进行比较、分析,针对不同类别的动物,各个调查小组也应该使用相同的调查方法。

浙江省常见野生动物野外识别与调查方法请参考第 4 章。

5.4.4　调查结果分析

1. 物种名录

即某一地区已鉴定物种的名单,表明物种存在或不存在,可直接提供物种的地理或栖息地分布信息,是进行其他分析的基础。

2. 物种多样性分析

多样性的测度可分为 3 个级别:① 某一样方内物种多样性测度;② 沿栖息地梯度群落间的分化;③ 某一地理范围内群落的多样性和多样性的集合。有关物种多样性指数的内容可详见"植物多样性调查"。

5.5　植被的垂直分布考察及植被各类型特征分析

地球表面的热量随所在的纬度位置的变化而变化;水分则随着距离海洋的远近以及大气

环流和洋流特点而变化。水、热因子及其组合会导致植被分布类型的变化,也即植被分布的"三向地带性":一方面,沿纬度方向呈带状有规律的更替,称为纬度地带性;另一方面,从沿海向内陆方向呈带状发生有规律的更替,称为经度地带性,它们又合称为水平地带性;此外,随着海拔高度的增加,气候、土壤和植物群落也发生有规律的更替,称为垂直地带性。

　　一般山地景观最明显的特征是,随着海拔增高,地面的温度逐渐降低,降水量逐渐增加。山地气候、植被、土壤及整个自然地理综合体都发生明显的垂直差异,自下而上形成多种有相互联系的气候带、植被带、土壤带,特别是具有一定排列顺序和结构的、以植被为主要标志的垂直自然带。植被垂直地带性是山地植被分布的显著特征,严格地说,每一个山体都有其特有的植被垂直带谱,因为山地植被垂直带谱的结构和带内的群落组合,一方面受山体所在的水平地带性的制约,另一方面也受到山体高度、山脉走向、地形、基质和局部气候的影响。

　　本节以天目山山体植被的垂直地带性分布为例来说明。

5.5.1　天目山垂直植被调查

　　天目山的组成植被类型多样,垂直分布明显,自山脚至山顶大致分布着常绿阔叶林、常绿落叶阔叶混交林、高大柳杉林、落叶阔叶林、落叶矮林等不同植被类型。天目山不同海拔高度上分布的植被类型如下:

5.5.1.1　针叶林

　　针叶林是天目山森林景观的主要组成部分,其中有常绿的,也有落叶的。

　　柳杉林(Form. *Cryptomeria japonica* var. *sinensis*):分布于300~1200m山坡,巨大的柳杉林群落是天目山最具特色的植被,林下有典型的阴生植被。

　　金钱松林(Form. *Pseudolarix amabilis*):金钱松系我国特产,在海拔300~1200m间有分布。

　　马尾松林(Form. *Pinus massoniana*):分布于海拔800m以下地段,分布较广。

　　黄山松林(Form. *Pinus taiwanensis*):分布于海拔800m以上地段,大多与阔叶林混生。

　　杉木林(Form. *Cunninghamia lanceolata*):大多为人工林,主要分布于黄坞里、仰止桥至后山门一带,海拔300~800m处。

5.5.1.2　常绿落叶阔叶混交林

　　常绿落叶阔叶混交林是天目山的主要植被,集中分布在低海拔的禅源寺周围和海拔850~1100m的地段。植物种类成分丰富,群落结构复杂多样,成复层林。

　　浙江楠、小叶青冈、麻栎林(Form. *Phoebe chekiangensis*,*Cyclobalanopsis myrsinaefolia*,*Quercus acutissima*):主要分布于禅源寺前,海拔330m处。主要树种有浙江楠(*Phoebe chekiangensis*)、麻栎(*Quercus acutissima*)、柳杉(*Cryptomeria japonica*)、银杏(*Ginkgo biloba*)、枫香、小叶青冈(*Cyclobalanopsis myrsinaefolia*)、香樟、黄山栾树(*Koelreuteria paniculata*)、榧树(*Torreya grandis*)等;灌木层有盐肤木(*Rhus chinensis*)、银杏幼苗等。

　　苦槠、麻栎林(Form. *Castanopsis sclerophylla*,*Quercus acutissima*):分布于白虎山的东

坡、东南坡，海拔 450m。主要树种有苦槠、麻栎、枫香、黄连木、化香、杉木（*Cunninghamia lanceolata*）等；灌木层有乌药（*Lindera aggregata*）、石楠（*Photinia serrulata*）、茶条槭（*Acerginnala*）、马银花（*Rhododendronmolle*）等。

天目木姜子、交让木林（Form. *Litsea auriculata*，*Daphniphyllummacropodum*）：该群落在海拔 900～1100m 处广泛分布。主要树种有天目木姜子（*Litsea auriculata*）、交让木（*Daphniphyllummacropodum*）、石栎、蓝果树（*Nyssa sinensis*）、青钱柳（*Cyclocarya paliurus*）、香果树（*Emmenopteryshenryi*）等；灌木层有接骨木（*Sambucus williamsii*）、金缕梅（*Hamamelismollis*）等。

短柄枹、细叶青冈林（Form. *Quercus serrata* var. *brevipetiolata*，*Cyclobalanopsis gracilis*）：在海拔 1000～1100m 的山坡均有分布。主要树种有短柄枹（*Quercus glandulifera*）、细叶青冈（*Cyclobalanopsis gracilis*）、交让木、雷公鹅耳枥（*Carpinus viminea*）、大果山胡椒（*Lindera praecox*）等。

5.5.1.3　常绿阔叶林

常绿阔叶林是天目山的地带性植被，主要分布于海拔 700m 以下地段，呈小片状分布。现有植被中，象鼻山的常绿阔叶林较为典型，林相整齐，保存完好。

青冈、苦槠林（Form. *Cyclobalanopsis glauca*，*Castanopsis sclerophylla*）：分布在象鼻山海拔 230～280m 处，为成片的半自然林。主要有青冈、苦槠、女贞（*Ligustrum lucidum*）、柞木（*Xylosma japonicum*）等；灌木层有乌饭树（*Vaccinum bracteatum*）、石斑木（*Raphiolepis indica*）、柃木（*Eurya japonica*）等。

青冈、木荷林（Form. *Cyclobalanopsis glauca*，*Schima superba*）：主要分布在象鼻山南坡山脊、火焰山麓等地，海拔 270m。主要树种有青冈、木荷（*Schima superba*）、冬青（*Ilex purpurea*）、豹皮樟（*Litsea coreana*）；灌木层有檵木（*Loropetalum chinensis*）、山矾（*Symplocos sumuntia*）、冬青等。

小叶青冈、苦槠林（Form. *Cyclobalanopsis myrsinaefolia*，*Castanopsis sclerophylla*）：分布广泛，但受人为影响较大，在白虎山与青龙山呈残存分布。主要树种有小叶青冈、苦槠、樟树、枫香、榉树（*Zelkova schneideriana*）、毛竹（*Phyllostachys pubescens*）等，总盖度 85%。因毛竹的入侵，阔叶林逆向演替。

石楠、紫楠林（Form. *Lithocarpus glaber*，*Phoebe sheareri*）：分布于天目山南坡海拔600～800m 的沟谷地带。主要树种有石楠、紫楠、榧树、冬青、毛竹、枫香等；灌木层有紫楠、华箬竹（*Sasa sinica*）、中国绣球（*Hydrangea chinensis*）等。

交让木、青冈林（Form. *Daphniphyllum macropodum*，*Cyclobalanopsis glauca*）：分布在三里亭与七里亭之间海拔 630～870m 的地段，多呈分散的、不连续的分布。主要树种有交让木、青冈、小叶青冈、缺萼枫香（*Liquidamber acalycina*）等；灌木层有野鸭椿（*Euscaphis japonica*）、接骨木、隔药柃（*Eurya muricata*）等。

5.5.1.4　落叶阔叶林

落叶阔叶林是天目山中亚热带向北亚热带过渡性植被，主要分布在海拔 1100～1380m 处，林木主干粗短、多分叉，树高在 10～15m 左右。

白栎、锥栗林(Form. *Quercus fabri*, *Castanea henryi*)：分布于火焰山及海拔 750m 以上的山坡。主要树种有白栎、锥栗、茅栗(*Castanea seguinii*)等；灌木层有盐肤木、野鸭椿等。

短柄枹、灯台树林(Form. *Quercus serrata* var. *brevipetiolata*, *Cornus controversa*)：分布于海拔 1250～1350m 地段。主要树种有短柄枹、灯台树(*Cornus controversa*)、茅栗、川榛(*Corylus heterophylla*)、天目槭(*Acer sinopurpurascens*)、四照花(*Cornus kousa*)、黄山松(*Pinus taiwanensis*)等。乔木层盖度较小，灌木层发达，盖度大。

领春木林(Form. *Euptelea pleiospermum*)：为天目山特色群落。海拔 1200m 处及西关水库以上沟谷里有成片的领春木分布。主要树种有领春木(*Euptelea pleiospermum*)、化香、柘树(*Cudrania tricuspidata*)、蜡瓣花(*Corylopsis sinensis*)、紫荆(*Cercis chinensis*)等。

5.5.1.5　落叶矮树

落叶矮树是天目山的山顶植被，分布于海拔 1380m 以上地段。由于受海拔高、气温低、风力大、雾霜多等因素影响，树干弯曲，低矮丛生，呈灌木状，故另列一类，称为落叶矮林。

天目琼花、毛山荆子群落(Form. *Viburnum opulus* var. *calvescens*, *Malus mandshurica*)：位于仙人顶西侧。主要树种有毛山荆子(*Malus manshurica*)、三桠乌药(*Lindera obtusiloba*)、四照花、黄山溲疏(*Deutzia glauca*)、中国绣球、野珠兰(*Stephanandra chinensis*)等植物。

5.5.1.6　竹林

天目山竹林主要为毛竹林，此外有阔叶箬竹(*Indocalamus latifolius*)、石竹林等，而村落附近有人工早竹林、高节竹林和哺鸡竹林。

毛竹林(Form. *Phyllostachys edulis*)：多为人工林。成片分布于太子庵、青龙山、黄坞里、东坞坪，海拔 350～900m 处，群落外貌整齐，结构单一，成单层水平郁闭。主要混生树种有苦槠、细叶青冈、榉树、枫香等，林下灌木较少。

5.5.2　考察实习方法

通过对植被带垂直分布的考察和实习，了解主要植物群落的结构、组成、物种多样性以及它们随海拔的变化趋势，因此，可以在典型样地调查和记录的基础上，进行群落特征的描述、群落结构的分析。

5.5.2.1　典型样地记录法

一般情况下，在对一个地区植被全面勘察的基础上，可以选择典型的群落地段，即"群落片段(stands)"，在其中设置若干个大小足以反映群落种类组成和结构的样地，记录其中的种类、数量、生长、分布等，即所谓的典型样地记录法。

1. 典型样地记录法的样地设置

典型样地记录法设置样地时，以下几点至关重要：① 样地必须包括群落片段中的绝大部分种类，能够反映这个群落片段的种类组成的主要特征；② 样地内的植被应尽可能是均匀一致的，在样地内不应看到结构明显的分界线或分层的变化；③ 群落片段内应具有一致的种类成分,突出表现为优势种的连续分布,如果是森林,样地内不应有大的林窗,不应出现一个种在样地内的一边占优势,另一个种在样地另一边占优势的情况,也就是说样地应是同质的;④ 样地的生境条件也应尽可能一致。

2. 典型样地记录法的样地记录

样地选定后,首先要对这个样地做一般性的描述(表 5 - 10),其中包括:

① 样地编号。野外样地编号指调查地点的样地按顺序编号;总编号指某单位或某个人调查样地的累计号,这都是为了资料的整理、存档和核查。

② 样地面积。估计调查样地的面积,一般不应大于最小面积。

③ 日期。记下调查的年、月、日,因为群落在不同时期会有不同的外貌和组成,有了具体日期,便于查对,这些资料也可作为将来研究群落动态的依据。

④ 植物群落名称。这是野外调查时对所调查的群落地段或群落个体初步确定的名称,它需经室内整理分析后才能肯定或予以修正。

⑤ 地理位置。写明省、县、林区、山名以及村庄名等。记载要具体清楚,以便复查。如果有地形图,可以注明图幅号,同时在图上标出样方设立的地点,有条件的最好以 DPS 定位。

⑥ 地貌类型。注明山地、丘陵、平原、坡地、山脊、河谷等以及样地内小地形的变化,同时还要记录所在地的海拔高度、坡向和坡度。

⑦ 表层岩石。注明地表岩石以及岩石风化情况,如有可能最好注明地质时代。

⑧ 土壤类型。记载土壤名称及主要的理化性。

⑨ 生境条件。记载群落地段四周的环境情况以及其他的植被类型等,尽可能正确估计周围地区的环境条件以及人类活动对于该植物群落可能产生的影响。

⑩ 群落结构。群落结构主要是指群落的垂直分层,特别是指同化作用部分所处的高度。分层记录其高度和盖度,当需分亚层时,分别记录亚层高度和盖度。最好作一幅群落垂直剖面示意图,直观地表达群落分层结构。完成上述工作后,分层按种记录种的数量特征。

表 5 - 10　植被典型样地记录表

样地编号:_____　总编号:_____　样地面积:_____　日期:_____　调查人:_____

群落名称:_____

地理位置:_____ E _____°_____′_____″ N _____°_____′_____″

地貌类型:_____ 海拔:_____ 坡向:_____ 坡度:_____

表层岩石和地质情况:_____

土壤状况:类型:_____ 土层深度:_____ 水分:_____

小气候状况:_____

周围环境:_____

群落结构及群落的一般描述

层　次	T	T1	T2	S	S1	S2	H	G
高度/m								
盖度/%								
生长特点								

5.5.2.2　群落特征的描述

1. 生活型

生活型是生物对外界环境适应的外部表现形式。同一生活型的生物,不但体态相似,而且在适应特点上也是相似的。根据 Raunkiaer 生活型系统,生活型划分为 5 类(详见前述"植物多样性调查"内容)。

2. 盖度和聚生度

群落内种的数量特征包括多盖度和聚生度,此外,还可以记录群落内各物种的生活强度和物候期等。

多盖度综合级:Braun-Blauquet 推荐用目测法估计多盖度,共设 5 个等级和 2 个辅助级,它们用数字表示为:

5＝不论个体多少,盖度＞75％;

4＝不论个体多少,盖度为 50％～75％;

3＝不论个体多少,盖度为 25％～50％;

2＝不论个体多少,盖度为 5％～25％,或者盖度虽然＜5％,但个体数很多;

1＝个体数量较多,盖度为 1％～5％,或者盖度虽然＞5％,但个体数稀少;

＋＝个体数稀少,盖度＜1％。

此外,在以往的文献中用以评定种的数量特征的方法还有 Drude 多度级、Clements 多度级。Drude 多度级分为:

Soc(Sociales)＝极多或背景化,植物地上部分郁闭,铺满地面形成背景;

Cop(Copiosae)＝个体数目很多,但未达到背景化,这一级又可分为三个等级:Cop3(很多),Cop2(多),Cop1(相当多);

Sp(Sparsae)＝数量少,稀疏,散生;

Sol(Solitariae)＝稀少,零落出现;

Un(Unicum)＝只见一株。

Clements 多度级分为:

D(Dominant)＝优势;

A(Abundant)＝丰盛;

F(Frequent)＝常见;

O(Occasional)＝偶见;

R(Rare)＝稀少;

Vr(Very rare)＝很少。

它们和 Braun－Blauquet 多度级之间的对比关系如表 5－11 所示。

表 5 – 11　不同学者的多度等级对照表

Drude 多度级		Clements 多度级	Braun – Blauquet 多度级
Soc　极多		D　优势	5
Cop	Cop3　很多	A　丰盛	4
	Cop2　多	F　常见	3
	Cop1　相当多		2
Sp　稀疏		O　偶见	
Sol　稀少		R　稀少	1
Un　单株		Vr　极少	+

3. 群集度

群集度(或称聚生度)是指植物个体在群落内的聚生状况,它们的个体是分散的还是聚集生长的,聚生状况反映了群落内环境的差异、植物的生态生物学特性以及种间竞争状况等。也分为 5 级:

5＝大片生长,覆盖着个样地,通常是单一的种群;

4＝小片生长,常在样地内形成大斑块;

3＝小块生长,在样地内形成小斑块或大丛;

2＝成丛生长,在样地内成小群或小丛生长;

1＝单株散生,植株在样地内单个彼此分散生长。

通常将群集度数字加到多盖度值后面,并用点分开。例如,"3.1"表示多盖度级为 3,群集度为 1。

4. 生活力或生活强度

以上所列各项只说明群落中的植物种类及它们的数量特征、散布状况,而没有表达出该种在群落内生长是否良好,它们在群落内是受压抑的还是正常生长的。有的种虽然出现在群落内,但有可能只是临时的居住者,它们生长受压抑或不能自行繁殖,不久将退出这个群落。调查种的生活力,对于了解群落现状和判断群落的发展是很重要的。生活力一般分为 4 级:

1 级 ●:植物发育良好,可有规律地完成它的生活史。

2 级 ⊙:植物生长旺盛,但常常不能完成其生活史或发育较差,以营养体散布。

3 级 ○:植物生长衰弱,从未完成其生活史,仅以营养体散布。

4 级 00:偶然从种子中萌发出来,完全不能增加植株数目。

5. 物候期

物候期是指群落中各种植物在调查时所处的发育状态。植物一生中的发育时期可以划分为营养期(v)、花期(fl)和果期(fr)。为了便于记载,物候期多选择植物生长发育过程中变化明显、易于识别、有意义的时期。此外物候期也有用符号表示的,一般常用的是:

－ 营养期；	＋ 开始结果；
∧ 孕蕾期；	♯ 果熟；
（ 始花；	× 果落；
○ 盛花；	～～～ 结实后营养期；
） 花谢；	＝＝ 落叶或枯死或开始第二个生长季。

上述物候期等级的划分是为一般群落调查时制定的,如有特殊需要也可适当增减。具体植物的物候期划分还要根据植物生活型的不同而有所不同。

5.5.2.3　群落结构的分析

1. 样地设置

根据实习目的和时间等,依据植物群落的种类组成、外貌结构和生态地理分布进行样地设置。例如,在天目山实习时可在常绿阔叶林(海拔 700m 以下)、常绿落叶阔叶混交林(海拔 850~1110m)、落叶阔叶林(海拔 1110~1380m)、落叶矮林(海拔 1380m 以上)以及竹林(海拔 350~900m)等几种植被类型中进行设置。

按上述的典型样地记录法设置样地。乔木层样方面积一般为 20m×20m(坡面面积);然后,将其分成 4 个 10m×10m 的小样方,在其中选取 1 个 10m×10m 的小样方作为灌木层样方调查;在乔木层样方中梅花式取样(样地的 4 个角和中心位置),设置 5 个 1m×1m 的草本层样方。对山地而言,由于山体坡度的存在和影响,样方的平面面积(或投影面积,s')比样方面积(s)要小。因此,在数据分析时需要对样方面积进行坡度校正,得到投影面积,即

$$s' = s \times \cos\alpha$$

式中:α 为坡面坡度。

因此,乔木层样方面积(20m×30m)可根据坡度适当调整。

2. 样地调查

在不同海拔上各植被类型的样地内,按乔木层、灌木层和草本层划分群落层次,进行群落结构的调查和统计,将调查数据统计在表 5-12~表 5-14 中。

乔木层包括 DBH≥5cm 的所有植株,调查样地内所有乔木层物种的数目及群落的总郁闭度。统计每种树种的株数、1.5m 处胸径(换算为胸高断面积,表示优势度)、树高等。

灌木层包括 DBH< 5cm 木本个体,包括乔木幼苗和幼树,统计灌木层每物种的株数(密度)、盖度、树高。

调查草本层小样地内的草本植物,统计样方内各物种的平均盖度、丛数(密度)、高度等。统计应包括草质藤本,但大型木质藤本按胸径大小分别计入乔木层或灌木层,并记录整个样方中所出现的物种。

测定的环境因子主要包括样地经度、纬度、海拔、坡向、坡位、坡度、土壤层厚度、林冠盖度、林窗状况以及人为干扰状况等。

3. 群落结构的多样性分析

将各统计数据换算成相对值,其计算方法可参考前述"植物多样性调查"的相关内容。

表 5 - 12　乔木层每木调查表

样地编号：_____　总编号：_____　样地面积：_____　日期：_____　调查人：_____
层高度：T1：_____　T2：_____　层盖度：T1：_____　T2：_____

编号	植物 名称	高度 /m	胸径 /cm	枝下高 /m	叶下高 /m	冠幅 /(m×m)	备注 （起源等）

表 5 - 13　灌木层每木调查表

样地编号：_____　总编号：_____　样地面积：_____　日期：_____　调查人：_____
层高度：T1：_____　T2：_____　层盖度：T1：_____　T2：_____

编号	植物 名称	高度 /m	胸径 /cm	枝下高 /m	叶下高 /m	冠幅 /(m×m)	备注 （起源等）

表 5 - 14　草本层分层调查表

样地编号：_____　总编号：_____　样地面积：_____　日期：_____　调查人：_____
层高度：T1：_____　T2：_____　层盖度：T1：_____　T2：_____

编号	植物 名称	高度 /m	胸径 /cm	枝下高 /m	叶下高 /m	冠幅 /(m×m)	备注 （起源等）

5.6　鸟类(或兽类或两栖爬行类)的栖息地调查分析

　　在鸟类(或兽类或两栖爬行类)生态学及资源保护利用研究中,为了充分了解某种动物的生活史、适应性以及演化过程,都必须定性或定量地了解该物种的栖息地性质,因为这些特性对该物种有重大影响。如生态位(niche)理论要求在研究动物的栖息地时,既要了解环境条件,也要了解环境条件的功能。栖息地的差别可表明动物功能方面的不同,即栖息地变量能代表一物种生态位的综合特征。栖息地选择的理论表明,动物所寻找的生活环境存在着某些基本的构型或形式。栖息地的选择过程可基于某种特殊的搜索方案,它可能是依靠过去的经验、特殊的遗传性或是这些因子的综合,是一种长期演化形成的获得性机制,借此确保动物个体找到适合它们生存的环境;反之,栖息地选择的结果会使某一物种与其环境中的某些特殊成分相联系,这也能反映出该物种在生态和行为方面的一些特征。一般来讲,植物多群性(或生活型多样性及结构上的多样性)所表示的植被结构的复杂性,可以反映物种的多样性,通过对栖息地变量的仔细测量并结合对物种生态学的深入研究,才能区别出研究目标动物的栖息地范围。

　　现仅以鸟类栖息地调查分析的方法为例进行简单介绍。首先,栖息地样方设定和取样需要注意一些问题。一般来说,栖息地外貌匀质性越强,越应细致取样,才能找出其内在差别。如对草地取样应比对森林植被取样更细致些。样方数越多,得到的结果也会越精确。当估计与鸟类群落有关的植被结构的参数时,分层取样可能比单纯随机取样更好些。但分层时应按下列标准:① 在研究区内沿栖息地非匀质性的明确界线分层,取样数据中应包括结构上明显不同的栖息地斑块。② 根据鸟类在栖息地内所在位置取样,即由鸟类来确定取样地,这一点很重要,因为不适当的取样很容易对鸟类栖息地利用产生错误印象。

　　鸟类栖息地样地的确定可通过定点计数法判别。如图 5-4 所示,调查点内分布 5 个 $0.04hm^2$ 圆形地块的调查设计。调查者可沿某一栖息地梯度选择多个调查点对栖息地取样,并把调查点鸟类调查数据与该点的栖息地平均向量(平均通过这 5 个圆)相联系,然后对每一种鸟类进行两组判别函数分析,找出该种鸟类在哪些点存在及哪些点不存在。

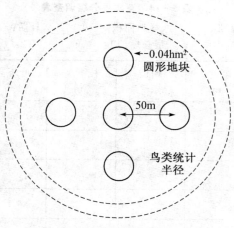

图 5-4　定点计数法判别(自 Noon)

　　取样方法一般是在研究地块内随机取样调查植被结构,然后将鸟类领域分布图套在标有取样地点号码的样地范围内,以此来确定鸟类领域的植被特征。只有取样点边界完全在鸟类领域内的数据才能视为该种鸟类领域的植被特征;对那些偶然没有取到的地域,按某种随机方式补充取样。在充分取样条件下,这种取样规划可直接进行种间栖息地结构比较,以及每种鸟类可利用的栖息地随机样本的比较。无论是森林栖息地,还是非森林栖息地,都可按此规划取样。在非森林栖息地,最好选用条带法取样,条带应穿过不同等高线,随机确定起点后按平均间隔分布在整个调查地块内。

5.7　植物群落演替阶段的考察

　　所谓生物群落演替,就是指某一地段上一种生物群落被另一种生物群落所取代的过程。同样的,对于植被而言,其演替可以理解成一个植物群落被另一个植物群落取代的过程,它是植物群落动态研究的一个最重要的特征。

　　我国常绿阔叶林分布最广,面积最大,类型最为复杂多样,乃是全球常绿阔叶林的主体。常绿阔叶林基本分布于我国人口密集、经济发达的区域,由于长期、高强度的人为活动干扰,原生的常绿阔叶林所剩无几,大部分为人工林和次生灌丛所替代。

　　对常绿阔叶林演替的研究一般采用 2 种方法:一是对同一样地的长期观察法。通过永久样地,对群落进行长时间的连续观察,建立该地区可能的演替系列顺序。二是时空互代法。对优势植被的种群龄级或径级结构进行分析,采用 Markov 模型预测群落物种组成,从而判断群落的演替阶段。

　　浙江省分布典型的常绿阔叶林,鉴于实习考察时间有限,本节以浙江宁波天童国家森林公园内的植被为主,着重分析各演替阶段群落的结构。通过对群落结构的分析,将各统计数据换算成相对值,其计算方法可参考前述“植物多样性调查”的相关内容。

　　植物群落演替阶段的考察实习常采用样方法。样方法是许多美洲大陆生态学家常用的方法,其目的是要通过随机设置的相当多的小样方的调查结果,比较精确地去估计这个群落地段,从而掌握该群落数量的特征。因而这种取样法在样方的面积、形状和数量上都有不同于典型样地记录法的要求。

1. 最小面积和最小取样数目

　　请参考前述“植物多样性调查”的相关内容。

2. 标准样方法的样方记录

　　标准样方法和上述所介绍的典型样地记录法在样地记录的内容上基本是一致的,除了群落生境和群落一般描述外,也包括样地中的植物种类名称、各植物种群的密度(多度和盖度)、分布情况、生活型、物候期、群落结构(主要为垂直结构)、群落高度等。

　　周围环境:记载群落地段四周的环境情况以及其他的植被类型等,尽可能正确地估计周围地区对于该地段的生境条件及植物群落可能发生的影响。

　　外在影响:包括了解是否经过疏伐、整枝、樵采、烧炭、狩猎、放牧、开矿等人类影响;注意野生动物的活动状况,特别是虫害的存在及影响程度,以及火灾、风灾、冻害、雪压等自然灾害。

3. 群落不同演替阶段的特点分析

旱生环境的群落演替和水生环境的群落演替,均可以采用以空间换时间的方法来考察、研究,即在实习基地不同的地点寻找到群落演替的各个阶段,考察、记录并分析各演替阶段的特点(表 5-15、表 5-16)。

表 5-15　群落的旱生演替特征记录表

演替阶段	地衣植物阶段	苔藓植物阶段	草本植物阶段	灌草群落阶段	森林群落阶段
物种的丰富度					
优势植物种群的密度					
群落的垂直结构					
群落高度					
占优势的生活型					
凋落物的厚度					

表 5-16　群落的水生演替特征记录表

演替阶段	浮游植物阶段	沉水植物阶段	根生浮叶植物阶段	挺水植物阶段	湿生草本植物阶段	中生草本植物阶段	灌草群落阶段
水体平均深度							
占优势的植物种类							
优势植物种群的密度							
群落的垂直结构及高度							
占优势的生活型							

4. 不同演替阶段群落的森林小气候

植物群落与环境是不可分的。在任何一个植物群落在的形成过程中,构成群落的植物不仅对环境具有适应能力,而且对环境也有巨大的改造作用。因此,植物群落在不同的发育和演替阶段,其内部的环境因子是不同的;此外,不同的植物群落,其内部的环境因子存在明显的差异。植物群落在保护和净化环境上的生态效益也是显著的,主要表现在降温增湿、吸收有毒气体、滞留烟尘净化空气、降低环境噪音等。

在不同植物群落中,分别从各群落的内部各选取 5 个地点作为固定测定点,可以按一定时间段(如从 6:00 至 18:00,每隔 2h 测定 1 次),分别测定地表和距地表 1.5m 处的光照强度、温度、大气相对湿度、二氧化碳含量,并记录测定数据,对比分析不同演替阶段群落内各生态因子的变化及差异。

5.8　植被凋落物及种子的收集、分类

植被的凋落物是指植物在生长过程中因老化或成熟而倒伏的树木和凋落的枯枝、落叶、树皮、花、种子、果实等。倒木及凋落物中的枯枝、落叶、树皮、花是植物群落中土壤有机物的主要来源,同时对土壤动物的越冬及植物幼芽的越冬均有重要作用;凋落物中的种子和果实是潜在的植物群落,对植物个体数量的补充和林窗空隙的填补均有重要意义;植物群落凋落物对水分的蓄积有重要作用,其凋落量的多少也可是衡量植物群落的成熟度的重要指标。相反的,群落中凋落物的积累也是森林火灾易加重的重要因素之一。因此,植被的凋落物的收集和分类对理解生态系统的物质循环、养分转换、群落的自然扩张和预防森林火灾有重要意义。

5.8.1　测定样地的选择

根据均匀性(样地内植物分布的密度比较均匀)、代表性(样地内有能代表本地的植物种类)和特征性(样地内的植物具有能代表本地的地带性植被类型的基本特征)原则,在实习基地或周边选择适宜的样地,可以选择多种群落类型的样地,如比较成熟的常绿阔叶林、落叶阔叶林、针叶林等,也可以是乔、灌幼林,面积一般以 $1hm^2$ 为宜。

5.8.2　收集凋落物小样方的设置

在选定的样地内,任意设置三四条样带,在每条样带上各设置四五个面积为 $1m^2$ 的小样方,每个小样方之间的间隔距离不少于 5m,每个小样方的 4 个角落用比较明显的物体做好标志。

也可用面积为 $1m^2$ 的尼龙网收集凋落物(尤其是收集种子和果实),设置方法同前,将尼龙网四角固定(离地高度最好大于 20cm,主要是防止其他动物取食种子和果实),用该法进行收集时,须在野外实习的开始的第 1 天设置好小样方,至实习临近结束时回收(用尼龙网收集凋落物,收集时间一般不少于 5d)。

5.8.3　凋落物的回收、分类

将样地内各个小样方中的凋落物全部收集(或将尼龙网小样方内的凋落物全部收集),带回室内进行分检(注意:同一个样地的凋落物可混合在一起收集,但不同样地的凋落物应分开收集),以便进行对比分析。一般按大枯枝(直径≥1cm)、小枯枝(直径<1cm)、革质叶、草质叶、膜质叶、花、种子、果实等类别分类,分别称其鲜重和干重(可烘干或晒干),填入表 5-17。

表 5 - 17　某群落凋落物分类

类　　别	鲜重/g	该物种鲜重占所有物种鲜重之和的比/%	干重/g	该物种干重占所有物种干重之和的比/%
倒木				
大枯枝				
小枯枝				
树皮				
革质叶				
草质叶				
膜质叶				
花				
种子				
果实				
总量				

5.8.4　数据处理及分析

1. 各样地凋落物总量的对比分析

用以比较不同群落在单位时间内的回归量。一般情况下,在浙江省内,落叶阔叶林从秋末至冬季凋落量比较大,其余季节则相对很少;常绿阔叶林在春季新叶生长季节凋落量比较大,其余季节较少且比较均匀;针叶林则各季的凋落量比较均匀。

2. 各样地凋落物不同成分占比分析

用以分析群落的成熟状态、组成群落物种的性质、群落的潜在恢复和扩张能力等。一般情况下,倒木、大枯枝占比高,意味着群落相对比较成熟;凋落物中纯回归量(指倒木、枯枝、叶、花的凋落量)占比高,也说明群落相对比较成熟;革质叶占比高,表明组成群落的物种以常绿种类为主;种子和果实占比比较高,意味着群落内各组成物种的繁殖对策以 r 对策为主,群落的成熟度较低,群落的潜在恢复和扩张能力较强。

3. 各样地凋落物中含水率比较和易燃性对比分析

用以分析组成群落物种对水分因子的适应状况和易燃状况。一般情况下,如果某群落中各类凋落物含水率均比较高,可以在某种程度上说明这些物种比较适宜生长在中生(或湿生)环境条件下;反之,则适宜生长在旱生环境下。凋落物的易燃状况除了通过含水率分析外,更直观的可通过易燃性测试分析,即从样地干燥的凋落物中选取少量落叶或枯枝,放入盛水的容器中 1min 左右,取出后分别用火点燃,观察哪个更易燃烧。

4. 种子的分类

一般种子可分为大型(直径≥1.0cm)、中型(直径≥0.3cm,且<1.0cm)、微型(直径<0.3cm)。木本植物以前两类为主;草本植物以微型为主。

5.9 食物链、食物网分析

5.9.1 样地选择与样方大小

根据研究需要,选择人为干扰小或没有人为干扰的自然群落设置样方,样方大小根据实际研究的群落类型确定。

5.9.2 样方内生物量的测量

采用各种适宜的方法收集、记录样方内的各种生物的种类、数量及重量,绘制该系统的食物链和食物网。食物网的基本结构主要是从营养功能上划分。Schoener 概括为: ① 生产者; ② 小型植食动物(如叶食性节肢动物);③ 大型植食动物(如大型和中型植食性哺乳动物); ④ 小型肉食动物(如蜘蛛、捕食性昆虫和拟寄生动物);⑤ 中型肉食动物(如食虫鸟、爬行类、两栖类、鼩鼱等);⑥ 大型肉食动物(如鹰、猫科动物、蛇等);⑦ 中型杂食动物,许多中型动物,特别是许多鸟和哺乳动物同时消费植物和动物。以上是陆地食物网的基本结构,具体的研究应根据实际情况而定。

陆地食物网内植物生物量可采用收获法,收获植物体地上部分,在烘箱内 75℃烘干至恒重。把样方内食草动物和食肉动物同样烘干至恒重,分别用天平称量,用于分析食物链或食物网的生物量研究。有条件的话可利用氧弹式热量计测定各营养级生物的能值,进行食物链和食物网的能量流动研究。确定动物的营养级可能需要通过观察或采用剖胃法分析食性。此外,用类似的研究方法可以研究潮间带固着在岩石上的海洋无脊椎动物。

5.10 生态服务功能调查

生态系统服务功能是指生态系统及其生态过程所提供的生命赖以生存的自然环境条件与效用,即生态系统在维持生命物质的生物地球化学循环与水文循环、维持生物物种与遗传多样性、净化环境、维持大气化学的平衡与稳定等方面起作用时,人类能从中获得的效益,这些效益包括供给功能(如食物与水、药用生物、原材料等的供应)、调节功能(如生态系统的负反馈调节等)、支持功能(如水分循环、养分循环等)和社会功能(如观光休闲、垂钓等)。生态系统服务与一般商品意义上的服务的区别在于,生态系统服务只有少部分进入市场交易,实现其经济价值,大部分则无法买卖,很难体现其价值。

因此,针对生态系统服务的上述特点,对其进行调查、对比、衡量,然后以一个普遍意义上的价值定量将生态系统服务功能的效益体现出来,是十分有意义的工作。

对生态系统服务功能的调查,可以从以下几个方面着手。

5.10.1　生态系统的产品服务功能调查

生态系统的产品服务功能是指生态系统产生的能直接为人类提供生产、消费所需的产品,包括食品、动力、原材料、燃料、供欣赏的景观、娱乐材料等,具体可根据各野外实习基地的情况进行分类调查(图 5-5)。

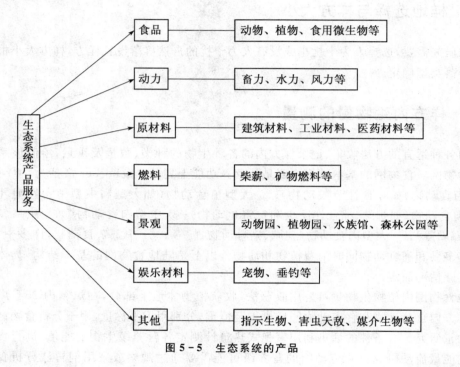

图 5-5　生态系统的产品

1. 测定植物或食用微生物可食部分的产量

测定的样地选择:根据均匀性、代表性和特征性原则,在实习基地或周边选择适宜的样地,面积一般以 1hm² 为宜。

样方设置:在选定的样地内,设置三四个样方。测定植物的产量的样方面积一般控制在 $400\sim600m^2$;测定食用微生物的产量的样方面积一般控制在 $80\sim100m^2$。

产量的收获:对样方内的植物或食用微生物的可食部分进行收获。植物主要是种子、果实、地下变态的根或茎、可食用的地上茎或叶(如银杏科、松科、红豆杉科、莲科、豆科、壳斗科、禾本科、十字花科等植物的种子,杨梅科、胡桃科、蔷薇科、葫芦科、番石榴科、芸香科、无患子科、桑科、胡桃科、柿树科、菊科、槟榔科、棕榈科、葡萄科、鼠李科、漆树科、茄科等植物的果实,十字花科、百合科、茄科、姜科、薯蓣科、天南星科、禾本科等植物的地下变态的根或茎,菊科、十字花科、苋科等植物的地上茎或叶);微生物主要为常见的食用菌。

样地内可食部分的产量的推算：根据样方内测得的产量，通过面积扩大法，进而推算出整片样地内可食部分的产量。同时可根据当地的市场价格计算可食部分的价值。

2. 测定主要动物种类的生物量

常见的两栖类动物、爬行类动物、鸟类、哺乳类可用标志重捕法测定其生物量（动物个体数与该种动物个体的平均体重之乘积）；鱼类或一些有害哺乳动物（如啮齿类）可用去除取样法测定其生物量（详见第 4 章）。

3. 动力使用情况调查

在实习基地内调查家畜（包括野生动物）作为动力使用的情况，具体指这些动物作为动力使用的头、匹数量或换算成的能量数量（焦耳、瓦等）；调查水力、风力发电或作为动力使用的能量数量。可以采用实地调查和访问相结合的手段进行，访问的对象以相关的管理部门为主。

4. 原材料可用情况调查

原材料包括建筑材料、工业材料、医药材料等，调查的操作步骤请参考前述"测定植物或食用微生物可食用部分的产量"的内容。建筑材料主要指木材及园林建筑用材，在浙江省常见于裸子植物的苏铁科、银杏科、松科、杉科、柏科、红豆杉科、罗汉松科等类群，被子植物的木麻黄科、杨柳科、桦木科、山龙眼科、木兰科、樟科、壳斗科、禾本科、豆科、领春木科、无患子科、桑科、胡桃科、柿树科、棕榈科、鼠李科、漆树科、百合科、天南星科、金缕梅科、山茶科、杜鹃花科、蔷薇科、番石榴科、榆科、槭树科、玄参科等类群。医药材料常见于苔藓类、蕨类、毛茛科、蓼科、马兜铃科、藜科、苋科、紫茉莉科、番杏科、马齿苋科、石竹科、木通科、小檗科、防己科、番荔枝科、罂粟科、白花菜科、莲科、玄参科、菊科、兰科、莎草科、五加科、杜仲科、伞形科、桔梗科、唇形科、蔷薇科、禾本科、豆科、红豆杉科、百合科、天南星科、金缕梅科、山茶科、茄科、姜科、薯蓣科、杜鹃花科、芸香科、桑科等类群。工业材料则常见于豆科、无患子科、樟科、漆树科、菊科、唇形科等类群。

5. 燃料使用情况调查

矿物燃料主要是指石油和煤炭，在浙江省比较少见。柴薪主要是木本植物，尤其是灌木类，如山茶科、蔷薇科、榆科、金缕梅科、樟科、壳斗科、豆科等类群中的许多种类，还有农作物的秸秆等。

6. 利用景观资源开发休闲、观光情况调查

野外实习基地的景观资源相对比较丰富，主要是森林公园、植物园（动物园、水族馆比较少见）调查其使用面积、存在的生物种类和数量、每年的观光人数等。主要以访问法来进行。

7. 娱乐活动使用资源情况调查

调查野外实习基地内可用于宠物饲养的动物种类及数量，如鱼类、两栖类、爬行类、鸟类、哺乳类及部分无脊椎动物；开展垂钓活动的场所数量、面积、主要种类及数量，每年参加垂钓活

动的人数及垂钓量。调查主要以访问法来进行。

8. 其他服务产品

包括指示生物、害虫天敌、媒介生物等。媒介生物主要是指为植物传粉及传播种子的鸟类、哺乳类动物、昆虫(如蜂类、蝇类、蝶类、蛾类、甲虫类、蚁类等)和小部分的爬行类动物。指示生物主要是指用来指示环境的某些特征的植物。如土壤酸性的指示植物为映山红;土壤碱性的指示植物为蜈蚣草;土壤肥力的指示植物为律草、荨麻等;盐碱土的指示植物为碱蓬、柽柳等;SO_2 污染的指示植物为紫花苜蓿、菜豆、陆地棉等;Cl_2 污染的指示植物为荞麦、玉米等;NO_2 污染的指示植物为杜鹃、莴苣、向日葵等。害虫天敌多种多样,如瓢虫、步行虫、蜘蛛、寄生蜂、寄生蝇、线虫、鸟类,当然还有真菌、细菌和病毒。对上述生物均可进行种类和数量的调查。调查的操作步骤请参考"测定植物或食用微生物饮食部分的产量"的内容。

5.10.2　生态系统的生命支撑服务功能调查

生态系统的生命支撑服务功能主要包括固定 CO_2、稳定大气、调节气候、对干扰的缓冲、水文调节、水资源供应、水土保持、土壤熟化、营养元素循环、废弃物处理,以及科研、教育、美学、艺术等,即生态系统的生态效益。

1. 涵养水源,保持水土,调节气候,供应水资源,水土保持以及科研、教育、美学、艺术等

均可以用访问法和资料查阅法来进行,向相关管理部门查询以往积累的基本数据及材料,了解林地面积、降水情况、水土流失情况以及有关研究机构或学校在此地开展科研(项目数等)及教学(受益人数等)的情况。一般情况下,1 万亩成熟森林蓄水能力相当于 1 个蓄水量为 $10^6\,m^3$ 的水库,林冠可以截流 20% 左右的雨水,地表的枯枝落叶可吸收 5%~10% 水分,可以有效缓和水流,防止土壤侵蚀。关于调节气候的功能,可将实习基地内部和外围的部分气候因子进行实测对比,如降水量、温度变化幅度(含极端温度的高低)、风力大小、光照强度等因子。

2. 净化、改善环境,减轻污染

净化环境的功能主要可以从调查森林阻滞粉尘的作用着手,从林缘到林内进行对比调查,收集单位面积植物叶片上的粉尘量,进行称量,绘制出从林缘到林内粉尘量变化的曲线。一般 $1hm^2$ 松林每年可滞留粉尘 36.4t。改善环境主要表现在许多植物能吸收多种有毒气体,如柳杉、槐树、桑树、木槿、垂柳、罗汉松等可较大量地吸收 SO_2,夹竹桃、海桐、荷花玉兰、梧桐等能较大量地吸收 HF,槭树、雪松、樟树、柏木、白皮松、柳杉、稠李、紫薇等能分泌杀菌素以杀死结核菌、伤寒、白喉等多种病菌;而有些植物,如马尾松、木荷、凤尾蕨、枫香、木麻黄等在非常贫瘠的土壤环境下生存并不断改良土壤条件。减轻污染的功能可以从调查某些可以超富集重金属的植物种类及数量着手。在浙江省常见的有:十字花科的碎米荠(*Cardamine hirsuta*)、景天科的东南景天(*Sedum alfredii*)可以富集锌;雨久花科的凤眼莲(*Eichornia crassipes*)、堇菜科的宝山堇菜(*Viola baoshanensis*)、十字花科的碎米荠可以富集镉;石蒜科的香蒲(*Typha latifolia*)可以富集铅;豆科的黄芪(*Astragalus racemosus*)可以富集砷;大戟科的叶下珠

（*Phyllanthus urinaria*）可以富集镍等。

5.10.3　生态系统服务功能的价值评估

生态系统服务功能属于公共商品，既具有非涉他性（一个人消费该商品不影响其他人的消费），又具有非排他性（没有理由排除某些人消费该商品，如人们呼吸新鲜的空气，利用干净的水源等）。它有外部经济特性，经常是不通过市场商品交换就能受益，如林业部门的绿化造林，除了本身受益外，水利部门、旅游部门、农业部门等均可得益。正是由于非市场交易性，易出现"灯塔效应"或"免费搭车"现象（消费者不愿意个人支付该商品费用而让他人消费的现象）。生态系统服务的价值体现在直接利用价值（生态系统产生的直接利用的产品价值，如食品、天然药品、工业原材料、景观娱乐等可用市场价格来体现的价值）、间接利用价值（生态系统提供的支撑生命系统的价值，如物质循环、生物多样性、大气净化、水土保持等）、选择价值（即留给子孙的遗产价值）、存在价值（物种存在的本身就有价值）等几个方面。生态系统服务功能的价值评估常有下列方法。

1. 费用支出法

以消费者在该景区旅游休闲支出的费用为计量标准。

2. 市场价值法

如食品、天然药品、工业原材料等可直接用市场价格来计量标准。或可换算成市场价格，如涵养水源的蓄水量可根据建造水库的蓄水成本作参考计价。

3. 恢复和防护费用法

以保护和恢复某种环境条件应支付的价格为计量标准。

4. 人力资本法

以因某种环境受破坏对人类的健康造成的损失（如因污染致病、致残、早逝所减少的社会财富的损失），增加的医疗费用，精神和心理上的代价等为计量标准。

5. 享乐价格法

环境的改善对人们居住环境的改良所产生的增值部分价格为计量标准。

第 6 章

动植物标本的制作

6.1 植物标本的采集与制作

植物标本包含着一个物种的大量信息,除植物名称、植物学名外,另有植物的形态特征、地理分布、生态环境和物候期等具体特征,是植物分类和植物区系研究必不可少的科学依据,也是植物资源调查、开发利用和保护的重要基础资料。在自然界,植物的生长、发育有它的季节性以及分布地区的局限性。为了不受季节或地区的限制,有效地进行学习交流和教学活动,十分有必要采集和保存植物标本。

物标本因保存方式的不同可分为许多种,有腊叶标本、液浸标本、浇制标本、玻片标本、果实和种子标本等。这里重点介绍最常用的腊叶标本和液浸标本的制作方法。

将植物全株或部分(通常带有花或果等繁殖器官)干燥后并装订在台纸上予以永久保存的标本称为腊叶标本。这种标本制作方法最早是于 16 世纪初由意大利人卢卡·吉尼发明的。世界上第一个植物标本室建于 1545 年的意大利帕多瓦大学。一份合格的标本应该是:① 种子植物标本要带有花或果(种子),蕨类植物要有孢子囊群,苔藓植物要有孢蒴等有重要形态鉴别特征的部分。② 标本上挂有号牌(吊牌),号牌上写明采集人、采集号码、采集地点和采集时间 4 项内容,据此可以按号码查到采集记录。③ 附有一份详细的采集记录,记录内容包括采集日期、地点、生境、性状等,并有与号牌相对应的采集人和采集号。

6.1.1 植物标本的采集、记录与压制

6.1.1.1 种子植物标本的采集

应选择面积较小且能表示最完整的部分,即选取生长正常的植物体各部分器官,除采枝叶外,被子植物最好带花或果。如果有用部分是根和地下茎或树皮,也必须同时选取少许压制。如条件允许,每种植物可采两三份。要用枝剪来取标本,不能用手折,因为用手折容易伤树,摘下来的压成标本也不美观。标本大小以每份标本长度不超过 40cm 为宜。株高 40cm 以下的草本整株采集;更矮小的草本采集数株,以采集物布满整张台纸为宜;更高

者需要折叠全株或选取代表性的上、中、下三段做同号一份标本。有多型叶时要收齐不同叶型的叶片。

不同的植物标本应有不同的采集方法。

木本植物：应选择典型的、无病虫害的花或果实的枝条，一般应有 2 年生的枝条，因为 2 年生的枝条较 1 年生的枝条常常有许多不同的特征，同时还可见该树种的芽鳞有无和多少；对先花后叶的植物，应在同一植株上，先采花，后采枝叶；雌雄异株或同株的，雌雄花应分别采取。如果是乔木或灌木，标本的先端不能剪去，以便区别于藤本类；竹类植物要有几片箨叶、一段竹竿及地下茎。另外应注意记录木本植物植株全形，如山楂、皂荚的大树基部有枝刺等特征。

草本及矮小灌木：要采取地下部分（如根茎、匍匐枝、块茎、块根或根系等），以及开花或结果的全株。采集草本植物时，应注意 1 年生、多年生、土生、附生、石生、常绿、冬枯等习性特征。

藤本植物：剪取中间一段，在剪取时应注意表示它的藤本性状。

寄生植物：需连同寄主一起采压。并将寄主的种类、形态、同被采的寄生植物的关系等记录在采集记录上。

水生植物：很多有花植物生活在水中，有些种类具有地下茎，有些种类的叶柄和花柄是随着水的深度的增加而增长的。因此，采集这种植物时，有地下茎的应采集地下茎，这样才能显示出花柄和叶柄着生的位置。由于水生植物通常柔软而脆弱，一提出水面，它的枝叶即彼此粘贴重叠，采集这类植物时，最好整株捞取，用塑料袋包好，放在采集箱里，带回室内立即将其放在水盆中，等到植物的枝叶恢复到原来形态时，用旧报纸或纱布放在浮水的标本下，轻轻将标本提出水面后，立即放在干燥的草纸里好好压制。

肉质或多汁植物标本的采集：应将其纵切或横切，有时需将其内部的组织挖出，还要考虑是否将一半的材料浸泡在保存液中保存。在野外干燥时，要在切开的茎表面洒大量食盐，用盐包裹的材料应置于夹有多层报纸的标本夹中，24h 后要把浸有盐水的报纸移去，或者用开水将材料烫死，然后设法烘干。

鳞茎或球茎及肉质直根植物应小心地将其从地下挖出，去土，但不要剥掉鳞茎皮。小鳞茎或球茎可纵向切开，大的则应切成片状。然后把这些器官杀死（与肉质或多汁植物处理方法相同），否则它们在压制过程中仍然存活，影响标本压制的质量。

6.1.1.2　苔藓和蕨类植物标本的采集与制作

苔藓植物用孢子繁殖，采集时，要力求采到生有孢子囊的植株；如果有长在地面上的匍匐主茎，也一定要采下来。苔藓植物常长在树干、树枝上，这就要连树枝、树皮一起采下。苔藓植物有的单生，有的几种混生，应尽量做到每一种做成一份标本，分别采集、编号。没有成熟的孢子囊、精子器及没有长成的颈卵器也要适量采一些，这对研究形态发育是有用的。雌雄异株的要采全雌株和雄株。标本采好后，要一种一种分别用牛皮纸包好，不要夹，不要压，由于苔藓植物不容易腐烂，通常不需要换牛皮纸袋，可自然干燥。

蕨类植物的分类依据是孢子囊群的构造、排列方式、叶的形状和根状茎特点等，所以要采集全株，包括孢子囊和根茎，不然就不容易鉴定种类。如果植株太大，可以采集植株的一部分，但要带叶尖、中脉和一侧的一段，以及叶柄基部和部分根茎，同时要认真记下植物的实际高度、阔度、裂片数目及叶柄的长度。蕨类植物标本的压制方法参阅前述"种子植物标本采集"中有关草本植物的内容。

6.1.1.3　标本采集记录

　　记录工作在野外采集中极为重要,如果所采回的标本没有详细规范的记录,就失去了应有的价值,我们到野外前必须准备足够的采集标签和采集记录纸(参考式样见图6-1),必须随采随记。这里将重点介绍以下几个记录项目:

　　① 采集标签。直接挂到实物标本上(实物大小约为2cm×4cm),采集标签(号牌/吊牌)写明采集人、采集号、采集地点和采集时间4项内容,据此可以按号码查到采集记录。需要强调的是,采集号是非常重要的标本信息,同一采集人采集号要连续、不重复,同种植物的复份标本要编同一号。编写采集号常用铅笔,以免遇水褪色。

　　② 采集记录纸。它的编号必须和采集标签上的采集号一致。这点看似简单,但往往因不注意而容易搞错,致使标本失去价值,每个采集人的采集号必须是唯一的。

　　③ 记录工作一般应掌握的2条基本原则:一是记录野外能看得见,制成标本后无法带回的内容;二是记录标本压干后会消失或改变的特征(如花与果的颜色、有无香气和乳汁等)。基本记录还包括采集者、采集号、采集日期(年、月、日)、产地(包括国家、省、县、乡和经纬度)、生境(植被类型和土壤类型、平原、丘陵、山地、山谷、山顶、路边等)、海拔、习性(乔木、灌木、草本、藤本等)、种名、用途等,用铅笔或永久碳素水笔登记。在同一株植物上往往有两种叶形,如果采集时只能采到一种叶形的话,也需要加以记录说明。

＊＊大学/研究所植物标本室采集记录

采集日期:＿＿＿＿年＿＿＿＿月＿＿＿＿日

采集地:＿＿＿＿省＿＿＿＿县(市)＿＿＿＿＿＿＿保护区/山

生境:＿＿＿＿＿＿＿＿＿＿＿＿海拔:＿＿＿＿＿m

采集地情形:＿＿＿＿＿＿＿＿＿＿＿＿＿＿＿＿＿＿

＿＿＿＿＿＿＿＿＿＿＿＿＿＿＿＿＿＿＿＿＿＿＿＿＿

习性:＿＿＿＿＿＿＿＿＿＿＿＿＿＿＿＿＿＿＿＿＿

体高:＿＿＿＿m　　　　胸径:＿＿＿＿cm

形态:根:＿＿＿＿＿＿＿＿＿＿＿＿＿＿＿＿＿＿＿＿

树枝/树皮:＿＿＿＿＿＿＿＿＿＿＿＿＿＿＿＿＿＿＿

叶:＿＿＿＿＿＿＿＿＿＿＿＿＿＿＿＿＿＿＿＿＿＿＿

花:＿＿＿＿＿＿＿＿＿＿＿＿＿＿＿＿＿＿＿＿＿＿＿

果实:＿＿＿＿＿＿＿＿＿＿＿＿＿＿＿＿＿＿＿＿＿＿

种子:＿＿＿＿＿＿＿＿＿＿＿＿＿＿＿＿＿＿＿＿＿＿

用途:＿＿＿＿＿＿＿＿＿＿＿＿＿＿＿＿＿＿＿＿＿＿

附记:＿＿＿＿＿＿＿＿＿＿＿＿＿＿＿＿＿＿＿＿＿＿

科名:＿＿＿＿＿＿＿＿＿＿＿＿＿＿＿＿＿＿＿＿＿＿

种中名/俗名:＿＿＿＿＿＿＿＿＿＿＿＿＿＿＿＿＿

科学名:＿＿＿＿＿＿＿＿＿＿＿＿＿＿＿＿＿＿＿＿

采集者:＿＿＿＿＿＿＿　　采集号:＿＿＿＿＿＿＿

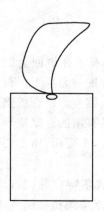

　　　　a. 采集标签　　　　　　　　　　b. 采集记录纸

＊＊＊大学研究所植物标本鉴定签

分科号数：＿＿＿＿＿＿＿＿＿＿

学名：＿＿＿＿＿＿＿＿＿＿＿＿＿＿＿＿＿＿＿＿＿＿＿＿＿＿＿＿＿＿

＿＿＿＿＿＿＿＿＿＿＿＿＿＿＿＿＿＿＿＿＿＿＿＿＿＿＿＿＿＿＿＿＿＿

中文名：＿＿＿＿＿＿＿＿＿＿＿＿＿＿＿＿＿＿＿＿＿＿＿＿＿＿＿＿＿＿

采集地：＿＿＿＿＿＿＿＿＿＿＿＿＿＿＿＿＿＿＿＿＿＿＿＿＿＿＿＿＿＿

标本采集号：＿＿＿＿＿＿＿＿＿＿＿＿＿＿＿＿＿＿＿＿＿＿＿＿＿＿＿＿

采集者：＿＿＿＿＿＿＿＿＿＿＿　采集时间：＿＿＿＿＿＿＿＿＿＿

鉴定者：＿＿＿＿＿＿＿＿＿＿＿　鉴定时间：＿＿＿＿＿＿＿＿＿＿

c. 鉴定签

图 6 - 1　植物标本采集标签(吊牌)、采集记录纸及鉴定签

6.1.1.4　种子植物标本的压制

标本采集回来之后，首要的任务就是进行标本的压制和干燥，目的是迅速压干新鲜的、含有较多水分的植物标本，将其制成扁平的腊叶标本，保证植物的形态和颜色不起很大变化，并防止植株部分脱落。

1. 种子植物标本压制干燥前的预处理

标本应置于衬纸或报纸中，最好在标本夹里压上一段时间后进行摆放整理。标本整理和修剪的注意事项如下：

① 将标本折叠或修剪成与台纸相应的大小(长约 30cm，宽约 25cm)。

② 将枝叶展开，反折平铺其中一小枝或部分叶片，叶片要正反面都有，进行观察鉴定时能见到植物体两面的构造。调整或适当剪去植物体上过于密集的枝叶及花果(但要保留叶柄以表明叶片的着生方式和着生位置，注意花果部分不要重叠)。

③ 茎或小枝要斜剪，以便观察中空或含髓的内部结构。

④ 大叶片可从主脉一侧剪去，并折叠起来，或可剪成几部分。

⑤ 过长的草本或藤本植物可作"V"字形或"N"字形、"W"字形(图 6 - 2)。如根部泥土过多，则应整理干净后再压制。

a. "I"字形　　　　b. "V"字形　　　　c. "N"字形

图 6 - 2　植物标本的形状(仿丁炳扬)

⑥ 野外采集的弱软花朵花序可散放在餐巾纸或卫生纸中干燥；若为筒状花，花冠应纵向剖开。

⑦ 若有额外采集的果实，有些应纵向剖开，有些横向切开；若果实过大可切成片状后干燥。

2. 种子植物标本的压制、换纸和干燥

(1) 压制

把整理后的植物标本置于放有吸水纸的一扇标本夹板上，然后在标本朝上的一面再放置2张干燥的吸水纸。注意调整由于标本的原因造成的凹凸不平，使木夹内的全部枝叶花果受到同等的压力。将若干份标本放置于一瓦楞纸，以便保证标本平整。压制时应注意植物体的任何部分不要露出吸水纸外，否则标本干燥时，伸出部分会缩皱，枯后也易折断。

当标本重叠到一定高度时，在最上面放5～10张吸水纸和瓦楞纸，把另扇标本夹板放在上面，进行对角线捆扎，捆扎后应使绳索在夹板正面呈"X"字形。这一步骤的要求是要绑紧，绑紧才会压平，标本夹四角应大致水平，防止高低不均。目的是使标本迅速干燥并且突出展示特征。该步骤是保证标本质量的关键，千万不可马虎。

(2) 换纸和干燥

为使标本能迅速干燥，在最初的几天，特别要勤换纸，每天应换干燥的吸水纸至少1次，含水量高或者过大过厚的标本，更要勤换纸。一般标本纸换到8～10次时，标本基本上干燥了，则可隔天换1次，直至标本全部干燥为止。这时，可以将已干标本取出另放，未干者继续换纸。

换纸时，用干燥的吸水纸垫在下面，把标本从湿纸上取出后轻轻置于干燥纸上，换完后仍按照上述方法捆扎好。换下的湿纸要及时晒干或烘干，备用。在换纸的同时，还应注意对标本进行继续修整，铺展枝叶，收藏脱落的花果和清除霉烂等。

标本在第2、3次换纸时，要继续对标本整形，枝叶展开，不使折皱。易脱落的果实、种子和花，要用小纸袋装好，放在标本旁边，以免翻压时丢失。普通标本用上述方法在半个月左右应该可以干燥了。

上述的标本干燥法称为自然干燥法，这种方法能使标本达到最自然的干燥效果，压制的标本颜色逼真，但该方法费工耗时，在大规模采集标本及有火力、电力供应的情况下，多采用人工热源干燥法来干燥标本。

(3) 人工热源干燥法

人工热源干燥法的标本整理及压制规程同自然干燥法，早期有炭火烘烤等方法，近年来有很多单位使用便携式植物标本干燥器烘干。其原理是通过轴流风机将聚热室中的普通电炉丝和红外辐射同步加热的热气流均匀地吹向干燥室，从瓦楞纸中间的空隙穿过，将植物标本中的水分迅速带走，使标本得以快速干燥。标本压制方法与前述内容一样，不同的是在每份或每两份标本之间插入1张瓦楞纸，以利水汽散发。体积为500mm×300mm×300mm的干燥器每次可干燥100～120份标本。标本上的枝、叶干燥一般耗时20～24h，花、果因类型不同而耗时有不同程度的增加。利用干燥器压制标本，不需要人工频繁地更换和晾晒吸水纸，提高干燥速度，降低工作量，标本不因频繁换纸而损失，也不受气候影响，且能较好地保持标本的色泽，同时，干燥器所用的红外辐射有杀虫、灭菌作用，有利于植物标本的长期保存。

6.1.2 腊叶标本的制作与保存

6.1.2.1 腊叶标本的杀虫与灭菌

为防止害虫蛀食标本,必须进行消毒,通常用升汞[即氯化汞($HgCl_2$),有剧毒,操作时需特别小心]配制 0.5％酒精溶液,倾入平底盆内,将标本浸入溶液处理 1～2min,再拿出夹入吸水纸内干燥。此外,也可用敌敌畏、二硫化碳或其他药剂熏蒸消毒杀虫。近年来有很多单位用冷藏柜灭虫法,即用将已装订好的标本置于−30～−20℃的低温冷藏柜冷藏 48h 以达到杀虫杀菌的目的。

6.1.2.2 腊叶标本的制作

把干燥的标本放在台纸上(一般用 250g 或 350g 白板纸),台纸大小通常为 42cm×29cm。但市场上纸张规格为 109cm×78cm,照此只能裁 5 开,浪费较大,为经济着想,可裁 8 开,大小为 39cm×27cm,也同样可用。一张台纸上只能订一种植物标本,标本的大小、形状、位置要适当的修剪和安排,用棉线或纸条订好,也可用过氯乙烯树脂/四氯乙烷等特制胶水粘贴。在台纸的右下角和右上角要留出空间,分别贴上鉴定签和野外采集记录标签,将落的花、果、叶等装入小纸袋,粘贴于台纸的左下角,入标本柜之前尚需定名、消毒、登记、编号等处理。

6.1.2.3 腊叶标本的保存

装订好的标本,经定名、消毒、登记、编号后,都应放入专门的标本柜中保存,标本柜要求结构密封、防潮,大小式样可根据具体情况而定。近年来有组合式移动植物标本柜,标本柜底座可移动,整体密封性能良好,柜内每小格空间大小为 35cm(宽)×46cm(深)×18cm(高),标本柜内有专门的标本室,标本柜和标本室应事先打扫干净并用杀虫剂消毒,通常用敌百虫或福尔马林喷杀或熏杀。

日常应有专人负责管理标本室的日常维护、借阅及对外交流等事务。标本室中的标本应按一定的顺序排列,科通常按分类系统排列,也有按地区排列或按科名拉丁字母的顺序排列;属、种一般按学名的拉丁字母顺序排列。平时还要经常注意检查标本是否有发霉、虫害、损伤等现象,如有发现需及时处理。对标本造成危害的昆虫有窃蠹(*Stegobium paniceum*)、烟草窃蠹(*Lasioderma serricorme*)、西洋衣鱼(*Lepisma saccharinq*)、线形薪甲(*Cartodere filum*)、书虱属类昆虫(*Liposcelis*)、地毯甲虫(*Anthrenus verbasci*)等(图 6-3),非昆虫有害生物有螨类、霉菌等。虫害和霉变的防治可从 3 个方面着手:

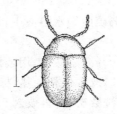

a. 药材窃蠹   b. 烟草窃蠹   c. 西洋衣鱼（所有标尺为 1mm）

图 6-3 植物标本室中常见的昆虫(仿丁炳扬)

① 隔绝虫源。门、窗应安装纱网；标本柜的门应能紧密关闭；新标本或借出、归还的标本入柜前应严格消毒杀虫。

② 环境条件的控制。标本室要有除湿机、空调等设备，标本室的温度应保持在 20～23℃，湿度在 60％～75％左右，内部环境应保持干净。

③ 定期熏蒸。每隔两三年或在发现虫害时，采用药物熏蒸的办法灭虫，常用药品有甲基溴、磷化氢、磷化铝、环氧乙烷等。但这些药品均有很强的毒性，应请专业人员操作或在其指导下进行。此外，也可用除虫菊和硅石粉混合制成的杀虫粉除虫，毒性低，不残留，比较安全。在标本柜内放置樟脑能有效地防止标本的虫害。

6.1.3　植物浸制标本的制作

用化学药剂制成的保存液将植物浸泡起来制成的标本叫植物的液浸标本或浸制标本。植物整体和根、茎、叶、花、果实各部分器官均可以制成浸制标本。尤其是植物的花，果实和幼嫩、微小、多肉的植物，经压干后容易变色、变形，不易观察。制成浸制标本后，可保持原有的形态，这对于教学和科研工作具有重要的意义。

植物的浸制标本，由于要求不同，处理方法也不同，一般有以下几种：① 整体液浸标本：将整个植物按原来的形态浸泡在保存液中。② 解剖液浸标本：将植物的某一器官加以解剖，以显露出主要观察的部位，并浸泡在保存液中。③ 系统发育浸制标本：将植物系统发育（如生活史各环节）的材料放在一起，浸泡在保存液中。④ 比较浸制标本：将植物相同器官但不同类型的材料放在一起，浸泡在保存液中。

保存液配好后放入标本瓶中，把洗净的标本放入其中浸泡，加盖后用融化的石蜡将瓶口严密封闭，贴上标签（注明标本的科名、学名、中文名、采集地、采集时间和制作人），放置于阴凉处妥善保存。对不同颜色的材料有不同的要求，现将常用的几种方法介绍如下：

6.1.3.1　防腐保存法

此法是将福尔马林（甲醛）以蒸馏水稀释为 5％～10％水溶液（如目前市售 40％左右的福尔马林母液 5～10ml，加蒸馏水 90～95ml），其浓度高低视标本的含水量而定，含水量高的标本宜使用浓度高的防腐溶液。将标本洗净整形，投入该溶液中。如标本浮于液面而不下沉，可采用玻璃片或瓷器等重物将标本压入液中。福尔马林为经济且应用普遍的防腐剂，此法价格低廉，只适宜保存标本的形状，但不能保存标本原有色泽。

6.1.3.2　绿色标本保存法

① 将绿色标本洗净整形后，放入 5％～7％硫酸铜水溶液中，浸 1～3d，取出用清水漂洗数次，再保存于 5％福尔马林水溶液中。

② 取乙酸铜（或硫酸铜）粉末，徐徐加入 50％冰醋酸内，用玻棒搅拌，直至饱和，即成原液。将原液用蒸馏水稀释 4 倍，把稀释液和标本同时放入烧杯加热，标本渐变黑色，继续加热，直至变为绿色，立即停止加热，取出标本，用清水漂洗数次后，再放入 5％福尔马林水溶液或 70％酒精中保存。此法手续较复杂，但所制标本良好，可经久不变。该法适用于保存果蔬，绿色植物的叶子、幼苗以及具病毒的茎叶。

③ 取硫酸铜饱和液 750ml、福尔马林 50ml、蒸馏水 250ml。将植物标本浸至该溶液 2 周左右,取出用清水漂洗数次,再浸入 5% 福尔马林水溶液中保存。此法适用于体积较大,表面具蜡质且蜡质较多的果蔬、茎、叶标本。

6.1.3.3　黄色标本保存法

将亚硫酸 568ml、80%~95% 酒精 568ml、蒸馏水 4500ml 混合后即可浸制标本。此法适用于保存杏、梨、柿、柑橘和黄绿色的葡萄、番茄等。若浸制淡绿色的标本,最好在 1000ml 的上述混合液中加入 2~3g 硫酸铜,使液体呈淡蓝色。

6.1.3.4　黑色、紫色标本保存法

① 按福尔马林 45ml、酒精 280ml、蒸馏水 200ml 的比例混合,以澄清液保存标本。此法适用于保存深褐色的梨、黑紫色的葡萄和樱桃等果实。

② 按福尔马林 50ml、氯化钠饱和溶液 100ml、蒸馏水 870ml 的比例混合,沉淀过滤,用滤液保存标本。此法适用于保存相关颜色的植物材料。

6.1.3.5　红色标本保存法

① 材料先经固定液浸泡(一般 1~3d),待果皮颜色变为深褐色后,取出并用清水洗净后移入保存液中。固定液配方:蒸馏水 400ml、福尔马林 4ml、硼酸 3g。保存液配方:甲醛 25ml,甘油 25ml,蒸馏水 1000ml。

② 将硼酸粉 450g、蒸馏水 400ml、75%~90% 酒精 2800ml、福尔马林 300ml 混合,过滤后即可使用。此法适用于保存红色的苹果、番茄等果实。

6.1.3.6　白色标本保存法

取氯化锌 22.5g,溶于 680ml 蒸馏水中,搅拌促进其溶解,再加入 85% 酒精 90ml,取澄清液保存。此法适用于保存白色的桃、浅黄色的梨和苹果等果实。

6.1.4　国内外主要植物标本馆及常见植物鉴别网络资源

6.1.4.1　植物标本室

植物标本室是收集和储存植物标本的场所,它对于植物学的教学和研究是十分注意的,并且对解决农、林、牧、医等领域的实际问题有非常重要的参考价值。发达国家无不重视标本馆的建设,据不完全统计,目前世界上约有大小植物标本馆(室)2639 个,共收藏标本近 3 亿份。这些标本的 76% 保存在 15 个国家内,其中美国占 22.1%,法国占 7.4%,前苏联占 6.6%,英国占 5.7%,德国占 5.6%,中国占 3.7%。世界上馆藏 100 万份以上的标本馆有 55 个,其中 500 万份以上的标本馆有 7 个。这 55 个标本馆分布在 22 个国家,其中美国最多,有 12 个,其次是英国、瑞典、德国和前苏联各 4 个,再次是法国、瑞士、日本各 3 个。上述数据表明植物标本收藏数量与国家的发达程度成正相关,发达国家的标本搜集工作不仅起步早、范围广,而且近年来增长速度也是最快的。如瑞典自然博物馆以每年 16 万份的速度增长;美国不仅大标本

馆最多、占世界标本总数的比例最高,标本增加速度也最快,5 年增加 490 万份,占同期世界增长量的 27.7%。

我国 60 余个主要植物标本馆(室)共有标本 1000 余万份,相对于我国的植物资源,植物标本的数量明显偏少,有待于加大投入力度。我国最大的植物标本馆是中国国家植物标本馆即中国科学院植物研究所植物标本馆(PE),目前馆藏植物标本约有 220 万份,其中种子植物标本 175 万份,种子植物标本数目居世界第三,在国内外植物分类学研究领域中,特别是在东亚植物的研究领域中具有举足轻重的地位。其他馆藏量在 50 万份以上的植物标本馆主要有中国科学院昆明植物研究所(KUN,100 多万份)、中国科学院华南植物研究所(IBSC,100 万份)、中国科学院江苏植物研究所(NAS,70 万份)、中国科学院西北植物研究所(WUK,52 万份)、四川大学植物标本馆(SZ,50 多万份)等。

6.1.4.2　常用植物鉴别网络资源

1. 中国植物科学网 http://www.chinaplant.org/

中国植物科学的门户网站,包含了中国植物志和图鉴(电子版),植物学期刊(如植物学报、植物分类学报等),植物学工具数据库(如国际植物名称索引、世界高等植物属名库、Kew 园植物信息库等),国际植物组织和著名植物学研究单位(如英国 Kew 皇家植物园、美国密苏里植物园等)及其丰富的链接。

2. CVH 中国数字植物标本馆(http://www.cvh.org.cn/)

由科技部"国家科技基础条件平台"项目资助,本数据库收录了国内主要科研院所及部分高校植物标本馆的数字化植物标本,目前已收录 285 多万份植物标本信息和 150 多万张标本图像,同时可方便查阅中国植物志、Flora ofchina、中国高等植物图鉴及西藏植物志、四川植物志、浙江植物志等国内近 20 余部地方植物志等。

3. CFH 中国自然标本馆(http://www.cfh.ac.cn/)

由科技部植物标本数字化项目资助,中科院植物研究所创办的"中国自然标本馆"(CFH)是国内保存、管理数字标本的网络平台和信息中心,实现了物种鉴定、野外调查数据的自动化整理整合与编目等开放式动态管理体系,目前已收录带 GPS 信息的原生态新鲜实物照片 170 多万张,已鉴定物种 2 万余种。

4. 普蘭塔——生态学与生物多样性论坛(http://www.planta.cn/)

本论坛由中国科学院植物研究所生物多样性与生物安全研究组创建,栏目几乎囊括了生态学和生物多样性研究的主要领域及其常用研究技术,其中包括和植物鉴别相关的"植物鉴定"、"动物鉴定"等专业动态交流版块。

5. 之江草木 http://www.zjbs.org/bbs/

由浙江省植物学会主办,致力于浙江省及华东地区植物种类、植被类型的科学交流与普及。其中设置"野生植物分类与鉴赏"、"栽培植物分类与鉴赏"、"浙江植物图库"等专业动态交流版块。

其他还有"原本山川、极命草木"中国民间植物学术网站 http://www.emay.com.cn/等网络资源。

6.2　动物标本的制作与保存

6.2.1　浸制标本的制作

6.2.1.1　无脊椎动物浸制标本的制作

无脊椎动物种类极其繁多,其躯体有具石灰质贝壳的,柔软、易卷曲的,具伸缩性的,肢体易脱落的等等。根据无脊椎动物以上各种特征,制作标本的方法会有所不同。

1.身体具伸缩性的动物

为防止动物因浸制液刺激而产生收缩,制作标本时一般先采用酒精、硫酸镁、薄荷脑、氯化锰、乙醚等麻醉剂进行麻醉,待动物深度麻醉后,再浸入保存液中保存。

海葵类动物先放在盛有新鲜海水的烧杯内,口盘朝上,使动物距离水面 3～10cm,静置待海葵全部伸展后,将 0.05%～0.2%氯化锰溶液渐渐加入烧杯内,约 1h 待海葵已完全处于麻醉状态(约 1h 后,用解剖针触动其触手,完全不动时),即可向容器中倒入纯福尔马林,使其达到 7%浓度,固定 3～4h。然后将标本转入 5%福尔马林中保存。

水螅类、水母类动物则滴加 1%硫酸镁溶液麻醉,约 20min 左右,触动其不动时,移入 5%福尔马林中杀死,固定并保存。

软体动物门的头足纲动物在新鲜海水内静置恢复正常状态后,加入硫酸镁溶液麻醉,待其不动时,用 10%福尔马林杀死,个体大者,需向其体内注入福尔马林固定 8h,移入 7%福尔马林中保存。

纽形动物则置于新鲜海水中,用硫酸镁或薄荷脑麻醉 1～2h 后,再移入 70%酒精或 5%福尔马林中固定、保存。

棘皮动物的海参受刺激时即收缩身体,甚至吐出内脏,故处理时需将海参移入有新鲜海水的容器中,并放置在阴凉处。待其触手、管足充分伸展后麻醉。先在水面撒一层薄荷脑,5min后再逐渐加入硫酸镁溶液麻醉。麻醉 4～5h,触动触手不再收缩时为止。用竹镊子夹住海参围口触手基部,手执海参迅速放入 50%乙酸溶液中,半分钟后用清水洗去乙酸,放入 10%福尔马林中 30min 后,从肛门注入 90%酒精,用棉球塞住肛门以防酒精外流。整形后用 80%酒精固定、保存。

线形动物、环节动物可用酒精麻醉。将 95%酒精一滴滴加入培养有动物的水中,使其达到 10%左右的浓度,经一到几个小时后,用针刺动物,见无反应时,迅速将它浸入 80%酒精内保存,或浸入到 10%福尔马林中固定、保存。

2. 躯体柔软、易卷曲的动物

扁形动物门中的蜗虫、姜片虫等，柔软且易卷曲，可用 1％铬酸处死及固定。为防止身体发生卷曲，可将固定后的标本用毛笔挑在培养皿中的一张湿滤纸上，放开展平，其上再加 1 张滤纸，把动物夹在中间，纸上放几片载玻片，再加入 7％福尔马林，经 12h 后，去掉滤纸即得到扁平的标本，然后移入 5％福尔马林中保存。

双神经纲的石鳖在受刺激时极易卷曲。先将其放入盛有海水的玻璃皿中，等身体伸展后缓慢加入硫酸镁麻醉 3h，而后在其背部盖以玻片，加压重物，用 5％福尔马林固定 12h，然后移入 70％酒精中保存。

3. 体被坚硬外壳或内骨骼的动物

软体动物中的瓣鳃类或螺类、节肢动物的藤壶，先用清水冲洗干净，再用 10％福尔马林或乙醇杀死固定，10h 后，壳较厚且没有光泽的种类（如河蚌、中国圆田螺等），可用 10％福尔马林保存，而有光泽的种类（如玉螺、宝贝等）最好用 80％酒精固定保存，以免贝壳失去光泽。

棘皮动物的海星、海胆，先在盛有海水的容器中用硫酸镁麻醉 2～3h，再向体内注入 25％～30％福尔马林，然后放入 7％福尔马林中保存。一般处理海蛇尾纲动物及小型棘皮动物，不必向体内注入福尔马林，麻醉后直接杀死保存。

4. 肢体易脱落的动物

如节肢动物的虾、蟹类，可直接用 70％～80％酒精麻醉、杀死，半小时后整形保存。为防止蟹类肢体脱落，经麻醉、杀死及固定后，保存在加有甘油的 70％酒精中，以防肢体变硬、变脆。具有美丽色彩的虾蟹，长期保存则必须用加甘油的 70％酒精，以防变色。

6.2.1.2　脊椎动物浸制标本的制作

脊椎动物浸制标本的制作一般用于中小型的鱼类、两栖爬行类；而大型的鱼类、两栖爬行类（如鲨鱼、鳄鱼等）则适合用剥制标本制作法。

1. 鱼类的浸制标本的制作

（1）整理姿态

选择鳍条、鳞片完整齐全的新鲜鱼，用清水将体表的黏液冲洗干净（勿损伤鳞片）。如鱼体较大，则用注射器从腹部向鱼体内注射 10％福尔马林，以固定内脏，防止腐烂。然后，将鱼的背鳍、胸鳍、臀鳍和尾鳍适当展开，用塑料片或纸板将其夹住，再用回形针加以固定（图 6-4）。把整理好的标本侧卧于合适的容器内，并在鱼体与容器之间可适量放些棉花衬垫，特别是尾柄部要垫好，以防标本在固定时变形。

（2）防腐固定

加入 10％福尔马林至浸没标本，作为临时

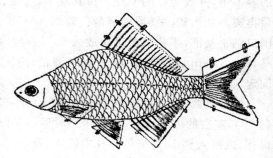

图 6-4　鱼类的整理（自唐子英）

固定,待鱼硬化后取出。

（3）装瓶保存

用适当大小的标本瓶（标本瓶要长于鱼体 6cm 左右,以便贴上标签后仍能从瓶外看到标本全貌）。根据标本瓶的内径和高度截一玻璃片,将标本用 2 条丝线分别从鳃盖骨后缘体侧和尾柄部穿入,缚扎在玻璃片上。然后将标本头朝下装入标本瓶内,再加入 10％福尔马林至瓶满,盖严瓶盖。

（4）贴标签

取 1 张印有科名、学名、中文名、采集地、采集时间的标签,并分别填写相应内容,贴于瓶口下方。

2. 两栖、爬行类浸制标本的制作

（1）麻醉处死

将野外采集的活的标本材料,用 1 团脱脂棉浸透乙醚或氯仿,连同标本放置于适当大小的密闭容器中麻醉,稍待片刻,小型动物即可麻醉致死。对于较大的动物,特别是龟类,需要适当延长时间,增加麻醉剂用量。在麻醉初期,动物往往会出现强烈挣扎的反应,因此,在麻醉蛇类时,容器的盖需盖紧,以防其冲出伤人。

（2）整理姿态

致死后取出,随即进行姿态的整理。将其放在解剖蜡盘上,用大头针固定成生活时的姿态,蛙类将指、趾展开（图 6－5）。如果是蛇类标本,一般身体较长,应将其折成"S"字形。龟和蜥蜴类的四肢,应用大头针固定在蜡盘上,以防标本在固定时变形（图 6－6）。应注意的是,对于一些体型较大的标本,在整理姿态前先向体内注入 10％福尔马林,以防内脏腐烂。

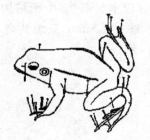

图 6－5　两栖类的整理（自唐子英）

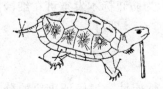

图 6－6　爬行类的整理（自唐子英）

（3）固定保存与贴标签

其方法、要求与鱼类标本相同,但标本一般头部朝上装瓶保存。

6.2.2　干制昆虫标本的制作

6.2.2.1　昆虫标本制作的工具

还软器：对于采集后未能及时制作而干硬的昆虫，需进行还软处理。可将干燥器（图6-7）或广口瓶作为还软器使用。

昆虫针：昆虫针是用不锈钢特制的针，主要用来固定昆虫，以便于昆虫标本制作。昆虫针根据长短粗细不同，分为00、0、1、2、3、4、5号共7种。0～5号针的长度为38～45mm，0号针最细，直径为0.3mm，每增加1号，直径也增加0.1mm；00号针是将0号针自尖端向上1/3处剪断而成。

展翅板：在对某些昆虫（如鳞翅目、膜翅目、蜻蜓目等）进行研究时，需观察它们的翅脉构造及身体两侧的特征，因此，在制作标本时必须用展翅板把翅展开。为便于在展翅板上插针，一般选择质软的木材制作展翅板（图6-8）。

图6-7　干燥器

图6-8　展翅板

三级台：为使昆虫标本及虫体下方的标签在昆虫针上的高度一致，在插入标本盒中保存时整齐美观，使用三级台作为尺度最为方便。三级台用木材制作，由于结构简单，完全可以自制。其长度为65mm，宽度为24mm，高度分为三级，每一级8mm，三级共高24mm。在每一级的中央有1个与5号针帽粗细相同的小孔。

6.2.2.2　昆虫标本制作的步骤

1. 还软

如果从野外采集的昆虫没及时制成标本，而放置一段时间后变得干硬，那就先要将昆虫还软。如果利用玻璃干燥器还软，先在干燥器底部铺上潮湿的细沙，为防止标本发霉可在细沙上倒一点石炭酸或甲醛，然后把昆虫放在内瓷盆上，盖严盖子，大约3～7d即可。

2. 插针

还软后的昆虫，应根据其虫体大小选择适宜型号的昆虫针进行插针。为保证重要的分类特征不受破坏，在虫体上插针有一定位置（图6-9）。鳞翅目、蜻蜓目、双翅目（蚊、蝇）昆虫，将针自中胸背板中央稍偏右插入；鞘翅目在右侧翅鞘的左上角插针；半翅目在小盾片的中央偏右处插针；螳螂目和直翅目在中胸基部上方偏右侧的位置上插针；而膜翅目则在中胸的正中央插针。插针后利用三级台调整昆虫在昆虫针上的位置，使之在昆虫盒内整齐美观。三级台的用法是昆虫针插入虫体后,将有针帽的一端插入三级台的第一级孔中,并将昆虫调整到第一级高度。然后,将插有昆虫的昆虫针从三级台取下,插在塑料泡沫板上,对昆虫的附肢、触角进行整理,晾干后从塑料泡沫板上取下,再把标签插到昆虫针上,将针尖插入三级台的第二级孔中,使标签下方的高度为三级台的第二级高度,最后插入昆虫盒内保存。对于微小昆虫,可用重插法和胶粘法。重插法是在 1 根长针上先插上用硬白纸片剪成的三角纸片,再用 00 号针将微小昆虫穿插在三角纸片上(图 6 - 10)。胶粘法是在三角纸片尖端处涂透明胶,再将虫体粘在上面。

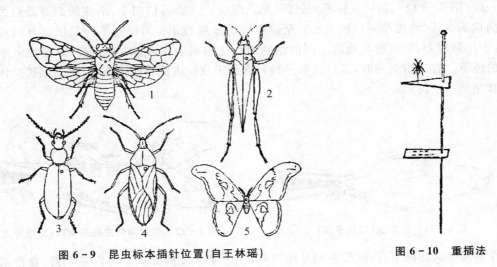

图 6 - 9   昆虫标本插针位置(自王林瑶)   图 6 - 10   重插法

3. 展翅

对于鳞翅目、蜻蜓目、膜翅目等,插针后还需进行展翅。展翅时,先将插好针的虫体插在展翅板的中央槽内,对翅进行整理。对于鳞翅目、蜻蜓目、直翅目等前翅后缘较直的种类,一般以 2 个前翅后缘左右成一直线为准,后翅前缘压在前翅后缘下方;对于前翅后缘呈弧形的昆虫,如脉翅目等,则以后翅前缘左右成一直线为准;对于双翅目和膜翅目昆虫,要以顶角与头左右成一直线为准。展翅后,用纸条压住翅,并用昆虫针或大头针在纸条两头翅间固定,再整理触角和头。干燥后从展翅板上取下,加上标签(用三级台)后装盒长期保存。对于像蛾类、蝗虫等腹部大的昆虫,要在展翅前将腹部剖开,取出内脏,塞入适量药棉或向虫体注射甲醛液防腐、固定。腹部细长的蜻蜓目昆虫,干燥时易折断。因此,要用细铜丝(或竹丝)从尾尖插入,穿过腹、胸部,一直到头部,然后剪去露出尾尖的竹丝即可。

6.2.3   鸟类剥制标本的制作

6.2.3.1   材料选择与处理

用于剥制的鸟体要求新鲜,羽毛尽量保持完整,未受血液、污物沾染。如果已有血液沾污,可以用棉花蘸少量水,细心地将血污擦去,然后撒些石膏粉在擦过的羽毛上,以便吸去水分,使羽毛干燥。

6.2.3.2　剥皮、防腐、填装及整形

1. 剥皮和去肉

在剥皮前先用棉花塞住鸟喙和泄殖腔,以免污物流出,污染羽毛。将鸟体仰卧,头向左,右手持解剖刀柄分开胸部正中羽毛,露出皮肤。然后用解剖刀自龙骨突中央,由前而后地把皮肤剖开一段(图6-11)。切开皮肤不宜过深,见肉即可。并将刀口向上,沿皮肤剖开处向颈部后端方向挑割少许(使皮肤开口稍大些),至颈项后端显露为止。再用左手持起已剖开的皮肤边缘,右手持解剖刀,把皮肤与肌肉之间的结缔组织边剖割边剥离(图6-12),渐渐地剥至胸部两侧的腋下。在进行剥皮时,需经常撒一些石膏粉于皮肤内侧和肌肉上,以防羽毛被肉体上的血液和脂肪所沾污。

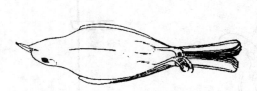

图6-11　剖口线(自唐子英)

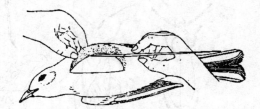

图6-12　胸部两侧皮肤的剥离(自唐子英)

在剥离至两侧腋下后,继续向颈基部剥离,使颈基部皮肉分离。再以左手拇、食指把颈椎捏住,右手持剪刀在颈项基部剪断(图6-13)。但暂不要将气管和食道剪断,以免污物流出污染羽毛。

随手捏住残留在躯体上的颈端,继续剥离颈背和两肩部皮肤使之露出(图6-14),此时剪断气管和食道。继续在肩部与肱部附近剥离皮肤,再用剪刀剪断肱骨。然后继续向背、腰部剥离,由于腰部皮薄,要小心。在剥离背、腰部的同时,腹面皮肤也必须相应地向腹部方向剥离。剥至两腿直到胫部与跗蹠之间的关节处时,在股骨与胫骨之间的关节处将骨剪断并剔除肌肉。接着,向尾部方向剥离,当尾的腹面剥至泄殖孔时,把直肠基部割断,并向后剥至尾基。在尾综骨末端呈"V"字形剪断(图6-15),并注意切除尾脂腺。

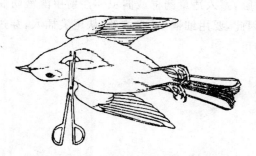

图6-13　颈部的截断位置(自唐子英)

图6-14　肩、背部皮肤的剥离(自唐子英)

图 6 - 15　腿及尾部的截断位置(自唐子英)

　　随后,进行翼部皮肤的剥离。首先将肱部皮肤拉出,右手执持肱部,左手将皮肤渐渐剥离。当剥至尺骨时,因翼部飞羽轴根牢固地着生在尺骨上,比较难剥,可用拇指指甲紧贴着飞羽轴根将翼部皮肤刮下,并将皮肤与尺骨分离,否则极易拉破皮肤,甚至使翼羽脱落。当剥至尺骨与腕骨关节之间时即把桡骨、肱骨和附在尺骨上的肌肉全部清除干净后留下尺骨。

　　必须注意,如果要制作飞行标本(即将两翼张开),就不能用上述方法进行剥离,可按图 6 - 16所示从翼下剖开,并除去附在肱骨和尺桡骨上的肌肉。不然所制成的飞行标本,其着生在尺骨上的飞羽会往下垂,以致无法使飞羽张开。

　　两翼剥离后,就可进行头部的剥离。头部的剥离以剥至喙的基部为止。先将气管与食道拉出,右手持颈项,左手以拇指、食指把皮肤渐渐向头部方向剥离,当剥至枕部,两侧出现不明显的呈灰褐色的耳道时,即用解剖刀紧靠耳道基部将其割断,或用镊子夹紧耳道基部将它拉出(图 6 - 17)。

图 6 - 16　翼的剖口(自唐子英)

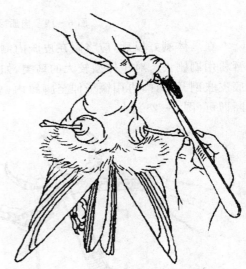

图 6 - 17　耳道的剥离(自唐子英)

　　再往前翻出头骨,到眼睛处,用解剖刀或眼科剪剪开眼球与眼睑之间的薄膜,一直剥到嘴基部。然后在枕骨大孔处切除留下的全部颈椎(图 6 - 18),用镊子把眼球取出,剪去舌头,剔除头部肌肉,并用镊子取出脑髓,用棉花擦干净。

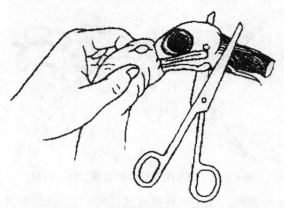

图 6 – 18　头与颈的截断位置(自唐子英)

　　对于如雁形目类头部较大而颈部相对较细的鸟类,在翻转头部时,则应在头后部先切一纵向剖口,才能将头部皮肤外翻;对于如鸡形目类具有肉质冠的鸟类,则应在肉质冠后侧剖开(图 6 – 19)。

图 6 – 19　肉质冠和头大种类的剖口(自唐子英)

　　在鸟体剥好以后,应将附在皮肤内侧上的残脂碎肉清除干净,同时把剥皮过程中所用的石膏粉用刷刷去。对于体型较大的鸟类,如鹤和天鹅等,还应抽去脚腱。抽腱的方法是用刀把脚底皮肤剖开少许,再用镊子伸至脚跟内,立即将腱抽出(图 6 – 20),并用剪刀在靠近脚底处剪断即可(图 6 – 21)。

图 6 – 20　脚腱的剔除(自唐子英)

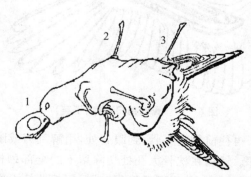

图 6 – 21　剥离后未复原的皮张和骨骼(自唐子英)

1—头骨;2—尺骨;3—胫骨

2. 防腐还原

在保留的骨骼上先用石炭酸酒精饱和溶液涂抹,这在气温较高的季节更为必要。然后将配制好的三氧化二砷防腐膏涂遍鸟皮内侧以及保留的骨骼上,并在胫骨和尺骨上缠绕棉花,代替去除的肌肉,在眼窝中也用两团如眼球大小的棉花填入,以代替被剥去的眼球。再将皮肤翻过来,使羽毛朝外,以待填装。

3. 填装与整形

假剥制标本(研究标本)和真剥制标本(姿态标本)的填装方法是不同的。

(1) 假剥制标本填装与整形

假剥制标本完成后的姿态,呈死鸟仰卧形状。其方法是取 1 段嘴基至腰部长的铅丝,铅丝粗细视鸟体大小而定,在铅丝的一端紧缠上略小于颈项的棉花,然后,将此端铅丝由颈项中伸向枕孔内,并由脑颅腔中插入上喙基部。另取 1 段胸部至尾基部铅丝,由体内插入余下的尾骨内,以支撑尾羽。再在铅丝下与背面鸟皮间填入 1 块棉花,其厚度和宽度要适中。接着将肱骨拉出,放到背部的棉花上,用棉花(或纸屑)从前向后分别将两侧肱骨压住,然后,继续填充腹部和胸部,胸部的填充要丰满些,颈部的填充不宜过多。

填充好以后即进行缝合。缝合由前向后,每针都是由皮内向外扎,两侧交叉进行,将切口完全缝合起来。然后进行标本整形,整理羽毛成自然状态,颈部稍短,两脚交叉摆放平整,并拨圆眼眶。最后用一薄层棉花将整个标本包裹固定,待标本干燥后取下棉花,在脚上挂标签即可(图 6 - 22)。

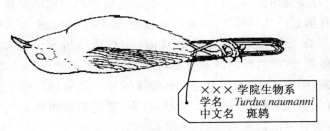

×××学院生物系
学名　*Turdus naumanni*
中文名　斑鸫

图 6 - 22　完成的假剥制标本(自唐子英)

(2) 真剥制标本填装与整形

真剥制标本填充前先制作 1 个铅丝支架代替骨骼装入体内,再行填充、缝合、整形。

铅丝支架的制作是量取 1 段粗细适当的铅丝,其长度为鸟喙到趾端长的 1.3 倍(鸟体仰卧伸直时);另取 1 段较前者长 3～6cm(颈项长的种类适当延长),按如图 6 - 23a、b、c 所示的顺序绞合、折成铅丝支架,绞合处应当绞紧,使其不致松动。铅丝支架制成后,在 4 上缠绕的棉花或竹丝略小于颈项,将相互平行的 1、3 两端,分别从两脚胫骨与跗蹠骨关节间的后侧向脚底方向插入,由脚底掌部穿出。同时将 2 端插入尾部腹面中央,由尾部腹面穿出,以支持尾羽,避免下垂。接着,尽量将 2、1、3 端铅丝向尾部方向后移,使 4 端稍弯曲,由颈项皮肤中穿过脑颅腔,直至插入上喙尖中。这时适当调整支架的位置,使体长与剥皮前相近。如果做展翅标本,在翅部应插入铅丝,以支撑翅膀便于整形,并将翅部铅丝与支架固定在一起(图 6 - 24)。

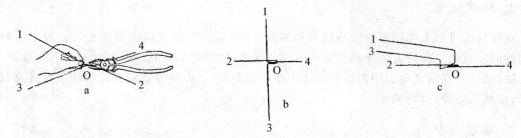

图 6－23　铅丝支架的制作（自唐子英）

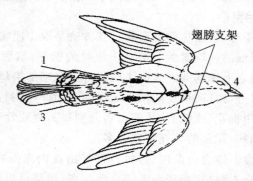

图 6－24　鸟体铅丝支架安装（自唐子英）

　　把已安装好支架的鸟皮头部向右,胸、腹朝上仰卧于桌上。首先在支架下面填一层棉花或纸屑,顺次为尾、腰、背及其两侧(图 6－25)。随后填充腹部和两腿的两侧(图 6－26)。其次,在脑颅腔、后头、颈背填充一长条棉花,颈的两侧也适当填充一些(图 6－27)。然后,将两翼上的尺骨拉出,把它压在支架 O 点绞合处的背面,并在两胁填充一些棉花以压住尺骨(图 6－28)。再逐渐向尾部、两腿的外侧以及尾部腹面中央顺次填充(图 6－29)。随后填充胸腹部的两侧和两腿内侧(图 6－30),直至接近鸟体原来大小。然后再用镊子夹一长条棉花,由颈部腹面伸至下颌,以代替气管(图 6－31)。最后,在胸、腹部的腹面填上一薄层棉花,用针线由前向后将剖口缝合,缝合方法同假剥制标本(图 6－32)。

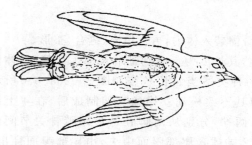

图 6－25　尾、腰、背支架背面的填充（自唐子英）

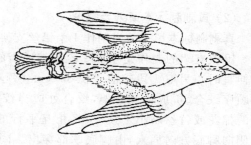

图 6－26　腹部和两腿两侧的填充

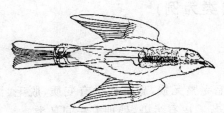

图 6 - 27　头和颈部支架背面的填充（自唐子英）

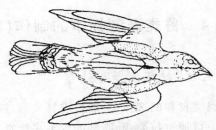

图 6 - 28　胸部两侧的填充（自唐子英）

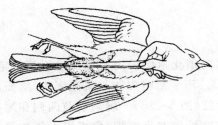

图 6 - 29　尾部腹面的填充（自唐子英）

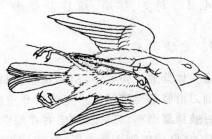

图 6 - 30　腿部内侧的填充（自唐子英）

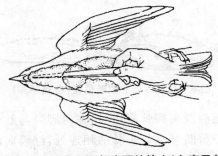

图 6 - 31　下颌和颈部腹面的填充（自唐子英）

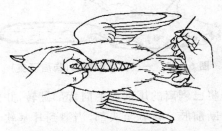

图 6 - 32　开口的缝合（自唐子英）

　　填充时要注意的是，应随时检查各部是否填充得饱满、均匀，如发现有不足之处，要及时加以调整补充。

　　整形就是把填充好的标本理顺全身羽毛，整理头、腿等成某种自然姿态，而后用薄层脱脂棉包裹鸟体固定。安装上台板，拨圆眼眶，滴白胶于眼眶中，按上适合的义眼，待干燥后取下棉花即可（图 6 - 33）。如果做展翅标本，翅部羽毛及尾羽需要展开并固定，待干后再取下（图 6 - 34）。

图 6 - 33　整形后的姿态标本（自唐子英）

图 6 - 34　翅、尾羽整形（自唐子英）

6.2.4　兽类剥制标本的制作(以小型兽类为例)

6.2.4.1　材料选择与处理

兽类材料的选择,一般要求其头部、四肢等处皮毛完整无损,新鲜而没有变质、脱毛、污染现象。可通过拉面颊、腹部的皮毛来检查是否脱毛。若毛皮有污染,处理方法同鸟类。

6.2.4.2　剥皮、防腐、填装及整形

1. 皮肤剥离

将兽体仰放于瓷盆中,用棉花塞住口腔、肛门,以防消化道中的内容物外溢而污染毛皮。用解剖刀沿胸部至腹部正中直线剖开皮肤(图 6-35)。用手指将皮肤与肌肉剥离,继而向两侧及后肢腿部剥离,将后肢推出并在膝关节处剪断后肢(图 6-36)。剥离后肢两侧和尾基周围皮肤,在肛门内侧切断直肠,并使尾椎基部显露。这时,用左手拇指、食指指甲紧扣尾椎基部,右手持尾椎骨,将其从尾部皮肤中抽出(图 6-37)。

图 6-35　一般兽类的剖口(自唐子英)

图 6-36　后肢的截断位置(自唐子英)

将已剥离的尾部皮毛向背部翻转,并向前剥离,至前肢肩胛骨露出后,在肩胛骨与肱骨之间剪断前肢。再剥至头部,当遇到耳基软骨时,应小心剪断耳基与头骨的相连处,继续向前剥离唇端,保留唇皮与头骨相连(注意剥眼部时眼睑的完整)(图 6-38)。随后,在枕孔与颈椎之间剪断,挖去眼球、舌头,清除头骨上的肌肉。并将枕孔周围的头骨剪去一些,清除脑髓。然后,去除前、后肢的肌肉与肌腱。至此,皮肤剥离完成。

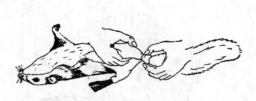

图 6-37　抽出尾椎(自唐子英)

图 6-38　头部皮肤的剥离(自唐子英)

2. 毛皮的防腐和固定

毛皮的防腐处理,可以直接用配制好的防腐粉涂擦在毛皮的内侧,用手使其皮肤互

相摩擦,尤其要照顾到头、脸、四肢指端和尾部,全部处理好后,稍待片刻,将毛皮复原即可填充。如果是大中型动物,则先用明矾粉涂擦皮内侧,用手搓皮毛使水分析出,再涂防腐粉。

3. 填装和整形

(1) 真剥制标本的填装和整形

在支架安装和填充前先在后肢的胫骨上分别用棉花缠绕,使其与原来腿部一样大小,前肢也用同样方法处理。在眼眶和两颊填上适量的棉花以代替挖去的眼球与肌肉(图6-39)。

量取头至腹部2倍长度的铅丝1段于中点处折转,使其呈镊子状,然后把不连接的两端分别从两鼻孔中向后插入,从枕孔中穿出。左手持钢丝钳,在靠近枕孔处夹住铅丝,顺绞数圈,使头骨固定在铅丝上,避免头骨摇动。再用棉花填充脑颅腔,头骨后端的铅丝用棉花缠绕与原颈项粗细相似。然后把头部及全部毛皮复原。

将前肢向前伸直,后肢向后伸直,量取比前肢至后肢爪端的最大长度长 10～15cm 的、粗细适当的铅丝2段。先取1根铅丝,其一端从体内靠近后肢的后侧,由缠绕在肢骨上的棉花中插入,再由脚底穿出,铅丝的另一端从同侧的前肢骨旁插入,也由脚底穿出。同样的,将另1段铅丝分别从其余的两肢骨旁插入,再由脚底穿出。此外,量取等于兽体胸部至尾端长度的铅丝1段,其一端用棉花缠绕成略似原来尾椎大小的形状(缠绕棉花时要缠得均匀、结实、使铅丝不会松动,否则棉花受到阻力后无法插入尾端),由尾部插入。最后,在胸、腹部中央,把固定头部、四肢和尾部所用的5段铅丝,用细铅丝紧扎在一起,结扎前应注意头和尾部的长度(图 6-40)。

图 6-39　缠绕棉花的头和四肢(自唐子英)

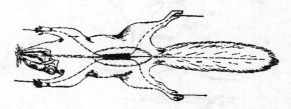

图 6-40　支架安装(自唐子英)

支架安装完毕即行填充。首先,用镊子在支架的背面适当地填充填充物(棉花或纸屑),再向头、颈和胸部周围及下颌处按顺序进行填充(图 6-41)。然后,填充前肢和后肢及其周围(图 6-42),尤其要注意腿部的大小,并要力求对称,胫跗关节需填充均匀、适度,并需凸出关节曲度。最后按顺序填充尾部周围和胸、腹部,至适当大小时,即可进行由腹部至胸部的缝合。应注意的是,在填充时边填边观察,务必使各部位均匀、饱满,形态逼真。

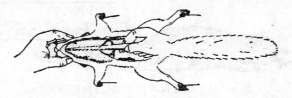

图 6-41　头部的填充(自唐子英)

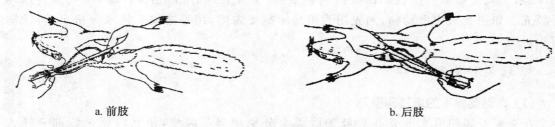

a. 前肢　　　　　　　　　　　　　　　　b. 后肢

图 6 - 42　前肢、后肢的填充(自唐子英)

　　根据动物的习性,将标本整理成生活时的某种姿态,然后将标本固定在台板上,装上合适的义眼(图 6 - 43)。由于耳朵在干燥过程中极易收缩变形,一般用 2 片硬纸,剪成稍大于耳朵的形状,夹在耳朵的内外侧,并用回形针夹紧,待干后取下。

　　(2) 假剥制标本的填装和整形

　　一般仅以小型哺乳动物制成研究标本,其剥皮和防腐的方法与姿态标本的一样,但无论大、中、小型哺乳动物,都要把头骨取出,经处理后,随同标本进行保存。

　　先在四肢骨骼上缠绕填充物,以代替被剥去的肌肉。再取头至腹部 2 倍长度的铅丝 1 段,在中点处折成镊状,用填充物(棉花或纸屑)缠绕成如头颈粗细(前端稍大些),并由颈项中插入头部,充当假头骨和颈项的肌肉,并在唇的里皮进行缝合,以免干燥后,口唇自行张开。再取腹部至尾端长度的铅丝 1 段,根据尾椎的长度和粗细缠上棉花,再插入尾部(图 6 - 44)。

图 6 - 43　标本的固定(自唐子英)

图 6 - 44　假剥制标本支架安装(自唐子英)

　　研究标本的填充方法,基本上与姿态标本相同,唯四肢不需用铅丝支架。其整形只要将眼眶整成圆形,无须安装义眼。躯体和四肢的姿态呈伏卧状,两前肢向前伸直,两后肢则向后伸直,掌心朝下,然后用大头针将四肢掌部固定在泡沫板上,待干燥后取下(图 6 -45)。

××大学生物系
学名 *Callosciurus erythraeus*
中文名　赤腹松鼠　性别 ♀

图 6 - 45　研究标本整形姿态(自唐子英)

6.2.5　骨骼标本的制作

根据脊椎动物体型大小的不同,制成骨骼标本后作用的不同,骨骼标本大体上分为 4 种类型。它们分别是附韧带骨骼标本(基本上以韧带来联系骨与骨之间的关节)、分散骨骼标本(把骨块按自然位置进行排列)、装架骨骼标本(将分散的骨块按原来的自然位置用金属丝串联起来)、透明骨骼标本(利用化学药品进行处理,使其肌肉透明,骨骼显现,主要用于幼体)。上述 4 种骨骼标本虽在制作时各有不同的要求和特点,但除透明骨骼标本外,其余 3 种类型的骨骼标本其制作步骤基本相同。下面以蟾蜍(附韧带骨骼标本)为代表,介绍骨骼标本的制作方法与步骤。

6.2.5.1　处死

选择体型大的蟾蜍放入标本缸中,用乙醚深度麻醉致死。注意,其他一些体型较大的动物在制作骨骼标本时一般以放血致死为好。这是因为若不经放血,淤血会滞留在骨髓中,难以得到满意的骨骼标本。

6.2.5.2　剔除肌肉

蟾蜍骨骼的主要特点是头骨、脊柱、腰带和后肢骨各关节间均有韧带相连,剔除肌肉时,不要将各关节分离,应借助韧带保持各关节的联系。

首先将蟾蜍置于解剖盘中,用剪刀剖开腹面皮肤,切勿剪到胸部肌肉,以免剪坏剑胸软骨,然后将皮肤剥离,摘去眼球。再用剪刀将腹腔剪开,挖出内脏,由于左右两肩胛骨无韧带与脊椎相连,所以,在第 2、3 脊椎横突上,把左右肩胛骨连同肢骨与脊椎分离,使整体骨骼分成两部分。然后细心地把附着于全身骨骼上的肌肉剔除干净。注意:在剔除脊椎横突与髂骨相关节的肌肉时应特别小心,避免躯干与腰带之间关节的韧带分离。同样的,也应注意四肢,尤其是指、趾骨的剔除。

如果是制作分散骨骼标本和装架骨骼标本,则要进行解剖处理,将各部位骨骼肢解,分解成若干部分,如前肢、头部、颈段、胸段、腰段、尾段等。然后剔除肌肉、韧带等软组织。

6.2.5.3　腐蚀与脱脂

腐蚀和脱脂的目的在于将不易剔除的残留肌肉及骨骼中的脂肪去掉,以免在长期保存时骨骼发霉及变黄。将骨骼用清水冲洗干净,浸于 $0.5\%\sim1\%$ 氢氧化钠溶液中数日(根据气温不同而异),应随时观察腐蚀的情况,待残留在骨骼上的肌肉成半透明状态,把骨骼取出用清水冲洗,再剔除残留肌肉,直到完全剔除干净。然后,将骨骼浸泡在二甲苯或汽油中脱脂 $3\sim5d$。最后取出用清水洗净。

对于中大型动物,在尽量剔除骨骼上的软组织的基础上,再用煮制法(用某些药物加水进行煮制)把留在骨骼上的软组织在短时间内除去。注意,骨骼煮制前先在关节面或骨块内侧钻孔,煮制后用注射器冲洗骨骼内的骨髓等。煮制和脱脂时间则看具体情况而定。

6.2.5.4　漂白

将骨骼浸入 $0.5\%\sim1\%$ 过氧化氢溶液中约 $2\sim4d$,待骨骼洁白后取出,用清水漂洗干净并晾干。若是分散骨骼标本,则经漂白、晾干后就制作完成。

如果用漂白粉作漂白剂,能降低成本,浓度一般为 2%～3%,漂白时间视骨质而定。若要漂白大量骨骼,则用漂白粉较好。

6.2.5.5　整形和装架

取 1 块泡沫塑料板,将骨骼放在上面,并把躯体和四肢的姿态整理好后用大头针固定在泡沫塑料板上,这可防止在干燥过程中变形。在下颌和胸椎骨下面,用纸团垫起,使其呈生活时头部抬起状,两肩胛骨附在第 2、3 脊椎横突的两侧,待骨骼干燥后,用白胶粘住。前肢的腕骨和后肢的蹠骨也用白胶粘在标本台板上(图 6 - 46)。最后装入标本盒中。

如果是装架骨骼标本,那么还需用金属丝等把骨块按自然位置串联起来,并固定在台板上(图 6 - 47)。

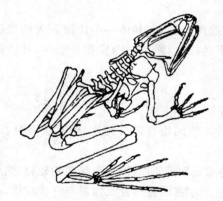

图 6 - 46　蟾蜍的骨骼标本(自唐子英)

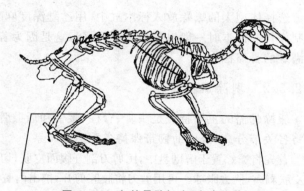

图 6 - 47　兔的骨骼标本(自唐子英)

6.2.6　标本的保存与维护

标本的保存与维护是一项很重要的工作,忽视这项工作将大大缩短标本的使用寿命,甚至会产生较大损失。

无论是自制还是外购的剥制标本或昆虫标本,一般在入库前必须进行杀虫灭菌处理,再存放到标本橱、柜中,并于橱、柜中放置适量的樟脑或合成樟脑精块,防止标本被虫蛀。有条件的可在每年梅雨季节后用磷化铝熏蒸剂(分解产生剧毒的磷化氢气体)对标本室及标本进行一次全面消毒杀虫。另外,也可用硫酰氟熏蒸或溴氰菊酯杀虫。

标本室应保持干燥,在标本柜里可用两层纱布包几包生石灰或硅胶作为干燥剂,其量可按标本柜的体积而定;也可把无水氯化钙装在瓶中作为干燥剂。但无论使用何种干燥剂,都要注意及时更换或烘干。骨骼标本也要注意防潮湿,避免骨骼关节脱开和脱胶。有条件的最好能应安装除湿机。

无论何种标本,都应避免阳光直射,防止标本褪色或变色。对于浸制标本来说,主要是当发现保存液浑浊或发黄后,要及时更换保存液,保持保存液应有的浓度,以保证标本的使用寿命。

参考文献

[1] Catchpole C K. The functions of advertising song in the sedge warbler(*Acrocephalus schoenobaenus*)andthe reed warbler (*A. scirpaceus*)[J]. *Behaviour*,1973,46,300—320.

[2] Gibbs J P, Wenny D G. Song output as a population estimator: effect of malepairing status[J]. *Journal of Field Ornithol*, 1993,64,316—322.

[3] Gilbert G, McGregor P K, Tyler G. Vocal individuality as a census tool: practical considerations illustrated by a study of two rare species[J]. *Journal of Field Ornithol*, 1994,65,335—348.

[4] MacArthur R H. *Geographical Ecology: Patterns in the Distribution of Species*[M]. New York: Harper and Row,1972.

[5] Noon B. Techniques for sampling avian habitats. In: Capen D E, ed. *The use of multivariate statistics in studies of wildlife habitat: proceedings of a workshop*. USDA Forest Service General Technical Report,1981,87.

[6] Pianka E R. The structure of lizard communities[J]. *Ann. Rev. Ecol. Syst.*, 1973, 4: 53—74.

[7] Sutherland W J. 生态学调查方法手册[M]. 张金屯译. 北京: 科学技术文献出版社,1999.

[8] Wickstrom D C. Factors to consider in recording avian sounds. In: Kroodsma D E, Miller E H, ed. *Acoustic Communication in Birds* [M]. New York: Academic Press,1982.

[9] 哀建国,丁炳杨,吴谷汉.浙江植被生态学研究现状与展望[J].浙江林业科技,2004,24(6):46—53.

[10] 安建梅,芦荣胜.动物学野外实习指导[M]. 北京:科学出版社,2008.

[11] 蔡壬候.何绍萁.杭州西湖山区的植被类型及其分布[J].杭州大学学报,1980,(4):100—109.

[12] 蔡如星.浙江动物志(软体动物)[M]. 杭州:浙江科技出版社,1991.

[13] 曹子余.十年来世界植物标本馆发展概况[J].广西植物,1993,13(3):289—293.

[15] 陈功锡.试论植物标本室的意义与功能[J].吉首大学学报(自然科学),1992,13(6):69—72.

[15] 陈攀,慎佳乱,胡广,等.西湖风景名胜区不同类型森林群落的空间分布及多样性[J].生态学报,2009,29(6):2929—2937.

[16] 陈启瑞.杭州西湖山区次生植被性质研究(二)[J].杭州大学学报,1988,14(1):81—87.

[17] 陈启瑺. 杭州西湖山区次生植被性质研究(一)[J]. 杭州大学学报,1987,14(4): 473—380.

[18] 陈启瑺. 杭州西湖山区植被的分类[J]. 植物生态学与地植物学学报,1988,12(4): 265—271.

[19] 陈征海. 浙江林业自然资源[M]. 北京：中国农业科技出版社,2002.

[20] 楚国忠,郑光美. 鸟类栖息地研究的取样调查方法[J]. 动物学杂志,1993,6:47—52.

[21] 丁炳扬,傅承新,杨淑贞. 天目山植物学实习手册(第2版)[M]. 杭州：浙江大学出版社,2009.

[22] 丁圣彦,宋永昌. 浙江天童国家森林公园常绿阔叶林演替前期的群落生态学特征[J]. 植物生态学报,1999,23(2):97—107.

[23] 丁圣彦. 常绿阔叶林演替系列比较生态学[M]. 郑州：河南大学出版社,1997.

[24] 方精云,沈泽昊,唐志尧,等. 中国山地植物物种多样性调查计划及若干技术规范[J]. 生物多样性,2004,12(1): 5—9.

[25] 费梁. 中国两栖动物[M]. 郑州：河南科学技术出版社,1999.

[26] 冯志坚,周秀佳,马炜梁,等. 植物学野外实习手册[M]. 上海：上海教育出版社,1993.

[27] 傅承新,于明坚,张方钢,等. 西溪的植物[M]. 杭州：杭州出版社,2007.

[28] 高玮. 中国东北地区鸟类及其生态学研究[M]. 北京：科学出版社,2006.

[29] 郭冬生. 常见鸟类野外识别手册[M]. 重庆：重庆大学出版社,2007.

[30] 胡增祥. 北京陆生生物学野外实习指导[M]. 北京：中央民族大学出版社,2006.

[31] 贾少波,闫华超,贾鲁,等. 京杭运河聊城流域鸟类物种多样性初报. 见：中国鸟类学研究(第十届全国鸟类学术研讨会暨第八届海峡两岸鸟类学术研讨会)[C]. 2009: 210—212.

[32] 姜乃澄,卢建平. 浙江海滨动物学实习指导[M]. 杭州：浙江大学出版社,2005.

[33] 蒋科毅,吴明,丁平,等. 杭州西溪国家湿地公园可持续综合利用[J]. 中国城市林业, 2008,(4):20—24,33.

[34] 蒋志刚. 自然保护野外研究技术[M]. 北京：中国林业出版社,2002.

[35] 金则新. 浙江天台山常绿阔叶林次生演替序列群落物种多样性[J]. 浙江林学院学报, 2002,19(2): 133—137.

[36] 孔德军,杨晓君,钟兴耀. 云南大山包黑颈鹤越冬数量及春季迁徙生态[J]. 中国鸟类学研究,2009.

[37] 林凤,邵美妮. 高等植物分类学野外实习指导[M]. 北京：中国农业大学出版社,2007.

[38] 刘承钊,胡淑琴,丁汉波. 中国动物图谱(两栖动物)[M]. 北京：科学出版社,1959.

[39] 刘凌云,郑光美. 普通动物学实验指导[M]. 北京：高等教育出版社,1998.

[40] 刘迺发,史红全,廖继承,等. 雪鸡属鸟类沿海拔梯度的生活史进化. 见：中国鸟类学研究(第十届全国鸟类学术研讨会暨第八届海峡两岸鸟类学术研讨会)[C]. 2009: 1—11.

[41] 刘志国,蔡永立. 安徽大别山野生藤本植物区系与生活型分析[J]. 亚热带植物科学, 2007,36(1): 5—9.

[42] 芦建国,徐新洲. 城市湿地植物景观设计——以杭州西溪湿地公园、西湖西进湿地为例[J]. 林业科技开发,2007,21(6):108—112.

[43] 路纪琪,张改平,刘忠虎.动物生物学野外实习指导[M].郑州:郑州大学出版社,2007.

[44] 马克平.生物群落多样性的测度方法.见:钱迎倩和马克平.生物多样性研究的原理与方法[M].北京:中国科学技术出版社,1994,141—165.

[45] 马克平.生物多样性的测度方法.I.α多样性的测度方法[J].生物多样性,1994,2(3):162—168.

[46] 马世来,马晓峰,石文英.中国兽类踪迹指南[M].北京:中国林业出版社,2001.

[47] 缪丽华.杭州西溪湿地研究综述[J].安徽农业科学,2009,37(11):5043—5044.

[48] 彭少麟.南亚热带森林群林群落动态学[M].北京:科学出版社,1996.

[49] 任海,蔡锡安,饶兴权,等.植物群落的演替理论[J].生态科学,2001,20(4):59—66.

[50] 阮禄章,罗华星,陈绍萍.鄱阳湖东方白鹳栖息地选择及保护状态调查.见:中国鸟类学研究(第十届全国鸟类学术研讨会暨第八届海峡两岸鸟类学术研讨会)[C]. 2009:201—202.

[51] 赛道建.动物野外实习教程[M].北京:科学出版社,2005.

[52] 盛和林,王岐山.脊椎动物野外实习指导[M].北京:高等教育出版社,1982.

[53] 盛和林,徐宏发.哺乳动物野外研究方法[M].北京:中国林业出版社,1992.

[54] 施时迪,鲍思伟.大陈岛藻类资源[J].台州师专学报,1999,21(3):9—21.

[55] 施时迪,朱伟荣,戴日.大陈岛蔓足类动物区系和生态分布的研究[J].台州师专学报,1998,20(3):51—54.

[56] 施时迪.大陈岛软体动物资源[J].台州师专学报,1999,21(6):57—60.

[57] 宋鹏东,李映溪,王桂云,等.大连沿海无脊椎动物实习指导[M].北京:高等教育出版社,1989.

[58] 宋永昌,陈小勇,王希华.中国常绿阔叶林研究的回顾与展望[J].华东师范大学学报(自然科学版),2005,137(1):1—8.

[59] 宋永昌,工祥荣.浙江天童国家森林公园的植被和区系[M].上海:上海科学技术文献出版社,1995.

[60] 宋永昌.植被生态学[M].上海:华东师范大学出版社,2001.

[61] 苏永春,勾影波.中、小型土壤动物标本的采集与制备[J].生物学通报,1994,29(8):43.

[62] 汤孟平,周国模,施拥军,等.天目山常绿阔叶林群落最小取样面积与物种多样性[J].浙江林学院学报,2006,23(4):357—361.

[63] 唐子英,唐子明,唐庆瑜.脊椎动物标本制作[M].上海:复旦大学出版社,1985.

[64] 王春,张智,苏化龙.山西省灵丘县黑鹳巢址鸟类群落结构调查.见:中国鸟类学研究(第十届全国鸟类学术研讨会暨第八届海峡两岸鸟类学术研讨会)[C]. 2009:162—169.

[65] 王国平.保护西溪湿地 造福人民群众——关于实施西溪湿地综合保护工上程的思考.中共杭州市委党校学报,2005,(3):4—10.

[66] 王林瑶,张广学.昆虫标本技术[M].北京:科学出版社,1983.

[67] 王强,李枫,李凤山,等.扎龙斑背大尾莺的种群状况和繁殖生境选择.见:中国鸟类学研究(第十届全国鸟类学术研讨会暨第八届海峡两岸鸟类学术研讨会)[C]. 2009:23—35.

[68] 王文.鸟类群落生态研究[M].哈尔滨:东北林业大学出版社,2007.

[69] 王希华,闰恩荣,严晓,等.中国东部常绿阔叶林退化群落分析及恢复重建研究的一些问题[J].生态学报,2005,25(7):1796—1803.

[70] 王亚婷,唐立松.古尔班通古特沙漠不同生活型植物对小雨量降雨的响应[J].生态学杂志,2009 28(6):1028—1034.

[71] 魏崇德.浙江动物志(甲壳类)[M].杭州:浙江科技出版社,1991.

[72] 魏学智.植物学野外实习指导[M].北京:科学出版社,2008.

[73] 吴孝兵,鲁长虎.黄山夏季脊椎动物野外实习指导[M].合肥:安徽人民出版社,2008.

[74] 肖方.野生动植物标本制作[M].北京:科学出版社,1999.

[75] 徐利平,刘慧春.杭州西溪国家湿地公园水生植物资源调查[J].浙江农业科学,2008,(5):555—556.

[76] 许远,杨向荣.湿地植物在新西湖景区的应用与建议[J].浙江林业科技,2004,24(5):34—37.

[77] 杨持.生态学实验与实习[M].北京:高等教育出版社,2003.

[78] 姚恒彪,焦盛武,李显达,等.几种技术手段在繁殖白头鹤研究中的尝试.见:中国鸟类学研究(第十届全国鸟类学术研讨会暨第八届海峡两岸鸟类学术研讨会)[C].2009:231—232.

[79] 姚家玲.植物学实验[M].北京:高等教育出版社,2009.

[80] 易国栋,赵匠,高玮.动物学野外实习指导[M].北京:清华大学出版社,2008.

[81] 尹文英.中国土壤动物[M].北京:科学出版社,2000.

[82] 尹文英,等.中国土壤动物图鉴[M].北京:科学出版社,1998.

[83] 尹文英,等.中国亚热带土壤动物[M].北京:科学出版社,1992.

[84] 张虎芳,张晓红.水生动物实习理论与方法[M].北京:海洋出版社,2006.

[85] 张洋,慎佳泓,张方钢,等.西湖风景名胜区森林群落物种多样性及人为干扰的影响[J].浙江大学学报(理学版),2008,35(5):567—575.

[86] 章家恩.生态学常用实验研究方法与技术[M].北京:化学工业出版社,2006.

[87] 赵可新,钱萍.水生、湿生植物在湖西综合保护工程中的应用[J].中国园林,2005,7:73—75.

[88] 赵淑清,方精云,宗占江,等.物群落组成、结构及物种多样性的垂直分布[J].生物多样性,2004,12(1):164—173.

[98] 浙江省林业局.浙江林业自然资源—湿地卷[M].北京:中国农业科学技术出版社,2002.

[90] 郑朝宗.杭州西湖山区种子植物区系的研究[J].杭州大学学报,1990,17)4):450—456.

[91] 郑光美.鸟之巢[M].上海:上海科技出版社,1982.

[92] 郑光美.鸟类学[M].北京:北京师范大学出版社,1995.

[93] 郑智民,姜志宽,陈安国.啮齿动物学[M].上海:上海交通大学出版社,2008.

[94] 植物科普频道—植物标本馆技术[DB/OL].中国数字植物标本馆.http://www.cvh.org.cn/kepu/index.asp.

[95] 钟章成.常绿阔叶林生态系统研究[M].重庆:西南师范大学出版社,1992.

[96] 周航.浙江海岛志[M].北京:高等教育出版社,1998.